航空发动机新技术丛书

国家出版基金项目
NATIONAL PUBLICATION FOUNDATION

现代舰船燃气轮机技术

Advanced Marine Gas Turbine Technology

余又红　刘永葆　贺　星　著

北京航空航天大学出版社

内 容 简 介

本书立足于舰船燃气轮机特色前沿技术,涉及舰船燃气轮机的总体热力性能设计及优化、典型部件气动设计及优化、健康管理和故障诊断等研究方向,内容主要包括舰船燃气轮机复杂热力循环、综合电力系统发电、海洋环境影响分析、舰船燃气轮机运维等关键技术。本书对这些关键技术进行详细论述,对舰船燃气轮机的研制和航改舰用燃气轮机的发展有借鉴意义。

本书可作为军事能源与动力专业和舰船燃气轮机专业的研究生教育和新技术培训的教材,也可供从事相关装备设计、论证、优化、使用的科技人员参考。

图书在版编目(CIP)数据

现代舰船燃气轮机技术 / 余又红,刘永葆,贺星著
. -- 北京:北京航空航天大学出版社,2024.2
ISBN 978 - 7 - 5124 - 4298 - 6

Ⅰ. ①现⋯ Ⅱ. ①余⋯ ②刘⋯ ③贺⋯ Ⅲ. ①军用船
－燃气轮机 Ⅳ. ①U674.7

中国国家版本馆 CIP 数据核字(2024)第 025962 号

现代舰船燃气轮机技术

余又红 刘永葆 贺 星 著
策划编辑 周世婷 冯维娜 责任编辑 杨 昕
*
北京航空航天大学出版社出版发行

北京市海淀区学院路 37 号(邮编 100191) http://www.buaapress.com.cn
发行部电话:(010)82317024 传真:(010)82328026
读者信箱:goodtextbook@126.com 邮购电话:(010)82316936
保定市中画美凯印刷有限公司印装 各地书店经销
*
开本:710×1 000 1/16 印张:31.25 字数:666 千字
2024 年 3 月第 1 版 2024 年 3 月第 1 次印刷
ISBN 978 - 7 - 5124 - 4298 - 6 定价:199.00 元

《航空发动机新技术丛书》
编写委员会

前　言

　　舰船燃气轮机是现代舰船上的一种重要动力装置,与舰船柴油机、蒸汽动力装置相比,具有体积小、质量轻、功率密度大、自动化程度高等诸多优点,广泛应用于大中型舰船和特种高速船舶。

　　基于舰船燃气轮机技术发展和应用前景,总结本团队多年从事舰船燃气轮机技术教学和科研工作的经验与成果,撰写了《现代舰船燃气轮机技术》一书。本书立足于舰船燃气轮机特色前沿技术和我国舰船燃气轮机的技术发展途径,围绕"总体设计—关键突破—应用挖潜"这一主题,贯穿燃气轮机自主设计这一主线,以提高燃气轮机性能和可靠性为目标,以理论分析、数学建模和仿真为主要手段,开展燃气轮机的船舶应用研究,内容涉及多学科融合,为燃气轮机的海洋环境适应性提供科学、可行和可靠的理论依据。鉴于燃气轮机是工业上的璀璨明珠,一本书乃至一套丛书都很难囊括所有相关技术,本书仅涉及舰船燃气轮机的总体热力性能设计及优化、典型部件气动设计及优化、健康管理和故障诊断等研究方向,内容主要包括舰船燃气轮机复杂热力循环、综合电力系统发电、核心部件(压气机、燃烧室、涡轮)等,其均存在亟待解决的关键技术。

　　第1章主要介绍国内外舰船燃气轮机的现状和发展趋势,通过对舰船燃气轮机现状和发展趋势的梳理,除讲述历史以飨读者外,还希望莘莘学子能够从专业先辈筚路蓝缕的奋斗过程中,汲取精神营养,勇毅前行。

　　第2章介绍舰船燃气轮机间冷循环的关键技术,以及海洋环境对间冷循环燃气轮机性能的影响。本章分析了舰船间冷循环燃气轮机的特点,并开展其数学建模和仿真分析,通过分析海洋环境,系统研究了复杂海洋环境对舰船燃气轮机热力性能的影响特点和规律。

　　第3章介绍级间放气、附面层抽吸、叶顶气动等几种典型的压气机气动扩稳技术。众所周知,优异的压气机气动稳定性是燃气轮机在恶劣环境中具备高速机动性和运行稳定性的重要保证。为满足高效率、大功率等性能的需求,对其核心部件压气机也提出了大压比气动性能、少级数结构性能的发展要求,随之也给压气机叶片带来了更剧烈的逆压梯度,特别是三维、非惯性、非定常的特性更加复杂,给压气机的气动稳定裕度的保持和提高带来了很多挑战。高效的气动扩稳方法可通过先进的流动控制方式实现,诸如机匣处理、叶顶喷气和自循环机匣等技术,进而扩大压气机失速裕度。本章针对船用亚声速和高亚声速多级轴流压气机的流动特点,以改善压气机的气动稳定性为目标,采用 CFD 数值仿真和实验验证的方法,研究了直沟槽和斜沟槽机匣处理、叶顶斜沟槽耦合喷气等多种主动、被动扩稳方式及其耦合方法对压气机气动性能和气动稳定性的影响,剖析了精细化流场特性,厘清了其扩稳机理,所得高效的气动扩稳方法可为现役燃气轮机的升级改造、未来燃气轮机的扩稳设计提供理论支持和技术参考。

第 4 章分析燃烧室气动优化技术。燃烧室是舰船燃气轮机的重要热端部件,其内部进行着剧烈的燃烧反应,产生高温高压燃气推动涡轮工作。由于燃烧过程复杂多变,并且受压气机和涡轮等相关部件的匹配特性以及燃油控制策略的综合影响,燃烧室火焰筒时刻处于非定常的高密度传热传质气动热力输运状态,其气动热力性能和结构完整性受到严峻考验。本章针对气动性能,以探索燃烧室高效的气动热力性能为目标,运用计算流体力学方法,开展热流固耦合特性、变工况性能和结构优化等方面的研究。

第 5 章介绍涡轮热障涂层技术。热障涂层是先进涡轮叶片应对燃气初温不断提高的关键技术之一。热障涂层的剥落问题严重影响涡轮叶片的可靠性。气膜冷却涡轮叶片的复杂几何结构、不均匀工况温度场,以及涂层材料的性能演化问题是引起涂层应力失效的重要因素。本章对宏观尺度下涡轮导叶涂层不均匀温度场、材料性能演化及应力响应问题进行研究。

第 6 章介绍舰船发电燃气轮机设计技术。随着舰船综合电力技术的发展,燃气轮机作为舰船原动机的优势越来越明显,研究舰船发电燃气轮机性能及其控制显得越来越迫切而有意义。本章对飞轮储能和发电用燃气轮机控制性能优化设计进行初步探讨,讨论建立发电燃气轮机模型的方法和相关控制算法。

第 7 章主要介绍舰船燃气轮机的进气系统、排气系统和红外抑制技术。本章针对排气系统压力损失带来的燃气轮机实际性能的下降及其主要压损部件排气引射器的红外辐射问题,以气动热力学和流体力学理论为基础,考虑不同工况混合气体性质,分析了排气系统阻力特性,并对实装排气引射器进行了数值模拟,获得了不同工况时排气引射器阻力和温度场特性及排气道特性对燃气轮机性能的影响情况;以降低压力损失而红外辐射不超过设计值为目标优化排气引射器结构,选用波瓣型排气引射器,并与原型进行了相关特性的对比分析。

第 8 章主要介绍舰船燃气轮机气路性能退化及评估技术。本章在总结燃气轮机性能退化机理和健康评估研究现状的基础上,构建了燃气轮机性能退化定量评估指标体系,研究了燃气轮机运行环境参数变化带来的热力计算和状态评估中参数的基准归一化折合难题,采用传统经典估计和现代智能算法相结合的技术获取精确的部件特性,建立燃气轮机热力学性能健康模型、非线性动态模型和性能退化模型,利用奇异值分解、广义反演理论和 Fisher 信息阵等工具进行气路方程蕴含的状态参数的可观性、测量参数的敏感性和相关性等信息的挖掘研究,运用卡尔曼滤波等最优估计理论对状态参数进行实时跟踪估计。

　　本书由海军工程大学"舰船燃气轮机动力技术科研创新团队"刘永葆教授、余又红教授、贺星副教授编写。在编写过程中,董红、刘建华、邹恺恺、房友龙等博士提供了部分素材。本书的出版得到了作者单位、北京航空航天大学出版社及相关专业人士的大力支持,在此一并致以衷心的感谢!

　　由于舰船燃气轮机涉及的专业面较广,技术发展日新月异,限于作者水平,书中难免有不足之处,敬请广大读者批评指正。

作　者

2024 年 2 月于武汉

主要符号说明表

英文字母		
A	面积	m^2
c_p	比定压热容	J/(kg・K)
c_V	比定容热容	J/(kg・K)
d	湿度	
E	杨氏模量	GPa
f	映射关系,油气比	
G	质量流量	kg/s
G_e	比质量	kg/kW
G_y	质量	kg
H_u	燃料低热值	kJ/kg
h	焓	kJ/kg
J	转动惯量	kg・m^2
L	长度	m
m	质量,质量流量	kg,kg/s
Ma	马赫数	
Ne	功率	kW
n	转速	r/min
Pr	普朗特数	
p	压力	Pa
R	气体常数	J/(kg・K)

St	斯坦顿数	
T	开氏温度	K
u	圆周速度	m/s
V	容积	m³
希腊字母		
α	传热系数	W/(m² · K)
ε	膨胀比,应变	
η	效率	
λ	绝热指数	
ν	泊松比	
π	圆周率	
π	压比	
θ	角度	rad
ρ	密度	kg/m³
σ	总压恢复系数	
τ	应力	Pa
ω	角速度	rad/s
上标		
—	折合参数	
*	总参数,滞止参数	
cr	临界	
~	故障因子	
下标		
0	设计工况点	
a	空气,轴向	
air	空气	
B	燃烧室	
C	压气机	
c	冷却侧	
cr	临界	
em	电磁	
f	燃油	

g,gas	燃气	
H	高	
in	入口	
L	低	
m	机械	
out	出口	
op	工作点	
P	动力	
r	径向	
s	近失速点	
T	涡轮	
w	水,金属壁面	
θ	圆周方向	
缩略词		
BC	黏结层	
DE	柴油机(Diesel Engine)	
GT	燃气轮机(Gas Turbine)	
IC	间冷循环(Inter-Cooled Cycle)	
IGV	进口可转导叶	
OTDF	出口温度分布系数	
PHM	预测与健康管理	
RTDF	径向温度分布系数	
SM	喘振裕度	
ST	蒸汽轮机(Steam Turbine)	
SUB	合金基底层	
TBCs	热障涂层	
TC	陶瓷面层	
TGO	热生长氧化层	
TIT	涡轮入口温度	K

目 录

第 1 章

绪　论

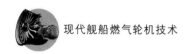

1.1 舰船燃气轮机概述

1.1.1 舰船燃气轮机基本组成

舰船燃气轮机通常由燃气发生器和动力涡轮组成。压气机、燃烧室和增压涡轮三大部件的组合体就是燃气发生器。目前,最常用的舰船燃气轮机是与大气相通的开式简单循环燃气轮机,其示意图如图 1.1 所示。

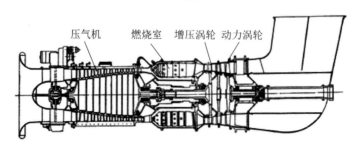

压气机　燃烧室　增压涡轮　动力涡轮

图 1.1　舰船燃气轮机的结构剖图

为保证燃气轮机的正常运行,还需要有各种附属系统来配合,包括启动系统、点火系统、燃油供给和控制系统、滑油系统、空气冷却系统、水清洗系统、防冰系统、盐分过滤系统、消声系统、安全保护系统、冷却水系统、泄放系统、通风系统、灭火系统、监控系统等。对舰船燃气轮机的监控通常设为三级,即驾驶室遥控、集控室集中控制和机舱控制。

只要装舰时机舱尺寸和质量允许,燃气轮机单机通常安装在箱装体结构内,舰船燃气轮机箱装体如图 1.2 所示。

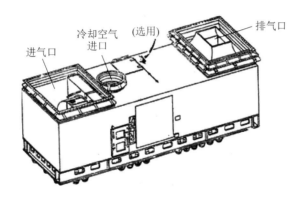

图 1.2　舰船燃气轮机箱装体

1.1.2　舰船燃气轮机工作过程

燃气轮机是将工质的热能转变为机械功的新型回转式动力机械。

舰船燃气轮机在正常运行时,大气中的空气经进气装置,被吸入压气机,压缩后进入燃烧室,与喷入燃烧室的燃料混合,等压燃烧后生成高温燃气。燃气先经过增压涡轮膨胀做功,转变为机械功,其约占燃气总膨胀功的三分之二,主要用于驱动压气机及部分机带附件(如滑油增压泵等)。然后,燃气继续在动力涡轮中膨胀做功,转变的机械功用于驱动螺旋桨或发电机。因此,燃气轮机对外输出的功率仅来自动力涡轮所发出的功率。而增压涡轮发出的功率主要用于压气机压缩空气耗功。可见,只要燃气轮机启动成功后,连续不断地向燃烧室喷入燃料,并维持正常燃烧,那么上述这些过程,即压气机的吸气和压缩过程、燃烧室中燃料的燃烧过程、增压涡轮中的膨胀过程,就可以连续不断地产生对外做功的燃气,即起到燃气发生器的作用。接着,燃气在动力涡轮中进行膨胀做功的过程,以及高温排气在大气中自然放热过程也会连续不断地进行下去。也就是说,燃料中的化学能部分地、连续不断地转变为机械功的过程在周而复始地进行着。这就是简单循环燃气轮机的工作原理。

1.1.3　舰船燃气轮机特点

舰船燃气轮机之所以能在大中型水面舰船上获得如此广泛的应用,原因在于它与其他形式的常规动力相比有着许多突出的特点。

1. 舰船燃气轮机动力装置的优点

(1) 机动性好

机动性:在保证舰船安全航行的条件下,燃气轮机动力装置从某一种工况迅速过渡到另一种给定工况的能力。

　　燃气轮机机动性指标:① 启动时间,由冷态迅速达到慢车状态的时间;② 慢车至全负荷功率所需时间;③ 舰船全速正车至全速倒车的时间。

　　舰船燃气轮机改变工况所需要的时间短,从冷态启动到发出全功率只需 2~3 min。在紧急态下,还可以缩短到 1 min 左右。例如,根据实测的结果:LM2500 燃气轮机从启动到慢车的平均时间为 48 s,从慢车到额定工况的平均时间为 28 s。又如,用 4 台 FT－4 燃气轮机作推进装置的某护卫舰,舰船从静止到全速 36 kn,约需 55 s,因此,可以较好地满足舰船机动性的要求。燃气轮机的减速性与加速性类似,改变功率所需的时间更少。

　　采用燃气轮机作为主动力的舰船,在倒航和制动中通常通过改变螺旋桨的螺距来实现,而燃气轮机不必停机和反向旋转,因此倒航时间由可调螺旋桨的性能来确定。燃气轮机与调距桨配合工作的倒航性能也较好,如英国 42 型导弹驱逐舰从全速前进到倒车仅需 2 min。各种类型舰船动力装置的启动时间如表 1.1 所列。

表 1.1　各种类型舰船动力装置的启动时间

动力类型	GT	DE	ST
启动时间/min	1~3	5~10	20~60

(2) 单机功率大,比质量轻

　　目前,舰船燃气轮机的单机功率已达 50 MW。世界典型舰船燃气轮机的性能参数如表 1.2 所列。

表 1.2　世界典型舰船燃气轮机的性能参数

机　型	LM2500	LM2500＋	LM6000	WR21	MT30	MT50
功率/MW	20.2	25.7	42.7	25	36	50
效率/%	35.5	37.2	40	46.2	40	42

　　比质量为装置的质量与额定功率之比,即装置发出每单位功率时的装置质量,单位为 kg/kW。

$$G_e = \frac{G_y}{Ne} \tag{1.1.1}$$

式中:G_y 为装置总质量,kg;Ne 为装置总功率,kW。

　　各种类型舰船动力装置的比质量如表 1.3 所列。

表 1.3　各种类型舰船动力装置的比质量

机　型	GT	ST	低速 DE	中速 DE	高速 DE
比质量/(kg·kW⁻¹)	1.5	28	52	7	3

(3) 尺寸小

　　舰船燃气轮机是高速回转的动力机械,本身结构紧凑,比质量大大低于其他类型的动力机械,在尺寸方面有较大优势。因此,其不仅适宜作为大中型水面舰船推进动力和综合电力系统原动机,而且尤为适合用在高性能艇,如喷水推进艇、水翼艇、气垫艇上。另外,由于单机本身尺寸小,因此可以做成箱装体结构,改善了机舱工作条件,使舱内的噪声和温度大大降低。

(4) 易实现自动化和远距离集中控制

由于为单机服务的各附属系统多设在单机本体上,比较集中,且配有可靠的自动控制和调节设备,因此燃气轮机舰船实现了三级控制,即驾驶室、集中控制室和机舱三级控制,操纵非常方便。

(5) 机械噪声小

因为燃气轮机是回转式动力机械,同时又采用了减振支座和挠性支承,所以机械噪声小,所产生的高频噪声不易通过舰体向水下传播,有利于本舰声呐的工作且不易被敌方声呐发现。

(6) 工作可靠,维护简单

目前,舰船燃气轮机的大修寿命已超过 10 000 h。

在舰上的维护工作量小。由于单机的尺寸小,易实现经进气装置吊装更换。如LM2500 型燃气轮机的燃气发生器,在泊位上每台更换时间不超过 24 h。因此,基本上可以做到不因机组故障而影响舰船的战斗使用,从而保证了舰船的在航率。这种"以换代修"的维修方式对战斗舰船来讲具有独特的优越性。

(7) 滑油和水的消耗小

燃气轮机的滑油消耗量比其他动力小得多,因此冷却水也用得少,必要时仅仅用少量水就可以冷却滑油。燃气轮机运行中基本不需要淡水。

2. 舰船燃气轮机动力装置的缺点

任何事物总是一分为二的,与其他动力机械相比,舰船燃气轮机也有一些不足之处:

(1) 低工况时耗油率偏高

目前,现役舰船燃气轮机额定工况下的耗油率已经接近中、高速柴油机的水平。如 LM2500 型燃气轮机额定功率时的燃油耗油率已达 0.25 kg/(kW·h),在低工况下运行时,耗油率将急剧升高,并易超温和工作不稳定。

(2) 空气的消耗量较大

由于受到涡轮耐高温材料及冷却技术的限制,涡轮前允许的燃气温度不能太高,目前约为 1 200 ℃,而在燃烧室中空气、燃料完全燃烧后燃气温度高达 2 000 ℃。因此,对于空气的消耗,除用于完全燃烧的理论空气量外,还需要 2~3 倍的空气与完全燃烧产生的高温燃气掺混、冷却,所以空气消耗量大。为减少流阻损失,就必须设置较大的进、排气装置,使整个动力装置的尺寸和比质量增大。相应地,进、排气流道在甲板上的开口面积也较大。

目前,由于复杂循环燃气轮机和相关先进技术的应用,已经使燃气轮机的经济性,特别是低负荷的经济性有了明显提高。它将进一步推进燃气轮机在舰船上的更加广泛的应用。

1.2 舰船燃气轮机现状与发展趋势

1.2.1 世界舰船燃气轮机的发展简史

舰船燃气轮机装舰使用的发展历史大致可分为 4 个阶段:

1. 1947—1958 年,探索试用阶段

1947 年英国首先试制成功舰船燃气轮机,并在炮艇 MGB2009 号上试验。1951 年又将全燃气轮机推进装置装在"勇敢"快艇上试验。各主要工业国在此阶段也先后研制成功了一批单机功率为 1 800～10 000 kW,耗油率为 0.36～0.65 kg/(kW・h),翻修寿命为数百小时的燃气轮机。其既有航空或陆用燃气轮机改型的机型,如英国的 G1、G2、G6,苏联的 M1,瑞士的 TA8007 等型,也有专门为舰船设计的机型,如英国的 RM - 60 型。由于它们的耗油率高、翻修寿命短、功率小,因此只能作为小艇的加速机组使用,即由燃气轮机单独驱动一个螺旋桨,在舰船要求高航速时,燃气轮机才投入使用。所以,将这一批燃气轮机以各种配置方式装在小艇上使用,或装在民船上使用,如英国的"奥丽斯"号油船、日本的"北斗丸"号训练船、美国的"约翰军士"号货船及苏联的"叶塞图金"号油船等。

2. 1959—1968 年,小批实用阶段

1957 年苏联海军舰队技术委员会建议:"二级舰最好采用燃气轮机推进方式,一般是蒸燃或柴燃联合动力装置"。因此 1959 年开始建造 45 艘柴燃联合动力的"波蒂"级反潜护卫舰,1962 年开始建造 19 艘全燃的"卡辛"级导弹驱逐舰。1961 年英国开始建造 7 艘蒸燃联合动力的"部族"级护卫舰,德国开始建造 6 艘柴燃联合动力的"科隆"级护卫舰。在这个阶段装有燃气轮机的各国舰船艘数比前一阶段仅增加 4 倍,但装舰总功率却增长了 40 倍。此阶段,燃气轮机的单机功率为 2 600～19 000 kW,耗油率为 0.27～0.41 kg/(kW・h),翻修寿命可达 4 000 h 左右,如美国的 LM1500、FT4A,英国的太因 RM1A、奥林普斯 TM1A 等。本阶段初期,由于对燃气轮机的可靠性有所疑虑,仅用它作加速机组。随着其性能的提高,至本阶段的后期,慢慢地出现了全燃气轮机动力舰船。

3. 1968—1989 年,全燃化推进的发展阶段

英国海军 1968 年宣布:"除已建造的布里斯托尔号驱逐舰继续采用蒸燃联合动力装置外,今后在水面舰船上全部采用燃气轮机推进方式"。这就正式标志了全燃气化推进发展的开始。苏联 1971 年开始建造 15 艘全燃气轮机动力的"里瓦克"级导弹驱逐舰。1973 年又开始建造 7 艘"卡拉"级全燃导弹巡洋舰。美国在此之前,护卫舰以上的舰船几乎无例外地采用了蒸汽动力,此时,也认识到"20 世纪 70 年代建造的驱逐舰,若不采用燃气轮机,则舰船在服役之前,其性能就远远落后于苏联。"因此,就加速研制高性能的舰船燃气轮机,应用 LM2500 燃气轮机,建造了 27 艘全燃推进的巡洋舰、43 艘全燃推进的驱逐舰和 51 艘全燃推进的护卫舰,成为全燃推进舰船发展最快的国家。

4. 1990 至今,高性能舰船燃气轮机的研发阶段

在此时期,世界各燃气轮机强国投资研发了一批大功率高性能舰船燃气轮机,为大型水面舰船提供了较充足的动力支持。该时期代表性的机型为英国罗·罗公司(Rolls - Royce)的 MT30、MT50 型燃气轮机,美国通用电气公司(GE)的 LM6000 型燃气轮机,以及罗·罗等多家公司联合研发的复杂循环燃气轮机 WR - 21 等。

现在,现代化程度较高的国家,其海军最新的水面舰船大都以燃气轮机及其联合动力装置作为推进动力装置。特别是综合电力推进舰船的出现,让燃气轮机在水面舰船上的应用展示了更加广阔的空间。

1.2.2　我国舰船燃气轮机的发展状况

我国舰船燃气轮机工业起步于 20 世纪 50 年代。

1958 年上海汽轮机厂开始仿制 404 型舰船燃气轮机,主要目的是摸索舰船燃气轮机的设计规律;703 所等自行设计的 401 型舰船燃气轮机,分别于 1964 年和 1970 年开始试车。401 型舰船燃气轮机拟装在 037G 型猎潜艇上运行,后来未能实现。

1967 年 703 所开始航空改装 407 型和 409 型舰船燃气轮机,后分别于 1973 年和 1976 年进行试车。由于舰船设计建造计划的变更,407 型燃气轮机完成科研样机后未能装舰使用,409 型舰船燃气轮机研制成功后曾试装于 724 - Ⅱ型气垫船运行。

自 20 世纪 80 年代中期以来,我国走上了"引进—消化吸收—国产化研制"的道路,使我国燃气轮机工业发生了突飞猛进的变化。

1985 年引进美国 GE 公司 LM2500 型舰用燃气轮机,以柴燃联合动力的形式安装到某型导弹驱逐舰上,于 20 世纪 90 年代初期下水服役,这是我国舰船燃气轮机发展的一个重要里程碑。

1993 年起,我国从乌克兰"机械设计生产联合体"引进 20 MW 级舰船燃气轮机及其生产线,该机型装于新型导弹驱逐舰上,使我国舰船燃气轮机的发展又迈上了一

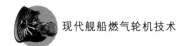

个新台阶。2006 年 3 月,首台国产化 20 MW 级舰船燃气轮机装舰运行,随后开始小批量生产并逐步装舰使用。

2004 年 11 月,我国开始立项,自行研制小挡功率燃气轮机;2007 年底完成了第一阶段全部研制任务;2008 年完成技术鉴定;2013 年 5 月,该型舰船燃气轮机完成 3 000 h 可靠性试验,开始装艇使用。

目前,我国正在进行新一代大功率间冷循环燃气轮机的研制,可以预见,随着综合国力的增强、工业基础水平的不断提高,以及相应的教育、科学研究的深入开展,我国的燃气轮机技术水平必然会以更快的速度缩小与国际先进水平的差距。

第 2 章
舰船燃气轮机间冷循环技术

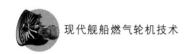
目前,海军对大型舰船的需求越来越大,而大型舰船需要大功率发动机驱动,现有发动机还不能完全满足其需要,尤其对机动性要求高的大型驱逐舰。此类舰船一般用燃气轮机驱动,这是由燃气轮机自身特性所决定的。

燃气轮机的改造和优化技术主要有两个思路:一是通过改进耐热材料、制造工艺和冷却技术等,来提高燃烧室出口温度、总压比和部件效率;二是采用复杂循环,通过循环的改进来提高燃气轮机系统的总体性能。

然而,继续提高燃气轮机的工作参数遇到了更大的困难,即使采用昂贵的材料和尖端的制造技术,也收效甚微。而且,无论工作参数多高,其低负荷时耗油率的恶化趋势也不会发生本质的变化,这是简单循环难以克服的缺点。将现有燃气轮机进行适当改造,以获得满足大功率需求的发动机是可行且经济实用的。国外已经研发出间冷回热复杂循环燃气轮机。这种采用复杂循环的燃气轮机相对于简单循环的燃气轮机,其功率大幅提高且耗油率大大降低,尤其是部分负荷高油耗情况得到显著改善。为了使船用燃气轮机在较大的功率范围内有平坦的耗油曲线,大幅度降低部分负荷时的燃油消耗量,就必须采用其他先进的循环或技术。

但是,国内复杂循环燃气轮机系统研发存在困难,且这方面技术也不成熟。而大型舰船对功率的需求是首位的,鉴于此,可研发相对简单又能满足这些船舶需要的间冷循环燃气轮机系统。间冷循环燃气轮机相对于简单循环燃气轮机仅在低、高压压气机之间增加了间冷器,系统相对简单,但仍然会对燃气轮机总体性能产生很大影响。特别是在海洋环境下,燃气轮机将受到海洋气候、水文等环境的影响,因此,开展海洋环境对航改舰用间冷循环燃气轮机性能影响的研究非常必要。

2.1 舰用间冷循环燃气轮机的特点

舰用燃气轮机性能的提高主要有两条途径:一是传统的简单循环,用提高燃气初温、压比(通常采用对低压压气机加级的方法),增加空气流量,提高燃气发生器转子转速和改进部件效率等措施实现新的目标;二是采用复杂循环,通过循环的改进实现更高的性能,如采用间冷(Inter-Cooled Cycle,IC)复杂循环。

间冷循环燃气轮机是在低压压气机与高压压气机之间安装一个中间换热器,使从低压压气机中流出的空气温度降低到接近环境温度,以此降低高压压气机进口温度,从而降低高压压气机的耗功,提高循环的总输出功率。间冷器的使用可以明显提高燃气轮机的循环比功,同时对部分工况的效率改善也有帮助。

图 2.1 所示为舰用间冷循环燃气轮机结构原理示意图,由低压压气机、高压压气机、间冷器、燃烧室、高压涡轮、低压涡轮、动力涡轮组成间冷循环燃气轮机本体。

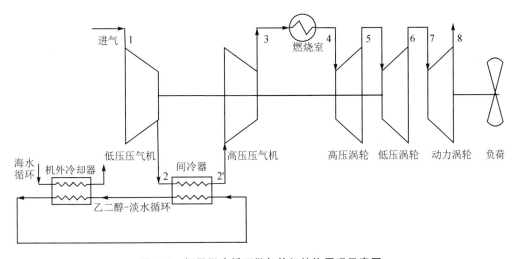

图 2.1　舰用间冷循环燃气轮机结构原理示意图

用间冷循环的燃气轮机能最大限度地继承母型机燃气发生器的通流部分,即最大限度地继承母型机的气动热力性能,同时也最大限度地继承母型机的部件可靠性。在气动热力性能方面,具有以下特点:

① 采用间冷对燃气轮机热效率的影响甚微,而且随着间冷度的增加,效率略有下降。这是因为采用间冷后,虽然减少了压气机的耗功,增加了有效输出功率,但是压气机出口温度降低。为了使燃气达到预定的初温值,就需要消耗更多的燃料,只有在高压比下,压气机耗功减少的影响才会超过由于间冷导致燃料增加的影响,这时其效率会高于简单循环效率。

② 间冷度越大,比功越大,相应于最大比功的压比值也大大增高。在现代船用燃气轮机的参数下,采用间冷后,比功可提高 22%~30%。

③ 采用间冷后,无论是相应最大比功的压比值,还是相应于最佳效率的压比值,均大大增高。

④ 间冷对于压气机出口温度的影响,意味着进入高温涡轮叶片的冷却空气温度降低,在保持高温涡轮叶片金属表面温度不变时可允许适度提高燃气初温。此外,高

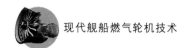
压转子在压气机折合转速相同时,其物理转速也将明显减小,使其工作应力明显减小。

综上所述,在现代舰用燃气轮机的参数下,采用间冷可明显增大比功,提高燃气轮机的输出功率,间冷度越大,有效输出功率越大。采用间冷时对热效率的影响较弱,间冷度越大,循环效率越低,但总的来说效率变化的幅值较小。而且,在实际装置中,采用间冷循环的燃气轮机装置具有一些有利于效率提高的因素,诸如燃气初温的适度提升、重新匹配后某些部件工作点效率的提高、折合转速的变化等,使得在明显提高发动机功率的同时其热效率也获得提升。

| 2.2 间冷循环燃气轮机建模技术 |

对于图 2.1 这一舰用间冷循环燃气轮机的热力系统,决定其动态过程的主要有转动惯性、容积惯性和热惯性。对于燃气轮机本体(间冷器除外),其热惯性与转动惯性和容积惯性相比要小得多,因此,忽略过渡过程中各部件金属吸收或放出的热量及气道不稳定热交换等热惯性的影响,只考虑其转动惯性和容积惯性。本书应用质量、能量守恒定律和热力学、传热学、流体力学等的基本关系式,在一定简化条件下,建立了热动力系统大部分典型部件的集总参数动态数学模型。

本书运用 MATLAB/SIMULINK,根据各部件数据模型建立了间冷燃气轮机的仿真模型。采用了变步长的 4 阶 5 级的 Runge - Kutta 法求解非线性方程组。

2.2.1 压气机模块

1. 压气机数学模型

压气机系统包括过滤器、进气管道、通流部分及扩压器等部分。在压气机通流部分需要抽气,对涡轮叶片进行冷却。压气机的输入参数为大气环境条件,输出参数为压缩耗功、压气机空气出口温度及出口空气焓值。

(1) 进气系统数学模型

压气机前端的进气系统通流部分的几何尺寸一定,但是由于燃气轮机工况的不同,需要的空气流量差别较大,因此不同工况的进气总压损失是不相同的。船用燃气轮机进气道处于亚声速状态,假定空气过滤器和进气管道是没有能量损失的绝热过程,对于燃气轮机性能的影响仅仅是引起空气的压力损失。本书采用含有压力损失系数的经验公式,即压力损失与流量的平方成正比:

$$\Delta p = \frac{p_{in} - p_{out}}{p_{in}} = \left(\frac{G_{in}}{G_0}\right)^2 \cdot \sigma \tag{2.2.1}$$

式中:σ 为设计工况点的总压恢复系数;G_0 为设计工况点的空气质量流量,kg/s。

（2）压气机本体数学模型

压气机是一个高度非线性的部件，本书采用非线性模块化建模方法。根据相似理论，压气机的工作特性可以用压比、折合转速、折合流量以及热效率 4 个参数的关系来表示，在压比、折合转速、折合流量和效率 4 个参数中，只要其中任意两个参数确定，压气机就有一个完全确定的工作状态。在压气机数学模型中假设：① 工质通过压气机机匣与外界的热交换忽略不计；② 压气机中间抽气和放气折算到压气机出口；③ 忽略流体质量力及动量作用的影响。

质量守恒方程如下：

$$G_{in} = G_{out} \tag{2.2.2}$$

式中：G_{in}、G_{out} 分别为压气机进、出口空气的实际流量，kg/s。

折合参数如下：

$$\bar{G}_{in} = G_{in} \frac{p_0 \sqrt{T_{in}}}{p_{in} \sqrt{T_0}} \tag{2.2.3}$$

$$\bar{n}_C = n_C \frac{\sqrt{T_0}}{\sqrt{T_{in}}} \tag{2.2.4}$$

式中：$\bar{G}_{in}$、$\bar{n}_C$ 分别为压气机的折合流量和折合转速；G_{in}、n_C 分别为压气机的实际流量和实际转速；$p_0 = 0.101\ 325$ MPa；$T_0 = 288.15$ K。

压气机压比、流量特性如下：

$$\pi_C = f_1 \left(G_{in} \frac{p_0 \sqrt{T_{in}}}{p_{in} \sqrt{T_0}}, n_C \frac{\sqrt{T_0}}{\sqrt{T_{in}}} \right) \tag{2.2.5}$$

$$\eta_C = f_2 \left(G_{in} \frac{p_0 \sqrt{T_{in}}}{p_{in} \sqrt{T_0}}, n_C \frac{\sqrt{T_0}}{\sqrt{T_{in}}} \right) \tag{2.2.6}$$

压气机耗功如下：

$$Ne_C = c_{p,a} T_{in} (\pi_C^{m_a} - 1) / \eta_C \tag{2.2.7}$$

式中：$c_{p,a}$ 为空气比定压热容；$m_a = (\lambda_a - 1)/\lambda_a$，$\lambda_a$ 为空气的绝热指数，即 $\lambda_a = c_{p,a}/c_{V,a}$，$c_{V,a}$ 为空气比定容热容。

压气机出口空气温度如下：

$$T_{out} = T_{in} \left[1 + (\pi_C^{m_a} - 1)/\eta_C \right] \tag{2.2.8}$$

2. 压气机仿真模型

图 2.2 所示为压气机仿真模型，是根据式（2.2.1）～（2.2.8）所表示的数学模型建立的低压压气机模型。高压压气机模型类似，在此不再赘述。

仿真模型说明如下：

➢ 输入参数：① 进口空气温度 T1，单位 K；② 折合转速 ns；③ 进口空气压力

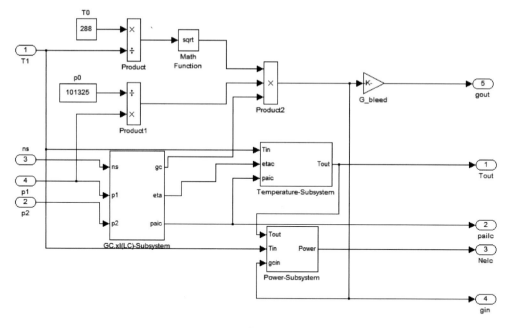

图 2.2　压气机仿真模型

p1,单位 MPa;④ 上一次迭代计算的出口空气压力 p2,单位 MPa。

> 输出参数:① 出口空气温度 Tout,单位 K;② 出口实际流量 gout,单位 kg/s;③ 出口空气压比 pailc;④ 下一次迭代计算的进口空气流量 gin,单位 kg/s。
> 子模块:① 压气机部件流量、压比特性子模块(GC-xl(LC)-Subsystem);② 空气温升子模块(Temperature-Subsystem);③ 压气机耗功子模块(Power-Subsystem)。

2.2.2　间冷器模块

1.　间冷器数学模型

间冷器是完成工质热量交换的换热器,位于高低压气机之间,经过低压压气机压缩后的空气流过间冷器向外部循环的冷却剂释放热量降低温度后进入高压压气机。通常换热器的研究侧重于对其换热性能的研究,这也是工程应用的一般需要,所以在建立换热器的数学模型时,只考虑换热器的热效应,而忽略其容积效应。数学模型上表现为只应用能量守恒建立模型,压力分布通过给定压损系数或简化的动量方程求得,即假定换热器内部流量一致、流体不可压。

为了降低模型的复杂度,在理论分析中假定:

① 间冷器中的温度变化是一维的;

② 在间冷器的动态过程中,空气侧与冷却工质侧的热交换系数假定不变,金属

壁面的物性不变;

③ 空气热容量比间冷器壁面的热容量要小得多,故在热惯性计算中可忽略不计;

④ 在间冷器的动态过程中,空气流速较低,可视其为不可压缩气体。

因此,间冷器的模型如下:

液体侧(冷侧):

质量守恒方程为

$$G_{c,in} = G_{c,out} \tag{2.2.9}$$

能量守恒方程为

$$V_c \frac{d}{dt}(\bar{\rho}_c c_c \bar{T}_c) = (G_{c,out}h_{c,out} - G_{c,in}h_{c,in}) + \alpha_c A_c(T_w - \bar{T}_c) \tag{2.2.10}$$

液体侧压力基本不变。

空气侧(热侧):

质量守恒方程为

$$G_{a,in} = G_{a,out} \tag{2.2.11}$$

能量守恒方程为

$$V_a \frac{d}{dt}(\bar{\rho}_a \bar{h}_a) = (G_{a,out}h_{a,out} - G_{a,in}h_{a,in}) + \alpha_a A_w(\bar{T}_a - T_w) \tag{2.2.12}$$

压力损失方程为

$$p_{a,out} - p_{a,in} = K_a \frac{G_{a,in}^2}{\rho_{a,in}} \tag{2.2.13}$$

金属壁面的能量守恒方程为

$$m_w c_w \frac{d}{dt}(T_w) = \alpha_a A_w(\bar{T}_a - T_w) - \alpha_c A_c(T_w - \bar{T}_c) \tag{2.2.14}$$

式中:$\alpha = St c_p V_a = c_p V_a j / Pr^{2/3}$ 为传热系数,W/(m² · K);A_c、A_w 为冷、热换热面积,m²;c_w 为回热器金属壁面的比热容,kJ/(kg · K);m_w 为金属壁面的质量,kg;Pr 为普朗特数;St 为斯坦顿数;m_c、m_a 分别为液体和气体的质量流量,kg/s;j 为传热因子;T_w、$\bar{T}_c$、$\bar{T}_a$ 分别为金属壁面温度、液体平均温度、空气平均温度,K;K_a 为与流道和几何尺寸有关的常数;$\bar{\rho}_a$ 为空气密度,kg/m³。

2. 间冷器仿真模型

图 2.3 所示为根据式(2.2.9)~(2.2.14)所表示的数学模型建立的间冷器仿真模型。

模型说明如下:

1)输入参数:① 进口空气压力 Pai,单位 MPa;② 进口空气温度 Tai,单位 K;③ 进口海水温度 Tswi,单位 K;④ 进口空气质量流量 Gair,单位 kg/s。

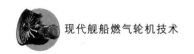

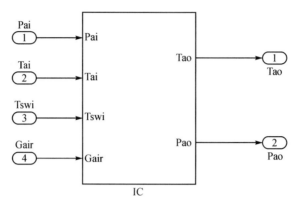

图 2.3　间冷器仿真模型

2）输出参数：① 出口空气温度 Tao，单位 K；② 出口空气压力 Pao，单位 MPa。

2.2.3　燃烧室模块

1. 燃烧室数学模型

燃烧室数学模型由容积惯性特性和燃料燃烧温升两部分组成。

将燃烧室视为一个容积部件时，根据热力系统建模的容积法，将其视为一个能量和质量的储存器，代表具有一定容积的流动连接部分，其内部可以近似为均匀场，即容积模块内部处处具有相同的热力状态。一般可忽略容积内流体同外界的传热，可用集总参数 p 来表示容积内的压力，容积中遵守能量守恒和质量守恒。

燃烧室内的燃气和冷却空气及其混合物均近似看作理想气体，所以：

$$\frac{\mathrm{d}p}{\mathrm{d}t} = \frac{RT(G_{\mathrm{air}} + G_{\mathrm{f}} - G_{\mathrm{gas}})}{V} + \frac{p}{T}\frac{\mathrm{d}T_{\mathrm{out}}}{\mathrm{d}t} \tag{2.2.15}$$

式中：R 为燃气的气体常数，单位 kJ/(kg·K)；T 为迭代计算中上一时刻的燃烧室平均温度，单位 K；V 为燃烧室的容积，单位 m^3；p 为迭代计算中上一时刻的燃烧室平均总压，单位 MPa。

对于燃料燃烧温升模型，根据热力学第一定律，出口温度为

$$T_{\mathrm{out}} = \frac{c_{p,\mathrm{a}}G_{\mathrm{C}}T_{\mathrm{in}} + G_{\mathrm{f}}H_{\mathrm{u}}\eta_{\mathrm{B}}}{c_{p,\mathrm{g}}(G_{\mathrm{C}} + G_{\mathrm{f}})} = \frac{c_{p,\mathrm{a}}G_{\mathrm{C}}}{c_{p,\mathrm{g}}(G_{\mathrm{C}} + G_{\mathrm{f}})}T_{\mathrm{in}} + \frac{G_{\mathrm{f}}H_{\mathrm{u}}\eta_{\mathrm{B}}}{c_{p,\mathrm{g}}(G_{\mathrm{C}} + G_{\mathrm{f}})} \tag{2.2.16}$$

式中：$c_{p,\mathrm{a}}$、$c_{p,\mathrm{g}}$ 分别为空气和燃气的比定压热容，单位 kJ/(kg·K)；G_{C}、G_{f} 分别为燃烧室进口空气质量流量和燃油质量流量，单位 kg/s；H_{u} 为燃料低热值，本书中的燃料低热值为 4.27×10^4 kJ/kg；η_{B} 为燃烧室燃烧效率。

2. 燃烧室仿真模型

图 2.4 所示为根据式(2.2.15)~(2.2.16)所表示的数学模型建立的燃烧室仿真模型。

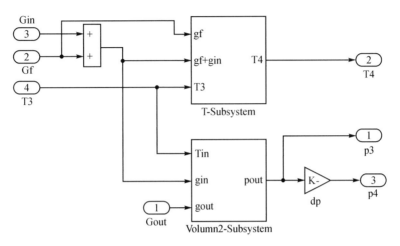

图 2.4 燃烧室仿真模型

模型说明如下:

1) 输入参数:① 进口空气温度 T3,单位 K;② 进口空气质量流量 Gin,单位 kg/s;③ 进口燃油质量流量 Gf,单位 kg/s;④ 上一次迭代计算的出口燃气质量流量 Gout,单位 kg/s。

2) 输出参数:① 出口燃气温度 T4,单位 K;② 出口燃气压力 p4,单位 MPa;③ 下一次迭代计算的进口空气压力 p3,单位 MPa。

3) 子模块:① 燃气温升子模块(图 2.4 中为 T - Subsystem);② 燃烧室容积效应子模块(图 2.4 中为 Volumn2 - Subsystem)。

2.2.4 涡轮模块

1. 涡轮数学模型

涡轮模块与压气机模块类似,因此,假设:① 忽略涡轮内部气体容积;② 忽略涡轮金属蓄热作用及向外散热影响;③ 涡轮部件注入冷却空气折算到涡轮进口;④ 忽略流体质量力和动量作用的影响。

涡轮膨胀比、效率特性如下:

$$\varepsilon_T = f_3\left(\frac{G_{in}\sqrt{T_{in}}}{p_{in}}, \frac{n_T}{\sqrt{T_{in}}}\right) \tag{2.2.17}$$

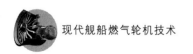

$$\eta_T = f_4 \left(\frac{G_{in} \sqrt{T_{in}}}{p_{in}}, \frac{n_T}{\sqrt{T_{in}}} \right) \tag{2.2.18}$$

式中:G_{in}、p_{in}、T_{in} 分别为涡轮进口实际流量、压力和温度;n_T 为涡轮实际转速。

涡轮做功如下:

$$\mathrm{Ne}_T = c_{p,g} T_{in} (1 - \varepsilon_T^{-m_g}) \eta_T \tag{2.2.19}$$

式中:$c_{p,g}$ 为燃气比定压热容,单位 kJ/(kg·K);$m_g = (\lambda_g - 1)/\lambda_g$,$\lambda_g$ 为燃气的绝热指数,即 $\lambda_g = c_{p,g}/c_{V,g}$,$c_{V,g}$ 为燃气比定容热容。

涡轮出口燃气温度如下:

$$T_{out} = T_{in} \left[1 - (1 - \varepsilon_T^{-m_g}) \eta_T \right] \tag{2.2.20}$$

2. 涡轮仿真模型

图 2.5 所示为涡轮仿真模型,是根据式(2.2.17)~(2.2.20)所表示的数学模型建立的高压涡轮模型。低压模型和动力涡轮模型类似,在此不再赘述。

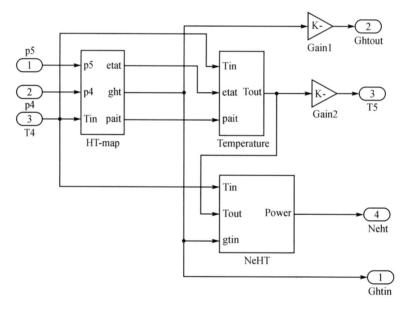

图 2.5　涡轮仿真模型

模型说明如下:

1)输入参数:① 进口燃气温度 T4,单位 K;② 进口燃气压力 p4,单位 MPa;③ 上一次迭代计算的出口燃气压力 p5,单位 MPa。

2)输出参数:① 出口燃气温度 T5,单位 K;② 出口实际流量 Ghtout,单位 kg/s;③ 涡轮膨胀做功 NeHT,单位 kW;④ 下一次迭代计算的进口燃气流量 Ghtin,单位 kg/s。

3）子模块：① 涡轮部件流量、膨胀比特性子模块；② 燃气温降子模块（图 2.5 中为 Temperature）；③涡轮膨胀做功子模块（图 2.5 中为 NeHT）。

2.2.5　转子模块

1. 转子数学模型

转子模块是燃气轮机部件之间的机械连接模块，转子是使压气机（或负载）和增压涡轮（或动力涡轮）连接在一起的部件。它连接了 2 个部件，一个是发出功的增压涡轮（或动力涡轮），带动转轴转动；另一个是消耗功的压气机（或负荷），都由转轴带动工作。当增压涡轮（或动力涡轮）发出的功率和压气机（或负载）消耗的功率相等时，转子就处于平衡状态，也就是说，转速保持一定。转子是燃气轮机动态过程中最主要的蓄能部件，转子具有的转动动能随转速的大小而改变，在过渡过程中，燃气轮机的输出功率和负荷功率不平衡，整个系统处于一种动态的加速或减速过程中。

根据能量守恒定律，"压气机-增压涡轮"转子的运动方程为

$$J\omega\frac{\mathrm{d}\omega}{\mathrm{d}t} = \mathrm{Ne_T}\eta_\mathrm{m} - \mathrm{Ne_C} \tag{2.2.21}$$

式中：J 为转子的转动惯量，单位 $\mathrm{kg \cdot m^2}$；η_m 为转子机械效率。

将 $\omega = \dfrac{2\pi n}{60} = \dfrac{\pi n}{30}$ 代入式（2.2.21）整理后可得

$$\frac{\mathrm{d}n}{\mathrm{d}t} = \frac{900}{J\pi^2 n}(\mathrm{Ne_T}\eta_\mathrm{m} - \mathrm{Ne_C}) \tag{2.2.22}$$

本书的研究对象为某型间冷燃气轮机，其惯性环节的微分方程组包括转子转动惯性方程组和纯容积惯性方程组（容积惯性方程组在容积模块中阐述）。其中转子转动惯性方程包括低压轴、高压轴、动力轴这 3 根轴的转子转动惯性方程，其微分方程分别为

$$\frac{\mathrm{d}n_\mathrm{L}}{\mathrm{d}t} = \frac{900}{J_\mathrm{L} \cdot \pi^2 \cdot n_\mathrm{L}}(\mathrm{Ne_{LT}}\eta_\mathrm{m,LT} - \mathrm{Ne_{LC}}) \tag{2.2.23}$$

$$\frac{\mathrm{d}n_\mathrm{H}}{\mathrm{d}t} = \frac{900}{J_\mathrm{H} \cdot \pi^2 \cdot n_\mathrm{H}}(\mathrm{Ne_{HT}}\eta_\mathrm{m,HT} - \mathrm{Ne_{HC}}) \tag{2.2.24}$$

$$\frac{\mathrm{d}n_\mathrm{PT}}{\mathrm{d}t} = \frac{900}{J_\mathrm{PT} \cdot \pi^2 \cdot n_\mathrm{PT}}(\mathrm{Ne_{PT}}\eta_\mathrm{m,PT} - \mathrm{Ne_{load}}) \tag{2.2.25}$$

式中：n_L、n_H、n_PT 分别为低压轴的转速、高压轴的转速、动力轴的转速；J_L、J_H、J_PT 分别为低压轴的转动惯量、高压轴的转动惯量、动力轴的转动惯量；$\mathrm{Ne_{LT}}$、$\mathrm{Ne_{HT}}$、$\mathrm{Ne_{PT}}$ 分别为低压涡轮的做功、高压涡轮的做功、动力涡轮的做功；$\mathrm{Ne_{LC}}$、$\mathrm{Ne_{HC}}$、$\mathrm{Ne_{load}}$ 分别为低压压气机的耗功、高压压气机的耗功、动力涡轮的负载耗功。

2. 转子仿真模型

图 2.6 所示为转子仿真模型,是根据式(2.2.23)～(2.2.25)所表示的数学模型建立的"低压增压涡轮-低压压气机"转子模型。"高压增压涡轮-高压压气机"和"动力涡轮-负载"模型类似,在此不再赘述。

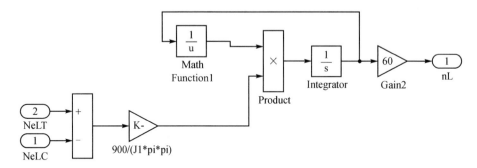

图 2.6 低压转子仿真模型

模型说明如下:

1) 输入参数:① 低压涡轮做功 NeLT,单位 kW;② 低压压气机耗功 NeLC,单位 kW。

2) 输出参数:转速 nL,单位 r/min。

2.2.6 容积模块

1. 容积数学模型

容积模块是指燃气轮机主要部件之间的连接部分,根据容积法可以将整个流动空间视为一个整体。因流动速度快,工质滞留时间短,可以忽略容积内流体同外界的传热及进出口的压差,从而可以用一个集中参数压力 p 表示该容积中气体的平均压力。对单纯的流动连接部分,动态计算中主要考虑因流入流出流量差而引起的压力变化,以容积为研究对象,气体状态方程为

$$pV = \dot{m}RT \tag{2.2.26}$$

式中:$\dot{m}$ 为 t 时刻时容积内的工质质量。

根据质量守恒定理,视容积中进出口温度相等,即 $T_{in} = T_{out}$,对式(2.2.26)中压力 p 对 $\dot{m}$ 微分可得

$$\frac{dp}{dt} = \frac{RT}{V}d\dot{m} = \frac{RT}{V}(G_{in} - G_{out}) \tag{2.2.27}$$

式中:R 为气体常数,单位 kJ/(kg·K);T 为气体平均温度,单位 K;V 为容积体积,单位 m³;G_{in}、G_{out} 分别为容积环节中进出口工质的质量流量,单位 kg/s。

纯容积惯性方程组包括 4 个容积：第 1 个容积 V_1 在低压压气机和高压压气机之间，包括低压压气机通流部分容积、间冷器部分容积、间冷器和两压气机之间过渡段的容积；第 2 个容积 V_2 位于高压压气机和燃烧室之间，包括高压压气机通流部分容积、高压压气机和燃烧室之间的容积、燃烧室容积、燃烧室与高压涡轮之间的容积；第 3 个容积 V_3 位于高压涡轮和低压涡轮之间，包括高压涡轮容积、高压涡轮和低压涡轮之间的容积；第 4 个容积位于低压涡轮和动力涡轮之间，包括低压涡轮容积、低压涡轮和动力涡轮之间的容积。4 个纯容积惯性的微分方程为

$$\frac{\mathrm{d}p_2}{\mathrm{d}t} = \frac{RT_2}{V_1}(G_{\mathrm{out,LC}} - G_{\mathrm{in,HC}}) \tag{2.2.28}$$

$$\frac{\mathrm{d}p_3}{\mathrm{d}t} = \frac{RT_3}{V_2}(G_{\mathrm{out,HC}} - G_{\mathrm{in,B}}) \tag{2.2.29}$$

$$\frac{\mathrm{d}p_5}{\mathrm{d}t} = \frac{RT_5}{V_3}(G_{\mathrm{out,HT}} - G_{\mathrm{in,LT}}) \tag{2.2.30}$$

$$\frac{\mathrm{d}p_6}{\mathrm{d}t} = \frac{RT_6}{V_4}(G_{\mathrm{out,LT}} - G_{\mathrm{in,PT}}) \tag{2.2.31}$$

2. 容积仿真模型

根据式（2.2.28）～（2.2.31）所表示的数学模型建立的容积仿真模型如图 2.7 所示。

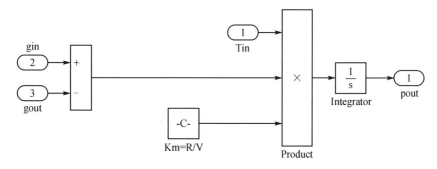

图 2.7　容积仿真模型

模型说明如下：

1）输入参数：① 进口工质的质量流量 gin，单位 kg/s；② 出口工质的质量流量 gout，单位 kg/s；③ 上一迭代时刻的工质的平均温度 Tin，单位 K。

2）输出参数：容积出口平均压力 pout，单位 MPa。

2.2.7　工质模块

间冷燃气轮机压气机中流动的工质为空气，涡轮中流动的工质是燃料与空气燃烧的产物——燃气，由多种气体混合而成。

在燃气轮机工作温度范围内,气体工质比定压热容、内能、焓都是温度的单值函数,与压力或比热容无关。燃气的热力性质取决于组成该燃气组分气体的性质和成分。组分气体的种类和成分则与燃料种类和过量空气系数或燃料系数有关,这使得燃气热力性质的计算更复杂一些。本书利用已有的燃气、空气热力性质表,通过拟合方法进而求得空气和燃气的热力性质。

1. 空气热力性质

由于空气的热力学性质应用比较广泛,对空气的热力性质的计算也比较精确。通常空气的热力性质可以根据热力性质表查得,但是这种燃气热力性质表却不能适应目前计算机仿真的需要,所以将空气的比定压热容拟合成随温度变换的单值函数。鉴于在较大温度范围内用一个公式来进行拟合的误差较大,故本书采用分段拟合的方法,具体的拟合公式如下:

(1) 低温(200~800 K)

$$c_{p,a}=4.185(0.243\,363\,28-0.329\,261\,48\times10^{-4}T+0.473\,951\,4\times10^{-7}T^2+$$
$$0.101\,268\,55\times10^{-9}T^3-0.898\,836\,55\times10^{-13}T^4) \tag{2.2.32}$$

(2) 高温(800~2 000 K)

$$c_{p,a}=4.185(0.190\,755\,49+0.127\,524\,98\times10^{-3}T-0.546\,519\,88\times10^{-7}T^2+$$
$$0.893\,781\,82\times10^{-11}T^3) \tag{2.2.33}$$

式中:$c_{p,a}$为空气比定压热容,单位 kJ/(kg·K)。

2. 燃气热力性质

燃气或空气的比热容随温度和气体成分的变化而变化,在等熵绝热过程中,温度和压力之间的关系较为复杂。

在研究燃气轮机等热机的循环理论与分析其性能时,首先必须具有工质热力性质的数据。常用的热力性质数据图表与手册已不能满足现在工程设计与理论研究的需要,为此,可应用普通的热力学微分方程,结合工质具体的单值性条件(反应工质特殊性的状态方程)和比热容确定工质的热力学函数。燃气热力性质的计算就是在各组分的热力性质多项式的基础上,按照其各自的物质量比例,经过拟合后编制而成的。

燃气的计算可采用下述修正公式:

$$c_{p,g}=c_{p,a,T}+\frac{f}{1+f}\theta_{c_p,T} \tag{2.2.34}$$

式中:下角标 T 表示该参数为温度 T 的函数;f 为油气比;$\theta_{c_p,T}$ 为比定压热容值的修正系数,它也是温度的单值函数,可在热力性质表中查得。为便于运算,有关文献将热力性质表的各个参数及修正系数拟合成温度的函数关系式。

利用拟合公式或空气和燃气热力性质表进行空气参数计算是十分方便的。进行燃气参数计算时,若已知温度 T 和油气比 f 求其他参数,也比较容易;若已知燃气的焓值或熵函数求温度,则需要进行迭代计算。计算时,先以燃气焓值代替空气焓值计算焓值修正系数,经过迭代求得前后两个焓值相等,再由温度-焓值拟合公式求出燃气温度。

2.2.8　海洋环境模块

海洋环境包括海洋气候和海洋水文两大方面,通过间冷循环燃气轮机热力性能机理和海洋环境的分析可知,对舰用间冷循环燃气轮机有影响的可变海洋环境包括:大气温度、大气压力、空气湿度、海水温度、海水盐度等 5 个主要参数。

在这 5 个参数中,由于舰船均在海平面运行,所以大气压力的变化不大;大气温度、海水温度都是作为影响工质和机组热力性能的简单变量;而空气湿度、海水温度和海水盐度耦合效应是影响工质和机组的热力性能的复杂变量,所以本书对这几个参数所影响的海洋环境建模如下:

1. 湿度模型

空气湿度模型主要考虑空气的含湿量。定义空气的含湿量为空气中水蒸气质量与干空气质量之比,用 d 表示。其比定压热容为

$$c'_{p,\mathrm{a}} = \frac{1}{1+d}c_{p,\mathrm{a}} + \frac{d}{1+d}c_{p,\mathrm{w}} \approx c_{p,\mathrm{a}} + dc_{p,\mathrm{w}} \tag{2.2.35}$$

式中:$c'_{p,\mathrm{a}}$、$c_{p,\mathrm{a}}$、$c_{p,\mathrm{w}}$ 分别为湿空气、干空气、水蒸气的比定压热容。

对于湿空气燃烧产物的热力性质,对油气比为 f,湿度为 d 的湿燃气,其热力性质为

$$c'_{p,\mathrm{g}} = \frac{(1+f)c_{p,\mathrm{a}} + dc_{p,\mathrm{w}}}{1+f+d} \tag{2.2.36}$$

式中:$c'_{p,\mathrm{g}}$ 为湿燃气的比定压热容。

2. 海水热力性质模型

海水实际上是一个由淡水和决定海水盐度的盐分组成的多成分系统。在该系统中,淡水是基本成分,它有一系列异常特性,如在 $t = +4\ ℃$ 时密度最大,比热容最小;在温度为 $0 \sim 30\ ℃$、压力为 $100 \sim 750\ \mathrm{MPa}$ 时黏度最小,系统结构复杂,因而热力学关系复杂。由于对海水有巨大影响的主要盐分有 6 种(NaCl、$\mathrm{MgCl_2}$、$\mathrm{MgSO_4}$、$\mathrm{CaCl_2}$、KCl、$\mathrm{NaHCO_3}$),再加上淡水,作为热力学系统的海水组分总数可达 7 种,所以分析经典形式的热力学关系实际上是不可能的。为了简化,应用盐分组分含量恒定的特性,把海水当作双组分的溶液(淡水和准单盐)进行分析。

海水的比热容取决于温度和盐度,根据相关数据拟合成解析式,即

$$c_{p,\mathrm{sw}} = 4.2 \times [1.004\,9 - 0.001\,621\,0s + 3.526\,1 \times 10^{-6}s^2 - $$
$$(3.250\,6 - 0.147\,95s + 7.776\,5 \times 10^{-4}s^2)10^{-4}t + $$

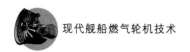

$$(3.801\ 3-0.120\ 84s+6.121\times10^{-4}s^2)10^{-4}t^2] \tag{2.2.37}$$

式中：t 为温度，单位℃；s 为盐度，单位‰；$c_{p,\mathrm{sw}}$ 为海水比热容，单位 kJ/(kg·K)。

如果还考虑压力的影响，则修正的比热容差 $\Delta c_{p,\mathrm{sw}}(p)$ 为

$$\Delta c_{p,\mathrm{sw}}(p)=c_{p,\mathrm{sw}}(0)-c_{p,\mathrm{sw}}(p) \tag{2.2.38}$$

修正的参数如表 2.1 所列。

表 2.1　压力对海水比热容的修正表

压力 p/MPa	0	20.0	40.0	60.0	80.0	100.0
修正比热容 $\Delta c_{p,\mathrm{sw}}(p)$/ $[\mathrm{kJ\cdot(kg\cdot K)}^{-1}]$	0	0.066 6	0.121 8	0.167 9	0.206 0	0.237 0

建立的海洋环境仿真模型如图 2.8 所示。

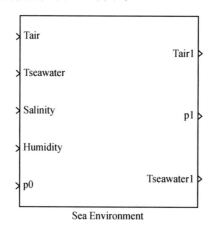

图 2.8　海洋环境仿真模型

模型说明如下：

1）输入参数：① 进口大气温度 Tair，单位 K；② 进口海水温度 Tseawater，单位 K；③ 进口海水盐度 Salinity，单位‰；④ 进口大气湿度 Humidity，单位％；⑤ 进口大气压力 p0，单位 MPa。

2）输出参数：① 进口大气温度 Tair，单位 K；② 进口大气压力 p1，单位 MPa；③ 进口海水温度 Tseawater，单位 K；④ 进口海水温度 Tseawater、进口海水盐度 Salinity、进口大气湿度 Humidity 等 3 个参数输出到工作空间，作为工质比热容参数的自变量。

2.2.9　间冷燃气轮机系统模型

将 2.2.1～2.2.8 小节中各部件模型在 SIMULINK 中组装成为一个整体后，建立的间冷燃气轮机系统模型如图 2.9 所示。

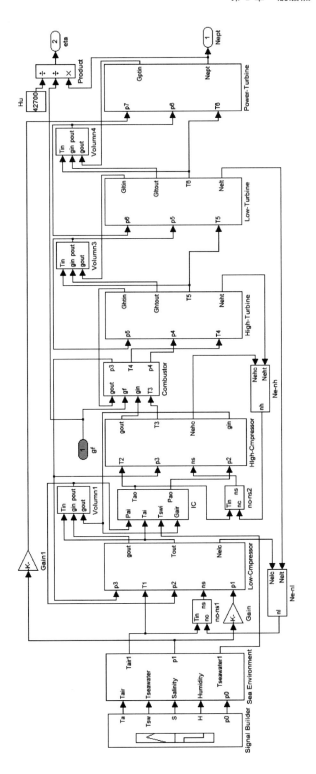

图2.9 间冷燃气轮机仿真模型

| 2.3　海洋环境对间冷燃气轮机性能的影响分析 |

影响间冷循环燃气轮机性能的海洋环境条件主要包括：空气温度、空气湿度、空气盐度、海水温度、海水盐度等。几种主要海洋环境条件的变化范围如下：海洋空气温度范围为 $-22 \sim 38.5\ ℃$，部分海域极端最高气温为 $45.6\ ℃$，极端最低气温为 $-30\ ℃$。海洋表层水温的分布主要取决于太阳辐射的分布和大洋环流两个因子，在极地海域结冰与融冰的影响也起重要作用。海洋表层水温变化在 $-2 \sim 30\ ℃$ 之间。

1. 空气温度的影响

当大气压力和燃气初温不变时，温比会随着大气温度的变化而改变，所以燃气轮机装置的工作点会移动，进而使压比、效率发生改变，最终装置的有效效率、比功、功率都将变化。当大气温度增高时，装置的比功和效率都下降；空气的吸入质量流量下降，从而使装置的有效功率显著减小。

(1) 稳态特性

假定海水温度为 300 K 不变，间冷度不变，当大气温度低于设计点温度（15 ℃）时保持机组功率不变，当大气温度高于设计点温度时保持燃油量不变，在此情况下，大气温度对间冷循环燃气轮机设计工作点的稳态性能影响如图 2.10 和图 2.11 所示。由图可以看出，当大气温度由 $-10\ ℃$ 变化为 $40\ ℃$ 时，机组设计工况的效率由 40.73% 变为 38.94%，下降了 1.79%，功率下降了 3.2%。可见，由于间冷系统的作用，燃气轮机对大气温度改变所带来的性能保持性较强。

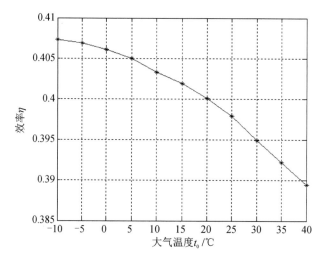

图 2.10　海水温度不变、间冷度不变时机组热效率随大气温度的相对变化（1.0 工况）

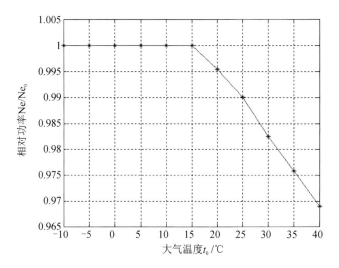

图 2.11　海水温度不变、间冷度不变时机组相对功率随大气温度的相对变化(1.0 工况)

　　考虑到舰船可能在非设计工况下运行,在假定海水温度和间冷度不变时,保持间冷系统冷却液质量流量不变,同时采用保持燃油量不变的燃气轮机控制策略,大气温度对 0.8 工况、0.5 工况和 0.35 工况这几个典型非设计工况时的稳态输出功率和热效率影响如图 2.12～2.17 所示。

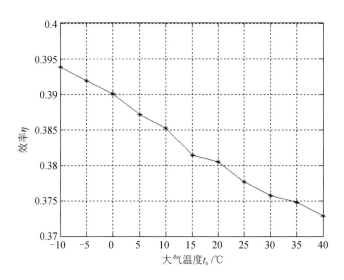

图 2.12　海水温度不变、间冷度不变时机组热效率随大气温度的相对变化(0.8 工况)

　　在 0.8 工况下,由图 2.12 和图 2.13 可知,一方面,与设计工况点相比,由于间冷系统的作用,非设计工况时的效率为 38.1%,相对于简单循环的燃气轮机热效率有所改善。另一方面,由于间冷器对低压压气机出口空气进行了有效的冷却,当大气温

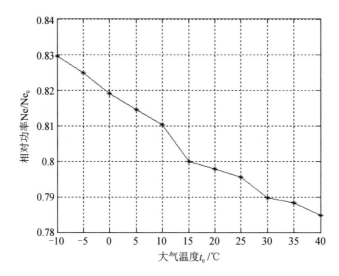

图 2.13　海水温度不变、间冷度不变时机组相对功率随大气温度的相对变化(0.8 工况)

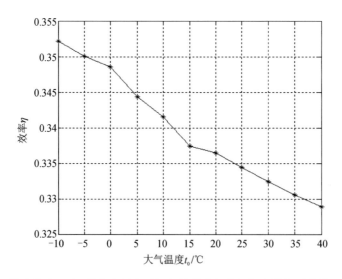

图 2.14　海水温度不变、间冷度不变时机组热效率随大气温度的相对变化(0.5 工况)

度高于设计点温度(15 ℃)时,随着温度的升高,相对功率和热效率下降缓慢,当大气温度由 15 ℃升高 25 ℃达到 40 ℃时,相对功率下降 1.53%,热效率下降 0.86%;而当大气温度低于设计点温度(15 ℃)时,随着温度的降低,相对功率和热效率上升较快,当大气温度由 15 ℃降低 25 ℃达到 -10 ℃时,相对功率增加 2.95%,热效率增加 1.24%。

　　0.5 工况和 0.35 工况也具有和 0.8 工况类似的特性。

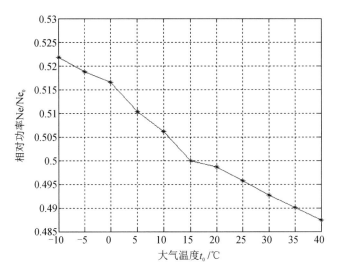

图 2.15　海水温度不变、间冷度不变时机组相对功率随大气温度的相对变化(0.5 工况)

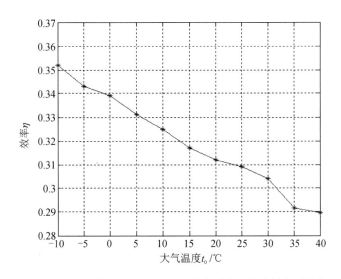

图 2.16　海水温度不变、间冷度不变时机组热效率随大气温度的相对变化(0.35 工况)

（2）动态特性

假定海水温度不变,间冷度不变,当大气温度低于设计点温度(15 ℃)时保持机组功率不变,当大气温度高于设计点温度时保持燃油量不变,在此情况下,当大气温度从−10 ℃变化到 40 ℃时,采用线性变化供油规律,对间冷循环燃气轮机从 0.8 工况到 1.0 工况加速过程的动态性能影响如图 2.18~2.23 所示。

由图 2.18~2.23 可知,采用线性变化供油规律,燃气轮机的动态响应呈现两个特点:一是在相同时刻,输出功率随着大气温度的升高而降低,即在相同功率需求下,大气温度低时燃气轮机达到该功率时所需要的时间要短;二是达到 1.0 工况的时间

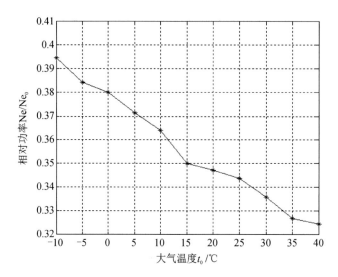

图 2.17　海水温度不变、间冷度不变时机组相对功率随大气温度的相对变化(0.35 工况)

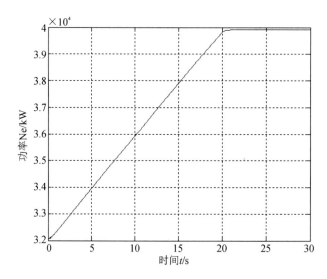

图 2.18　0.8 工况到 1.0 工况加速过程机组输出功率动态响应随大气温度的相对变化(大气温度－10 ℃)

随着大气温度的升高而缩短,当大气温度为－10 ℃时,在 22.37 s 时才达到稳定工况;而当大气温度为 40 ℃时,在 20.56 s 时就达到稳定工况。

2. 空气压力的影响

舰船燃气轮机装置始终在海平面上工作,不像航空发动机那样有较高的飞行高度,也不像陆用燃气轮机那样在海拔数千米的高原上工作。在地球的海平面上,大气

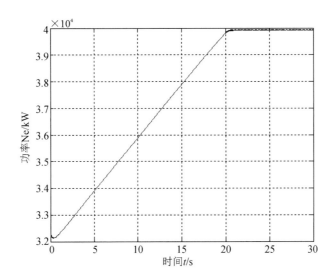

**图 2.19　0.8 工况到 1.0 工况加速过程机组输出功率动态响应
随大气温度的相对变化（大气温度 0 ℃）**

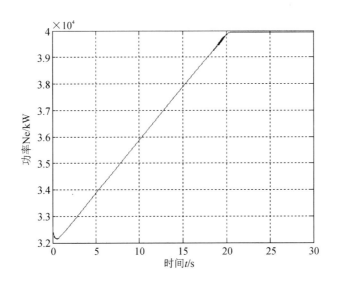

**图 2.20　0.8 工况到 1.0 工况加速过程机组输出功率动态响应
随大气温度的相对变化（大气温度 +10 ℃）**

压力的总变化幅度不大，通常不超过 8%。所以大气压力对燃气轮机装置性能的影响不大。

3. 空气湿度的影响

舰船用燃气轮机装置在海上航行，吸入的空气中含有水分。水分的多少可用相

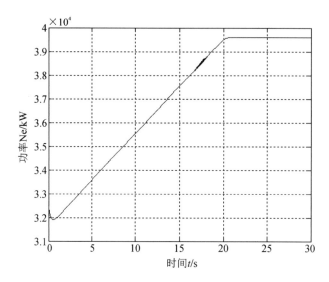

图 2.21 0.8 工况到 1.0 工况加速过程机组输出功率动态响应随大气温度的相对变化(大气温度+20 ℃)

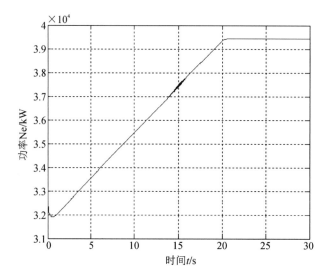

图 2.22 0.8 工况到 1.0 工况加速过程机组输出功率动态响应随大气温度的相对变化(大气温度+30 ℃)

对湿度来衡量。相对湿度是指 1 kg 空气中含水(包括水蒸气和固态冰雪)多少克。它的大小主要取决于海况,并且与大气温度和压力有关。

大气湿度对机组特性有一定的影响,主要反映在变工况计算中的比热容、绝热指数 K 和气体常数 R 的改变上。一方面,因为空气的气体常数 $R_{air}=287$ J/(kg·K),而水蒸气的 $R_{H_2O}=462$ J/(kg·K),因此,空气中混有水蒸气后,其总的热容量就会

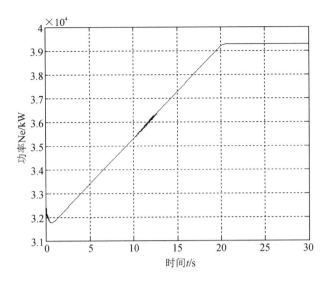

**图 2.23　0.8 工况到 1.0 工况加速过程机组输出功率动态响应
随大气温度的相对变化(大气温度 + 40 ℃)**

增大,比热容增大,加大了比功。

另一方面,由于空气中混有水分后,每千克空气中可燃氧量相对减少。相对湿度愈大,参加燃烧的空气量相对减少得就愈多,致使机组功率反而有所下降。

当然,由于舰船用燃气轮机装置有进气装置,因此有一定的除水蒸气的能力,以减小大气湿度对装置性能的影响。如果进气装置失效,或海情原因造成海浪溅入,那么大气湿度的影响就应该考虑,即燃烧计算平衡方程式中,水分的计算项不能忽略。另外,可以混合气体的组分计算方法,来考虑和计算出含水分的湿空气参数的数值,以求出比功大小。

4. 海水温度的影响

在舰船上安装带有间冷循环装置的燃气轮机时,为了降低成本,减小装置的体积,都会采用海水冷却装置,即在中间冷却装置中采用海水来冷却工质气体,这样海水的温度将直接影响间冷度,从而影响循环比功和热效率。在同一片海域,海水温度的变化基本上可以忽略不计,但是在不同纬度的海水则温度差别较大,故在数据分析时,海水温度即冷却水温度的选取范围不大(273～308 K),对于同一冷却水温度,压气机总压比升高过程中,循环比功先增加到最大值然后减小。而当冷却水温度由 268 K 升高至 308 K 时,各个曲线总趋势变化不大,但在相同压气机总压比的情况下,随着总压比的增大,冷却水温度愈低,循环比功愈大。

假定大气温度为 15 ℃不变,间冷度不变,当海水温度低于设计点温度(17.2 ℃)时保持机组功率不变,当海水温度高于设计点温度时保持燃油量不变,在此情况下,海水温度对间冷循环燃气轮机设计工作点的性能影响如图 2.24 和图 2.25 所示。由图可以看出,当海水温度由 0 ℃变化为 40 ℃时,机组效率下降了 0.42%,功率下降了 0.47%。可见,海水温度的变化本身对间冷燃气轮机设计工况的性能影响有限。

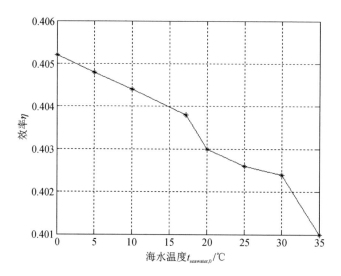

图 2.24　大气温度不变、间冷度不变时热效率随海水温度的相对变化(1.0 工况)

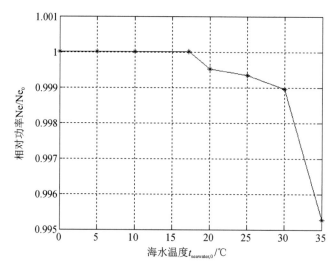

图 2.25　大气温度不变、间冷度不变时相对功率随海水温度的相对变化(1.0 工况)

考虑到舰船可能在非设计工况下运行,假定大气温度和间冷度不变时,保持间冷系统冷却液质量流量不变,同时采用保持燃油量不变的燃气轮机控制策略,在此情况下,海水温度对 0.8 工况、0.5 工况和 0.35 工况这 3 个典型非设计工况时的稳态输出功率和热效率影响如图 2.26～2.31 所示。

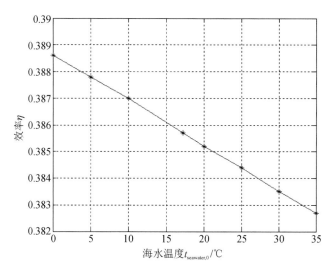

图 2.26　大气温度不变、间冷度不变时热效率随海水温度的相对变化(0.8 工况)

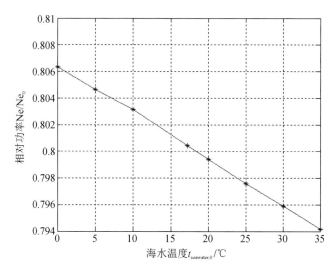

图 2.27　大气温度不变、间冷度不变时相对功率随海水温度的相对变化(0.8 工况)

由部分工况可知,当海水温度由 0 ℃ 变化为 40 ℃ 时,在 0.8 工况,机组效率下降了 0.58%,功率下降了 1.21%;在 0.5 工况,机组效率下降了 3.20%,功率下降了 4.8%;在 0.35 工况,机组效率下降了 4.50%,功率下降了 4.9%,所以,越是偏离设计工况,海水温度对机组性能的影响越大。

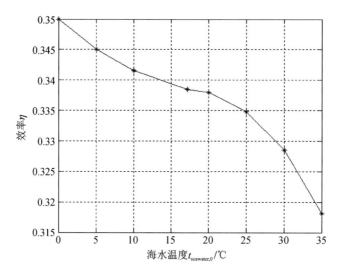

图2.28　大气温度不变、间冷度不变时热效率随海水温度的相对变化(0.5工况)

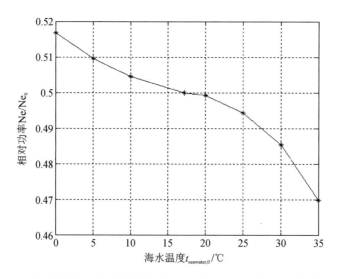

图2.29　大气温度不变、间冷度不变时相对功率随海水温度的相对变化(0.5工况)

5. 大气温度和海水温度的耦合影响

考虑到空气和海水的比热容差异较大,海水温度变化较大气温度变化慢,因此,在大气温度低于10 ℃时,海水温度均等于0 ℃;在大气温度高于10 ℃时,海水温度比大气温度低10 ℃并同方向变化,由此假设研究间冷燃气轮机的性能变化规律。

假定间冷度不变,通过前述章节的分析,因为大气温度起主要作用,所以间冷燃

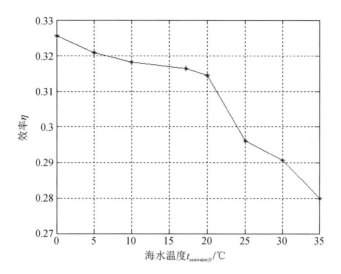

图 2.30　大气温度不变、间冷度不变时热效率随海水温度的相对变化(0.35 工况)

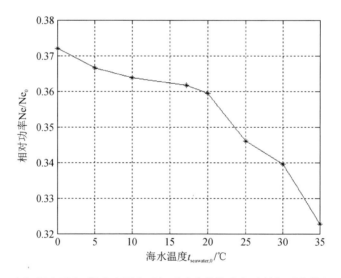

图 2.31　大气温度不变、间冷度不变时相对功率随海水温度的相对变化(0.35 工况)

气轮机的燃油控制规律为:当大气温度低于设计点温度(15 ℃)时保持机组功率不变,当大气温度高于设计点温度时保持燃油量不变,在此情况下,间冷循环燃气轮机设计工作点的性能参数变化如图 2.32 和图 2.33 所示。

由图 2.32 和图 2.33 可以看出,当大气温度、海水温度同时由 0 ℃变化为 40 ℃时,机组设计工况点的效率下降了 2.56%,功率下降了 3.95%。间冷系统不仅受海水温度的变化影响有限,而且相对简单循环燃气轮机机组而言,间冷系统将抑制大气温度升高带给机组性能的下降。

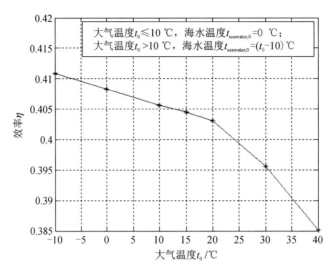

图 2.32　大气温度与海水温度同时变化,间冷度不变时,热效率随大气温度的相对变化(1.0 工况)

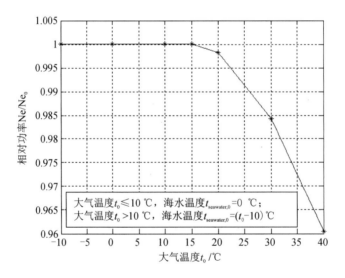

图 2.33　大气温度与海水温度同时变化,间冷度不变时,相对功率随大气温度的相对变化(1.0 工况)

6. 海水盐度的影响

海水的盐度对海水比定压热容有一定的影响,进而影响间冷器的间冷度。

海水的 c_p 值随盐度的增高而降低。在温度为 17.5 ℃,一个大气压力下,各种盐度海水的比热容如表 2.2 所列。

表 2.2　各种盐度海水的比热容值

$S/‰$	0	5	10	15	20	25	30	35	40
c_p	1.000	0.982	0.968	0.958	0.951	0.945	0.939	0.932	0.926

　　海水比定压热容还与温度变化有关,且随盐度、温度的变化比较复杂。在低温、低盐时 c_p 值随温度的升高而减小,在高温、高盐时 c_p 值随温度的升高而增大。例如在盐度 $S>30$,温度 $t>10$ ℃时, c_p 值全部随温度的升高而增大。海水比热容还随温度的增高而减小,随压力的增加而增大。

　　在机组运行中,需要根据海水盐度的变化所引起的比热容变化来调整间冷系统的冷却液质量流量,确保间冷度。

第 3 章
压气机气动扩稳技术

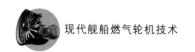
压气机是燃气轮机的三大"核心"部件之一,现代先进压气机具有大流量、高压比、高效率等特点。然而,高压比往往使叶片吸力面的逆压梯度更大,更容易引发流动分离,进而降低压气机的气动稳定性。而且,多级轴流压气机的通流部分是按设计工况条件确定的,因此当压气机的工作偏离设计工况时,压气机中各级气流参数与通流部分的适应性遭到破坏,从而形成过大或过小的攻角,前者易引发旋转失速和喘振,后者易导致堵塞。压气机发生旋转失速甚至喘振,轻则造成燃气轮机性能的急剧恶化,重则导致燃气轮机熄火,甚至叶片断裂而使整台燃气轮机遭到严重破坏。

改善多级轴流式压气机特性的途径有两个:一是从气动设计着手,如宽弦叶片设计、弯扭掠叶片设计、机匣处理等;二是增设调节机构,如从压气机中间级放气,可调导叶/静叶,压气机采用双转子等。中间级放气,一般是在多级压气机通流部分中间的一个或几个截面上开放气口(通常为周向连续的槽或周向不连续的孔),当压气机在低转速下工作时,将流道内部分压缩空气放到流道外面,放掉的压缩空气可以重新引回到压气机进口,或为附件和发动机部件提供冷却。虽然这种方法会损失部分压气机放气口前的各级已经压缩过的空气,不过放气多在启动、加速、退喘过程中进行,时间不长,所造成的损失尚不严重。在压比小于10的多级轴流压气机中,放气防喘的效果良好。此外,放气还可以减小燃气轮机启动时的启动功率,但是也会对放气口附近的叶片产生附加激振力。合理的放气结构不仅可以起到良好的防喘效果,还可以最大程度地减小放气所带来的负面影响。

3.1 级间放气扩稳

3.1.1 带放气槽压气机特性

1. 放气机理

当燃气轮机在低于设计转速下运行时,压气机的不稳定工作特点为"前旋后堵"。

压气机的前几级在大的正攻角下工作,而后几级在大的负攻角堵塞状态下工作。中间级放气系统打开时,由于减小了气流通道的阻力,位于放气结构上游的压气机级的空气流量增加,进气攻角减小,从而避免了因攻角过大而发生失速甚至喘振,图 3.1 所示的压气机第一级特性线上的工作点由 N 点变到 M 点。同时,放气结构下游的压气机级由于放气使空气流量减小,进气攻角增大,使其脱离了堵塞状态,图 3.1 所示的末级压气机特性上的工作点由 N 点变到 M 点。由此可见,中间级放气使前、后各级都朝着有利于稳定工作方向变化,使压气机各级工作更加协调,改善了压气机的特性,保证燃气轮机安全可靠地工作。

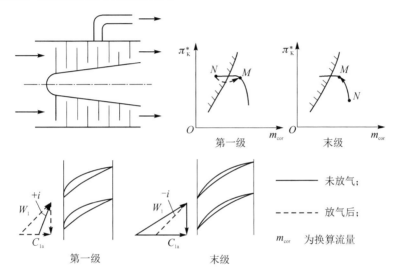

图 3.1　中间级放气防喘原理示意图

2. 放气槽结构及计算网格

图 3.2 和图 3.3 所示为某压气机实际放气结构和简化结构的计算网格。放气结构位于 R_7 和 S_7 的轴向间隙中(见图 3.4),压缩气体从 R_7 流出后,部分通过机匣上的开口流入放气槽,经周向不连续的椭圆形放气口进入集气腔,然后由放气阀控制是否排出。由于集气腔为非对称结构,故没有在放气结构中画出。考虑集气腔所起的稳压作用可以通过设置边界条件来满足,同时也为了提高计算效率,因此,在放气结构的计算网格中略去了集气腔。

3. 放气结构数值模型的处理

在目前的研究中,对放气模型有如下几种处理方式。

第一种:放气结构和机匣的交接面给定质量流量。根据所设定的质量流量,精确确定放气结构的轴向范围。允许其他参数发生适当的变化但流过每一个单元体表面的质量流量保持恒定。

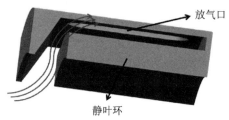

图 3.2　实际放气结构　　　　　图 3.3　简化放气机构的计算网格

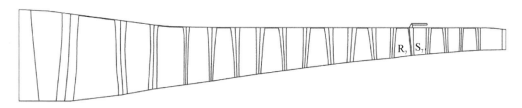

图 3.4　放气结构位置示意图

第二种:放气结构和机匣的交接面给定静压。根据流过交接面的质量流量,精确确定放气结构的轴向范围,通过给定不同的静压获得所需的放气量。

第三种:将放气结构视为一个位于整个叶片栅距之间的简单径向空腔,放气结构出口给定静压。通过放气结构和机匣交接面上单位面积的质量流量可以不同。

对于前两种方式,放气流动的复杂性使数值计算软件很难进行处理,而且这两种放气模型并不能精确模拟放气对压气机性能的影响,所以在本书的研究中,将使用第三种处理方式,放气结构出口给定静压。

4. 对总体性能的影响

本书用喘振裕度来评价放气对压气机低工况性能的改善效果,喘振裕度 SM 的计算公式为

$$\mathrm{SM} = \left[\frac{\left(\dfrac{\pi^*}{G}\right)_\mathrm{s} - \left(\dfrac{\pi^*}{G}\right)_\mathrm{op}}{\left(\dfrac{\pi^*}{G}\right)_\mathrm{op}} \right] \times 100\% \qquad (3.1.1)$$

式中:π^* 和 G 分别表示总压比和进口折合质量流量;下标 s 和 op 分别表示近失速点和工作点。本书中用近峰值效率点代替工作点来估算喘振裕度。

图 3.5 所示为 80% 设计转速下压气机放气前后的性能特性曲线,图中黑色实心方块代表放气前压气机的近失速点,红色实心圆点代表压气机在近失速点放气后的状态点。可以看到,放气前后,压气机近失速点的进口质量流量基本不变,"堵塞"点

的进口质量流量增大,压气机的运行范围拓宽。经计算,放气前,压气机的喘振裕度为 12.87%,放气后,压气机的喘振裕度提高到 17.53%。可见,尽管放气后压气机的喘振边界线基本没变,但通过使工作点右移增加了压气机的喘振裕度,拓宽了压气机稳定运行的范围。

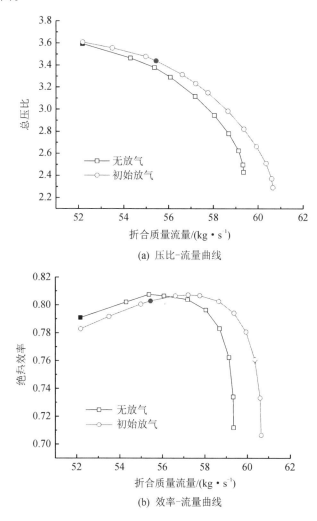

(a) 压比-流量曲线

(b) 效率-流量曲线

图 3.5　压气机性能曲线(80%设计转速)(见彩图)

5. 对流场的影响

图 3.6～3.9 给出了压气机第一级和第二级转静子的进口气流角沿叶高的分布。本书定义转子的进口气流角为气流进口相对速度与叶栅前额线的夹角,静子的进口气流角为气流进口绝对速度与叶栅前额线的夹角,前额线的方向取旋转方向为正。

通过对图 3.6～3.9 的分析可知,不放气时,96%叶高以下 R_1 的进口气流角由叶

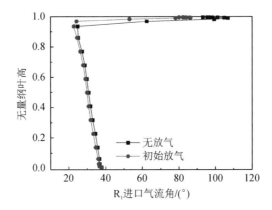

图 3.6　R_1 进口气流角沿叶高的分布（见彩图）

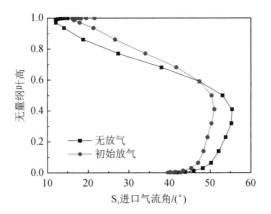

图 3.7　S_1 进口气流角沿叶高的分布（见彩图）

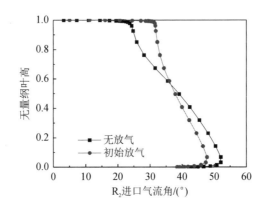

图 3.8　R_2 进口气流角沿叶高的分布（见彩图）

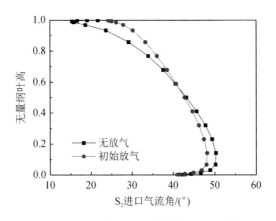

图 3.9　S_2 进口气流角沿叶高的分布(见彩图)

根至叶顶逐渐减小,从 96% 叶高往上 R_1 的进口气流角突然增大,最大甚至超过 $90°$。R_1 的进口气流角沿叶高的反常分布说明其通道顶部的流动十分混乱,R_1 叶顶间隙处大于 $90°$ 的进口气流角表明流体进入叶片通道时周向分速度与旋转方向相同,在轴向逆压以及压力面与吸力面之间压差的共同作用下,R_1 叶顶间隙内流体的轴向速度和周向速度同时下降,极易堵塞通道,给叶片顶部的流动带来不利影响。放气后,96% 叶高以下 R_1 的进口气流角略有减小,96% 叶高以上 R_1 的进口气流角减小至 $90°$ 以下,但仍然很大,可以推测通道顶部的流动分离和堵塞有所改善但会继续存在。

放气对 S_1 全叶高范围上的进口气流角均有明显的影响。近 60% 叶高至叶顶,S_1 的进口气流角在放气后增大,且沿叶高方向气流角的增幅逐渐明显;叶根至近 60% 叶高,S_1 的进口气流角在放气后减小。S_1 近 60% 叶高以上进口气流角的增大使相应区域的进气攻角减小,有利于削弱其吸力面气流分离的程度。S_1 近 60% 叶高以下进口气流角的减小使相应区域的进气攻角增大,但在低叶高区域,通道内扩压负荷一般不高,叶片的吸力面较少出现流动分离。放气对 R_2 和 S_2 进口气流角的影响与对 S_1 的影响相似。

图 3.10~3.12 给出了压气机第一级和第二级(由左至右依次为 R_1、S_1、R_2、S_2)不同叶高 S2 流面上的相对马赫数分布。从图中可以看到,放气前,10% 叶高 S2 流面上,R_1 前缘至约 1/4 弦长处的吸力面存在一个很小的分离涡。放气后,叶片通道的马赫数减小,R_1 吸力面的分离涡无明显扩大,仅附面层略有增厚,同时各叶片的尾迹区略有扩大,总体上流动状态良好。放气前,85% 叶高 S2 流面上,R_1 叶片通道从 2/3 弦长至尾缘存在着大面积的低速流体,对通道主流造成阻塞,S_1、R_2 的吸力面则存在着不同程度的流动分离。放气后,叶片通道的马赫数增大,流通能力增强,流动堵塞和流动分离均得到明显改善。同样的,放气后,98% 叶高 S2 流面上的流动品质也有很大提高。

由图 3.13 和图 3.14 可知,尽管 R_1 叶片通道内依然存在流动分离和回流,但相

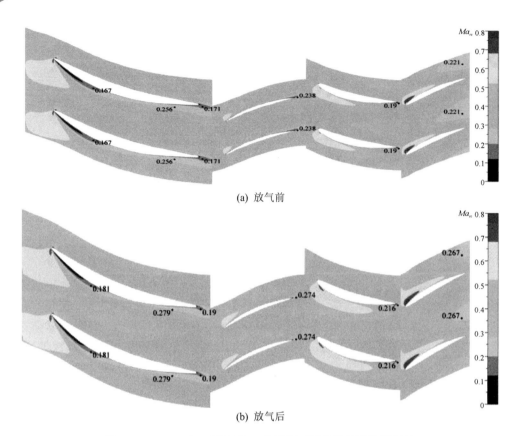

(a) 放气前

(b) 放气后

图 3.10　$R_1 S_1 R_2 S_2$ 10% 叶高 S2 流面相对马赫数云图(见彩图)

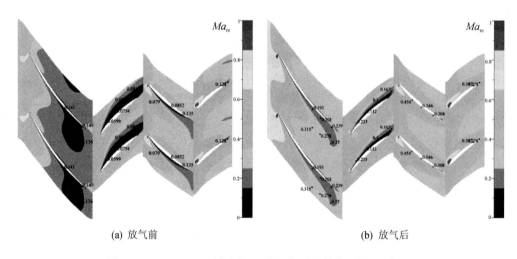

(a) 放气前　　　　　　　　　　　　　(b) 放气后

图 3.11　$R_1 S_1 R_2 S_2$ 85% 叶高 S2 流面相对马赫数云图(见彩图)

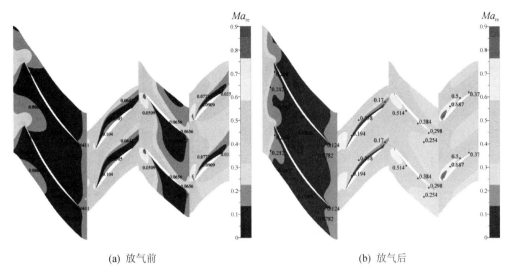

(a) 放气前　　　　　　　　　　　　　　　(b) 放气后

图 3.12　$R_1 S_1 R_2 S_2$ 98% 叶高 S2 流面相对马赫数云图(见彩图)

比放气前,旋转失速团几乎消失,流动分离程度和回流面积均减小。可见,放气虽然使叶片在低叶高的进气攻角增大了,但并没有造成流动分离或加剧流动分离;然而放气使叶片在高叶高范围的进气攻角减小却能极大地改善上半叶高通道的流场品质。

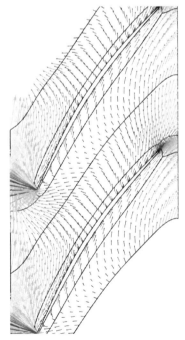

图 3.13　近失速点放气后 R_1 的 S1 流面
相对速度矢量图(98% 叶高)(见彩图)

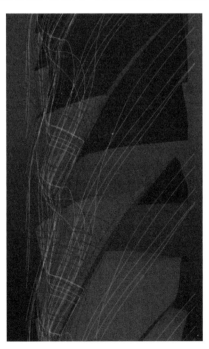

图 3.14　近失速点放气后 R_1 叶顶
相对速度流线图(见彩图)

图 3.15 和图 3.16 是压气机第一级和第二级转静子表面的摩擦力线图,可以反映压气机叶片表面的流动状态。转子吸力面摩擦力线密集的地方代表了转子径向流动和流动分离的起始线。从图中可以看到,放气后,R_1 吸力面上的分离线稍向下游移动且压力面顶部的径向潜流减弱,R_2 吸力面上的径向流动则完全消失,仅在叶片尾缘根部残留有小范围的角区分离。放气前,S_1 和 S_2 吸力面上存在因流动分离而形成的脱落涡,脱落涡的下游存在径向流动。放气后,S_1 吸力面上的流动分离减弱,脱落涡消失,但径向流动有所增强,同时引起了叶根处小范围的角区分离;S_2 吸力面上不再有流动分离,因而脱落涡也消失了,同时下游的径向流动也被克服。

(a) 放气前　　　　　　　　　　　　　　　　　(b) 放气后

图 3.15　$R_1 S_1 R_2 S_2$ 吸力面摩擦力线图

(a) 放气前　　　　　　　　　　　　　　　　　(b) 放气后

图 3.16　$R_1 S_1 R_2 S_2$ 压力面摩擦力线图

综合以上对压气机第一、二级流场的分析可知,放气后,作为失速级的第一级转静子通道内的流场得到明显改善,分离减弱,堵塞减小,流动更加顺畅,也使下游第二级的进气条件更好,得益于此,第二级转静子吸力面的流动分离被完全消除。最终压气机的稳定工作裕度得到提高。

图 3.17 所示为放气前后压气机最后一级子午流道的静压分布。从图中可知,放气前,R_9 前缘面上游约 0.3 叶高以上范围以及 S_9 前缘面上游 0.2~0.5 叶高范围存在静压沿轴向减小的现象,这说明压气机末级部分叶高通道内流动处于"涡轮状态"。放气后,放气槽下游的流量减小,轴向速度降低,从而使叶片的进气攻角增大,R_9 前

缘面上游的"涡轮状态"流动消失,S_9 前缘面上游局部叶高范围的"涡轮状态"流动则得到一定程度的抑制。

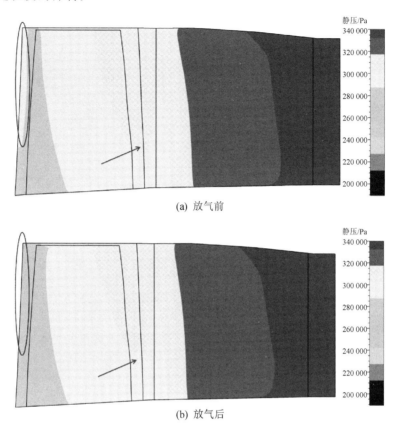

(a) 放气前

(b) 放气后

图 3.17　末级子午流道静压分布(见彩图)

图 3.18 和图 3.19 所示为压气机最后一级动叶、静叶放气前后进口轴向速度沿

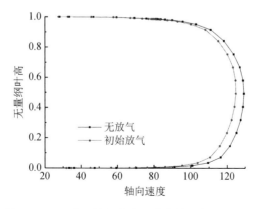

图 3.18　R_9 进口轴向速度沿叶高的分布(见彩图)

叶高分布的对比图。图中表明,放气后轴向速度梯度减小,径向更为均匀,有利于改善该级的气动热力学性能。

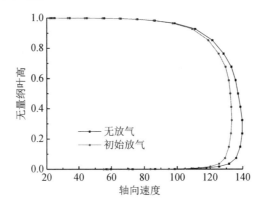

图 3.19 S_9 进口轴向速度沿叶高的分布(见彩图)

3.1.2 单放气结构扩稳性能及优化

图 3.20(a)所示为接近真实情形下的放气结构,主要由放气槽和集气腔构成。可以将放气结构简化为图 3.20(b)所示的形式。从几何上看,放气结构(放气槽或放气孔)的作用面积、角度和长度是对压气机产生影响的关键特征参数。从边界条件看,放气槽出口背压直接关系到放气量的大小,显然也会对压气机产生影响。因此,本小节将在保持原压气机的放气结构位置不变的条件下,以放气结构的特征参数为出发点对压气机扩稳的放气规律进行探索。

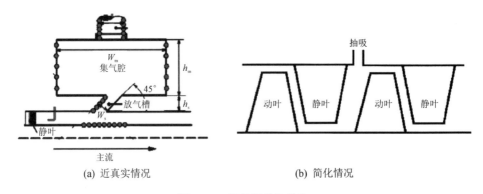

(a) 近真实情况   (b) 简化情况

图 3.20 压气机放气结构

1. 数值研究方案

设定放气参数:放气率 $\delta = \dot{m}_3/\dot{m}_1$,$\theta$ 为放气角度,放气槽无量纲长度 $L = L_h/L_d$,无量纲放气面积 $A = \pi L_d D_{out}/S_{out}$,$D_{out}$ 为压气机主流出口轮缘直径,S_{out} 为

压气机主流出口面积。放气参数示意图如图 3.21 所示。

选取放气面积、放气槽角度、放气槽长度及放气槽出口背压为控制参数。构造 49 个放气方案,如表 3.1 所列。放气面积选取 10%、15% 和 20% 三种,每种放气面积下分别考虑小角度(30°)和大角度(90°)两种放气槽,每个放气槽的无量纲长度考虑了短槽($L=1$)和长槽($L=3$)两类。在放气几何条件相同的情况下,设置 4 种不同的放气槽出口背压。加上无放气的基准情况,一共

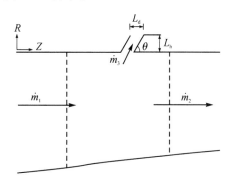

图 3.21　放气参数示意图

有 3(放气面积)× 2(放气槽角度)×2(放气槽无量纲长度)×4(放气背压)+1 共计 49 种方案。表 3.1 中,方案 49 是无放气的基准方案,用来对比放气的影响。例:$10A\_30\_L1\_P_0$ 表示放气面积为 10%、放气槽角度为 30°、放气槽无量纲长度 $L=1$ 的放气方案在放气槽出口背压为 1 个大气压下的算例。

表 3.1　放气方案

无量纲放气面积 A	放气角度 θ /(°)	放气槽无量纲长度 L	放气率 δ/%	进口质量流量/ (kg·s⁻¹)	出口质量流量/ (kg·s⁻¹)	方案编号	放气方案
10%	30	1	5.923	52.517	49.419	1	$10A\_30\_L1\_P_0$
			5.733	52.448	49.430	2	$10A\_30\_L1\_1.25P_0$
			5.435	52.331	49.480	3	$10A\_30\_L1\_1.5P_0$
			4.901	52.120	49.565	4	$10A\_30\_L1\_1.75P_0$
		3	6.765	52.785	49.218	5	$10A\_30\_L3\_P_0$
			6.627	52.745	49.234	6	$10A\_30\_L3\_1.25P_0$
			6.294	52.642	49.312	7	$10A\_30\_L3\_1.5P_0$
			5.680	52.423	49.433	8	$10A\_30\_L3\_1.75P_0$
	90	1	10.835	53.750	47.929	9	$10A\_90\_L1\_P_0$
			10.216	53.621	48.130	10	$10A\_90\_L1\_1.25P_0$
			9.178	53.395	48.481	11	$10A\_90\_L1\_1.5P_0$
			7.751	53.048	48.922	12	$10A\_90\_L1\_1.75P_0$
		3	10.981	53.780	47.876	13	$10A\_90\_L3\_P_0$
			10.743	53.731	47.945	14	$10A\_90\_L3\_1.25P_0$
			9.950	53.564	48.221	15	$10A\_90\_L3\_1.5P_0$
			8.672	53.279	48.643	16	$10A\_90\_L3\_1.75P_0$

续表 3.1

无量纲放气面积 A	放气角度 θ /(°)	放气槽无量纲长度 L	放气率 δ /%	进口质量流量/ $(kg \cdot s^{-1})$	出口质量流量/ $(kg \cdot s^{-1})$	方案编号	放气方案
15%	30	1	8.785	53.286	48.605	17	15A_30_L1_P_0
			8.625	53.247	48.640	18	15A_30_L1_1.25P_0
			8.189	53.134	48.770	19	15A_30_L1_1.5P_0
			7.272	52.935	48.998	20	15A_30_L1_1.75P_0
		3	8.617	53.239	48.653	21	15A_30_L3_P_0
			8.450	53.197	48.689	22	15A_30_L3_1.25P_0
			8.034	53.096	48.816	23	15A_30_L3_1.5P_0
			7.266	52.895	49.037	24	15A_30_L3_1.75P_0
	90	1	15.934	54.691	45.969	25	15A_90_L1_P_0
			14.898	54.507	46.373	26	15A_90_L1_1.25P_0
			13.307	54.223	46.995	27	15A_90_L1_1.5P_0
			11.157	53.794	47.780	28	15A_90_L1_1.75P_0
		3	16.241	54.741	45.840	29	15A_90_L3_P_0
			15.881	54.680	45.980	30	15A_90_L3_1.25P_0
			14.670	54.467	46.462	31	15A_90_L3_1.5P_0
			12.743	54.119	47.206	32	15A_90_L3_1.75P_0
20%	30	1	11.673	53.848	47.541	33	20A_30_L1_P_0
			11.468	53.807	47.615	34	20A_30_L1_1.25P_0
			10.890	53.688	47.819	35	20A_30_L1_1.5P_0
			9.865	53.469	48.169	36	20A_30_L1_1.75P_0
		3	11.548	53.523	47.594	37	20A_30_L3_P_0
			11.365	53.786	47.660	38	20A_30_L3_1.25P_0
			10.826	53.675	47.851	39	20A_30_L3_1.5P_0
			9.822	53.460	48.195	40	20A_30_L3_1.75P_0
	90	1	20.802	55.403	43.849	41	20A_90_L1_P_0
			19.366	55.184	44.476	42	20A_90_L1_1.25P_0
			17.211	54.849	45.391	43	20A_90_L1_1.5P_0
			14.341	54.361	46.546	44	20A_90_L1_1.75P_0
		3	21.311	55.473	43.626	45	20A_90_L3_P_0
			20.744	55.394	43.874	46	20A_90_L3_1.25P_0
			19.065	55.139	44.606	47	20A_90_L3_1.5P_0
			16.434	54.724	45.711	48	20A_90_L3_1.75P_0
初始				50.130	50.130	49	无放气

2. 放气槽出口背压对压气机性能的影响

首先,定义两个新的指标来衡量放气对压气机性能的影响。

(1) 总压比相对损失

$$\omega_{\pi^*} = \frac{\pi_{bs}^* - \pi_{ns}^*}{\pi_{ns}^*}$$

其中,当带周向槽的压气机的进出口条件与实壁压气机在近失速点的进出口条件相同时,压气机的总压比为 π_{bs}^*,实壁压气机在近失速点的总压比为 π_{ns}^*。

(2) $\dfrac{喘振裕度增量}{放气率}$

$$\overline{SM} = \frac{SM_{bs} - SM_{ns}}{\delta_{bleedrate}}$$

其中,SM_{bs} 为带周向槽的压气机的喘振裕度,SM_{ns} 为实壁压气机的喘振裕度。当带周向槽的压气机的进出口条件与实壁压气机在近失速点的进出口条件相同时,压气机的放气量与进口质量流量的比值定义为放气率 $\delta_{bleedrate}$(单位%)。$\overline{SM}$ 越大,意味着同样的放气量下可以获得更大的喘振裕度,亦即在达到相同的喘振裕度目标时牺牲的压缩气体更少,从而减少能量的浪费。

表 3.2~3.4 给出了相同放气面积、相同放气槽角度、相同放气槽无量纲长度、不同放气槽出口背压条件下压气机性能指标的变化。

从表 3.2 中可知,当放气面积为 10% 时,随着放气槽出口背压的降低,放气率 $\delta_{bleedrate}$ 逐渐增加,压气机的喘振裕度逐渐提高,$\dfrac{喘振裕度增量}{放气率}$ 越来越大,总压比相对损失均在 4% 以内。从表 3.3 可知,当放气面积为 15% 时,随着放气槽出口背压的降低,放气率 $\delta_{bleedrate}$ 逐渐增加,压气机的喘振裕度先增大后减小,而 $\dfrac{喘振裕度增量}{放气率}$ 越来越小,最大总压比相对损失超过 5%。从表 3.4 可知,当放气面积为 20% 时,随着放气槽出口背压的降低,放气率 $\delta_{bleedrate}$ 逐渐增加,压气机的喘振裕度以及 $\dfrac{喘振裕度增量}{放气率}$ 都越来越小,总压比相对损失较为显著,均在 5% 以上,最大的接近 10%。

表 3.2　$A = 10\%, \theta = 90°, L = 1$

方　案	折合进口质量流量/$(kg \cdot s^{-1})$	总压比	总压比相对损失/%	放气率 $\delta_{bleedrate}$/%	喘振裕度/%	$\dfrac{喘振裕度增量}{放气率}$
10A_90_L1_P_0	55.566	3.457	-3.81	10.98	19.99	0.65
10A_90_L1_1.25P_0	55.424	3.470	-3.44	10.38	19.28	0.62

方 案	折合进口质量流量/$(kg \cdot s^{-1})$	总压比	总压比相对损失/%	放气率 $\delta_{bleedrate}$/%	喘振裕度/%	喘振裕度增量/放气率
10A_90_L1_1.5P_0	55.161	3.490	−2.89	9.36	18.27	0.58
10A_90_L1_1.75P_0	54.741	3.515	−2.20	7.94	16.87	0.50

表 3.3 $A=15\%,\theta=90°,L=1$

方 案	折合进口质量流量/$(kg \cdot s^{-1})$	总压比	总压比相对损失/%	放气率 $\delta_{bleedrate}$/%	喘振裕度/%	喘振裕度增量/放气率
15A_90_L1_P_0	56.942	3.337	−7.16	15.93	19.57	0.42
15A_90_L1_1.25P_0	56.751	3.357	−6.60	14.90	19.80	0.47
15A_90_L1_1.5P_0	56.455	3.387	−5.77	13.31	20.44	0.57
15A_90_L1_1.75P_0	56.008	3.424	−4.72	11.16	19.48	0.59

表 3.4 $A=20\%,\theta=90°,L=1$

方 案	折合进口质量流量/$(kg \cdot s^{-1})$	总压比	总压比相对损失/%	放气率 $\delta_{bleedrate}$/%	喘振裕度/%	喘振裕度增量/放气率
20A_90_L1_P_0	57.684	3.255	−9.44	20.80	14.62	0.08
20A_90_L1_1.25P_0	57.456	3.282	−8.68	19.37	15.10	0.12
20A_90_L1_1.5P_0	57.107	3.322	−7.58	17.21	16.04	0.18
20A_90_L1_1.75P_0	56.599	3.372	−6.17	14.34	17.44	0.32

综合以上信息可知,当放气结构几何参数(放气面积、放气角度和放气槽长度)相同时,放气状态参数(放气率)对压气机性能的影响呈规律性,如下:

① 放气率越大,总压比相对损失越大。

② 当将几何参数和放气槽出口背压统一反映为一个扩稳因子即放气率 $\delta_{bleedrate}$ 时,从各种方案的喘振裕度的趋势分析可知:存在着一个临界区域 $[\delta_{cr,1},\delta_{cr,2}]$,当 $\delta_{bleedrate}<\delta_{cr,1}$ 时,放气率 $\delta_{bleedrate}$ 越大对喘振裕度以及 $\dfrac{\text{喘振裕度增量}}{\text{放气率}}$ 的提高越有利,而且压气机的总压比损失较小,有利于以较小的放气能量损失换取所需要的压气机稳定裕度;当 $\delta_{bleedrate}>\delta_{cr,2}$ 时,继续增加 $\delta_{bleedrate}$ 反而使喘振裕度以及 $\dfrac{\text{喘振裕度增量}}{\text{放气率}}$ 降低,而且压气机的总压比损失较大。当放气几何参数 $A=15\%,\theta=90°,L=1$ 时,由

喘振裕度随放气率的变化可以推断,此种放气结构下,$11.16\% \leqslant [\delta_{cr,1}, \delta_{cr,2}] \leqslant$ 14.90%。图 3.22 给出了在放气槽出口背压变化而放气几何参数不变条件下,压气机喘振裕度随放气率 $\delta_{bleedrate}$ 的分布。样本结果表明,在放气几何参数相同时,喘振裕度随放气率 $\delta_{bleedrate}$ 的变化满足上述规律。

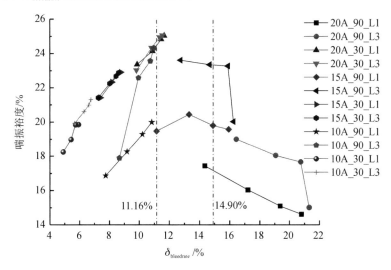

图 3.22　喘振裕度随放气率的分布(见彩图)

3. 放气槽几何参数对压气机性能的影响

统计计算结果表明,在相同的放气面积、放气角度、放气槽无量纲长度,而放气槽背压不同的条件下,放气率随压气机进口质量流量的变化规律基本相同,以 $A = 15\%, \theta = 90°, L = 1$ 为例说明,如图 3.23 所示。因此,在本小节中,对相同的放气槽形式,不逐一分析不同放气槽出口背压下的压气机性能变化。

表 3.5~3.8 分别给出了在大角度×长槽、大角度×短槽、小角度×长槽、小角度×短槽条件下,放气面积不同时压气机性能指标的变化。

表 3.5　$\theta = 90°, L = 3$,背压 $= P_0$

方　案	折合进口质量流量/$(kg \cdot s^{-1})$	总压比	总压比相对损失/%	放气率 $\delta_{bleedrate}$/%	喘振裕度/%	$\dfrac{喘振裕度增量}{放气率}$
$10A\_90\_L3\_P_0$	55.994	3.408	-5.16	10.98	24.33	1.04
$15A\_90\_L3\_P_0$	56.994	3.318	-7.67	16.24	20.03	0.44
$20A\_90\_L3\_P_0$	57.756	3.227	-10.21	21.31	15.02	0.10

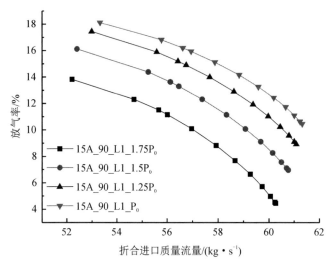

图3.23 放气率随进口质量流量的变化(见彩图)

表3.6 $\theta = 90°, L = 1,$背压$= P_0$

方 案	折合进口质量流量/$(kg \cdot s^{-1})$	总压比	总压比相对损失/%	放气率$\delta_{bleedrate}$/%	喘振裕度/%	喘振裕度增量放气率
$10A\_90\_L1\_P_0$	55.963	3.420	-4.85	10.84	19.99	0.66
$15A\_90\_L1\_P_0$	56.942	3.337	-7.16	15.93	19.57	0.42
$20A\_90\_L1\_P_0$	57.684	3.255	-9.44	20.80	18.29	0.26

表3.7 $\theta = 30°, L = 3,$背压$= P_0$

方 案	折合进口质量流量/$(kg \cdot s^{-1})$	总压比	总压比相对损失/%	放气率$\delta_{bleedrate}$/%	喘振裕度/%	喘振裕度增量放气率
$10A\_30\_L3\_P_0$	54.958	3.479	-3.20	6.77	21.30	1.25
$15A\_30\_L3\_P_0$	55.430	3.440	-4.28	8.62	22.87	1.16
$20A\_30\_L3\_P_0$	56.039	3.384	-5.86	11.55	25.06	1.06

表3.8 $\theta = 30°, L = 1,$背压$= P_0$

方 案	折合进口质量流量/$(kg \cdot s^{-1})$	总压比	总压比相对损失/%	放气率$\delta_{bleedrate}$/%	喘振裕度/%	喘振裕度增量放气率
$10A\_30\_L1\_P_0$	54.679	3.498	-2.68	5.92	19.86	1.25
$15A\_30\_L1\_P_0$	55.479	3.453	-3.93	8.78	22.91	1.14
$20A\_30\_L1\_P_0$	56.065	3.404	-5.29	11.67	25.04	1.04

对比表 3.5 和表 3.7 以及表 3.6 和表 3.8,发现放气槽角度对放气率 $\delta_{\text{bleedrate}}$ 的影响较为显著,大角度条件下的放气率明显大于同一放气面积、放气槽长度和出口背压时小角度条件下的放气率,相差最小为 4.21%,最大达到 9.76%,这使得大角度条件下总压比损失较大,$\dfrac{端振裕度增量}{放气率}$ 也明显小于小角度放气的情形。对比表 3.5 和表 3.6 以及表 3.7 和表 3.8,则发现放气槽无量纲长度对放气率 $\delta_{\text{bleedrate}}$ 的影响并不显著,长槽和短槽条件下的放气率 $\delta_{\text{bleedrate}}$ 相差最大为 0.85%。

从表 3.5 和表 3.6 以及表 3.7 和表 3.8 可以看到,在放气槽角度、无量纲长度和出口背压相同的条件下,当放气槽角度为大角度时,无论长槽或短槽,均随放气面积的增大,放气率 $\delta_{\text{bleedrate}}$ 增大,压气机的端振裕度降低;当放气槽为小角度时,随放气面积的增大,放气率 $\delta_{\text{bleedrate}}$ 增大,而压气机的端振裕度是提高的。图 3.24 给出了在放气面积变化而其他放气几何参数不变条件下,压气机端振裕度随放气率 $\delta_{\text{bleedrate}}$ 的分布。可以看到,单独改变放气面积,也存在端振裕度随放气率增加而先增大后减小的情形。由此可以推断,放气面积通过影响放气率而影响压气机的端振裕度,且这种影响与放气面积、放气槽角度和无量纲长度相同时放气率对端振裕度的影响相似。

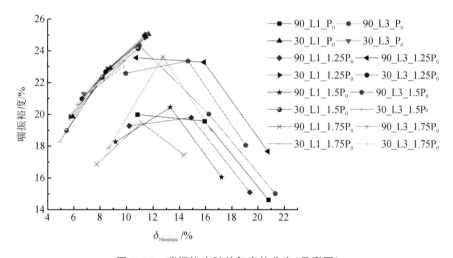

图 3.24　端振裕度随放气率的分布(见彩图)

4. 放气率对压气机流场的影响机理分析

上述内容仅从样本的离散数据值进行了趋势分析,本小节根据对实壁压气机在 80% 设计转速下的近失速点流场的分析得出,压气机在此转速下的失速由 R_1 顶部的突尖波失速引起。由此可知,压气机的端振裕度与 R_1 的流场密切相关。因此,本小节选取放气面积 $A=15\%$,放气槽角度 $\theta=90°$,放气槽无量纲长度 $L=1$,放气槽出口背压分别为 $1.75P_0$、$1.5P_0$、P_0 时,从压气机 R_1 进口流场的角度来分析放气率影响压气机端振裕度的机理,进一步验证上述内容中提出的规律是否具有科学性。

图 3.25 给出了压气机 R_1 进口截面的轴向速度沿叶高的分布。从图中可知，3 种放气状态下进口轴向速度沿径向分布的均匀性均比不放气状态下进口轴向速度沿径向分布的均匀性要好，即放气状态下，通道顶部区域的进口轴向速度提高，中下部区域的进口轴向速度降低，从而使沿叶高方向的进口轴向速度变化较小。其中，不放气状态下，在约 95% 叶高以上位置，进口轴向速度为负；放气状态下，随着放气率的增大，对应于放气率为 11.51%、13.63%、16.20%，进口轴向速度为负的区域分别缩小到约 97.5%、98%、98.2% 叶高以上位置；在 90% 叶高位置，与不放气相比，放气时随着放气率的增加，轴向速度分别提高了 28.9 m/s、31.5 m/s、34.1 m/s，对应于流量系数 c_a/u 分别增加了 57.5%、62.6%、67.8%。因此，一方面，沿叶高方向各层的流动在放气之后得到改善；另一方面，对于率先发生失速的顶部区域，放气后由于轴向速度增加，使流量系数增加，进而减弱了通道顶部区域的回流，抑制了顶部区域叶片吸力面的分离状态，而且随着放气率的增加而得到更好的改善，呈现单调递增的规律。

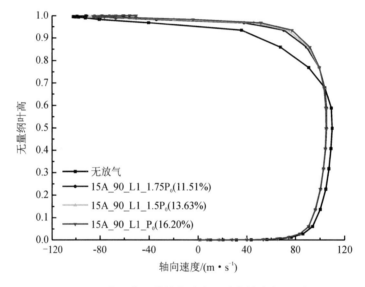

图 3.25　R_1 进口截面的轴向速度沿叶高的分布（见彩图）

图 3.26 给出了不同放气率下 R_1 进口 S3 流面的总压分布。从图中可知，不放气状态下的总压畸变最小，其中总压大于 129 500 Pa（深色区域边界）的区域最大径向高度占整个叶高的约 22.6%，最大周向宽度占栅距的约 42.5%。放气状态下，随着放气率的增加，靠近叶顶部分的总压畸变区域同时往叶顶方向和通道中间扩张，从而使整个畸变范围逐渐扩大，而且畸变中心逐渐向叶顶方向移动；对应于放气率为 11.51%、13.63%、16.20%，总压大于 129 500 Pa 的区域最大径向高度分别占整个叶高的约 37.3%、37.8%、42.6%，最大周向宽度分别占栅距的约 57.5%、62.5%、67.5%。因此，从进口总压畸变的角度来看，放气率越大，R_1 进口总压畸变越严重，

使压气机的稳定性呈现单调降低的趋势。

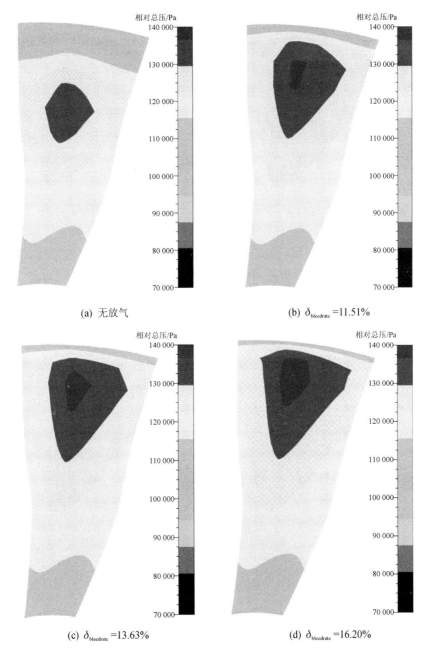

(a) 无放气   (b) $\delta_{bleedrate}$ =11.51%

(c) $\delta_{bleedrate}$ =13.63%   (d) $\delta_{bleedrate}$ =16.20%

图 3.26 R_1 进口 S3 流面的总压分布(见彩图)

综上分析可知,压气机的喘振裕度是受到进口轴向速度和进口 S3 流面总压分布的综合影响。因此,当放气槽的几何参数一定或放气槽角度、无量纲长度以及出口背

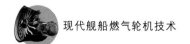

压一定时,随着放气率的增加,存在一个较佳的放气率区间,使压气机受 R_1 进口轴向速度的改善而获取的喘振裕度的提高量大于因放气导致的总压畸变恶化而带来的喘振裕度的降低量,从而得到最大的喘振裕度增量。

本节在保持原放气位置不变的情况下,引入了 4 种参数,构建了 48 种周向槽放气方案,通过对计算结果的统计和分析得到如下结论:

① 在放气槽的几何参数(放气槽角度 θ、放气槽无量纲长度 L、放气面积 A)不变的条件下,放气槽的出口背压直接影响放气率,而放气率对压气机喘振裕度的影响具有一定的规律,表现为:放气率 $\delta_{bleedrate}$ 存在着一个临界区域 $[\delta_{cr,1}, \delta_{cr,2}]$,当 $\delta_{bleedrate} < \delta_{cr,1}$ 时,放气率 $\delta_{bleedrate}$ 越大对喘振裕度以及 $\dfrac{喘振裕度增量}{放气率}$ 的提高越有利;当 $\delta_{bleedrate} > \delta_{cr,2}$ 时,继续增加 $\delta_{bleedrate}$ 反而使喘振裕度以及 $\dfrac{喘振裕度增量}{放气率}$ 降低。

② 在放气槽角度、无量纲长度及放气槽出口背压不变的条件下,放气面积直接影响放气率,而且此时放气率对压气机喘振裕度的影响规律与①中的一致。

③ 放气率对压气机喘振裕度的影响呈现上述规律的机理为:压气机在 80% 设计转速下的失速是由 R_1 顶部的突尖波失速引起的,放气一方面使 R_1 的进口轴向速度提高,从而改善其顶部的大分离和回流,有利于提高喘振裕度;另一方面使 R_1 的进口总压畸变更严重,造成压气机喘振裕度的损失。所以,当这种积极效应大于消极效应时,喘振裕度随放气率的增加而提高;当这种积极效应开始小于消极效应时,喘振裕度随放气率的增加而降低。

3.1.3 双放气结构扩稳性能及优化

由 3.1.1 小节的分析可知,在原来的位置上进行放气在一定程度上可以改善压气机的流场,提高喘振裕度,但是由于放气位置与率先失速级即压气机第一级相距较远,在限定放气率的条件下,现有的放气结构对压气机第一级流场的改善效果有限。如果加大放气量,则由 3.1.2 小节的分析可知,一方面,能量的浪费会随之增加;另一方面,压气机的喘振裕度并不总是随放气量的增加而增大。实壁压气机的第一级和第二级在近失速点存在严重的流动分离,因此,本小节提出在 S_2 与 R_3 之间增设一个放气槽,希望以更少的放气量达到对第一级流场更好的改善,进而实现以较低的放气能量损失换取较佳的喘振裕度的提高。

1. 双放气槽方案

由 3.1.2 小节的分析可知,在综合考虑放气后的总压比损失、压气机的喘振裕度及 $\dfrac{喘振裕度增量}{放气率}$ 的条件下,小角度×长槽的几何形式较为有优势。因此,以 3.1.2 小节中方案 20A_30_L3 为基础,保持总放气面积不变,放气槽角度和长度不变,设计

两种双放气槽方案。图 3.27 所示为双放气槽结构,其中:

① case_DB1:Slot1 的放气面积等于 Slot2 的放气面积,均为 $\frac{1}{2} \times 20A$;

② case_DB2:Slot1 的放气面积为 $\frac{2}{3} \times 20A$,Slot2 的放气面积为 $\frac{1}{3} \times 20A$。

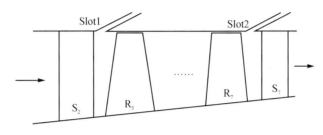

图 3.27　双放气槽方案示意图

由于 Slot1 位置压气机内的压力远小于 Slot2 位置处,为使双放气槽方案的总放气率与单个放气槽放气时相差不太大,方案 DB1 和 DB2 的放气槽出口背压均设为 P_0,将计算结果与方案 20A_30_L3_1.75P_0 进行对比。

2. 对压气机性能影响的比较

图 3.28 所示为 3 种放气方案的压气机特性曲线。可以看到,双放气槽方案中压气机的流量范围更宽,方案 DB1、DB2 比单个放气槽放气时近失速点质量流量分别减小了 0.086 kg/s、0.077 kg/s,最大"堵塞"流量分别提高了 1.137 kg/s、1.549 kg/s,喘振裕度分别提高了 2.24%、2.99%。在双放气槽方案中,方案 DB2 的压比和效率特性线均在方案 DB1 之上,所获得的压比和效率更大,性能更好。

表 3.9 所列为 3 种放气方案的压气机性能指标。可以看到,3 种放气方案中,双放气槽方案的总放气率均小于单个放气槽放气,但对压气机的喘振裕度提高更多,从而使 $\frac{\text{喘振裕度增量}}{\text{放气率}}$ 更大。这说明,利用双放气槽方案,实现以更少的放气能量损耗获得更高的压气机稳定性是可行的,而且通过合理分配前后槽的放气率可以更好地发挥双放气槽的优势。

表 3.9　压气机性能指标

方案	折合进口质量流量/ $(\text{kg} \cdot \text{s}^{-1})$	总压比	总压比相对损失/%	放气率/% Slot1	放气率/% Slot2	喘振裕度/%	$\frac{\text{喘振裕度增量}}{\text{放气率}}$
20A_30_L3_1.75P_0	55.661	3.441	−4.25	9.82		23.02	1.03
case_DB1	56.629	3.436	−4.40	2.72	5.49	25.26	1.51
case_DB2	57.150	3.446	−4.13	3.96	3.54	26.01	1.75

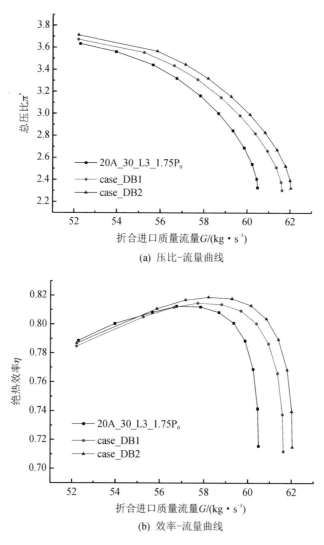

(a) 压比-流量曲线

(b) 效率-流量曲线

图3.28　压气机特性曲线(80%设计转速)(见彩图)

3. 对压气机流场影响的比较

由3.1.1小节的分析可知,实壁压气机在近失速点放气后,第一级和第二级的流场得到了明显的改善,对于第二级的转子和静子,顶部通道的流动分离都被消除,但是作为率先失速级的第一级,其顶部通道内的流动状况依然较差,存在进一步改善的空间。

本小节在分析时侧重于压气机第一级流场的变化,同时也对关系到压气机出口条件的末级静子流场进行分析。

图 3.29 所示为 R_1 进口截面的轴向速度沿叶高的分布。可以看到,在保持总的放气面积不变的 3 种放气方案中,虽然双放气槽方案的放气率更小,但却进一步提高了 R_1 进口截面上约 75% 叶高以上范围的轴向速度。在 95% 叶高位置,方案 DB1、DB2 比单放气槽方案的轴向速度分别提高了 11.94 m/s、18.28 m/s,对应于流量系数分别增加了 23.6%、36.1%。由图 3.29 中负的轴向速度的分布位置可知,单个放气槽放气时,R_1 顶部发生回流的区域最大,位于约 97.3% 叶高以上位置;方案 DB1 的放气率小于单放气槽方案,但发生回流的区域反而有所减小,位于约 98% 叶高以上位置;方案 DB2 的放气率最低,发生回流的区域最小,位于约 98.3% 叶高以上位置。

由此可知,方案 DB2 对于抑制 R_1 顶部吸力面的分离及顶部通道内回流的效果是最好的。

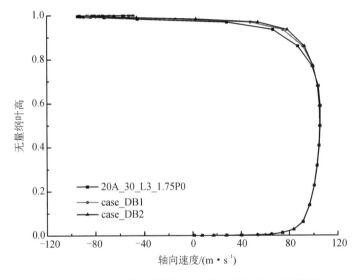

图 3.29 R_1 进口截面的轴向速度沿叶高的分布(见彩图)

图 3.30 给出了 R_1 进口 S3 流面上的总压分布。可以看到,3 种放气方案中,双放气槽方案比单个放气槽放气时,R_1 进口截面的总压畸变更严重。单个放气槽放气时,总压高于 129 500 Pa 的区域最大径向高度占整个叶高的约 35.9%,最大周向宽度占单倍栅距的约 56%;在双放气槽方案 DB1 中,Slot1 的放气率为 2.72%,总压高于 129 500 Pa 的区域最大径向高度占整个叶高的约 38.0%,最大周向宽度占单倍栅距的约 60%;在方案 DB2 中,Slot1 的放气率为 3.96%,总压高于 129 500 Pa 的区域最大径向高度占整个叶高的约 40.2%,最大周向宽度占单倍栅距的约 72.5%。从表 3.9 中可知,方案 DB2 的压气机进口质量流量最大,方案 DB1 的次之,单个放气槽放气时,压气机的进口质量流量最小,说明在距离 R_1 更近的位置设置放气槽后,放气对压气机顶部流动的抽吸作用更强。这种效应在提高压气机顶部轴向速度的同

时也使进口截面的总压畸变更加严重。因此,在双放气槽方案中需要合理地控制开槽位置,分配前后放气槽的放气率,以尽量发挥其积极作用而削弱不良影响,最终在同样的总放气率条件下获得最佳的喘振裕度增量,或以最小的放气能量损耗来换取既定的扩稳目标。

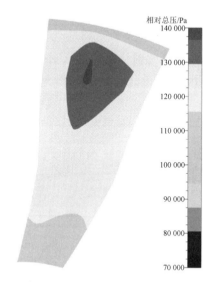

(a) 20A_30_L3_1.75P_0

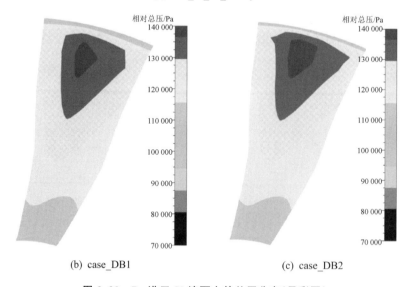

(b) case_DB1   (c) case_DB2

图 3.30　R_1 进口 S3 流面上的总压分布(见彩图)

图 3.31 所示为压气机第一级在 0.98 叶高截面上的马赫数和相对速度流线分布。

对图 3.32 中的 3 种放气方案进行对比分析可知,双放气槽方案比单个放气槽放

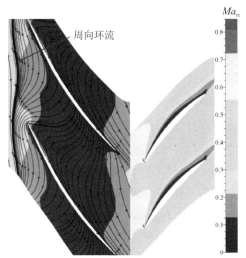

(a) 20A_L3_1.75P_0

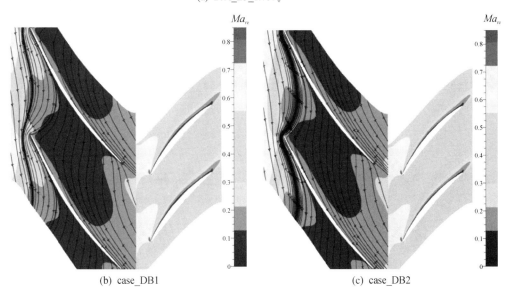

(b) case_DB1　　　　　　　　　　　　　　　(c) case_DB2

图 3.31　R_1S_1 的 S1 流面上马赫数和相对速度流线分布（见彩图）

气对压气机第一级顶部流场的改善效果更好。

　　单个放气槽放气时，R_1 前缘面上游的周向环流阻塞了 IGV 出口的来流，引起 R_1 吸力面的流动分离，部分分离的流体未能克服轴向的逆压梯度而发生了回流，没有回流的流体周向运动明显，使通道的流通能力减弱；S_1 吸力面残存有小范围的流动分离，尾迹较厚。

　　双放气槽方案由于有更强的抽吸作用，IGV 出口来流速度更大，冲击 R_1 前缘面上游的环流使其向下游移动，R_1 来流攻角减小，流动分离的起始点沿吸力面下移，分

现代舰船燃气轮机技术

离范围缩小,流体轴向速度的增加使克服逆压梯度的能力更强,在方案 DB1 中还有少许回流,但在方案 DB2 中回流则消失,通道的流通能力增强。这与前述对 R_1 进口轴向速度的分析是一致的。此外,S_1 吸力面残存的流动分离也基本被消除,尾迹范围更小。

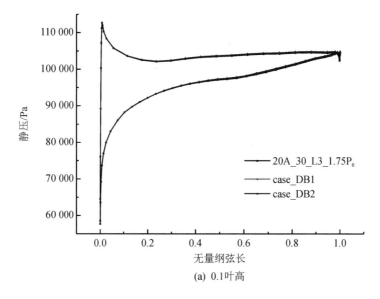

(a) 0.1叶高

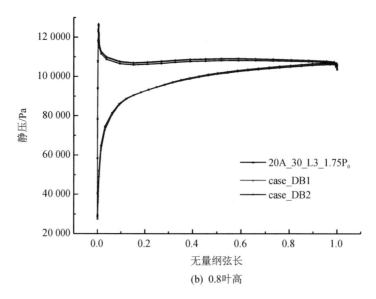

(b) 0.8叶高

图 3.32　R_1 不同叶高处表面静压分布(见彩图)

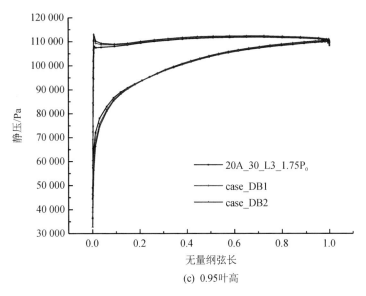

(c) 0.95叶高

图 3.32　R₁ 不同叶高处表面静压分布(见彩图)(续)

图 3.32 给出了 R_1 不同叶高处表面静压的分布。在 0.1 叶高处,双放气槽方案比单个放气槽放气时叶片压力面和吸力面在后半弦长范围内静压均略高,前半弦长则无明显差别;在 0.8 叶高处,双放气槽方案中,叶片整个压力面的静压都有一定程度的增加,吸力面的静压在约前 10% 弦长范围内有所下降,从近前缘的 1% 弦长处看,方案 DB1、DB2 比单个放气槽放气时负荷分别增加了 4.3%、6.1%;在 0.95 叶高处,双放气槽方案中,在约前 20% 弦长范围内叶片压力面的静压明显变大,同时吸力面的静压明显变小,从近前缘的 1% 弦长处看,方案 DB1、DB2 比单个放气槽放气时负荷分别增加了 18.1%、27.9%。结合 R_1 进口截面的总压畸变情况可知,双放气槽方案中总压畸变的恶化增大了叶片表面特别是近前缘附近的负荷,且畸变越严重负荷增加越多。

图 3.33 给出了 3 种放气方案 R_1 子午面顶部的总压分布和相对速度流线,总压云图的显示范围是相同的。从图中可以看到,顶部漩涡所占据的区域内总压明显低于其外围区域,涡核处最低,且随着漩涡尺寸变大,其影响范围同时向下游和低叶高区域迅速扩大。总压的损失使流体的动能减小,流速下降而难以顺畅通过流道,造成堵塞。3 种放气方案中,方案 DB2 转子顶部的漩涡无论是轴向还是径向的尺寸都最小,总压损失也最小,方案 DB1 次之,单个放气槽放气时最次。

图 3.34 所示为 S_1 吸力面表面的摩擦力线图。可以看到,单个放气槽放气时,在轮缘附近,静子的前缘仍然存在范围较大的角区分离,尾缘则存在一定的径向流动,占据约 40% 叶高范围;在轮毂附近,静子前后缘也有小范围的角区分离现象。双放气槽方案带来的好处在于,轮缘附近的角区分离起始线明显向上游移动,角区分离范围缩小,径向流动的起始点往前缘方向移动,终止点往叶顶方向移动,则使顶部叶片

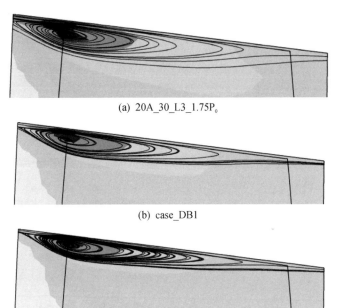

(a) 20A_30_L3_1.75P$_0$

(b) case_DB1

(c) case_DB2

图 3.33   R$_1$ 子午面局部总压分布和相对速度流线(见彩图)

表面的流动更趋合理;存在的缺点是,使叶片轮毂附近的角区分离有加剧的趋势。

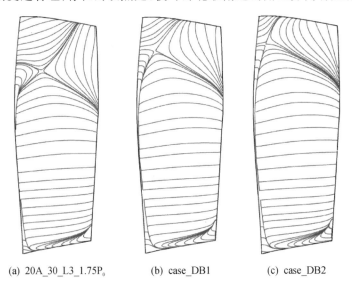

(a) 20A_30_L3_1.75P$_0$ (b) case_DB1   (c) case_DB2

图 3.34   S$_1$ 吸力面表面摩擦力线图

图 3.35~3.37 给出了 3 种方案末级静子叶片不同 S3 流面的相对速度流线,末级静子为出口导流叶片,流体流出方向越接近轴向越好。

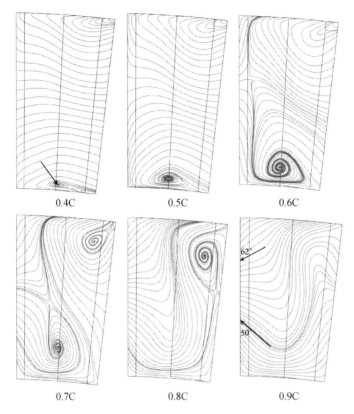

图 3.35　S_9 叶片通道内不同 S3 流面相对速度流线（20A_30_L3_1.75P$_0$）

可以发现，单个放气槽放气时通道涡形成、发展和消散的过程与不放气时相似，但从 40% 和 60% 弦长处的流线看，放气时轮毂附近的通道涡产生更早而轮缘附近的通道涡会推迟产生。在双放气槽方案中，轮毂附近的通道涡出现比单个放气槽放气稍晚，但仍比不放气时要早。从近出口的 90% 弦长处的流线看，放气相比不放气，中上部流体速度的轴向性更好，但中下部流体速度的轴向性要差，具体来看，单个放气槽放气使中上部流体速度的轴向性改善最多，但也使中下部流体速度的轴向性损失最多；方案 DB2 使中下部流体速度的轴向性损失最小，但对中上部流体速度的轴向性的改善也最小；方案 DB1 的效果则折中。因此，当需要考虑压气机后面部件（高压压气机或燃烧室）的进口条件时，放气对流体出口速度的方向所带来的影响值得关注。

图 3.38 所示为压气机子午面局部的熵值分布，云图的显示范围是相同的。可以看到，与单个放气槽放气相比，双放气槽方案中，由于 Slot1 提前将压气机前两级顶部的环壁附面层抽走，避免了与后面级顶部的附面层的掺混和堆积，使 $R_3 \sim R_7$ 之间的环壁附面层厚度也明显变薄。这有利于进一步提升通道顶部的流通能力，在减小附面层损失的同时也减弱附面层内低能流体对主流的不良影响。

本小节提出了双放气槽的构想，希望能以更小的放气能量损失更有效地改善率

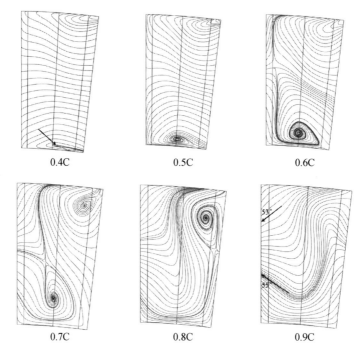

图 3.36 S_9 叶片通道内不同 S3 流面相对速度流线（case_DB1）

先失速级的流场,从而获得更高的 $\dfrac{端振裕度增量}{放气率}$。基于此,设计了两种双放气槽方案,初步探索了在 S_2 和 R_3 之间增设放气槽对压气机性能和流场的影响,并得出如下结论:

① 在保持总的放气面积不变以及其他几何条件(放气槽角度和无量纲长度)不变的情况下,双放气槽方案比单放气槽方案以更小的放气率获得了更宽的流量范围和更高的喘振裕度。方案 DB2 总放气率最低,喘振裕度及 $\dfrac{喘振裕度增量}{放气率}$ 比单个放气槽放气时分别高 2.99%、0.72%;方案 DB1 总放气率次之,喘振裕度及 $\dfrac{喘振裕度增量}{放气率}$ 比单个放气槽放气时分别高 2.24%、0.48%。

② 双放气槽方案比单放气槽方案在提高 R_1 进口轴向速度的同时也会恶化其进口的总压畸变情况,而且位置在前的放气槽放气率越高,总压畸变越严重。因此要想获得最佳的喘振裕度增量,要合理控制和分配前后放气槽的位置和各自的放气率。

③ 相比单个放气槽放气,双放气槽方案压气机 R_1 顶部的流动分离和回流进一步被抑制,影响范围缩小,进而使 R_1 顶部的流场品质得到进一步提高,但是 R_1 近前缘处的负荷变大了。

④ 相比单个放气槽放气,双放气槽方案压气机 S_1 吸力面残留的流动分离基本

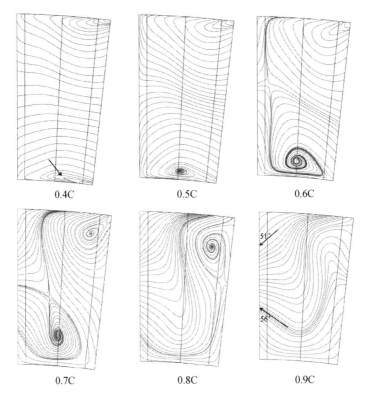

图 3.37　S₉ 叶片通道内不同 S3 流面相对速度流线(case_DB2)

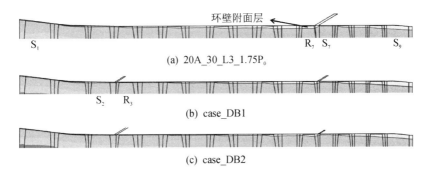

图 3.38　压气机子午面局部熵分布(见彩图)

上完全消失,吸力面上半叶高部分的流动由于角区分离和径向流动的减弱也得到改善,但叶根吸力面侧角区的附面层堆积有所加剧。

⑤ 相比不放气,放气时压气机末级静子通道内中上部流体的出口速度的轴向性变好,但中下部流体的出口速度的轴向性变差。双放气槽方案和单个放气槽放气各有优劣,因此在考虑压气机后面部件(高压压气机或燃烧室)的进口条件时,应关注不同放气方案对 S_1 出口速度方向的影响。此外,双放气结构不可避免地会提高实际装

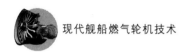
置的复杂程度,也使成本增加,在实际应用时需要综合考虑是否采用双放气结构。

3.2 附面层抽吸扩稳

压气机作为航空发动机、燃气轮机的核心部件之一其发展要求为:更高的单级增压比和热效率,以及充分的喘振裕度。提高压气机的负荷通常采用提高动叶的叶尖速度和扭速两种方法。但是叶尖速度的提高受到材料强度等因素的制约,所以提高压气机的负荷常常采取提高扭速的方法来实现。而提高扭速通过增大转折角来实现,但是过大的转折角又会导致叶片吸力面附面层的严重分离。因此控制附面层分离对于改善高负荷压气机的气动性能,提高压气机做功能力有着极为重要的意义。

1997年麻省理工的 Kerrebrock 最早提出吸附式压气机这一新概念,其相关研究项目获得美国国防部的资助,并进行吸附式风扇大尺寸模型的验证工作。Kerrebrock 等的研究结果表明:附面层抽吸技术能够有效地延缓分离,明显提升了叶栅的通流能力和扩压能力,同时也提高了压气机效率。

国内方面,陈绍文等采用数值模拟方法研究分析低速条件下附面层抽吸对某型超高负荷压气机叶栅气动性能(叶栅出口总压损失、吸力面型面静压等)的影响,研究结果表明,附面层抽吸能使吸力面的分离区减小,从而改善叶栅气动性能,得到不同吸气量和不同吸气位置对吸气效果的影响。该团队还进一步通过实验研究了全叶高吸气方式和两种局部吸气方式对叶栅流场结构和气动性能的影响。周正贵等采用流场数值计算方法对吸气叶栅流场进行研究,结果表明,高亚声速压气机叶栅上采用吸力面附面层抽吸,能够提高扩压度,但不一定能够减小流动损失;高亚声速压气机叶栅上采用吸力面附面层抽吸,可提高扩压度并减小流动损失。兰云鹤以低转速的亚声速压气机静叶为研究对象,设置不同的附面层抽吸方案,研究结果表明,当在上、下端壁双侧抽吸时,能有效控制整个工况范围内的气流分离,并且总压比和效率均得到提升,压气机的气动性能得到有效改善。牛玉川等测试了不同来流状态下吸附式压气机叶栅的气动性能,实验结果表明,附面层吸除能够减小气流分离损失,降低总压损失,改善气动性能,选择合适的气槽抽吸位置和吸气量,能进一步改善叶栅内部流动。

本节首先针对吸气式叶栅进行研究,得到吸气量对叶栅气动性能的影响规律。在先前研究的基础之上,创新性地提出4种吹吸方案,并利用数值计算方法模拟叶栅流场,通过与原型叶栅流场和气动性能的对比,确定最佳吹吸方案。

3.2.1 附面层抽吸机理

附面层的分离会引起很大的流动损失,使叶栅通道的通流能力降低,进而使叶片表面气流的转折能力降低。如果附面层能很好地附着在叶片表面且厚度很薄,则气流的流动损失会降低,进而会使压比升高。

附面层的特征可以由 von Karman 层流动量方程来表示,如下:

$$\frac{\mathrm{d}\theta}{\mathrm{d}s} = \frac{C_f}{2} - (2+H)\frac{\theta}{u_e}\frac{\mathrm{d}u_e}{\mathrm{d}s} \tag{3.2.1}$$

式中:θ 为附面层动量厚度;C_f 为叶片表面摩擦系数;H 为形状因子;u_e 为自有流速度。

附面层未发生分离时,动量厚度如下:

$$\begin{cases} \dfrac{\mathrm{d}\theta}{\mathrm{d}s} = \dfrac{C_f}{2} \\[3mm] \theta = \theta_2 + \displaystyle\int_{s_2}^{s} \dfrac{C_f}{2}\mathrm{d}s \\[3mm] \Delta\theta(s) = \Delta\theta_2 \end{cases} \tag{3.2.2}$$

附面层发生分离时,动量厚度如下:

$$\begin{cases} \dfrac{\mathrm{d}\theta}{\mathrm{d}s} = -(2+H)\dfrac{\theta}{u_e}\dfrac{\mathrm{d}u_e}{\mathrm{d}s} \\[3mm] \theta(s) = \theta_2 \mathrm{e}^{\int_{s_2}^{s} -(2+H)\frac{1}{u_e}\frac{\mathrm{d}u_e}{\mathrm{d}s}\mathrm{d}s} \\[3mm] \Delta\theta = \Delta\theta_2 \mathrm{e}^{\int_{s_2}^{s} -(2+H)\frac{1}{u_e}\frac{\mathrm{d}u_e}{\mathrm{d}s}\mathrm{d}s} \end{cases} \tag{3.2.3}$$

式中:$\Delta\theta_2$ 的存在是附面层抽吸的结果。

当附面层未发生分离时,在附面层的流动中,表面摩擦力起主导作用;当附面层发生分离时,会产生一个较大的负压梯度,表面摩擦力几乎接近 0,此时 $\dfrac{1}{u_e}\cdot\dfrac{\mathrm{d}u_e}{\mathrm{d}s}$ 起主导作用。

3.2.2　数值计算方法

本小节采用 NUMECA 软件分别对压气机原型叶栅、吸附式叶栅、吸吹式叶栅和双吸式叶栅进行数值模拟,控制方程为 N-S 方程,如下:

$$\begin{cases} \dfrac{\partial}{\partial t}(\rho) + \dfrac{\partial}{\partial x_j}(\rho u_j) = 0 \\[3mm] \dfrac{\partial}{\partial t}(\rho u_j) + \dfrac{\partial}{\partial x_j}(\rho u_i u_j + p\delta_{ij}) = \dfrac{\partial}{\partial x_j}(\tau_{ij}) + f \\[3mm] \dfrac{\partial}{\partial t}(\rho E) + \dfrac{\partial}{\partial x_j}(\rho u_j E + u_j p) = \dfrac{\partial}{\partial x_j}(u_i \tau_{ij} - q_j) + p f_i u_i \end{cases} \tag{3.2.4}$$

式中:$\tau_{ij} = \mu\left(\dfrac{\partial u_i}{\partial x_j} + \dfrac{\partial u_j}{\partial x_i}\right) - \dfrac{2}{3}\mu\delta_{ij}\dfrac{\partial u_k}{\partial x_k}$;$q_j = -K\dfrac{\partial T}{\partial x_j}$;$f_i$ 为单位质量流体所受的质量力分力。

湍流模型采用 S-A 湍流模型，使用 Runge-Kutta 格式求定常解，使用残值光顺、多层网格加密、局部时间步长等技术加快迭代过程的收敛速度。计算网格如图 3.39 所示。

 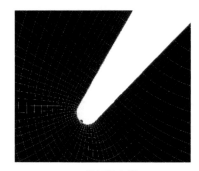

(a) 整体网格   (b) 局部放大图

图 3.39 计算网格

边界条件：进口为轴向进气，其总压和总温分布如图 3.40 所示。出口静压为90 000 Pa，转速为 17 188 r/min

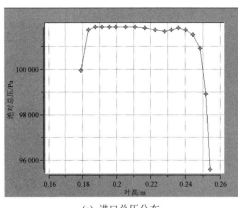 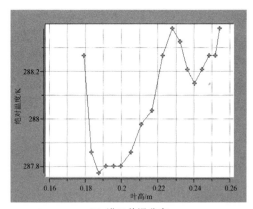

(a) 进口总压分布   (b) 进口总温分布

图 3.40 进口边界条件

3.2.3 吸气量对气动性能的影响

在距离叶片前缘 60% 的轴向弦长处位置沿叶高 10%～90% 方向等距离开 10 个吸气孔，孔的直径为 0.005 m。级压比和效率随吸气量变化的曲线如图 3.41 和图 3.42 所示，其中相对吸气量为吸气量与进口气流量之比。

由图 3.41 和图 3.42 可见，与原型叶片（未开吸气孔的叶片）相比，开孔吸气后，使压比增大，但是效率有所下降。随着吸气量的增加，压比和效率都呈现出先增加后

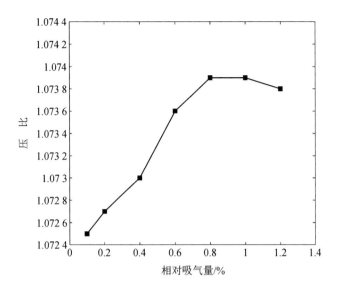

图 3.41　不同吸气量下压比分布

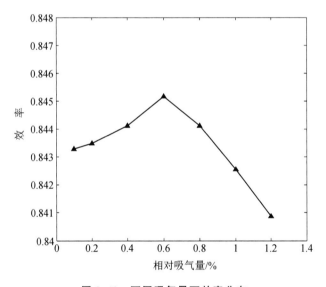

图 3.42　不同吸气量下效率分布

减小的变化规律。结果表明,当吸气孔处于某一位置不变时,存在一个最佳的吸气量,使压比最大,或者效率降低得最少。

图 3.43 所示为无吸气和相对吸气量分别为 0.1%、0.4%、0.8% 时所对应的 0.5 叶高处叶栅的马赫数等值线图,图 3.44 所示为无吸气和相对吸气量分别为 0.1%、0.4%、0.8% 时所对应的 0.5 叶高处叶栅吸力面尾缘附近的局部熵云图和流线图。由图 3.43 和图 3.44 可见,原型叶片在吸力面尾缘附近存在气流分离现象,当相对吸气量小于最佳相对吸气量(0.8%)时,随着吸气量的增加,气流分离区域逐渐

减小。这说明,当吸气位置距离气流分离区的起始位置较远时,吸气可以使吸力面附面层的厚度减小,进而抑制尾缘附近的气流分离,且吸气量越大,抑制效果越明显。当相对吸气量大于最佳相对吸气量(0.8%)时,吸气位置及其后面的边界层区域有一部分进入叶型内部,这说明吸气量过大,导致叶栅通道内主流冲击到叶片表面,造成吸气位置后面的流场产生新的干扰,进而使抑制效果减弱。

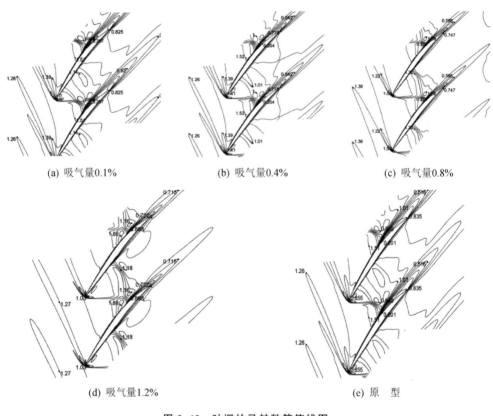

(a) 吸气量0.1%　　　　　(b) 吸气量0.4%　　　　　(c) 吸气量0.8%

(d) 吸气量1.2%　　　　　　　　(e) 原　型

图 3.43　叶栅的马赫数等值线图

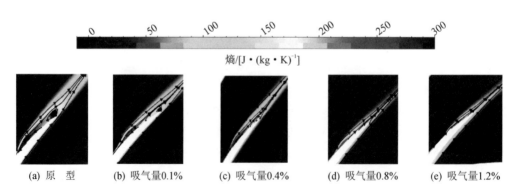

(a) 原　型　　　(b) 吸气量0.1%　　　(c) 吸气量0.4%　　　(d) 吸气量0.8%　　　(e) 吸气量1.2%

图 3.44　分离区附近的局部熵云图和流线图(见彩图)

图 3.45 所示为叶片吸力面极限流线图。由图 3.45 可见,原型通道涡分离线与端壁围成的分离区域面积最大,且低能流体聚集区域也最大。当采用开孔抽吸边界层后,分离明显减弱,且随着吸气量的增加,效果越来越明显。

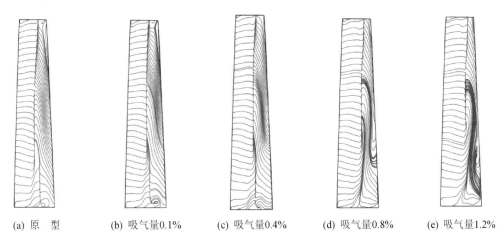

(a) 原　型　　　(b) 吸气量0.1%　　　(c) 吸气量0.4%　　　(d) 吸气量0.8%　　　(e) 吸气量1.2%

图 3.45　吸力面极限流线

以上分析结果说明,采用附面层吸除可以明显减弱气流分离现象,并提高叶栅的扩压能力。当吸气孔的位置位于距离叶片前缘 60％ 的轴向弦长处时,存在一个最佳吸气量,对应着最大压比,吸气量超过该值,即使再增加吸气量,也不能达到更理想的效果。

3.2.4　不同方案对气动性能的影响

4 种不同开孔的吹吸气方案如表 3.10 所列,利用数值计算的方法对不同方案叶栅的流场进行模拟。

表 3.10　吹吸气方案

方案类型	孔的位置及个数	相对吸气量/%
吸附式叶栅	叶片弦向 60％ 的位置沿叶高 10％～90％ 方向等距离开 20 个吸气孔,孔的直径为 0.005 m	0.3
吸吹式叶栅	叶片弦向 60％ 的位置沿叶高 10％～90％ 方向等距离开 20 个吸气孔,孔的直径为 0.003 m	0.3
吹吸式叶栅	叶片弦向 60％ 的位置沿叶高 10％～90％ 方向等距离开 20 个吹气孔,孔的直径为 0.003 m	0.3
双吸式叶栅	叶片弦向 60％ 的位置沿叶高 10％～90％ 方向等距离开 20 个吸气孔,孔的直径为 0.003 m	0.3

图 3.46 和图 3.47 所示分别为上述 4 种方案与原型叶栅的质量流量-压比曲线

和质量流量-效率曲线。由图 3.46 和图 3.47 可见,与原型叶片相比,上述 4 种方案均能提高压比和效率,方案 4 所用的双吸式叶栅对压比和效率的提升作用均最为明显。

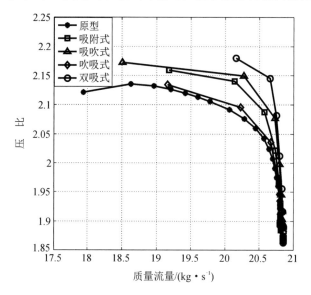

图 3.46　质量流量-压比曲线

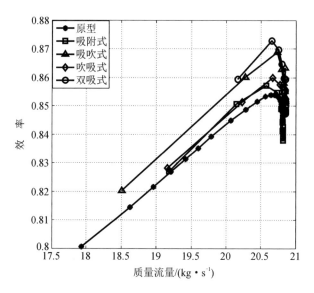

图 3.47　质量流量-效率曲线

图 3.48 所示为不同方案的叶栅与原型叶栅的马赫数等值线图。图 3.49 所示为不同方案的叶栅与原型叶栅 0.5 叶高处吸力面尾缘附近的局部熵云图和流线图。从图中可以看出,上述 4 种方案均能有效抑制吸力面尾缘附近的边界层分离,其中双吸式叶栅效果最佳。在远离分离区的上游开孔吸气可以抑制下游气流分离,但在靠近

分离区的区域或者分离区内部开孔吸气,附面层发展已接近完成,不能有效抑制气流分离,如图 3.49(d)所示。

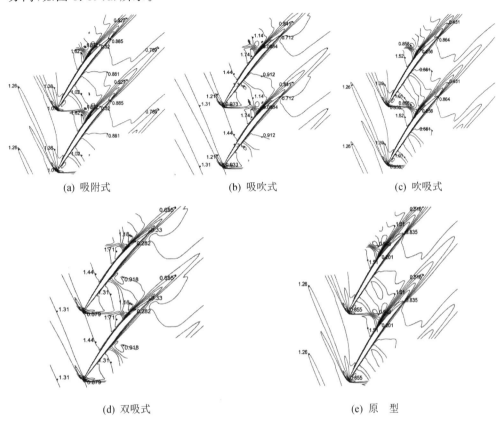

(a) 吸附式   (b) 吸吹式   (c) 吹吸式

(d) 双吸式   (e) 原　型

图 3.48　叶栅的马赫数等值线图

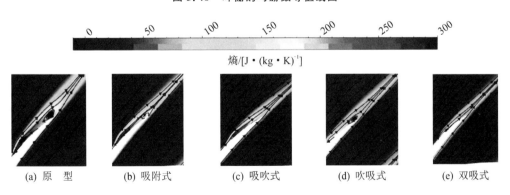

(a) 原　型   (b) 吸附式   (c) 吸吹式   (d) 吹吸式   (e) 双吸式

图 3.49　分离区附近的局部熵云图和流线图(见彩图)

通过上述分析,可得以下结论:

① 设置吸气孔进行附面层吸气,能够有效地改善压气机叶栅的气动性能,抑制附面层分离,减小流动损失,提高压比。

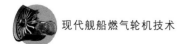

② 在叶型某一位置吸气时,存在最佳吸气量。当吸气量逐步增加到最佳值时,吸气对附面层分离的抑制效果最好;当吸气量大于最佳值时,导致叶栅通道内主流冲击到叶片表面,造成吸气位置后面的流场产生新的干扰,进而使抑制效果减弱。

③ 由 4 种叶型开孔吹吸气方案对比可知,双吸式叶栅对附面层分离的抑制效果最佳,对压比和效率的提升作用也最为明显。

3.3 叶顶气动的被动扩稳

机匣处理是一种结构简单且能有效改善压气机稳定裕度的流动控制技术,以缝式和槽式最为常见,但往往会带来压气机效率的降低。随着对机匣处理结构的不断探索,研究者们力求在不损失效率的情况下提高压气机的气动稳定性。直沟槽是一种槽宽远大于槽深的轴向机匣处理,其轴向处理范围始于转子叶尖前缘上游,一直延伸至叶尖尾缘下游,大于转子叶尖轴向弦长,这是直沟槽与周向槽机匣处理在结构上的主要区别,也是导致其作用效果及机理与周向槽不同的原因。斜沟槽可视为直沟槽的变形,是在直沟槽的基础上,去除了转子叶尖下游的凸台,使斜槽的型线与机匣原型端壁的型线平滑连接。目前,直沟槽及斜沟槽对压气机气动性能的影响及作用机理仍不十分明确,在一些研究中的结论还存在值得商榷的地方,特别是针对多级压气机还没有深入研究。

本节以某 1.5 级高负荷轴流压气机为对象,首先分析了压气机的失速位置和失速触发因素,然后研究了直沟槽和斜沟槽对压气机气动性能及气动稳定性的影响,并分析了对效率和稳定裕度的影响机理,讨论了直沟槽的前、后台阶位置及斜沟槽的前端台阶位置对压气机气动性能的影响。

3.3.1 研究对象及数值方法

1. 研究对象

研究对象来自某型燃机的低压压气机,截取其前三排叶片得到 1.5 级高负荷轴流压气机模型,包含进口导叶(IGV)、转子(R_1)和静子(S_1)。IGV、R_1 和 S_1 的叶片数目分别为 24、18 和 30,转子叶顶间隙尺寸 τ 为 0.52% 叶高,转速为 5 949 r/min。

根据 Wisler 在 1989 年及 Nezym 在 2006 年发表的实验研究结果(分别涉及 2 台、6 台轴流压气机),对于直沟槽机匣处理结构:① 转子叶片与原型压气机的机匣端壁型线平齐时,对稳定裕度的负面影响最小或改善效果最大;② 在转子叶片与原型压气机的机匣端壁型线平齐的情形下,从压气机的气动特性和稳定运行范围考虑,直沟槽的轴向范围窄优于宽,叶尖间隙小优于大。对于斜沟槽机匣处理结构,转子叶尖侵入到间隙中对压气机的效率有损害。基于上述认识,在本章的研究中,首先构造了如下直沟槽(Cylindrical Trench,CT)形式:前、后端台阶分别距转子叶尖前、尾缘 $-10\%C_{ax}$、$+10\%C_{ax}$(负号表示上游方向,正号表示下游方向,$C_{ax}=$ 叶顶轴向弦长),转子叶片与原型压气机的机匣端壁型线平齐,叶顶间隙尺寸仍保持为 τ。然后,基于上述直沟槽形式,去除其后端台阶,使槽的型线在转子叶尖尾缘上方与原型压气机的机匣端壁型线相连接,构造了一种斜沟槽(Sloped Trench,ST)形式。此外,为了削弱垂直台阶的负面影响,本章将直沟槽的前后端台阶及斜沟槽的前端台阶均改为斜坡形式。直沟槽机匣处理压气机和斜沟槽机匣处理压气机中转子叶片的构造方法如下:

① 记设计间隙转子叶片模型为 $R_1(\tau)$,零叶尖间隙转子叶片模型为 $R_1(0)$。

② $R_1(\tau)$ 的叶尖前缘点绕旋转轴转动的轨迹与 ZX 平面的交点记为 $R_1(\tau)$_LE_TIP,叶尖尾缘点绕旋转轴转动的轨迹与 ZX 平面的交点记为 $R_1(\tau)$_TE_TIP。同理可得到交点 $R_1(0)$_LE_TIP 和 $R_1(0)$_TE_TIP。

③ 将 $R_1(0)$_LE_TIP 与 $R_1(\tau)$_TE_TIP 相连并绕旋转轴旋转 360°,利用所得旋转面切割 $R_1(0)$,主体部分叶片模型记为 $R_1(0\tau)$。

④ $R_1(0)$ 和 $R_1(\tau)$ 分别为 CTC 和 STC 中的转子叶片。

图 3.50～3.53 分别给出了原型压气机(记为 SC)、零叶尖间隙压气机、直沟槽机匣处理压气机(记为 CTC)和斜沟槽机匣处理压气机(记为 STC)的示意图。

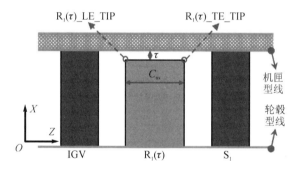

图 3.50　原型压气机示意图

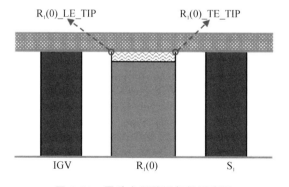

图 3.51　零叶尖间隙压气机示意图

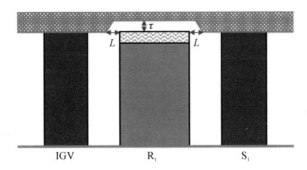

图 3.52 直沟槽机匣处理压气机示意图

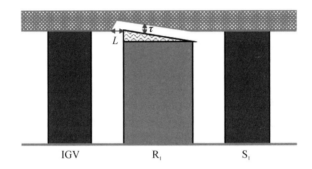

图 3.53 斜沟槽机匣处理压气机示意图

2. 计算模型

采用 AutoGrid5 和 IGG 划分单通道网格。图 3.54 给出了原型压气机 SC 的网格拓扑结构。进口距离 IGV 前缘 1.5 倍以上导叶叶顶弦长，出口距离 S_1 尾缘 2 倍以上静叶叶顶弦长。图 3.55 和图 3.56 分别给出了直沟槽机匣处理压气机 CTC 和斜沟槽机匣处理压气机 STC 的叶排通道的划分，与 SC 叶排通道的划分一致。CTC 和 STC 的网格拓扑与 SC 同样保持相同，未做展示。这样，一方面消除了网格差异引入的计算误差，另一方面便于在后处理分析中保持比较对象之间的几何一致性。

IGV 域（见图 3.54～3.56 中半透明绿色部分）采用 H-O4H-H 型网格拓扑，其网格点数沿周向、径向和轴向分别为 $65×65×145$，总网格点数约为 68.66 万。R_1 域（见图 3.54～3.56 中半透明灰色部分）叶顶间隙采用蝶形网格拓扑，径向网格点数为 17，其余部分采用 H-O4H 型网格拓扑，R_1 域网格点数沿周向、径向和轴向分别为 $97×89×161$，总网格点数约为 175.03 万。S_1 域（见图 3.54～3.56 中半透明黄色部分）采用 H-O4H-H 型网格拓扑，其网格点数沿周向、径向和轴向分别为 $65×57×145$，总网格点数约为 64.54 万。所有网格在近壁面位置均加密处理，第一层网格与壁面的距离设置为 $3.5×10^{-6}$ m，以保证 y^+ 小于 2。在 SC、CTC 和 STC 的计算网格中，最小正交角为 21.72°，最大长宽比为 1 849.22，最大延展比为 4.94。SC、

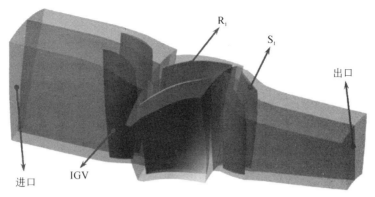

(a) 原型压气机叶排通道的划分

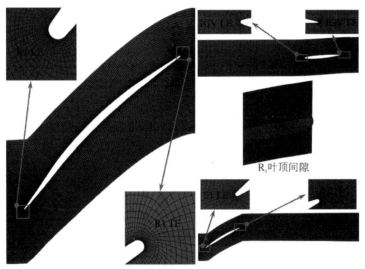

(b) 原型压气机各叶排50%叶展及转子叶顶间隙网格拓扑

图 3.54　原型压气机的网格拓扑结构(见彩图)

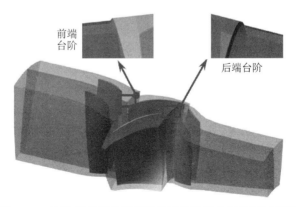

图 3.55　直沟槽机匣处理压气机叶排通道的划分(见彩图)

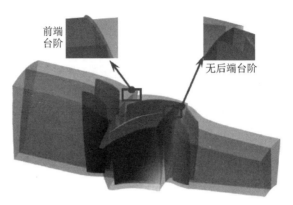

前端台阶

无后端台阶

图 3.56 斜沟槽机匣处理压气机叶排通道的划分(见彩图)

CTC 和 STC 模型的总网格点数相同,均约为 308.23 万。

3.3.2 原型压气机失速位置和失速触发因素

多级轴流压气机中,内部流动十分复杂,压气机的失速不仅可以由转子流场恶化触发,还可以由静子流场恶化而触发。本小节分别从一维(压气机特性线)、二维(压气机子午面气动参数)和三维(压气机流场)三个层面对原型压气机的失速位置和失速触发因素进行分析。

1. 一维分析

Camp 和 Day 在一台四级低速试验压气机上对失速特性进行了详细研究,提出了如下判断压气机失速类型的一维简单模型(见图 3.57):若失速前出现模态波,则压气机总静压升特性线中失速点的斜率为零或略大于零,即压气机发生失速时总静压升系数达到峰值或呈下降趋势;若失速起始时无模态波存在,则压气机总静压升特性线中失速点的斜率为负,即压气机发生失速时总静压升系数呈上升趋势。

图 3.58 给出了原型压气机的总静压升系数-进口质量流量特性,所有工况点流量用最大流量工况点的进口质量流量进行无量纲化处理,近失速边界附近工况点加密以准确反映总静压升系数的趋势。总静压升系数定义如下:

$$\Psi = \frac{P_{\text{out}} - P_{\text{in}}^{*}}{0.5\rho U_{\text{tip}}^{2}} \tag{3.3.1}$$

式中:P_{out} 和 P_{in}^{*} 分别为压气机出口静压和进口总压;ρ 为大气密度;U_{tip} 为转子叶尖速度。

可以看到,随着原型压气机节流到近失速边界,其总静压升系数是上升的。因此,据 Camp 和 Day 提出的一维简单模型,该原型压气机的失速很可能由突尖波失速先兆诱发。

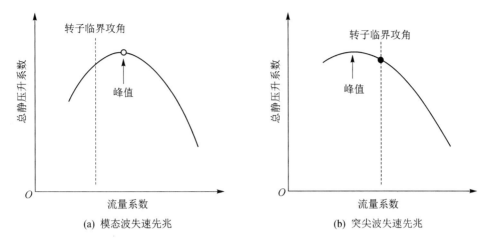

图 3.57　判断失速类型的一维简单模型

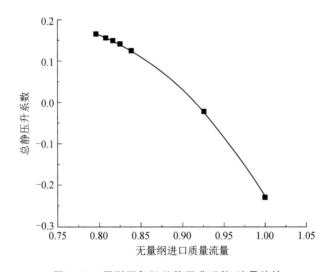

图 3.58　原型压气机总静压升系数-流量特性

2. 二维分析

有学者提出了一种基于压气机子午面气动参数变化的二维分析方法,用以判断压气机中率先发生失速的潜在位置。该方法的思想如下:压气机运行在峰值效率工况时,其内部流动状态可近似视为理想的,随着压气机运行工况的改变,各叶排通道的气动参数随之改变。当压气机的运行工况朝失速边界逼近时,如果某处气动参数的变化非常大,那么该位置很可能为压气机失速的触发位置。将压气机三维流场作周向质量平均处理以获得各气动参数的子午面分布,然后将近失速工况与峰值效率工况的子午面气动参数分布作差,气动参数变化较剧烈的区域即为压气机中率先发

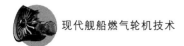

生失速的潜在位置。

　　图 3.59 和图 3.60 分别给出了原型压气机近失速工况相对近峰值效率工况的密流之差和绝对气流角之差,密流用当地密度与当地轴向速度的乘积表示且密流差用进口截面的平均密流无量纲化处理。可以看到,原型压气机从近峰值效率工况节流到近失速工况时,转子通道叶顶区域的密流下降尤为显著。在转子通道出口,上述区域径向上约占通道高度的 10%,并向下游静子通道延伸。与此相对应,转子叶顶区域的绝对气流角显著增大。受转子出口流动的影响,静子通道叶中和叶根区域亦存在较明显的流量亏损,然而绝对气流角之差在全部叶展范围上的变化是较均匀的。由以上分析可判断,转子叶顶很可能为压气机率先发生失速的位置。

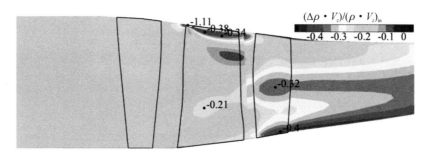

图 3.59　原型压气机近失速工况相对近峰值效率工况的无量纲密流之差

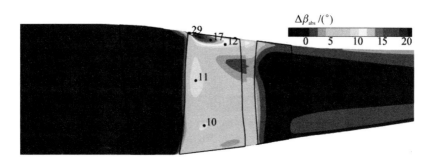

图 3.60　原型压气机近失速工况相对近峰值效率工况的绝对气流角之差(见彩图)

3. 三维分析

　　基于不同的以叶尖失速(失速先兆出现在转子叶尖)为特征的压气机的详细研究结果,Wilke 等将叶尖失速归类为两种基本类型,即所谓的叶顶过载失速(Blade tip stall)和叶顶堵塞失速(Tip blockage stall)。视压气机的转速和气动特性,叶顶过载失速和叶顶堵塞失速既可同时发生也可单独发生。

　　叶顶过载失速的特点:转子来流攻角非常大,尤其是叶尖附近,导致叶片吸力面的分离区或涡流区扩大以及来流在压力面前缘附近明显减速或滞止;叶尖泄漏涡轨迹与来流的方向几乎平行,泄漏流和泄漏涡填充了叶片吸力面的涡流区而不阻挡来流主流。图 3.61(a)给出了叶顶过载失速流动特征示意图。

叶顶堵塞失速的特点：由设计工况至近失速工况，转子来流的方向没有明显变化，叶尖没有发生气动过载；叶尖泄漏涡轨迹与叶片弦向的夹角显著大于来流与叶片弦向的夹角；较高压力负荷下，叶尖泄漏流和叶尖泄漏涡会在通道中形成一个特征滞止区，导致主流发生严重堵塞。图 3.61(b)给出了叶顶堵塞失速流动特征示意图。

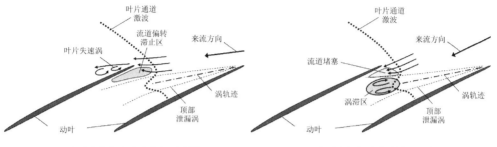

(a) 叶顶过载失速流动特征示意图　　　　(b) 叶顶堵塞失速流动特征示意图

图 3.61　叶尖失速的两种基本类型

图 3.62 给出了转子叶顶截面相对马赫数(云图)、静压等值线(黑线)及叶尖来流的相对气流角沿周向的分布，图中水平粗红线为叶尖来流位置，连接静压等值线凹槽的红线指示了叶尖泄漏涡涡核轨迹，黑色虚线为旋转轴(Z 轴)方向，U 为转子旋转方向。叶尖泄漏涡涡核轨迹与旋转轴的夹角用红色虚线标注在笛卡儿图中，弧度增大的方向与 U 相同，在近失速工况下，叶尖泄漏涡在向下游发展的过程中涡核轨迹有所变化，因此在图 3.62(b)中有两个夹角。由图 3.62 可知，从近峰值效率工况到近失速工况，转子叶尖来流的攻角逐渐增大，气动负荷随之增大，叶尖泄漏涡涡核轨迹

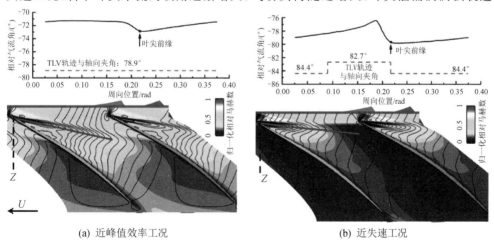

(a) 近峰值效率工况　　　　　　　　　(b) 近失速工况

图 3.62　转子叶顶截面相对马赫数云图、静压等值线及
叶尖来流的相对气流角沿周向的分布(见彩图)

逐渐向上游偏转,也裹挟着叶尖泄漏流发生偏转,导致转子压力面侧的低速区朝着上游及相邻叶片吸力面侧扩展,且速度进一步降低。在近失速工况,叶顶截面的低速区已经发展到压力面侧的前缘附近。

图 3.63 给出了转子叶顶截面 $V_z<0$ 的区域和叶尖泄漏流流线。黄色区域即为 $V_z<0$ 的区域,流线中着色为蓝色的部分表示 $V_z \geqslant 0$,着色为红色的部分表示 $V_z<0$。在叶尖泄漏涡在向下游发展的过程中,缠绕在涡核周围的叶尖泄漏流中,一部分直接从转子尾缘出口流出,一部分继续跨过相邻叶片甚至多个叶片的叶顶间隙形成二次泄漏,称前者为主泄漏流,称后者为二次泄漏流。从 $V_z<0$ 区域是否横跨整个通道可以判断,在近峰值效率工况,二次泄漏流均被相邻叶片的叶尖泄漏涡重新"捕获",随着叶尖泄漏涡的发展而流出通道;然而,在近失速工况,二次泄漏流中有一部分未能被相邻叶片的叶尖泄漏涡重新"捕获",属于又跨过了另一叶片叶顶间隙的类型。结合 $V_z<0$ 区域与叶尖泄漏流的着色情况可知:① 主泄漏流在边绕涡核边向下游行进的过程中,处于涡核上方(这里上方指叶根向叶尖的方向)位置时,速度的轴向分量为负,会形成 $V_z<0$ 区域;② 跨相邻叶片的二次泄漏流在相邻叶片的吸力面侧附近形成 $V_z<0$ 区域,跨多个叶片的二次泄漏流形成横跨整个通道的 $V_z<0$ 区域。从近峰值效率工况到近失速工况,二次泄漏流占比越来越大,$V_z<0$ 区域范围随之逐渐扩大,至近失速工况时,叶尖来流与叶尖泄漏流的交接面已经几乎与转子叶尖前缘平面平齐,对主流造成严重堵塞。

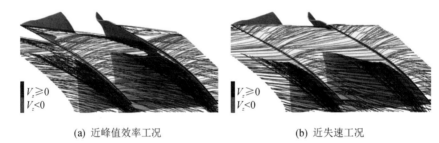

(a) 近峰值效率工况　　　　　　　　　　　(b) 近失速工况

图 3.63　转子叶顶截面 $V_z<0$ 区域和用正负 V_z 着色的叶尖泄漏流流线(见彩图)

综合以上分析可知,原型压气机转子叶顶为率先发生失速的位置,转子通道顶部发生严重堵塞是导致压气机失速的原因,失速表现形式兼具叶顶过载失速和叶顶堵塞失速的特征。

3.3.3　直沟槽和斜沟槽对性能特性的影响

为方便表述,原型压气机近失速点(Near Stall point)记为 NS,近峰值效率点(Near Peak Efficiency point)记为 NPE,近堵塞点(Near Choke point)记为 NC。直沟槽机匣处理压气机的近失速点记为 $\mathrm{NS_{CTC}}$,斜沟槽机匣处理压气机的近失速点记为 $\mathrm{NS_{STC}}$。计算直沟槽机匣处理压气机或斜沟槽机匣处理压气机的 NS 流量工况、NPE

流量工况、NC 流量工况时,将出口边界条件由给定简单径向平衡静压改为给定流量。

这里采用失速裕度改进量(Stall Margin Improvement,SMI)来评估压气机气动稳定性的改善效果,定义如下:

$$SMI = \frac{m_{NS} - m_{NS_X}}{m_{NS}} \times 100\%$$ (3.3.2)

式中:$X = [CTC, STC]$;m_{NS} 为原型压气机近失速点流量;m_{NS_X} 为改型压气机近失速点流量。

1. 对压气机总体性能的影响

图 3.64 给出了原型压气机、直沟槽机匣处理压气机和斜沟槽机匣处理压气机的总压比和绝热效率特性曲线,图中横坐标进口质量流量用 NC 流量进行了无量纲化处理。绝热效率特性图中给出了原型压气机绝热效率误差为 ±0.3% 的误差棒。

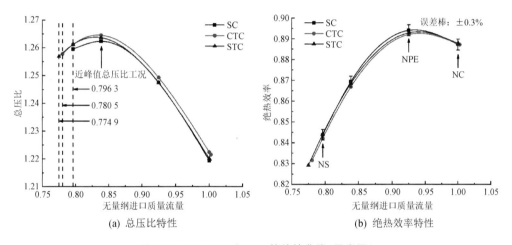

(a) 总压比特性　　　　　　　　　(b) 绝热效率特性

图 3.64　SC、CTC 和 STC 的特性曲线(见彩图)

可以看到,直沟槽机匣处理和斜沟槽机匣处理均拓宽了压气机的稳定运行范围。经计算,在直沟槽机匣处理情况下,压气机的失速裕度改进量为 1.98%;在斜沟槽机匣处理情况下,压气机的失速裕度改进量为 2.69%。

在原型压气机的整个运行范围内,直沟槽机匣处理对压气机的总压比均略有提升,在 NC 流量工况、NPE 流量工况、NS 流量工况,直沟槽机匣处理压气机的总压比相较于原型压气机分别提高了 0.26%、0.14%、0.13%。斜沟槽机匣处理对压气机 NC 流量工况至近峰值总压比工况的总压比几乎没有影响,对压气机近峰值总压比工况至 NC 流量工况的总压比略有提升,效果与直沟槽机匣处理的相近。

除 NC 附近流量工况外,直沟槽机匣处理使压气机的绝热效率均略有损失,在 NPE 流量工况、NS 流量工况,直沟槽机匣处理的绝热效率相较于原型压气机分别降低了 0.22%、0.20%。斜沟槽机匣处理对压气机绝热效率的负面影响相比直沟槽机匣处理的负面影响稍弱,在 NS 流量工况附近,斜沟槽机匣处理压气机的绝热效率与原型压气机几乎一致,在其他工况则介于直沟槽机匣处理压气机和原型压气机之间,在 NPE 流量工况,斜沟槽机匣处理压气机的绝热效率相较于原型压气机下降了0.14%。在原型压气机的整个运行范围内,无论直沟槽机匣处理还是斜沟槽机匣处理,对压气机绝热效率造成的损失均在 0.3% 以内。

2. 对各叶排性能的影响

为了在后文对直/斜沟槽机匣处理的台阶位置影响的研究中保持各计算模型的转静交接面位置一致,在 3.3.1 小节的计算模型中,直沟槽的前、后端台阶分别划分到了直沟槽机匣处理压气机的进口导叶通道和静子通道,主体划分到了转子通道;相应的,斜沟槽的前端台阶划分到了斜沟槽机匣处理压气机的进口导叶通道,主体划分到了转子通道,因此直沟槽机匣处理和斜沟槽机匣处理对各叶排性能都会产生一定影响,下面对此进行分析。

图 3.65 给出了原型压气机、直沟槽机匣处理压气机和斜沟槽机匣处理压气机中转子的总压比和绝热效率特性曲线,图 3.66 则给出了进口导叶和静子的总压恢复系数特性。在原型压气机、直沟槽机匣处理压气机和斜沟槽机匣处理压气机中,均选取 IGV/R_1 交接面、R_1/S_1 交接面作为转子通道的进、出口,压气机进口、IGV/R_1 交接面作为进口导叶通道的进、出口,R_1/S_1 交接面、压气机出口作为静子通道的进、出口,即可保证比较对象的一致性。总压恢复系数的定义如下:

$$\sigma_X = \frac{P_{\text{out},X}^*}{P_{\text{in},X}^*} \tag{3.3.3}$$

式中:$X = [IGV, S_1]$;P_{in}^* 和 P_{out}^* 分别为叶排的进口总压和出口总压。

可以看到,直沟槽机匣处理对压气机进口导叶和静子的总压恢复系数均有负面影响,斜沟槽机匣处理对进口导叶总压恢复系数的影响与直沟槽机匣处理对进口导叶总压恢复系数的影响几乎完全相同,对静子总压恢复系数的负面影响则显著小于直沟槽机匣处理对静子总压恢复系数的负面影响。直沟槽机匣处理能够不降低甚至略改善转子的绝热效率,在 NC 流量工况至近峰值总压比工况,直沟槽机匣处理压气机中转子绝热效率与原型压气机中转子绝热效率能够基本保持一致,在近峰值总压比工况至 NS 流量工况,略微高于原型压气机中转子绝热效率。在 NS 流量工况,直沟槽机匣处理使转子的绝热效率提高了 0.25%。斜沟槽机匣处理对转子绝热效率的提升则略高于直沟槽机匣处理对转子绝热效率的提升,在 NS 流量工况,斜沟槽机匣处理使转子的绝热效率提高了 0.41%。上述表现与二者的结构特点是相吻合的。

结合图 3.65(a)、图 3.66 和图 3.64(a) 来看,直沟槽机匣处理对转子总压比特性的影响占主导地位,决定了对整体总压比的影响。斜沟槽机匣处理亦是如此。然而它们对进口导叶和静子流动损失的影响是不可忽视的。在 NC 流量工况至近峰值总压比工况,直沟槽和斜沟槽机匣处理对进口导叶及静子流动损失的影响决定了压气机整体绝热效率低于原型压气机;在 NS 流量工况附近,直沟槽机匣处理前后端台阶造成的损失超过了转子中减小的损失,使直沟槽机匣处理压气机整体的绝热效率低于原型压气机,去除后端台阶后的斜沟槽机匣处理,对转子损失的改善能勉强抵消进口导叶及静子中增加的损失,使斜沟槽机匣处理压气机整体的绝热效率与原型压气机能够基本一致。

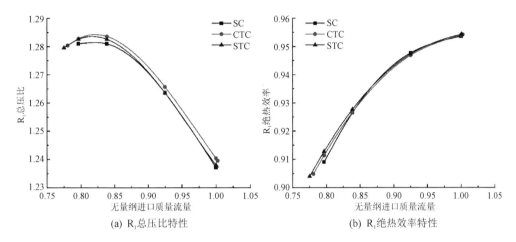

图 3.65　SC、CTC 和 STC 中转子的特性曲线(见彩图)

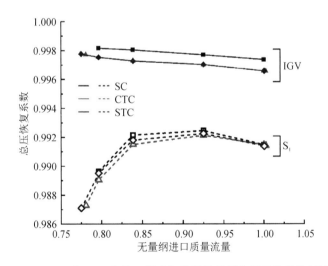

图 3.66　SC、CTC 和 STC 中进口导叶和静子的总压恢复系数特性(见彩图)

图 3.67 和图 3.68 分别给出了 NC 流量工况、NPE 流量工况、NS 流量工况下,原型压气机、直沟槽机匣处理压气机和斜沟槽机匣处理压气机中转子的总压比和绝热效率沿叶高的分布,放大视图中 99.5%叶高为原型压气机转子叶顶位置,100% 叶高为直沟槽机匣处理压气机转子叶顶位置和斜沟槽机匣处理压气机转子叶尖前缘位置。

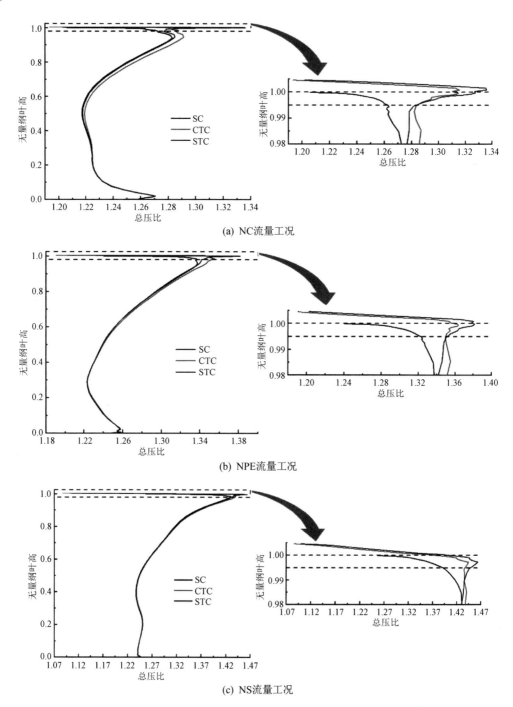

(a) NC流量工况

(b) NPE流量工况

(c) NS流量工况

图 3.67　SC、CTC 和 STC 中转子总压比沿叶高的分布(见彩图)

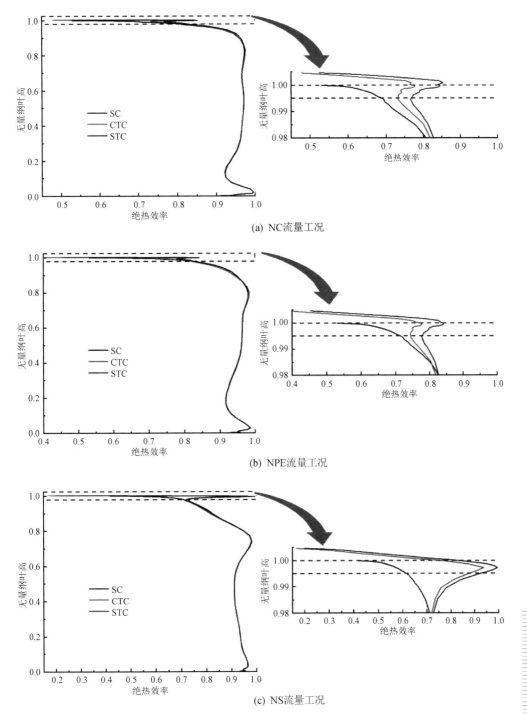

(a) NC流量工况

(b) NPE流量工况

(c) NS流量工况

图 3.68　SC、CTC 和 STC 中转子绝热效率沿叶高的分布(见彩图)

可以看到,在 NC 流量工况,直沟槽机匣处理使约 30% 叶高以上叶展范围的总压比得到不同程度的提高,随着向 NS 流量工况靠近,直沟槽机匣处理能够影响到转子总压比的展向范围越来越集中于叶顶附近。直沟槽机匣处理压气机中,转子延伸部分(99.5%～100%叶高)的总压比显著高于其他叶展位置,提供了额外的增压能力。从 NC 流量工况至 NS 流量工况,斜沟槽机匣处理能够影响到转子总压比的范围基本集中于叶顶附近,且斜沟槽机匣处理压气机中转子延伸部分的总压比相较直沟槽机匣处理压气机中转子延伸部分的总压比还略高,其他叶展位置的总压比则与原型基本一致,低于直沟槽机匣处理压气机。这也解释了,NC 流量工况至 NS 流量工况,斜沟槽机匣处理压气机中转子的总压比逐渐接近直沟槽机匣处理压气机中转子总压比的原因(见图 3.65(a))。

从 NC 流量工况至 NS 流量工况,直沟槽和斜沟槽机匣处理对转子绝热效率的影响均限于约 98% 叶高以上的叶顶附近,对其他叶展位置的绝热效率基本无改变,斜沟槽机匣处理比直沟槽机匣处理对转子绝热效率的提升更大。NC 流量工况至 NPE 流量工况,转子延伸部分的效率提升显著大于其他叶展位置,但其绝热效率仍然远低于主流叶展位置;NS 流量工况下,转子延伸部分的效率提升进一步增加,其绝热效率已经达到了主流叶展位置的水平,98%～99.5%叶高位置的效率提升亦明显高于 NC 流量工况和 NPE 流量工况。这也解释了,直沟槽和斜沟槽机匣处理压气机中转子的绝热效率在大部分流量工况下与原型压气机中转子基本一致,而 NS 流量工况附近略高的原因(见图 3.65(b))。

气流折转角和总压损失是表征基元性能的两个重要参数,前者与静叶的导向增压性能密切相关,后者可用于静叶的总压损失评估。进一步用这两个参数来评估直沟槽机匣处理和斜沟槽机匣处理对下游静子展向特性的影响。

气流折转角的定义为

$$\Delta\beta = \beta_{\text{in, S1}} - \beta_{\text{out, S1}} \qquad (3.3.4)$$

式中:β_{in} 和 β_{out} 分别为静子的进口气流角和出口气流角。

总压损失系数的定义为

$$\bar{\omega} = \frac{P^*_{\text{in, S1}} - P^*_{\text{out, S1}}}{P^*_{\text{in, S1}} - P_{\text{in, S1}}} \qquad (3.3.5)$$

式中:$P^*_{\text{in, S1}}$、$P^*_{\text{out, S1}}$、$P_{\text{in, S1}}$ 分别为静子的进口总压、出口总压和进口静压。

图 3.69 和图 3.70 分别给出了 NC 流量工况、NPE 流量工况、NS 流量工况下,原型压气机、直沟槽机匣处理压气机和斜沟槽机匣处理压气机中,静子气流折转角和总压损失系数沿展向的分布。

可以看到,直沟槽机匣处理主要对静子叶顶(机匣端)附近的流动产生影响,使静子叶顶附近的气流折转角减小、总压损失增大,对其余叶高位置的影响非常微弱。斜沟槽机匣处理对静子整个叶展上气流折转角的影响均很小,对总压损失系数的影响随工况不同则略有变化。NC 流量工况下,斜沟槽机匣处理对静子总压损失系数的

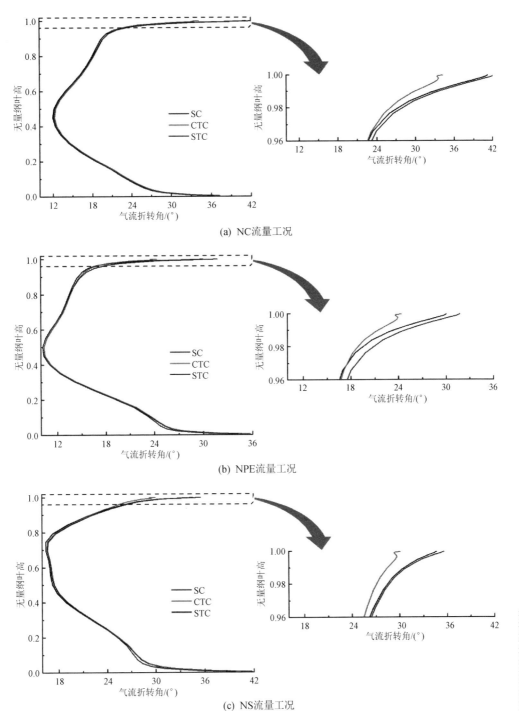

(a) NC流量工况

(b) NPE流量工况

(c) NS流量工况

图 3.69　SC、CTC 和 STC 中静子气流折转角沿叶高的分布 (见彩图)

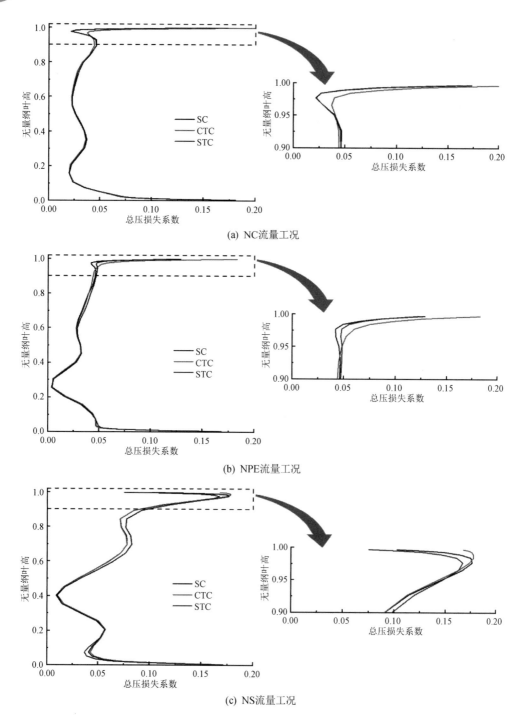

(a) NC流量工况

(b) NPE流量工况

(c) NS流量工况

图 3.70　SC、CTC 和 STC 中静子总压损失系数沿叶高的分布(见彩图)

展向分布基本无影响。NPE 流量工况下,使高叶展位置(约 60% 叶高以上)的总压损失略大于原型,对其余叶展位置基本无影响。至 NS 流量工况时,对高、低叶展位置的总压损失均产生影响,使叶顶及 10% 叶展附近的总压损失减小、中高叶展位置(约 50%~95% 叶高)的总压损失增大。

　　综合以上分析可知,直沟槽机匣处理具备改善压气机稳定裕度的能力,同时能够提升压气机一定的增压水平,但对绝热效率略微有损害;斜沟槽机匣处理提升稳定裕度的效果稍好于直沟槽机匣处理,对压气机扩压水平的提升效果则弱于直沟槽机匣处理,但好处是尽量维持了原型压气机的总压比特性,对保持原级间匹配特性不变更友好;此外对绝热效率的损害比直沟槽机匣处理更小,甚至在某些工况可以做到不降低绝热效率。这两种沟槽机匣处理的台阶结构造成的损失是导致压气机绝热效率不能有效提升的原因。

3. 压气机直沟槽机匣处理数值计算与实验结果的比较分析

　　图 3.71 给出了某光壁机匣和直沟槽处理机匣压气机在 7 000 r/min 工况下的总压比-流量特性,根据此实验数据,利用式(3.3.2)计算得到实验直沟槽机匣处理压气机的失速裕度改进量为 2.29%;3.3.3 小节中直沟槽机匣处理压气机的数值模拟结果表明,直沟槽机匣处理压气机的失速裕度改进量为 1.98%。直沟槽机匣处理压气机实验和模拟结果都表现出较好的失速裕度拓宽能力。

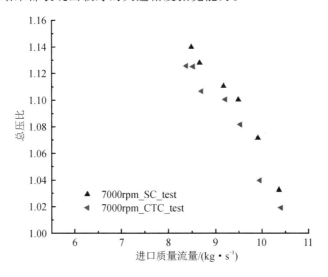

图 3.71　光壁机匣和直沟槽处理机匣压气机(SC 和 CTC)

在 7 000 r/min 工况下的总压比-流量特性(见彩图)

　　3.3.3 小节中,直沟槽机匣处理的前、后端台阶分别距转子叶尖前缘、尾缘为 10% 叶顶轴向弦长,槽深等于转子叶顶间隙大小,这与某直沟槽机匣处理试验件的设计是一致的。某压气机实验设备具备可转进口导叶、多级的结构特点,在 7 000 r/min

工况下转子进口叶尖相对速度为高亚声速的气动特征,与 3.3.1 小节 1.5 级轴流压气机的结构特点和转子进口气流速度也具有一致性。

数值计算和实验结果数据表明,在几何结构和进口气流速度基本一致的条件下,直沟槽机匣处理数值计算结果和实验结果都表现出了相近的压气机失速裕度拓宽能力,从而在一定程度上验证了直沟槽机匣处理数值计算结果的可信性。

3.3.4 直沟槽和斜沟槽对效率的影响

1. 分析方法

压气机的等熵效率是等熵压缩功与实际耗功的比值,这意味着唯一影响等熵效率的因素就是偏离等熵流动程度的高低。这有可能是由于换热或其他不可逆的热力学过程引起的。在基础热力学中,对损失最严格的定义是熵产。热力学第二定律广泛用于计算热力系统中一切不可逆损失。压气机等叶轮机械内部流动一般被认为是绝热过程,因此不可逆损失引起的熵增是对效率损失最重要的因素。当压气机处于某一稳定工况运行时,系统内的熵增等于熵产。

压气机是物理系统中典型的开口系统,时时刻刻发生着流体的流入与流出现象。物质流进流出的系统,其自身的熵就带进带出系统,造成熵的增减。根据熵流、熵产的概念,系统与外界换热,以及系统发生了不可逆过程也会造成系统熵的增减。考察图 3.72 所示的开口系,初始时刻为 τ,系统的熵为 S,在微元时间段 $d\tau$ 内,外界向系统输入质量 $\sum_i \delta m_i$,系统向外界输出质量 $\sum_j \delta m_j$,系统与温度为 $T_{r,1}$ 的热源交换热量为 $\sum_1 \delta Q_1$,交换功的代数和为 δW_{tot}。经 $d\tau$ 时间后该系统的熵变为

$$dS_{cv} = \sum_i s_i \delta m_i - \sum_j s_j \delta m_j + \sum_1 \frac{\delta Q_1}{T_{r,1}} + \delta S_g \qquad (3.3.6)$$

或

$$dS_{cv} = \delta S_{f,m} + \delta S_{f,Q} + \delta S_g \qquad (3.3.7)$$

式中:$\delta S_{f,m} = \sum_i s_i \delta m_i - \sum_j s_j \delta m_j$ 称为质熵流,$\sum_i s_i \delta m_i$ 为输入系统的物质自身带进的熵,$\sum_j s_j \delta m_j$ 为离开系统的物质带走的熵;$\delta S_{f,Q} = \sum_1 \delta Q_1/T_{r,1}$ 为(热)熵流的代数和;δS_g 为熵产。式(3.3.7)表明:控制体积的熵变等于熵流与熵产之和。开口系中熵流包括热熵流和质熵流,后者是因物质迁移而引起的。当压气机稳定运行时,压气机内部的流动可当作稳态的流动。此外,压气机系统可看作绝热系统,机匣壁面与外界环境无传热现象,这就与数值模拟做定常计算的固壁面边界条件保持一致了。因此,对于稳态计算,公式中 dS_{cv} 和 $\delta S_{f,Q}$ 两项都等于 0,也就是说压气机内部的熵产等于穿过控制体表面流体净熵增。可进一步推导压气机内部单位时间内熵平衡方程为

$$S_g = m_2 s_2 - m_1 s_1 \tag{3.3.8}$$

式中：S_g 为压气机内的总熵产；m 为质量流量；s 为流体自身携带的熵，下标 1 和 2 分别代表压气机的进口和出口。

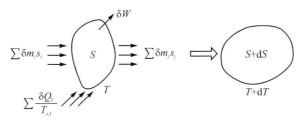

图 3.72　开口系熵方程导出模型

2. 效率与熵产的关系

图 3.73 给出了压气机压缩过程的焓熵图，由 1 到 2 表示压气机实际压缩过程，由 1 到 2s 表示压气机等熵压缩过程。假定由 2s 到 2 的过程静温不变，压气机的等熵效率和熵的关系可近似表示为

$$\eta = \left[1 - \frac{T_2 (s_2 - s_1)}{h_2 - h_1} \right] \times 100\% \tag{3.3.9}$$

式中：η 为等熵效率；h 为比焓；T_2 为工质当地静温。根据式（3.3.9）与式（3.3.8）及流量守恒，可以推导出等熵效率为

$$\eta = \left(1 - \frac{T_2 S_g}{H_2 - H_1} \right) \times 100\% \tag{3.3.10}$$

式中：H 为总焓。

图 3.74 给出了原型压气机、直沟槽机匣处理压气机和斜沟槽机匣处理压气机等熵效率和熵产随进口质量流量的变化。左侧纵轴为熵产，右侧纵轴为等熵效率，图中实线表示熵产特性，虚线表示等熵效率特性。可以看到，等熵效率和熵产在压气机节流过程中的变化趋势是相反的。不过需要指出的是，等熵效率和熵产之间并不是完全成反比例关系的，以原型压气机为例，其等熵效率最大的工况对应的并非熵产最低的工况。这意味着，等熵效率的高低是不能仅由熵产的大小来进行比较的。尽管如此，在同样的流量工况下，对于原型压气机、直沟槽机匣处理压气机和斜沟槽机匣处理压气机，它们的熵产和等熵效率之间是存在相反关系的，即熵产

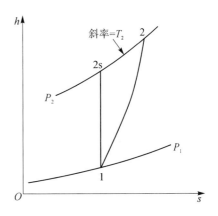

图 3.73　压气机压缩过程焓熵图

较大者,等熵效率较低。

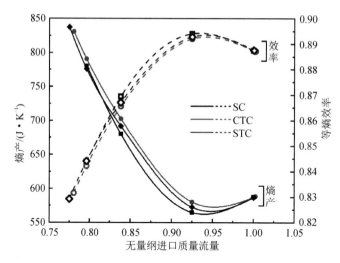

图 3.74 ST、CTC 和 STC 等熵效率与熵产随进口质量流量的变化(见彩图)

3. 机理分析

进口导叶通道、转子通道和静子通道同样可视为单独的开口系统。图 3.75 给出了 NC 流量工况、NPE 流量工况和 NS 流量工况下,原型压气机、直沟槽机匣处理压气机和斜沟槽机匣处理压气机中进口导叶通道、转子通道和静子通道熵产的比较。可以看到,在直沟槽机匣处理压气机中,进口导叶通道的熵产在 3 种给定工况下均高于原型压气机的进口导叶通道;转子通道的熵产在 NC 流量工况和 NS 流量工况下低于原型压气机的转子通道,在 NPE 流量工况下则大于原型压气机的转子通道;静子通道的熵产在 3 种给定工况下均大于原型压气机的静子通道。在斜沟槽机匣处理压气机中,进口导叶通道的熵产与直沟槽机匣处理压气机中进口导叶通道的熵产差别很小;转子通道的熵产与直沟槽机匣处理压气机中转子通道熵产的表现一致,但均略低;静子通道的熵产与直沟槽机匣处理压气机中静子通道熵产的表现也一致,但是在 NC 流量工况下略低,在 NPE 流量工况和 NS 流量工况下则略高。将以上结果与图 3.65(b) 中转子绝热效率、图 3.66 中进口导叶和静子总压恢复系数对照分析,可进一步表明,相同流量工况下,原型压气机、直沟槽机匣处理压气机和斜沟槽机匣处理压气机中同一叶排的熵产大小可用于比较它们的损失高低。接下来将以 NS 流量工况为例,通过流场特征进一步分析各叶排通道内熵产变化的原因。

图 3.76 给出了原型压气机、直沟槽机匣处理压气机和斜沟槽机匣处理压气机中转子通道子午面无量纲涡量幅值分布及局部相对速度流线,图 3.77 给出了子午面熵分布。由于流场中涡量大小和熵的分布具有强烈的不均匀性,不同位置差异可能达到数个数量级,为了能更清楚地呈现结果,本书对涡量幅值和熵取自然对数处理。另

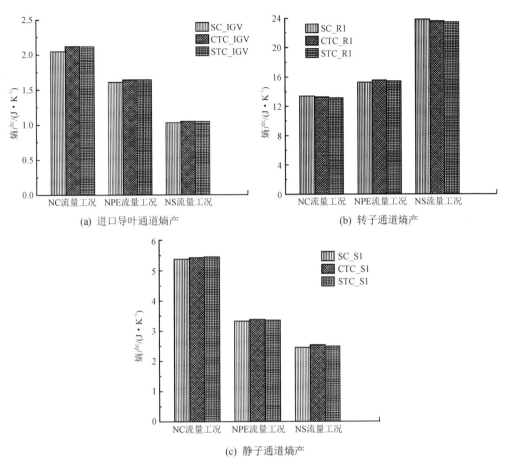

(a) 进口导叶通道熵产

(b) 转子通道熵产

(c) 静子通道熵产

图 3.75　SC、CTC 和 STC 中各叶排通道的熵产

外,由于书中(相对)熵是以标准大气状态为基态而进行计算的,局部位置熵可能为负值,因此取对数前加常数处理以保证真数大于零。

可以看到,原型压气机转子叶尖前缘位置存在一个旋涡,该旋涡可看作是三维的转子叶尖泄漏涡"投影"到子午平面上的二维形态,此处的涡量显著大于其他位置。直沟槽机匣处理压气机中,转子叶尖泄漏涡的涡核略向下游移动,且径向尺寸有所减小,转子叶尖泄漏涡范围内的涡量大小略下降。但同时发现,尽管对直沟槽机匣处理压气机的前后端台阶做了倾斜处理,但台阶位置局部的涡量大小仍然高于原型压气机相应位置,特别是前端台阶位置,出现了局部回流涡,导致台阶端面至转子叶尖前缘范围的涡量均增大。后端台阶位置未发现局部分离涡。与直沟槽机匣处理压气机相比,斜沟槽机匣处理压气机中,转子叶尖泄漏涡涡核进一步略向下游偏移,径向尺寸也进一步缩小。

熵分布代表了损失的分布。从子午面熵分布来看,原型压气机转子叶尖泄漏涡

(a) 原型压气机转子通道　　　　　　　　(b) 直沟槽机匣处理压气机转子通道

(c) 斜沟槽机匣处理压气机转子通道

图 3.76　SC、CTC 和 STC 中转子通道子午面无量纲涡量及局部相对速度流线(见彩图)

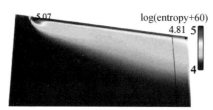
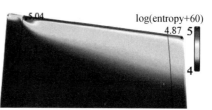

(a) 原型压气机转子通道　　　　　　　　(b) 直沟槽机匣处理压气机转子通道

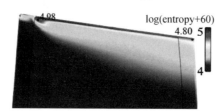

(c) 斜沟槽机匣处理压气机转子通道

图 3.77　SC、CTC 和 STC 中转子通道子午面熵分布(见彩图)

位置的损失最大,直沟槽机匣处理压气机的次之,斜沟槽机匣处理压气机的最小。直沟槽机匣处理压气机和斜沟槽机匣处理压气机的前端台阶附近的损失均高于原型压气机对应位置。直沟槽机匣处理压气机后端台阶导致局部位置的损失略增加,但影响远小于前端台阶。斜沟槽机匣处理压气机由于压气机后端不存在台阶,因此后端位置损失与原型压气机对应位置差别不大。结合图 3.75(b)的结果来看,直沟槽机匣处理压气机和斜沟槽机匣处理压气机对转子通道叶尖泄漏涡损失的改善是超过其台阶导致的损失增加的,且斜沟槽机匣处理压气机的效果更好一些。

图 3.78 给出了原型压气机和直沟槽机匣处理压气机中进口导叶通道的熵分布,斜沟槽机匣处理压气机中进口导叶通道熵分布与直沟槽机匣处理压气机中几乎一致,不单独呈现。这里同样,取自然对数处理。

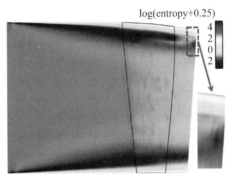

(a) 原型压气机进口导叶通道　　　　(b) 直沟槽机匣处理压气机进口导叶通道

图 3.78　SC 和 CTC 中进口导叶通道熵分布(见彩图)

可以看到,原型压气机和直沟槽机匣处理压气机中进口导叶通道的熵分布是大致相同的,直沟槽机匣处理压气机的前端台阶处由于存在回流涡而使局部损失显著上升,其下方局部叶高范围的损失也略有增加。结合图 3.75(a)的结果来看,直沟槽机匣处理压气机进口导叶通道的损失是大于原型压气机进口导叶通道的。图 3.79 为直沟槽机匣处理压气机和斜沟槽机匣处理压气机中静子通道的熵与原型压气机中静子通道的熵之差的分布,图中给出了差值为 0 的等值线,以分隔开熵增熵减的区域。

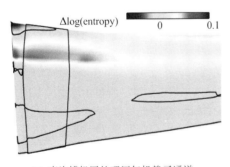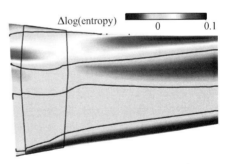

(a) 直沟槽机匣处理压气机静子通道　　　(b) 斜沟槽机匣处理压气机静子通道

图 3.79　CTC 和 STC 中静子通道熵与 SC 中静子通道熵之差的分布(见彩图)

可以看到,直沟槽机匣处理压气机中,后端台阶附近的损失并未增加反而是下降的,中高叶展(约 75% 叶高)附近的损失则显著上升。斜沟槽机匣处理压气机中,损失的变化情况与直沟槽机匣处理压气机中的差别很大,呈现出分层的特点,熵增熵减

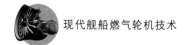

区域交替出现,即叶根附近、中间叶展范围(45%~65%叶高)和叶顶附近的损失下降,而中低叶展范围(15%~45%叶高)和中高叶展范围(65%~90%叶高)的损失上升。直沟槽和斜沟槽机匣处理对转子流场的影响在一定程度上改变了下游静子的来流条件,导致静子通道不同叶展位置的损失发生变化。结合图 3.75(c)的结果来看,直沟槽机匣处理压气机和斜沟槽机匣处理压气机中静子通道的损失是高于原型压气机静子通道的。

综合以上分析可知,在 NS 流量工况下,直沟槽机匣处理压气机虽然改善了转子的流场品质,使转子通道的熵产损失减小、效率提高,但是前端台阶的存在导致回流涡产生,使局部位置的熵产损失增大;同时直沟槽机匣处理压气机对下游静子的来流条件有一定影响,使静子通道的熵产损失增大,呈现出的结果是直沟槽机匣处理压气机带给转子的效率收益不足以抵消带给上下游叶排的效率亏损,因此直沟槽机匣处理压气机的效率并没有得到提高。斜沟槽机匣处理压气机中,进口导叶通道的熵产损失与直沟槽机匣处理压气机进口导叶通道的大致相同,但是对转子流场品质的改善效果略好一些,转子通道的熵产损失相比原型压气机转子通道下降更多,斜沟槽机匣处理压气机对下游静子来流条件的影响更复杂,也使静子通道的熵产损失增加,但略低于直沟槽机匣处理压气机的影响,呈现出的结果是斜沟槽机匣处理压气机带给转子的效率收益大于带给上下游叶排的效率亏损,因此斜沟槽机匣处理压气机的效率有所改善。

3.3.5 直沟槽和斜沟槽对稳定裕度的影响

本小节的分析均针对 NS 流量工况。

图 3.80 给出了原型压气机、直沟槽机匣处理压气机和斜沟槽机匣处理压气机中转子通道进口流量沿叶高的分布,横坐标中 δr 为微元半径,δm 为半径 r 处的微元流量,放大视图中下面虚线为原型压气机转子叶顶位置,上面虚线为直沟槽机匣处理压气机转子叶顶位置。可以看到,直沟槽机匣处理压气机和斜沟槽机匣处理压气机对转子进口流量径向分布的影响效果基本一致,使 92%~99.5%叶高(原型压气机转子叶顶位置)的流量增大且越靠近叶顶增量越大,约 99.5%叶高位置至直沟槽压气机转子叶顶位置的流量下降,92%叶高以下位置的流量几乎无影响。流量增加较显著的叶展位置,如 99%叶高附近,基元流动品质改善,效率提高(见图 3.68(c))。此外,在直沟槽机匣处理压气机中,转子叶顶以上来流的流量分布表现出正负交替,是由直沟槽的前端台阶处局部回流涡造成的。在斜沟槽机匣处理压气机中,同理。

图 3.81 给出了原型压气机、直沟槽机匣处理压气机和斜沟槽机匣处理压气机中转子叶顶至机匣内壁范围的来流相对速度流线,用相对马赫数着色。

原型压气机中,转子叶顶来流可分为两类:一类是到达叶片前缘时被叶尖泄漏涡"捕获",然后或直接流出通道,或从相邻叶片的间隙通过形成泄漏流;另一类受泄漏涡阻碍而先在前缘附近作周向迁移,随后或流出通道,或从其他叶片的间隙通过形成

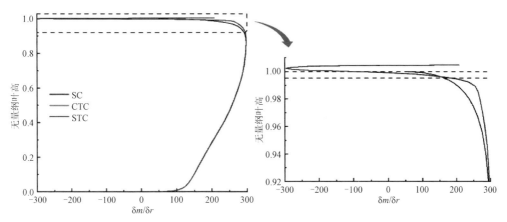

图 3.80　SC、CTC 和 STC 中转子通道进口流量沿叶高的分布(NS 流量工况)(见彩图)

泄漏流。直沟槽机匣处理压气机中转子叶顶来流也可作类似划分:一类是从叶尖泄漏涡下方(叶尖指向叶根为下)绕过,随后或直接流出通道或在叶弦后部间隙形成泄漏流;另一类受到泄漏涡的阻碍及台阶角区低压诱导,一部分先在前缘附近作周向迁移,然后在前缘附近间隙形成泄漏流,一部分发生回流。而回流随即受到台阶端面的阻挡而进行周向迁移,并以较高的速度重新进入通道。在斜沟槽机匣处理压气机中,同理。

　　原型压气机中,叶尖泄漏涡对来流的堵塞十分严重,而在直沟槽机匣处理压气机及斜沟槽机匣处理压气机中,由于回流再进入时速度较高,能够"突破"叶尖泄漏涡的阻碍,叶尖泄漏涡对叶顶来流的堵塞程度减弱。

　　图 3.82 和图 3.83 分别给出了原型压气机、直沟槽机匣处理压气机和斜沟槽机匣处理压气机中转子叶顶截面上叶尖前缘上游 $-10\%C_{ax}$ 位置轴向速度沿周向的分布和 $-5\%C_{ax}$ 位置相对进气角沿周向的分布。轴向速度小于 0 和相对进气角大于 $90°$ 意味着发生了回流。图中均标出了回流的周向范围比例。由于图 3.83 选取的轴向位置在图 3.82 选取位置的下游,所以图 3.83 中的回流范围要小于图 3.82。

　　可以看到,直沟槽机匣处理压气机和斜沟槽机匣处理压气机中转子叶顶来流虽然发生回流,但是在局部位置,轴向速度要高于原型压气机中对应位置的,这也证实了图 3.81 中观察到的"回流—周向迁移—加速再入"现象。以图 3.83 为例,在直沟槽机匣处理压气机和斜沟槽机匣处理压气机中,叶顶来流发生回流的周向范围占比分别约为 24.7% 和 16.8%。同时,转子叶顶来流的相对进气角在轴向速度降低的范围内不同程度地增大,在直沟槽机匣处理压气机和斜沟槽机匣处理压气机中,最大增大量分别约 9.4° 和 8.5°;在轴向速度上升的范围内则有不同程度的减小,在直沟槽机匣处理压气机和斜沟槽机匣处理压气机中,最大减小量分别约 13.2° 和 13.7°,此外,相对进气角减小的周向范围占比分别约为 32.2% 和 33.9%(见图 3.83)。可见,相较于直沟槽机匣处理压气机,在斜沟槽机匣处理压气机中,转子叶顶来流不仅回流范围明显小很多,"加速再入"的范围还稍大,而且回流时气流朝上游偏转的角度

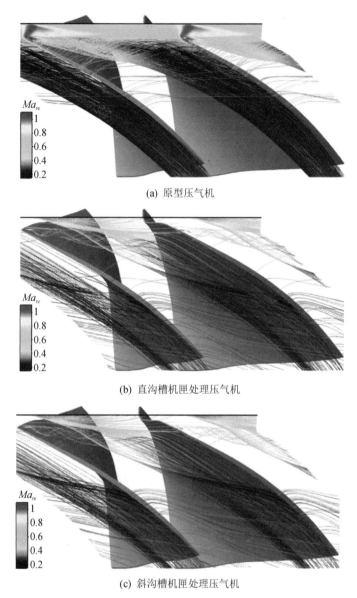

(a) 原型压气机

(b) 直沟槽机匣处理压气机

(c) 斜沟槽机匣处理压气机

图 3.81　SC、CTC 和 STC 中转子叶顶至机匣内壁范围的来流相对速度流线（见彩图）

更小，"再入"时朝叶片吸力面偏转的角度则更大。

　　原型压气机中转子叶顶虽然还未发生回流，但是整个进口的相对进气角均接近 90°，这就使来流堆积在前缘上游位置，难以向通道下游行进，使顶部通道的通过性极差。在直沟槽机匣处理压气机和斜沟槽机匣处理压气机中，转子叶尖前缘上游近1/3周向范围内，相对进气角的下降使更多来流能够继续向下游行进，缓解转子叶尖前缘上游的气流堆积，从而改善顶部通道的通过性。而回流由于被前端台阶阻挡，并不会

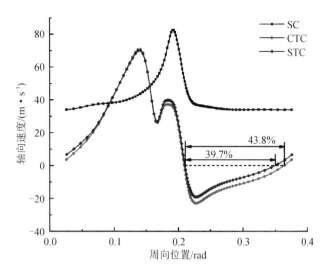

图 3.82　SC、CTC 和 STC 中转子叶顶截面上叶尖前缘 $-10\%C_{ax}$ 位置
轴向速度沿周向的分布(见彩图)

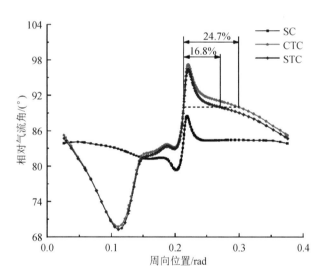

图 3.83　SC、CTC 和 STC 中转子叶顶截面上叶尖前缘 $-5\%C_{ax}$ 位置
相对进气角沿周向的分布(见彩图)

进一步朝上游发展,而是经过周向迁移后重新加速进入转子通道。由前一段的分析可知,斜沟槽机匣处理的效果优于直沟槽机匣处理,这就解释了为什么斜沟槽机匣处理压气机的失速裕度改进量比直沟槽机匣处理压气机的更高。

图 3.84 给出了原型压气机、直沟槽机匣处理压气机和斜沟槽机匣处理压气机中转子叶顶间隙泄漏流流量(每单位面积)沿轴向弦长的分布,δz 为微元轴向长度,δm 为轴向位置 Z 处微元面积($\delta z \cdot \tau$)上的微元流量,轴向弦长无量纲化处理。整个叶

顶间隙范围中,原型压气机、直沟槽机匣处理压气机和斜沟槽机匣处理压气机转子的泄漏流流量大致是相同的。根据不同轴向弦长范围内,原型压气机、直沟槽机匣处理压气机和斜沟槽机匣处理压气机中转子叶尖泄漏流流量的大小,将叶尖泄漏流的分布分成4部分:第①③部分,斜沟槽机匣处理压气机和直沟槽机匣处理压气机均大于原型压气机,且斜沟槽机匣处理压气机略大于直沟槽机匣处理压气机;第②部分,原型压气机大于斜沟槽机匣处理压气机和直沟槽机匣处理压气机,斜沟槽机匣处理压气机与直沟槽机匣处理压气机几乎一致;第④部分,原型压气机、直沟槽机匣处理压气机和斜沟槽机匣处理压气机三者几乎一致。

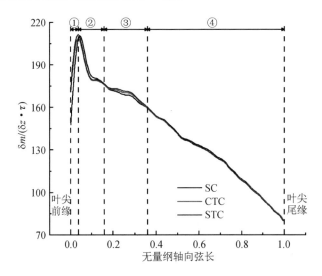

图 3.84　SC、CTC 和 STC 中转子叶尖泄漏流沿轴向弦长的分布(见彩图)

接下来,图 3.85 分别给出了原型压气机、直沟槽机匣处理压气机和斜沟槽机匣处理压气机中转子叶顶间隙第①②③④部分的泄漏流流线。其中,第①②部分流线用无量纲螺旋度着色,第③④部分流线用相对马赫数着色。无量纲螺旋度的定义如下:

$$Hn = \frac{\xi \cdot W_{xyz}}{|\xi||W_{xyz}|} \tag{3.3.11}$$

式中:ξ 和 W_{xyz} 分别为绝对涡量矢量和相对速度矢量。无量纲螺旋度可以表征叶尖泄漏涡附近流体对涡核缠绕的紧密程度,无量纲螺旋度的幅值 $|Hn|$ 越大表示缠绕越紧密。

图 3.85(a)中,可以分辨出叶尖泄漏涡中心缠绕最紧密的涡核束,其起源于叶尖前缘附近的间隙,起始时无量纲螺旋度接近 -1。叶尖泄漏涡涡核从起始至到达相邻叶片的压力面侧之前,无量纲螺旋度均较大,在到达相邻叶片的压力面侧附近后,无量纲螺旋度逐渐减小。从叶尖泄漏涡涡核束的径向尺寸和无量纲螺旋度着色情况可以判断,斜沟槽机匣处理压气机中涡核束的缠绕最紧密,直沟槽机匣处理压气机中略

次之,原型压气机中最弱。在箭头Ⅰ所指示位置,原型压气机中无量纲螺旋度明显小于直沟槽机匣处理压气机,后者略小于斜沟槽机匣处理压气机。在箭头Ⅱ所指示位置,现象与位置Ⅰ相似,且还能更清楚地看到,原型压气机中叶尖泄漏流在涡核周围的缠绕不如直沟槽机匣处理压气机和斜沟槽机匣处理压气机中紧密,因而更靠近转子叶尖前缘平面(如图 3.85(c)中红色竖线所示),这必然会压缩叶尖来流的通过空间。在箭头Ⅲ所指示位置,原型压气机中无量纲螺旋度亦小于直沟槽机匣处理压气机和斜沟槽机匣处理压气机,因此部分靠近机匣壁面的泄漏流脱离了叶尖泄漏涡的束缚,在叶顶前缘附近作周向运动,而直沟槽机匣处理压气机和斜沟槽机匣处理压气机中该部分泄漏流仍然被泄漏涡"捕获"并随之向下游发展。可见,虽然第①部分弦长范围内,直沟槽机匣处理压气机和斜沟槽机匣处理压气机中转子叶尖泄漏流流量大于原型压气机,但是前两者叶尖泄漏流缠绕涡核更加紧密,造成的堵塞效应比原型压气机中要弱。

图 3.85(b)中,叶尖泄漏涡尺寸继续发展,向下游行进到相邻叶片压力面附近时,少量泄漏涡外围流体发生二次泄漏,转子顶部来流与叶尖泄漏涡的交界面(后面简称交界面)开始形成。在这部分依然可以看到,原型压气机中叶尖泄漏涡的卷曲程度要低于直沟槽机匣处理压气机和斜沟槽机匣处理压气机,箭头Ⅰ和Ⅱ所指示位置清楚地表明前者叶尖泄漏涡在下游的无量纲螺旋度明显小于后两者,其中在位置Ⅱ,前者叶尖泄漏涡与相邻叶片叶尖前缘距离更近;箭头Ⅲ所指示位置则清楚地表明前者叶尖泄漏涡在上游的尺寸大于后两者。因此,原型压气机中叶尖泄漏涡边缘相比直沟槽机匣处理压气机和斜沟槽机匣处理压气机中更靠近转子叶尖前缘平面,可见,第②部分弦长范围内,前者叶尖泄漏涡造成的堵塞效应比后两者更大。

图 3.85(c)中叶尖泄漏流,主泄漏流仍然占主导,二次泄漏流相比图 3.85(b)有所增多。图 3.85(d)中叶尖泄漏流则是二次泄漏流占主导。图中用红色竖线标记了叶尖前缘平面位置,便于比较与交界面的距离。图 3.85(d)中还用红色虚线标出了叶尖泄漏涡的下游边缘。可以看到,原型压气机中叶尖泄漏涡在上游的尺寸最大,直沟槽机匣处理压气机中次之,斜沟槽机匣处理压气机中最小;原型压气机中交界面几乎与叶尖前缘平面平齐,直沟槽机匣处理压气机中略远离,斜沟槽机匣处理压气机中距离最大。

由上述分析可知,相较于原型压气机,直沟槽机匣处理压气机和斜沟槽机匣处理压气机中,转子叶尖泄漏流流量并未减少,然而叶尖泄漏涡螺旋度更大,从而缠绕更紧密、尺寸缩小,与来流的交界面位置也更靠下游,这就使得转子叶尖泄漏涡对来流的堵塞程度下降。

图 3.86 给出了原型压气机、直沟槽机匣处理压气机和斜沟槽机匣处理压气机中转子叶顶面的静压分布等值线和负轴向速度区域,静压凹槽连接的红线表示叶尖泄漏涡的涡核轨迹,并标出了与轴向的夹角。图 3.87 则给出了转子通道中相对马赫数为 0.25 的等值面,用通道顶部的闭合面表示低速团。

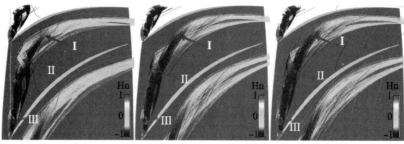

(a) 范围①叶尖泄漏流(无量纲螺旋度着色)

(b) 范围②叶尖泄漏流(无量纲螺旋度着色)

(c) 范围③叶尖泄漏流(相对马赫数着色)

(d) 范围④叶尖泄漏流(相对马赫数着色)

图 3.85 SC、CTC 和 STC(从左至右)中转子叶尖泄漏流流线(见彩图)

在 3.3.2 小节中分析过原型压气机转子叶顶面负轴向速度区域的形成,其与叶尖泄漏流直接相关。直沟槽机匣处理压气机和斜沟槽机匣处理压气机中转子叶顶面负轴向速度区域一部分为回流造成,即进口靠近叶片压力面侧近似三角形区域。原型压气机中转子叶尖泄漏涡涡核轨迹与轴向的夹角最大,直沟槽机匣处理压气机中次之,斜沟槽机匣处理压气机中最小。除去回流造成的负轴向速度区域,对叶尖泄漏

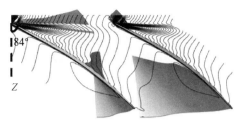

(a) 原型压气机

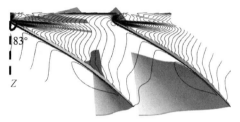

(b) 直沟槽机匣处理压气机

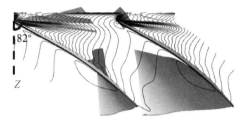

(c) 斜沟槽机匣处理压气机

图 3.86　SC、CTC 和 STC 中转子叶顶面上静压等值线(黑线)和 V_z <0 区域(黄色)(见彩图)

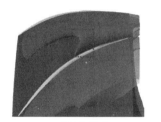

(a) 原型压气机

(b) 直沟槽机匣处理压气机

(c) 斜沟槽机匣处理压气机

图 3.87　SC、CTC 和 STC 中转子顶部通道低速团(相对马赫数为 0.25 等值面)(见彩图)

流造成的负轴向速度区域占通道的面积比进行计算可得,原型压气机中该比例为 35.7%,直沟槽机匣处理压气机中为 35.2%,斜沟槽机匣处理压气机中为 31.9%。在中间间隙(0.5τ)截面中,原型压气机中叶尖泄漏流造成的负轴向速度区域占通道的面积比为 45.0%,直沟槽机匣处理压气机中为 44.5%,斜沟槽机匣处理压气机中为 41.4%。此外,还进行了负轴向速度区域平均轴向动量的比较,用原型压气机 NS 流量工况的进口平均轴向动量进行无量纲化处理,可得,在转子叶顶面和中间间隙截面中,原型压气机中负轴向速度区域无量纲平均轴向动量分别为 0.046 7 和 0.156 5,直沟槽机匣处理压气机中分别为 0.044 3 和 0.154 4,斜沟槽机匣处理压气机中分别为 0.042 0 和 0.147 3。可见,叶尖泄漏流造成负轴向速度区域,无论是面积占比还是平均轴向动量,都是原型压气机最大,直沟槽机匣处理压气机次之,斜沟槽机匣处理压气机最小。这可从图 3.87 中低速团的空间范围得到反映。如图 3.87 所示,从原型压气机到直沟槽机匣处理压气机再到斜沟槽机匣处理压气机,红色虚线框中

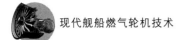

低速团的尺寸是逐渐减小的。

综合以上分析可知,应用直沟槽机匣处理或斜沟槽机匣处理时,前端台阶角区的低压诱导部分受叶尖泄漏涡阻碍的顶部来流发生回流,由于不能越过前端台阶,在作周向迁移后以更高的速度和更小的相对进气角重新进入顶部通道,使叶尖泄漏涡尺寸缩小并向下游推移,削弱叶尖泄漏涡对顶部通道造成的堵塞程度,从而实现扩稳。斜沟槽机匣处理相比直沟槽机匣处理效果更好。

3.3.6　直沟槽前端及后端台阶位置的影响

1. 前端台阶位置的影响

根据转子与进口导叶之间的轴向距离,设置了3种不同的前端台阶位置,除上文中前端台阶位置距转子叶尖前缘$-10\% C_{ax}$的直沟槽结构外,其余2种直沟槽结构的前端台阶分别距转子叶尖前缘$-20\% C_{ax}$和$-30\% C_{ax}$,本小节中分别记为CT1010、CT2010和CT3010,相对应的直沟槽机匣处理压气机模型记为CTC1010、CTC2010和CTC3010,后两者也采用与CTC1010相同的网格拓扑和通道划分方式,如图3.88和图3.89所示。

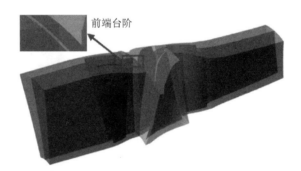

图 3.88　CTC2010 叶排通道的划分(见彩图)

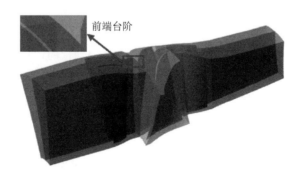

图 3.89　CTC3010 叶排通道的划分(见彩图)

图 3.90 给出了 SC、CTC1010、CTC2010 和 CTC3010 的总压比及绝热效率特性曲线。可以看到,当直沟槽的前端台阶位置距离转子叶尖前缘较远时,直沟槽机匣处理会使压气机的稳定裕度下降,同时也会使压气机小流量工况的扩压性能下降,绝热效率则进一步下降。CTC2010 和 CTC3010 相对原型压气机的失速裕度改进量分别为 -2.24% 和 -2.84%。下面以 CTC3010 为例,分析其失速裕度下降的原因。压气机的工况均为 CTC3010 近失速点流量工况。图 3.91 给出了 SC、CTC1010 和 CTC3010 中转子叶顶至机匣内壁范围的来流相对速度流线,用相对马赫数着色。

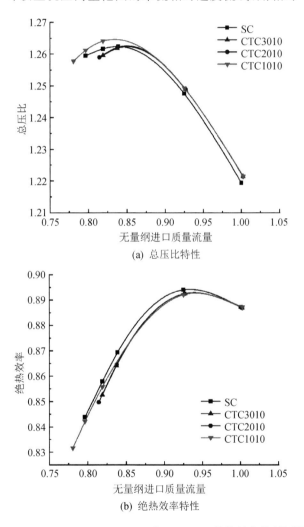

(a) 总压比特性

(b) 绝热效率特性

图 3.90　SC、CTC1010、CTC2010 和 CTC3010 的特性曲线(见彩图)

　　可以看到,CTC3010 中来流与原型压气机中表现一致,均堆积在叶尖前缘上游,并不存在 CTC1010 中部分来流发生"回流—周向迁移—加速再入"的过程。此外,还发现 CTC3010 中,转子压力面侧的低速流体速度是最低的,而且堆积得最多。

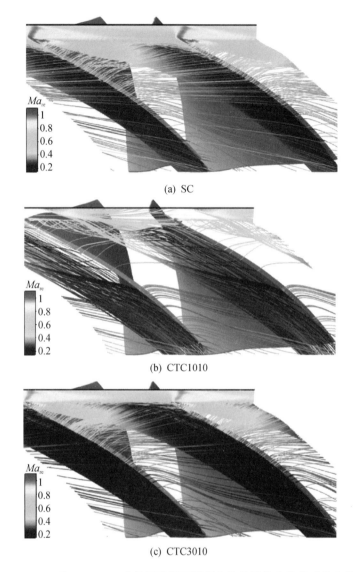

(a) SC

(b) CTC1010

(c) CTC3010

图 3.91　SC、CTC1010 和 CTC3010 中转子叶顶至机匣内壁范围的来流相对速度流线（见彩图）

　　图 3.92 和图 3.93 分别给出了 SC 和 CTC3010 中转子叶顶面的负轴向速度区域和转子通道中的低速团（相对马赫数为 0.25 的闭合等值面）。可以看到，CTC3010 中无论是轴向反流区的范围还是转子顶部通道的低速团尺寸，均显著大于原型压气机。CTC3010 中转子叶顶来流与叶尖泄漏流的交界面已经到达叶尖前缘平面。

　　由以上分析可知，当直沟槽的前端台阶远离转子叶尖前缘时，一旦转子叶尖泄漏流发生前缘溢流，前端台阶是不能发挥阻挡作用的，也就不能产生"回流—周向迁移—加速再入"效果，转子顶部的堵塞会迅速发展而导致转子率先失稳，进而导致压气机失速。

(a) SC 　　　　　　　　　　　　　　(b) CTC3010

图 3.92　SC 和 CTC3010 中转子叶顶面上 $V_z<0$ 区域(见彩图)

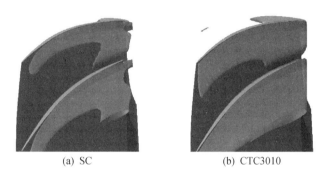

(a) SC 　　　　　　　　　　　　　　(b) CTC3010

图 3.93　SC 和 CTC3010 中转子顶部通道低速团(相对马赫数为 0.25 等值面)(见彩图)

2. 后端台阶位置的影响

根据转子与静子之间的轴向距离,设置了 3 种不同的后端台阶位置,除上文中后端台阶位置距转子叶尖尾缘 $10\%C_{ax}$ 的直沟槽结构外,其余 2 种直沟槽结构的后端台阶分别距转子叶尖尾缘 $15\%C_{ax}$ 和 $20\%C_{ax}$,本小节中分别记为 CT1010、CT1015 和 CT1020,相对应的直沟槽机匣处理压气机模型记为 CTC1010、CTC1015 和 CTC1020,后两者也采用与 CTC1010 相同的网格拓扑和通道划分方式,如图 3.94 和图 3.95 所示。

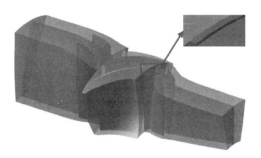

图 3.94　CTC1015 叶排通道的划分(见彩图)

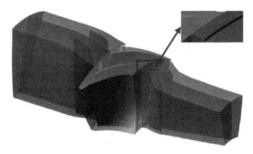

图 3.95　CTC1020 叶排通道的划分(见彩图)

　　图 3.96 给出了 SC、CTC1010、CTC1015 和 CTC1020 的总压比及绝热效率特性曲线,图 3.97 给出了 CTC1010、CTC1015 和 CTC1020 的失速裕度改进量。

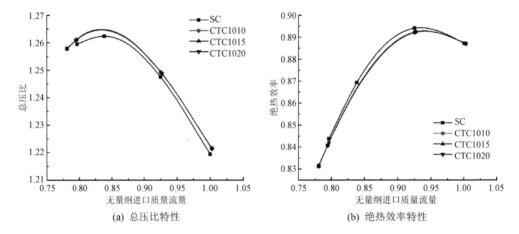

(a) 总压比特性　　　　　　　　　　(b) 绝热效率特性

图 3.96　SC、CTC1010、CTC1015 和 CTC1020 的特性曲线(见彩图)

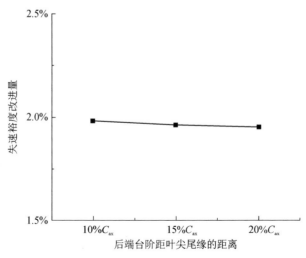

图 3.97　直沟槽机匣处理压气机的失速裕度改进量与后端台阶位置的关系

可以看到,直沟槽机匣处理压气机的后端台阶位置对压气机的总压比、绝热效率及稳定裕度的影响均非常小。实际上,后端台阶对静子性能和静子通道流场的影响是很小的,且由直沟槽对稳定裕度的影响机理可知,后端台阶与压气机失速并无关联。

3.3.7　斜沟槽前端台阶位置的影响

与 3.3.6 小节同理,设置了 3 种不同的前端台阶位置,直沟槽结构的前端台阶分别距转子叶尖前缘$-10\%C_{ax}$、$-20\%C_{ax}$ 和$-30\%C_{ax}$,本小节中分别记为 ST10、ST20 和 ST30,相对应的斜沟槽机匣处理压气机模型记为 STC10、STC20 和 STC30,后两者也采用与 STC10 相同的网格拓扑和通道划分方式,如图 3.98 和图 3.99 所示。

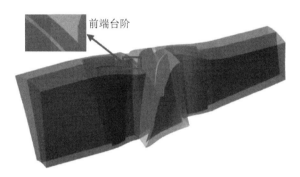

图 3.98　STC20 叶排通道的划分(见彩图)

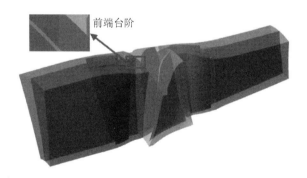

图 3.99　STC30 叶排通道的划分(见彩图)

图 3.100 给出了 SC、STC30、STC20 和 STC10 的总压比及绝热效率特性曲线。可以看到,当斜沟槽的前端台阶位置距离转子叶尖前缘较远时,斜沟槽机匣处理会使压气机的稳定裕度下降,同时使压气机小流量工况的总压比低于原型压气机,整个运行范围内的绝热效率均低于原型压气机。STC30 和 STC20 相对原型压气机的失速裕度改进量分别为-1.36%和-2.20%。与直沟槽的前端台阶上移带来的影响类

似,斜沟槽的前端台阶上移时,斜沟槽的扩稳机制失效。不过由于斜槽相比原型机匣增加了通流流道的收缩程度,转子来流的加速行程随前端台阶的上移而增加,速度随之略有提高,因而 STC30 比 STC20 稳定裕度要稍高。

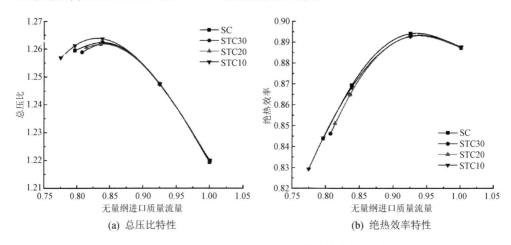

(a) 总压比特性　　　　　　　(b) 绝热效率特性

图 3.100　SC、STC30、STC20 和 STC10 的特性曲线(见彩图)

本小节以 1.5 级高负荷轴流压气机为研究对象,首先分析了压气机的失速位置和失速触发因素,然后详细研究了直沟槽和斜沟槽对压气机性能特性的影响和对效率及稳定裕度的影响机理,并对压气机直沟槽机匣处理数值计算与实验结果进行了比较,最后讨论了直沟槽的前、后台阶位置及斜沟槽的前端台阶位置对压气机气动性能的影响。主要研究结果如下:

① 原型压气机的转子叶顶为率先发生失速的位置,转子通道顶部严重堵塞是导致压气机失速的原因,失速表现形式兼具叶顶过载失速和叶顶堵塞失速的特征。

② 直沟槽机匣处理(CT)和斜沟槽机匣处理(ST)均具备改善压气机气动稳定性的能力。CT1010 和 ST10 带来的失速裕度改进量分别为 1.98% 和 2.68%,且前者的扩稳能力得到了实验的验证。CT1010 使压气机的绝热效率略下降,ST10 可使压气机在小流量工况的绝热效率略提升,其他工况则略下降,CT1010 和 ST10 给压气机绝热效率造成的相对下降量不超过 0.3%。

③ 直沟槽机匣处理和斜沟槽机匣处理改善了转子叶顶的流场品质,降低了转子通道的损失,但对下游叶排的来流条件造成改变及前端台阶在局部位置造成回流,均导致损失增加,当带给转子的损失改善能够抵消带给上下游叶排的损失增加时,压气机效率得到提高;反之,压气机效率就会下降。

④ 应用直沟槽机匣处理或斜沟槽机匣处理时,前端台阶角区的低压诱导部分受叶尖泄漏涡阻碍的顶部来流发生回流,由于不能越过前端台阶,在作周向迁移后以更高的速度和更小的相对进气角重新进入顶部通道,使叶尖泄漏涡尺寸缩小并向下游推移,削弱叶尖泄漏涡对顶部通道造成的堵塞程度,从而实现扩稳。斜沟槽机匣处理

相比直沟槽机匣处理效果更好。

⑤ 直沟槽和斜沟槽的前端台阶位置对压气机的稳定裕度有显著影响,前端台阶位置与转子叶尖前缘距离过大时,一旦转子叶尖泄漏流发生前缘溢流,前端台阶不能发挥阻挡作用,也就不能产生"回流—周向迁移—加速再入"效果,扩稳机制失效,导致压气机稳定裕度下降。直沟槽后端台阶位置对压气机总压比、绝热效率稳定裕度几乎无影响。

3.4　叶顶气动的主动扩稳

机匣处理和叶顶喷气是当前研究较多的两种提高压气机稳定裕度的方法。近年来,有学者开展了将两种扩稳方法结合的研究。Kim 等人对周向浅槽与叶顶喷气结合进行了研究,结果表明,通过优化周向浅槽的几何设计并选择合适的喷气参数可同时改善跨声速转子 Rotor37 的失速裕度和峰值效率。Reza 等人针对一低速孤立转子进行了从周向浅槽的前端台阶面实施喷气的研究,结果表明,仅 0.5% 主流流量的喷气量可将失速裕度提高 15.5%。在压气机转子和静子组成的级中开展相关研究的文献尚不多见。

3.3 节的研究表明,设计合理的直/斜沟槽机匣处理能够产生"回流—周向迁移—加速再入"的效果而实现拓宽压气机的稳定裕度。很显然,通过喷气也能产生"加速再入"的效果,如果将直/斜沟槽的前端台阶面作为喷气流的出口,不仅可以实现射流良好的贴壁流动,还能大大简化喷气结构。

受到上述思路的启发,同时考虑斜沟槽对压气机效率的负面影响更小,本节提出叶顶斜沟槽耦合喷气方法。以某 1.5 级轴流压气机为对象进行数值模拟,首先通过源项法模拟喷气研究了叶顶斜沟槽耦合喷气对压气机气动特性和稳定裕度的影响,并分析其扩稳机理,然后讨论了叶顶斜沟槽耦合喷气的喷气孔数量及周向覆盖范围的影响。

3.4.1　研究对象及数值方法

本节的研究对象与3.3节中的相同。在动叶排上方引入斜沟槽机匣处理时,将动叶延伸使叶顶面仍然与上方的机匣面平行,且使延伸后动叶的叶尖前缘与原机匣内壁平齐,斜槽尾端位于叶顶尾缘正上方,斜槽前端突台距离动叶叶尖前缘 5% 叶顶轴向弦长,动叶叶尖间隙保持不变。在机匣中加工气路,从斜沟槽前端台阶面实施喷气,喷气孔的直径设置为 1.5 mm,略小于突台高度,喷气沿斜槽方向,周向无偏转,这样射流主要在间隙区,不会对主流造成额外的阻碍。引入斜沟槽和喷气孔的压气机示意图如图 3.101 所示。

数值格式与 3.3 节保持相同。采用 AutoGrid5 和 IGG 划分单通道网格,

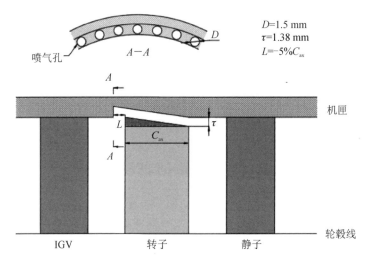

图 3.101 引入斜沟槽和喷气孔的压气机示意图

图 3.102 给出了带斜沟槽压气机的网格拓扑结构。进口距离 IGV 叶片前缘 1.5 倍以上叶顶弦长,出口距离静子叶片尾缘 2 倍以上叶顶弦长。网格划分采用了多块网格分区技术,叶片通道为 O4H 型网格,IGV、转子、静子通道沿周向、径向、流向的网格节点数分别为 57×73×101、97×89×117、53×73×73,其中叶片表面为 O 形贴体网格,转子叶顶间隙为蝶形网格,径向节点数为 17,其余部分为 H 形网格。所有网格在近壁面均加密处理,保证 $y+<4$(见图 3.103)。原型压气机总网格点数约 321 万,带斜沟槽压气机总网格点数约 325 万。

图 3.102 带斜沟槽压气机
的计算网格(见彩图)

图 3.103 带斜沟槽压气机中
固壁面的 $y+$ 分布(见彩图)

进口给定总温、总压、轴向进气,出口给定平均半径处静压并按简单径向平衡方程确定压力沿叶高的分布,所有壁面为绝热无滑移边界。通过提高背压的方式获得压气机的特性线,在接近失速边界时,相邻计算点背压增加 100 Pa。喷气采用外接气源,利用源项法进行模拟,给定总温和喷气量。对光壁机匣压气机和 3 种"斜沟槽-喷气"压气机进行数值模拟,分别记为 SC、ST&Inj20/0.25、ST&Inj10/0.25、

ST&Inj20/0.5。以 ST&Inj20/0.25 为例,20 表示单个 IGV 通道中设置 20 个喷气孔,0.25 则表示总喷气量为 0.25 kg/s。下文也用 ST&Inj 指代"斜沟槽-喷气"压气机。

3.4.2 对总体性能的影响

图 3.104 给出了光壁机匣压气机和 3 种"斜沟槽-喷气"压气机的总压比及绝热效率特性。从图中可以看出,引入斜沟槽和喷气后,压气机的近堵塞点流量略微增大而近失速点流量变小,且在不考虑外接气源注入能量的情况下,ST&Inj10/0.25 和 ST&Inj20/0.5 在光壁机匣压气机的整个流量工况内均提高了压气机的总压比和绝热效率,ST&Inj20/0.25 也能在光壁机匣压气机的大部分流量工况中改善压气机的总压比和绝热效率,在近失速点附近总压比和绝热效率略微有所降低。

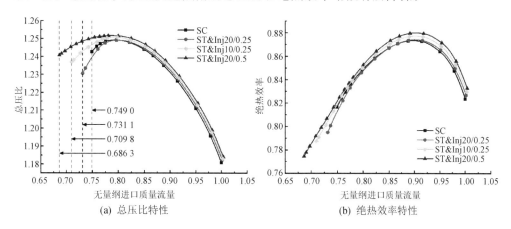

(a) 总压比特性   (b) 绝热效率特性

图 3.104 光壁机匣压气机和 3 种"斜沟槽-喷气"压气机的总压比及绝热效率特性(见彩图)

ST&Inj10/0.25 相较 ST&Inj20/0.25,喷气量不变,射流速度提高一倍,ST&Inj20/0.5 相较 ST&Inj10/0.25,则射流速度不变,喷气量提高一倍,而 ST&Inj20/0.25、ST&Inj10/0.25、ST&Inj20/0.5 的稳定裕度改进量分别为 2.39%、5.23%、8.37%,表明射流速度比喷气量对扩稳效果的影响更大,这使得通过较少的额外气源获得较好的扩稳效果成为可能。

3.4.3 对稳定裕度的影响

记与原型压气机近失速点流量相同的工况为 NS 流量工况(图表中记为 NSC)。图 3.105 给出了 NS 流量工况下,光壁机匣压气机和"斜沟槽-喷气"压气机中,子午面的(相对)熵分布及局部放大图,局部放大图②中同时给出了部分相对速度流线。从图中可知,SC 中,高损失区域主要集中在动叶和静叶通道约 80% 叶高以上,这是由转子叶尖泄漏流与机匣壁面附面层、主流相互掺混,使转子通道顶部流场恶化并影响到下游静子根部通道所导致。此外,转子叶尖前缘附近存在旋涡,在局部造成较大损失。ST&Inj20/0.25 中,射流将转子叶尖前缘处的旋涡略向下游推移,降低了旋涡附近的损失,但动、静叶通道顶部的总损失是增加的。ST&Inj10/0.25 和 ST&Inj20/0.5 中,射流消除了转子叶尖前缘处的旋涡,改善了通道顶部的流场品质,转子通道顶部的损失显著减小,静子通道的损失亦有所减小。这与 NS 流量工况下,ST&Inj20/0.5 的效率低于 SC,ST&Inj10/0.25 和 ST&Inj20/0.5 的效率高于 SC 是一致的。

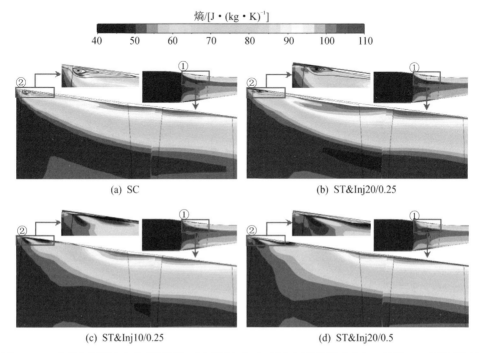

图 3.105　光壁机匣压气机和"斜沟槽–喷气"压气机中,子午面的熵增分布(NS 流量工况)(见彩图)

图 3.106 给出了 NS 流量工况下,光壁机匣压气机和"斜沟槽–喷气"压气机中,转子叶顶截面的静压分布等值线和负轴向速度云图,图中用红色实线连接了叶片吸力面附近的静压斜槽,指示叶尖泄漏涡轨迹,并标注了叶尖泄漏涡轨迹与轴向的夹角。从图中可知,SC 中,转子叶尖泄漏涡轨迹几乎与轴向垂直,叶尖泄漏流与来流的交界面与转子叶尖前缘面几乎平齐,通道内轴向反流将通道顶部几乎完全堵塞。当进一步节流时,堵塞加剧,会率先诱发转子发生失速,最终导致压气机失速。ST&Inj20/0.25 中,转子叶尖泄漏涡轨迹朝吸力面偏转约 2°,轴向反流区有所减小且略向下游转移,通道中的堵塞有所缓解但仍然严重;ST&Inj10/0.25 和 ST&Inj20/0.5 中,转子叶尖泄漏涡轨迹朝吸力面偏转分别达 8°、12°,轴向反流区显著缩小,因而通道顶部的通过性大幅度增强。此外,由图 3.106(b)~(d)还发现,射流速度加倍比喷气流量加倍对通道顶部通过性的改善更大,这与 ST&Inj20/0.25、ST&Inj10/0.25、ST&Inj20/0.5 的扩稳效果是相符的。

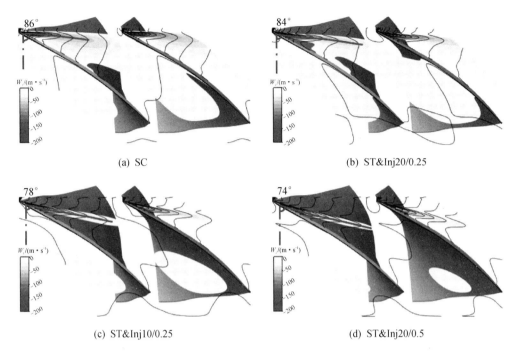

(a) SC

(b) ST&Inj20/0.25

(c) ST&Inj10/0.25

(d) ST&Inj20/0.5

图 3.106　光壁机匣压气机和"斜沟槽-喷气"压气机中,转子叶顶截面的
静压分布等值线和负轴向速度云图(NS 流量工况)(见彩图)

　　一方面高速射流为转子通道顶部区域注入了新的轴向动量;另一方面射流对动叶的冲击将影响叶顶两侧静压的分布,而转子叶顶压力边与吸力边的静压差为转子叶尖泄漏流从压力侧到吸力侧的驱动力。两方面因素影响了转子叶尖泄漏涡的轨迹以及通道顶部的堵塞状况。下面进行详细分析。

　　图 3.107 给出了 NS 流量工况下,"斜沟槽-喷气"压气机相对光壁机匣压气机的转子叶尖泄漏流驱动力之差(用标准大气压无量纲化)沿弦向的分布情况。图 3.108 给出了 NS 流量工况下,光壁机匣压气机和"斜沟槽-喷气"压气机中,转子上游转静交界面位置周向质量平均无量纲轴向动量的展向分布,其中 100% 叶展以上为射流区。可以发现,与 SC 相比,ST&Inj20/0.25 中,转子叶顶前缘至 7.4% 叶顶弦长范围上叶尖泄漏流的驱动力下降较明显,射流区轴向动量水平亦有所提高,但仅与主流相当且射流对突台以下流场的影响较弱,只带动突台以下约 2% 叶高范围的轴向动量略微提高,最终转子叶尖泄漏涡轨迹的偏转较小,通道顶部的堵塞水平下降较少。与 ST&Inj20/0.25 相比,ST&Inj10/0.25 中,叶尖泄漏流驱动力下降较明显的范围扩大到 11.0% 叶顶弦长,下降幅度基本不变,射流区轴向动量水平则显著提高,远大于主流,在射流的带动下,突台以下约 4% 叶高范围的轴向动量明显增大,最终转子叶尖泄漏涡轨迹发生较大偏转,通道顶部的堵塞程度得到明显改善。与 ST&Inj10/0.25 相比,ST&Inj20/0.5 中,叶尖泄漏流驱动力下降较明显的范围基本不变而下降

幅度几乎加倍,射流区轴向动量水平进一步提高但增幅不大,射流对突台以下流场的影响几乎一致,结果是进一步降低了通道顶部的堵塞水平,但改善程度不如 ST&Inj10/0.25。

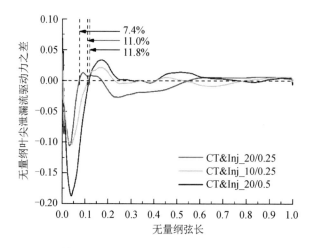

图 3.107 "斜沟槽–喷气"压气机相对光壁机匣压气机的转子叶尖泄漏流驱动力之差沿弦向的分布(NS 流量工况)(见彩图)

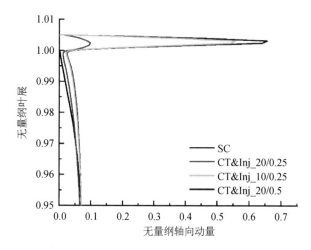

图 3.108 光壁机匣压气机和"斜沟槽–喷气"压气机中,转子上游转静交界面位置周向质量平均无量纲轴向动量的展向分布(NS 流量工况)(见彩图)

通过以上分析可以得出,喷气流一方面使转子叶尖来流的轴向动量增加;另一方面使转子叶顶前部弦长范围上的负荷降低,从而抑制叶尖泄漏流朝上游发展,降低转子通道顶部的堵塞水平,使转子偏离失速状态而实现扩稳。其中,转子叶尖来流轴向动量的增加起主要作用。而提高射流速度比提高喷气量对改善转子顶部来流轴向动量的效果更显著,这也就解释了射流速度比喷气量对扩稳效果影响更大的原因。

ST&Inj20/0.5 的近失速点记为 NS_{inj3}。图 3.109 给出了 SC 在 NS 流量工况和 ST&Inj20/0.5 在 NS 及 NS_{inj3} 流量工况，转子叶顶截面的相对马赫数分布。可以看到，SC 中，流动通道被大面积的低速区堵塞，该低速区的形成一方面来自叶片吸力面的流动分离，另一方面则来自叶尖泄漏流。涡核轨迹与轴向几乎垂直的叶尖泄漏涡在相邻叶片压力面前缘附近膨胀导致间隙泄漏流速度下降，叶尖泄漏流在继续行进中受到相邻叶片压力面的阻碍而进一步减速，形成阻塞。ST&Inj20/0.5 中，受高速射流的激励，在 NS 流量工况下，转子叶片吸力面的流动分离起始位置下移到尾缘附近，叶尖泄漏涡轨迹朝吸力面偏转且膨胀发生位置下移到通道出口附近，通道中低速区显著缩小，节流到 NS_{inj3} 流量工况时，由于逆压梯度不断增强，叶片吸力面流动分离的起始位置又上移到约 3/4 叶顶弦长处，叶尖泄漏涡轨迹变化不大但膨胀发生位置上移到约 1/2 叶顶弦长与相邻叶片叶顶前缘中间，吸力面分离流和膨胀点下游的间隙泄漏流形成的低速区对通道造成较大堵塞，但堵塞程度依然显著低于图 3.109(a)中所示。显然，需要做进一步的分析来解释 ST&Inj20/0.5 的失速。

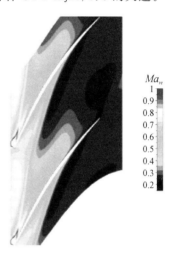

(a) SC，NS流量工况　　　(b) ST&Inj20/0.5，NS流量工况　　　(c) ST&Inj20/0.5，NS_{inj3}流量工况

图 3.109　SC 在 NS 流量工况和 ST&Inj20/0.5

在 NS 及 NS_{inj3} 流量工况，转子叶顶截面的相对马赫数(见彩图)

图 3.110 和图 3.111 分别给出了 SC 在 NS 流量工况和 ST&Inj20/0.5 在 NS 及 NS_{inj3} 流量工况，转子的扩压因子和进口气流角沿展向的分布。扩压因子定义为

$$DF = \left(1 - \frac{\bar{W}_{out,r}}{\bar{W}_{in,r}} + \frac{\bar{W}_{\theta,r}}{2\rho\bar{W}_{in,r}}\right) \tag{3.4.1}$$

式中 $\bar{W}_{out,r}$、$\bar{W}_{in,r}$ 和 $\bar{W}_{\theta,r}$ 分别为周向质量平均的出口、进口和切向相对速度；ρ 为转子叶顶稠度。

在 NS 流量工况下，与 SC 相比，ST&Inj20/0.5 中，扩压因子表现为约 82.5%叶

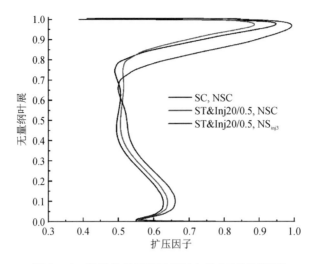

图3.110 转子的扩压因子沿展向的分布(见彩图)

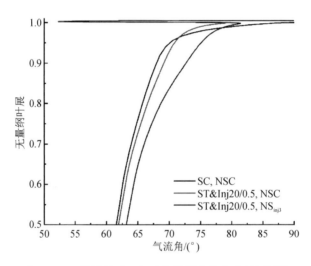

图3.111 转子的进口气流角沿展向的分布(见彩图)

高以上降低,其余叶高增大,进口气流角表现为约96%叶高以上减小,其余叶高增大。ST&Inj20/0.5节流到NS_{inj3}流量工况时,相比NS流量工况,扩压因子表现为几乎全叶高均增大,进口气流角表现为约98%叶高以上减小,其余叶高增大,这表明斜沟槽机匣处理与喷气结合的扩稳措施提高了转子几乎全叶高范围的承载极限。

图3.112给出了SC在NS流量工况和ST&Inj20/0.5在NS及NS_{inj3}流量工况,转子通道中相对马赫数为0.2的等值面及部分相对速度流线。闭合的等值面代表堵塞通道的低速团,红色流线表示叶尖泄漏流,蓝色流线表示叶片吸力面分离流。从这里可以更清楚地看到,低速团是由叶片吸力面流动分离和低速叶尖泄漏流共同形成的。SC在NS流量工况下,流动分离在低速团中的占比非常小。ST&Inj20/

0.5 在 NS 流量工况下,由于扩压负荷和进口气流角沿展向重新分布,转子吸力面流动分离和叶尖泄漏流对低速团的贡献比例也发生了变化,叶顶以下发生流动分离的叶展范围扩大,而间隙泄漏流形成的低速团在射流的作用下缩小。当 ST&Inj20/0.5 节流到 NS_{inj3} 流量工况时,由于转子的进口气流角和扩压负荷在高叶展范围均显著增大,叶片吸力面流动分离和叶尖泄漏流所形成的低速团的径向及周向尺寸进一步增大,在转子通道顶部造成极为严重的阻塞,如果继续节流,将导致压气机失速。

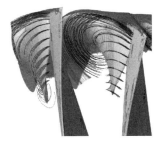

(a) SC, NSC　　　　　(b) ST&Inj20/0.5, NSC　　　　　(c) ST&Inj20/0.5, NS_{inj3}

图 3.112　转子通道中相对马赫数为 0.2 的等值面及部分相对速度流线(见彩图)

3.4.4　叶顶喷气的参数化研究

受源项法的局限,在开展喷气的参数化研究时,直接对喷气通道进行建模。喷气通道出口与斜沟槽的前端台阶面通过 FNMB 方法连接,且与 3.3 节的研究方法相同,斜沟槽的前端台阶面划分到 IGV/R1 交接面上游,那么喷气通道网格的周期将与 IGV 通道网格的周期一致。

1. 喷气孔数量的影响

由前述分析可知,喷气射流的流量和速度均与扩稳效果密切相关。基于控制变量思想,在对喷气孔数量的研究中发现,若保持喷气的总流量和速度一定,则总喷气面积相同。喷气孔的径向尺寸固定,那么可用一维的周向覆盖范围代表总喷气面积,本小节保持周向覆盖范围为 30%,分别在 3 种喷气量下研究了喷气孔数量的影响。喷气量(记为 m_{inj})分别设置为原型压气机近失速流量(记为 m_{NS})的 0.5%、0.75%、1.125%,喷气孔数量(记为 N)分别设置为 24、120、432。单个 IGV 通道内喷气孔数量如图 3.113 所示,图中叶片为喷气孔下游的转子。

图 3.114 给出了不同喷气量时喷气孔数量对压气机失速裕度改进量的影响。可以看到,当喷气量相同时,喷气孔数量越少,压气机的失速裕度改进量越大。此外还发现,喷气孔数量对压气机失速裕度的影响与总喷气量有关。总喷气量 $m_{inj} = 0.5\% m_{NS}$ 时,随喷气孔数量的增加,失速裕度改进量近似线性下降,喷气孔数量增加至 432 个时,失速裕度改进量下降至 2.09%。当 $m_{inj} > 0.75\% m_{NS}$ 时,随喷气孔数量的增加,

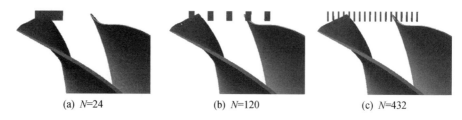

(a) $N=24$　　　　　　(b) $N=120$　　　　　　(c) $N=432$

图 3.113　单个 IGV 通道内喷气孔数量示意图

失速裕度改进量的变化不再明显。

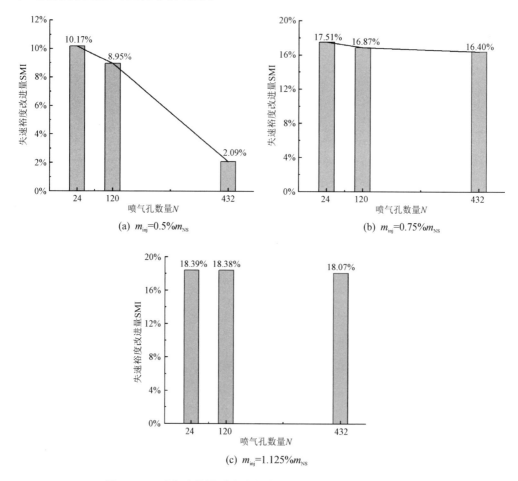

(a) $m_{inj}=0.5\%m_{NS}$　　　　　　(b) $m_{inj}=0.75\%m_{NS}$

(c) $m_{inj}=1.125\%m_{NS}$

图 3.114　喷气孔数量对失速裕度改进量的影响(不同喷气量)

　　从保持喷气孔数量一定,分析失速裕度改进量随喷气量的变化这一角度切入,可以发现,当喷气孔的周向覆盖范围和喷气孔数量均相同时,总喷气量越大,获得的失速裕度改进量越大,然而,当喷气量超过 $0.75\%m_{NS}$ 后,失速裕度改进量的增长有限,如图 3.115 所示。这与前述当射流速度一定时,失速裕度改进量随喷气孔出口面积的增大(等价于总喷气量增加)的变化规律是类似的,不同之处在于,图 3.101 中喷气道截面为圆孔且面积恒定,而图 3.113 中喷气道截面为矩形,但面积可变。结合图 3.113(b)和(c)可知,喷气量对压气机失速裕度的影响规律与喷气孔数目和单个喷气孔出口面积是无关的,总喷气量存在一个临界值,当总喷气量不超过该临界值时,失速裕度改进量随喷气量的增大而显著增加;当喷气量超过该临界值后,失速裕度改进量随喷气量增大的变化不再显著。

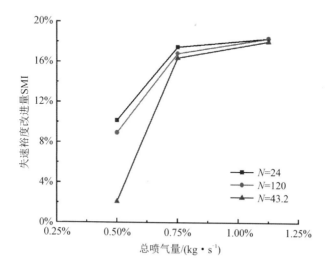

图 3.115　不同喷气孔数目下,喷气量与 SMI 的关系(见彩图)

计及喷气所消耗外接气源能量时,将喷气通道的入口也视为压气机的进口边界,则等熵效率可由下式确定:

$$\eta = \left[\frac{\dfrac{m_1 T_1^* (P_2^*/P_1^*)^{\frac{\gamma-1}{\gamma}} + m_{inj} T_{inj}^* (P_2^*/P_{inj}^*)^{\frac{\gamma-1}{\gamma}}}{m_{inj} T_{inj}^* + m_1 T_1^*} - 1}{\dfrac{m_2 T_2^*}{m_{inj} T_{inj}^* + m_1 T_1^*} - 1} \right] \times 100\%$$

(3.4.2)

将该效率公式与单一进口边界的压气机等熵效率公式进行类比,可得到计及喷气影响的总压比公式:

$$\pi^* = \left[\frac{m_1 T_1^* (P_2^*/P_1^*)^{\frac{\gamma-1}{\gamma}} + m_{inj} T_{inj}^* (P_2^*/P_{inj}^*)^{\frac{\gamma-1}{\gamma}}}{m_1 T_1^* + m_{inj} T_{inj}^*} \right]^{\frac{\gamma}{\gamma-1}}$$

(3.4.3)

图 3.116 给出了不同喷气量下,喷气孔数量对压气机总压比和热效率的影响。图中 ori 表示原型压气机,M1 表示喷气量为 $0.5\% m_{NS}$,M2 表示喷气量为 $0.75\% m_{NS}$,M3 表示喷气量为 $1.125\% m_{NS}$,N24 表示喷气孔数量为 24,N120 和 N432 同理。

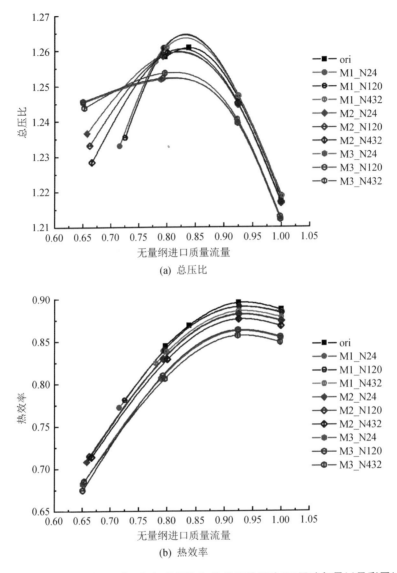

图 3.116 喷气孔数目对压气机总压比和热效率的影响(不同喷气量)(见彩图)

可以看到,当喷气量为 $0.5\%m_{NS}$ 时,叶顶斜沟槽耦合喷气可使原型压气机整个运行范围上的总压比均增大;当喷气量为 $0.75\%m_{NS}$ 时,叶顶斜沟槽耦合喷气使原型压气机整个运行范围上的总压比略减小;当喷气量为 $1.125\%m_{NS}$ 时,叶顶斜沟槽耦合喷气使原型压气机整个运行范围上的总压比显著下降。

计及喷气所消耗外接气源能量时,叶顶斜沟槽耦合喷气会导致压气机等熵效率降低,且喷气量越大,带给压气机的效率损失也越大。此外,相同喷气量下,喷气孔数量 $N=24$ 和 $N=120$ 造成的效率损失相近,且明显小于喷气孔数量 $N=432$ 时造成的效率损失。

2. 喷气孔周向覆盖范围的影响

本小节固定喷气孔的数目为 24 个。周向覆盖范围用所有喷气口的周向宽度之和占全周周长的比例表示。由于喷气孔出口面积、喷气量和射流速度相互关联,无法控制喷气孔出口面积作单一变化,因此在研究喷气孔周向覆盖范围(记为 W)的影响时,分两类情况进行讨论:

(1) 保持喷气量相同

喷气流量给定为原型压气机近失速流量的 0.75%。喷气孔周向覆盖范围设置 3 个水平,分别为 30%、60% 和 90%。

图 3.117 给出了喷气量相同时,喷气孔周向覆盖范围对压气机总压比和热效率的影响。图中 M 表示喷气量相同,W30 表示喷气孔周向覆盖范围为 30%,W60 和 W90 同理。

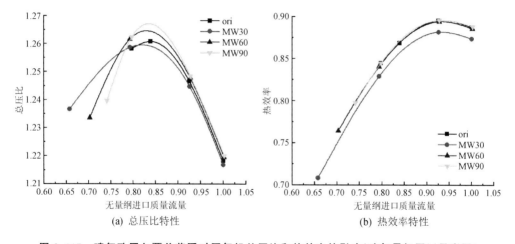

(a) 总压比特性　　　　　　　　　(b) 热效率特性

图 3.117　喷气孔周向覆盖范围对压气机总压比和热效率的影响(喷气量相同)(见彩图)

可以看到,喷气孔周向覆盖范围从 30% 增加到 60% 和 90% 时,"斜沟槽-喷气"压气机的总压比和热效率特性变化较为明显。$W=30\%$ 时,在原型压气机的整个运行范围内,"斜沟槽-喷气"压气机的总压比与原型压气机差别不大,但热效率明显低于原型压气机。$W=60\%$ 时,在原型压气机的整个运行范围内,"斜沟槽-喷气"压气机的总压比均大于原型压气机,特别是在原型压气机的最大总压比流量工况,热效率在大流量工况略微低于原型压气机,在小流量工况则与原型压气机几乎一致。$W=90\%$ 时,"斜沟槽-喷气"压气机的总压比和热效率特性与 $W=60\%$ 时表现相似,差别在于,在原型压气机的整个运行范围内,总压比更大,热效率更高且略高于原型压气机。

图 3.118 给出了喷气量相同时,喷气孔周向覆盖范围对压气机失速裕度改进量

的影响。可以看到,失速裕度改进量随喷气孔周向覆盖范围的增大而近似线性下降。从提高稳定裕度兼顾尽可能减少效率损失的角度考虑,对该 1.5 级轴流压气机,当喷气量为原型压气机近失速流量的 0.75% 时,喷气孔出口面积应不小于 60%。

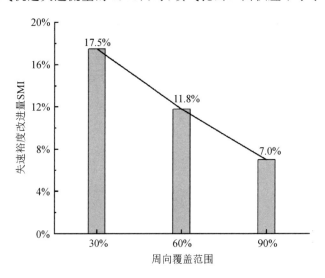

图 3.118　喷气孔周向覆盖范围对失速裕度改进量的影响(相同喷气量)

(2) 保持喷气速度相同

此时喷气量与喷气孔周向覆盖范围成正比。喷气孔周向覆盖范围设置 4 个水平,分别为 6%、15%、30% 和 45%,与之相对应的喷气量分别为原型压气机近失速流量的 0.15%、0.375%、0.75% 和 1.125%。

图 3.119 给出了喷气速度相同时,喷气孔周向覆盖范围对压气机失速裕度改进

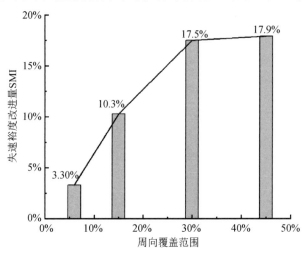

图 3.119　喷气孔周向覆盖范围对失速裕度改进量的影响(相同喷气速度)

量的影响。可以看到,当喷气孔周向覆盖范围小于 30% 时,失速裕度改进量随喷气孔周向覆盖范围的增大而近似线性增加;当喷气孔周向覆盖范围大于 30% 时,继续增大喷气孔周向覆盖范围对进一步改善压气机失速裕度的效果非常有限。而继续增大周向覆盖范围意味着供给更多的喷气量,消耗更多的外部能量,对压气机和气源系统整体的效率不利。

图 3.120 给出了喷气速度相同时,喷气孔周向覆盖范围对压气机总压比和热效率的影响。图中 V 表示喷气速度相同,M6 表示喷气孔周向覆盖范围为 6%,VM15、VM30、VM45 同理。可以看到,在原型压气机的整个运行范围内,随喷气孔周向覆盖范围增加,压气机总压比表现为先增大后减小。喷气孔周向覆盖范围从 15% 增加到 45%,压气机总压比特性线越来越平坦,压气机的等熵效率则随喷气孔周向覆盖范围的增加逐渐下降,这与图 3.116 中反映的规律是一致的。当喷气孔周向覆盖范围不大于 15% 时,在原型压气机的整个运行范围内,压气机的等熵效率差异并不显著。当喷气孔周向覆盖范围超过 30% 时,"斜沟槽-喷气"压气机的等熵效率相对原型压气机有明显下降。因此,从兼顾改善失速裕度和减小效率损失的角度考虑,当前设定水平中,最合适的喷气孔周向覆盖范围为 15%。

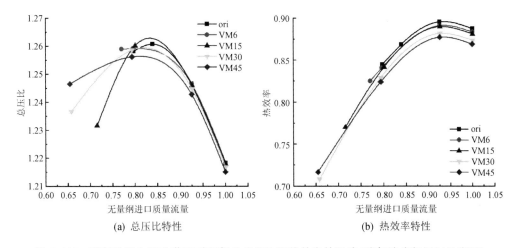

(a) 总压比特性　　　　　　　　　　　　　　(b) 热效率特性

图 3.120　喷气孔周向覆盖范围对压气机总压比和热效率的影响(喷气速度相同)(见彩图)

本节研究了叶顶斜沟槽耦合喷气对压气机气动性能和稳定裕度的影响及机理,并讨论了叶顶斜沟槽耦合喷气方法中喷气孔数量及周向覆盖比例的影响。研究结果如下:

① 基于斜沟槽构型的叶顶喷气可以在改善该压气机稳定裕度的同时提高压气机总压比和效率。在采用源项法的研究中,STCT&Inj20/0.5 的扩稳效果最好,稳定裕度改进量为 8.37%,使压气机在 NCC、PEC、NSC 下的总压比分别提高了 0.52%、0.31%、0.62%,热效率分别提高了 1.67%、0.75%、0.57%。

② "斜沟槽-喷气"压气机中,高速射流一方面使转子叶尖的来流的轴向动量增

强,另一方面使转子前部弦长范围上的负荷减小,从而降低转子通道顶部的堵塞水平,以实现扩稳。前者则起主要作用,且射流速度比射流流量对扩稳效果的影响更显著。

③ 基于斜沟槽构型的叶顶喷气的扩稳措施提高了转子几乎全叶高范围的承载极限,转子中高叶展位置吸力面发生流动分离的倾向增强。"斜沟槽-喷气"压气机的失速是由转子中高叶展位置吸力面流动分离和叶顶间隙泄漏流形成的大尺寸低速团对转子通道造成严重堵塞引起的。

④ 喷气孔数量及周向覆盖范围通过影响喷气速度和流量而对压气机稳定裕度产生影响。喷气量较小时,喷气孔数量越多,射流速度越小,压气机的失速裕度改进量越小,喷气量增大使喷气孔处于堵塞状态时,不同喷气孔数目下,压气机的失速裕度改进量差别不大。喷气流量一定时,喷气孔的周向覆盖范围越大,压气机的稳定裕度改进量越小,且近似为线性关系,喷气速度一定时,喷气孔的周向覆盖范围越大,压气机的稳定裕度改进量越大,但当喷气量随喷气孔的周向覆盖范围增大而增加到一定程度时,压气机的稳定裕度改进量不再显著增加。

第 4 章
燃烧室气动优化技术

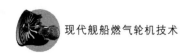
| 4.1 燃烧室变工况气动性能研究 |

　　燃烧室作为燃气轮机重要的热端部件,其工作状态随燃气轮机工况变化而变化,同时其各项性能参数也随之变化。但是对燃气轮机进行性能研究时,学者往往将燃烧室性能参数简化为定值,没有考虑其随工况变化,其主要原因是对于燃气轮机燃烧室性能尤其是变工况性能的研究远不及压气机和涡轮透彻完整。燃烧室性能研究的难点在于其工作过程极其复杂,不但包括燃油雾化、油滴蒸发、油气混合、对流、辐射、导热等复杂的物理过程,还耦合进行着复杂、剧烈的化学燃烧反应,并且燃烧室工作状态也受到整机性能的影响。这使得仅靠使用简单计算和单纯部件试验的方法难以透彻研究燃烧室的性能,而整机运行时对燃烧室的测量手段又受到极大的限制,此时三维数值模拟计算是一个有益的补充手段,在获得燃气轮机各个工况下燃烧室的工作参数条件后,就能够对燃烧室的性能参数进行量化研究。

　　燃气轮机的设计工况常指 1.0 工况。设计工况以外的工况都可称为变工况(也称非设计工况),变工况可以分为稳态变工况和非稳态变工况。稳态变工况按照偏离设计工况的原因又可以分为两类:① 在标准大气环境下,燃气轮机在非设计工况下稳定运行的变工况;② 外界环境条件改变时引起的变工况,比如燃气轮机进口空气的温度和压力偏离了标准状态。而非稳态变工况通常是指过渡工况,即燃气轮机从一个稳定工况运行到另一个稳定工况的过渡过程,比如燃气轮机的点火启动、加速运行、减速运行、熄火停止运行等工作过程,其特点就是燃气轮机处于非平衡状态,其运行参数和性能参数都随时间变化。

　　对于燃烧室稳态非设计工况的研究,本节仅考虑在标准大气环境下偏离设计工况的情形,分别取不同的工况对燃烧室的性能进行三维数值模拟研究,分析燃烧室性能随工况的变化规律,研究探讨燃烧室性能发生变化的原因。而对其他因外界环境条件改变时引起的非设计工况,将其工况点的工作参数统一折合到标准大气压状态(大气温度 300 K,大气压力 1 atm(1 atm=101.325 kPa))下进行分析。按照工况的高低,将各工况点分成 2 类进行讨论。

① 低工况,包含 0.1 工况、0.2 工况和 0.35 工况。燃气轮机在这几个工况点运行时,效率较低,有的燃气轮机压气机还需要进行防喘放气或导叶调整。

② 高工况,包含 0.8 工况、0.9 工况、1.0 工况。这些工况下,燃气轮机效率较高,燃烧室热负荷也较大。

在开始研究燃烧室变工况性能之前,本节先介绍一下后续需要用得到的燃气轮机燃烧室的性能参数。

4.1.1 燃气轮机燃烧室的性能参数

燃气轮机燃烧室的性能参数既包含表征燃烧室性能的,又包含表征燃烧室工作优劣、是否正常的参数,主要有:燃烧效率、总压损失(或者恢复)系数、出口温度分布、点火性能、熄火边界、污染物排放、燃烧稳定性、壁面温度以及温度梯度分布、燃烧室寿命等。

1. 燃烧效率

燃烧效率是表征燃料燃烧完全程度的。燃烧效率的定义方法有 3 种:

(1) 焓增燃烧效率 η_{ce}

燃烧产生热量使燃烧室进口空气、燃油产生了焓增,焓增与燃油理论发热量比值即为焓增燃烧效率:

$$\eta_{ce} = \left[\frac{(\dot{m}_a + \dot{m}_f)\bar{c}_{p4}\bar{T}_4^* - \dot{m}_a\bar{c}_{p3}\bar{T}_3^* - \dot{m}_f\bar{c}_{pf}T_f}{\dot{m}_f \text{LHV}_f} \right] \times 100\% \qquad (4.1.1)$$

式中:$\dot{m}_a$ 为进口空气质量;$\dot{m}_f$ 为燃油质量;$\bar{c}_{p4}$ 为燃烧室出口燃气平均比定压热容;$\bar{T}_4^*$ 为燃烧室出口燃气平均滞止温度;$\bar{c}_{p3}$ 为进口空气平均比定压热容;$\bar{T}_3^*$ 为进口空气平均滞止温度;$\bar{c}_{pf}$ 为燃油的比定压热容;T_f 为燃油温度;LHV_f 为燃油的低热值。

(2) 温升效率

燃料燃烧引起的实际温升与理论温升的比值即是温升效率 η_{ct}:

$$\eta_{ct} = \left(\frac{\bar{T}_{4pr}^* - \bar{T}_3^*}{\bar{T}_{4th}^* - \bar{T}_3^*} \right) \times 100\% \qquad (4.1.2)$$

式中:$\bar{T}_{4pr}^*$ 为燃烧室出口实际平均滞止温度;$\bar{T}_{4th}^*$ 为燃烧室出口理论平均滞止温度;$\bar{T}_3^*$ 为燃烧室进口平均滞止温度。

（3）燃气分析法燃烧效率 η_c

根据燃气分析得到出口燃烧产物中 CO、H_2、UHC 等的含量来计算燃烧效率，计算公式如下：

$$\eta_c = \left(1 - \frac{\mathrm{EI}_{\mathrm{CO}}\mathrm{LHV}_{\mathrm{CO}} + \mathrm{EI}_{H_2}\mathrm{LHV}_{H_2} + \mathrm{EI}_{\mathrm{CH}_2}\mathrm{LHV}_{\mathrm{CH}_2}}{1\,000\mathrm{LHV}}\right) \times 100\% \quad (4.1.3)$$

式中：EI 为污染物排放指数，用每公斤燃料燃烧后所排放的污染物质量来表示，单位为 g/kg。

当统计得出燃烧室出口处燃烧产物中 CO、H_2、UHC 等的质量流率时，效率计算公式可写为

$$\eta_c = \left(1 - \frac{m_{\mathrm{CO}}\mathrm{LHV}_{\mathrm{CO}} + m_{H_2}\mathrm{LHV}_{H_2} + m_{\mathrm{UHC}}\mathrm{LHV}_{\mathrm{UHC}}}{m_{\mathrm{f}}\mathrm{LHV}_{\mathrm{f}}}\right) \times 100\% \quad (4.1.4)$$

式中：m_{CO}、m_{H_2} 以及 m_{UHC} 为燃烧室出口处 CO、H_2、UHC 的质量流率，单位为 kg/s；m_{f} 为燃油的质量流率，单位为 kg/s；$\mathrm{LHV}_{\mathrm{CO}}$、$\mathrm{LHV}_{H_2}$、$\mathrm{LHV}_{\mathrm{UHC}}$、$\mathrm{LHV}_{\mathrm{f}}$ 分别为 CO、H_2、UHC 和燃油的低热值。

燃烧效率直接影响燃气轮机的性能，较低的燃烧效率会导致耗油率的增加，同时也会导致出口污染物含量增加。上述 3 种燃烧效率计算方法各有特点，第一种需要燃料理论发热量；第二种需要理论温升，但是燃料是化合物，都难以准确确定，容易造成误差，并且前两种方法都需要测量出口温度，高温测量本身也会有较大的误差，因此前两种方法难以获得准确的燃烧效率。而第三种方法测量燃烧产物的成分和含量，不受燃料成分影响，是目前公认最准确的方法之一，应用广泛。值得注意的是，燃气分析法仅考虑了燃油燃烧不完全所带来的损失，对于由于燃烧室对外部环境的传热损失则无法计算。

2. 总压损失

气流流过燃烧室，由于气体的黏性流动及温升，导致在流动过程中气流总压降低，即为总压损失。燃烧室每增加 1% 的压力损失会导致燃气轮机热效率下降 2% 左右。过大的总压损失系数会降低燃气轮机性能，降低效率，增大油耗量。燃烧室的总压损失系数为

$$\xi = \frac{\bar{p}_3^* - \bar{p}_4^*}{\bar{p}_3^*} \quad (4.1.5)$$

式中：$\bar{p}_3^*$ 为燃烧室进口平均总压；$\bar{p}_4^*$ 为燃烧室出口平均总压。

流阻损失系数 ϕ 是一种表示燃烧室流阻损失的参数，即

$$\phi = \frac{p_3^* - p_4^*}{\dfrac{\rho_3 w_3^2}{2}} \quad (4.1.6)$$

式中：ρ_3 为燃烧室进口空气密度；ω_3 为燃烧室出口空气速度。

值得注意的是，有关文献指出：在进行燃烧室冷吹实验（不喷油燃烧）时，若气体流动足够快，雷诺数足够大，致使流动进入"自模化流动状态"，流阻损失系数 ϕ 将保持一定值，流阻损失系数从气体流动的角度反映了燃烧室的设计质量。此时的燃烧室总压损失为冷态总压损失 ξ_c，主要是由于气体的黏性作用，以及流动本身的摩擦、扩压、分流、旋流扰动、掺混等造成的，与气体的物性和燃烧室的形状结构密切相关，显然也是与流阻损失系数 ϕ 相关。

燃烧反应时，燃烧室总压损失为热态总压损失，除了冷态的流动损失外，还有由于燃烧反应加热引起的热阻损失。此时燃烧室的流阻损失系数 ϕ_h 会受到热阻的影响，其值随燃气温升的增加而增大，有文献指出 ϕ_h 是 ϕ 和燃气温升的函数。

$$\phi_h = f\left(\phi, \frac{T_4^*}{T_3^*}\right) = \phi + K\left(\frac{T_4^*}{T_3^*} - 1\right) \tag{4.1.7}$$

3. 出口温度分布

燃烧室出口温度分布合理与否直接影响到涡轮的使用寿命。评价燃烧室出口温度分布质量的指标众多，下面取最常用的两个指标进行说明。

(1) 热点指标

热点指标是燃烧室出口温度最高值超过出口温度平均值的量与燃烧室温升之比，称为出口温度分布系数 OTDF（Overall Temperature Distribution Factor）：

$$OTDF = \frac{T_{4max} - T_{4ave}}{T_{4ave} - T_{3ave}} \tag{4.1.8}$$

式中：T_{4max} 为燃烧室出口温度最高值；T_{4ave} 为燃烧室出口温度平均值；T_{3ave} 为燃烧室进口温度平均值。OTDF 值常在 $0.25 \sim 0.35$ 之间，越低越好。

(2) 径向温度分布系数

径向温度分布系数是指燃烧室出口径向温度分布沿周向平均后与出口燃气平均温度之差，再与燃烧室温升之比。径向温度分布系数简称为 RTDF（Radial Temperature Distribution Factor）：

$$RTDF = \frac{T_{4avc} - T_{4ave}}{T_{4ave} - T_{3ave}} \tag{4.1.9}$$

式中：T_{4avc} 为燃烧室出口某一径向高度处的温度沿周向的平均值。avc 下标表示沿周向平均，ave 表示整个面平均。

4. 火焰筒壁面温度分布

火焰筒在高温环境下工作，其壁面温度分布直接影响火焰筒的耐久性。火焰筒壁面温度指标主要有两个：最高壁面温度和最大壁面温度梯度。通过合理的冷却设计方法，降低火焰筒的最高壁温、最大壁温梯度，能够有效降低火焰筒的热应力，保证

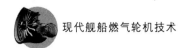

火焰筒的耐久性。

舰船燃气轮机燃烧室火焰筒一般采用镍基抗氧化高温合金,其熔化温度高于1 300 ℃,长期工作环境要求壁面最高温度 $T_{w,max} \leqslant 900$ ℃。实际燃烧室火焰筒表面有高温隔热涂层,阻止金属材料直接接触高温燃气,延长火焰筒的使用寿命。

4.1.2 燃烧室低工况性能分析

在低工况运行时,燃烧室进口的空气压力、温度都较低,燃烧热强度较小,燃烧效率也较低。

1. 冷态流动计算

在喷油燃烧流场模拟计算之前进行冷态纯流动流场模拟计算,主要考察燃烧室自身结构引起的流阻损失特性。对某燃烧室进行数值模拟计算,采用二阶迎风格式,各残差项均达到收敛条件,进出口物质流量平衡,计算收敛性较好,获取燃烧室冷态流场和总压分布如图4.1所示。由图可知,3个工况下的流场、总压场结构相似,都形成了稳定的回流区。值得注意的是,图中总压值是减去进口静压之后的相对压力。

通过后处理得到燃烧室进出口总压、进口空气密度以及流速的面积平均值,使用式(4.1.5)和式(4.1.6)计算得到燃烧室的冷态流阻系数和总压损失系数,详细结果如表4.1所列。通过式(4.1.10)计算燃烧室进口气流马赫数。

进口气流马赫数:

$$Ma_3 = \frac{w_3}{C_3} = \frac{w_3}{\sqrt{kRT_3}} \tag{4.1.10}$$

式中: w_3 为进口空气流速; T_3 为进口空气温度; C_3 为 T_3 对应的当地声速。

表4.1 低工况冷态模拟计算结果

项目 工况	进口总压/ MPa	出口总压/ MPa	进口空气密度/ (kg·m⁻³)	进口空气		冷态流阻 损失系数	冷态总压 损失系数
				流速/(m·s⁻¹)	马赫数		
0.1	0.732 7	0.705 24	4.303	108.63	0.226 1	1.081 582	0.037 478
0.2	0.959 2	0.923 94	5.172	112.32	0.223 9	1.080 786	0.036 76
0.35	1.244 65	1.200 15	6.251	114.71	0.220 6	1.082 027	0.035 753

由表4.1的结果可知:

① 燃烧室进口空气的流速和密度随工况升高是逐步增加的,但是马赫数却是下降的,其原因是进口空气温度越来越高,对应的当地声速也越来越大,使马赫数不增反降。

② 燃烧室的流阻损失系数随着工况升高而先略减小后略增大,变化范围分为较小,变化规律不明显,需要结合其他工况的计算数据来做进一步的分析。

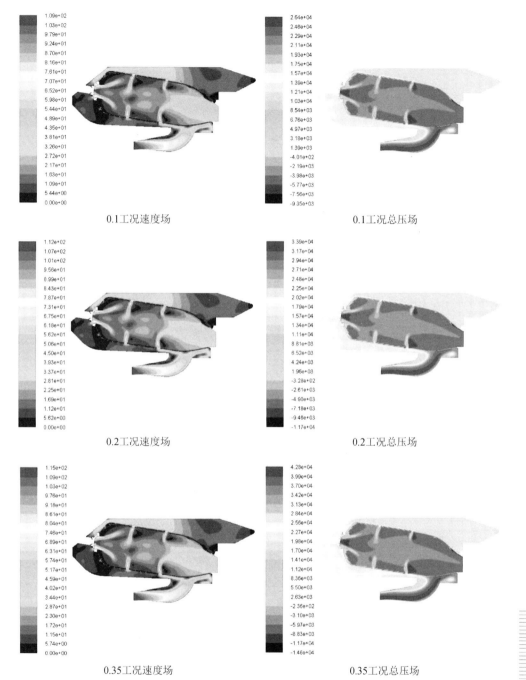

图 4.1　冷态模拟计算结果(见彩图)

③ 燃烧室的总压损失系数随着工况的升高而减小,随着进口空气马赫数的减小而减小。

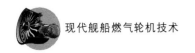

2. 热态湍流燃烧计算

在冷态流动模拟计算的基础上继续进行热流固耦合湍流燃烧模拟计算,获得低工况时燃烧室的流动燃烧状态,分别给出 3 个工况的燃烧室纵剖面流场、温度场和总压场、出口温度场、火焰筒内壁温度场以及温度梯度场,图 4.2 所示为 0.1 工况计算结果,图 4.3 所示为 0.2 工况计算结果,图 4.4 所示为 0.35 工况计算结果。对比计算结果分析如下:

① 对比冷态流场和燃烧流场可知,由于燃烧放热反应的存在,火焰筒内部流速明显增大,流场结构发生了明显的变化,热态流场中旋流器形成的回流区变大,而主燃孔和掺混孔形成的射流深度相对于冷态变浅。

② 相对于冷态总压场,热态总压场发生了较大变化,其最低总压值减小,总压损失较冷态增大。

③ 对比 3 个工况的温度场可知,随着工况的增加,油气比增大,燃烧区最高温度越来越高。0.1 工况和 0.2 工况的燃烧高温区主要位于火焰筒的头部,而 0.35 工况的高温区则位于主燃孔段前后。

④ 对比火焰筒内壁温度可知火焰筒的总体温度随工况增加而增加,但是最高内壁温度 0.1、0.2 工况反而比 0.35 工况高,分析其主要原因是 0.1、0.2 工况的第二油路喷油压力低,油雾颗粒直径大蒸发慢,会碰撞到壁面,在壁面附近燃烧引起壁温过高。

⑤ 3 个工况下火焰筒温度梯度较大的部位均位于主燃孔所在锥筒段。最高温度梯度部位与最高温度相对应。

通过对计算结果后处理得到燃烧室进出口的平均总压、出口的平均温度、未完全燃烧产物(CO、H_2、UHC 等)的含量。计算燃烧状态下的流阻系数和总压损失系数,如表 4.2 所列。根据式(4.1.4)计算燃烧室的效率 η_c,由于对燃烧模型进行了简化,采用 EDC 五步燃烧反应模型,本模型未完全燃烧产物只有 CO、H_2 和燃料本身 $C_{16}H_{29}$,其低热值分别为 $LHV_{CO}=11\,800$ kJ/kg,$LHV_{H_2}=1\,196\,400$ kJ/kg,$LHV_f=42\,680$ kJ/kg。由式(4.1.8)计算出口温度热点分布系数 OTDF。详细统计计算结果如表 4.3 所列。

表 4.2 低工况热态模拟计算结果(a)

项目工况	进口空气		热态流阻损失系数	热态总压损失系数	燃烧室温升比
	流速/(m·s⁻¹)	马赫数			
0.1	109.08	0.227 0	1.234 1	0.042 93	1.870 05
0.2	112.78	0.224 8	1.234 5	0.042 15	1.909 68
0.35	115.19	0.221 5	1.235 1	0.040 98	1.925 03

由表 4.2 可知,热态流阻损失系数随工况基本不变,总压损失系数的变化规律与

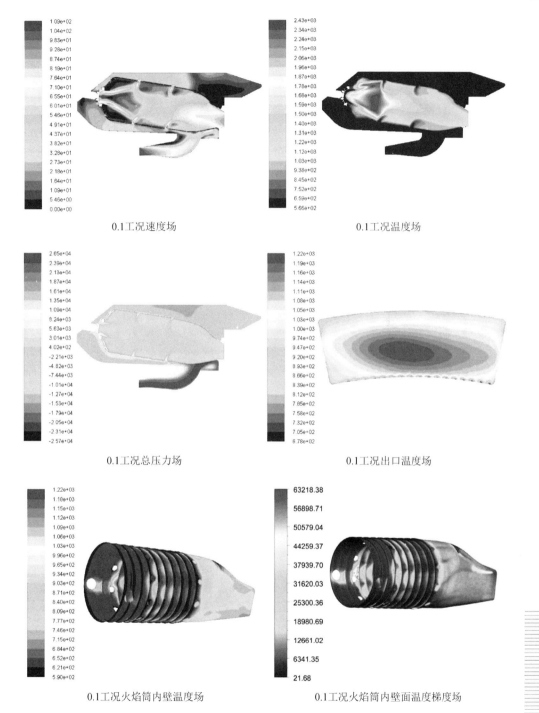

0.1工况速度场　　　　　　　　　　　0.1工况温度场

0.1工况总压力场　　　　　　　　　　0.1工况出口温度场

0.1工况火焰筒内壁温度场　　　　　0.1工况火焰筒内壁面温度梯度场

图 4.2　0.1 工况燃烧模拟结果(见彩图)

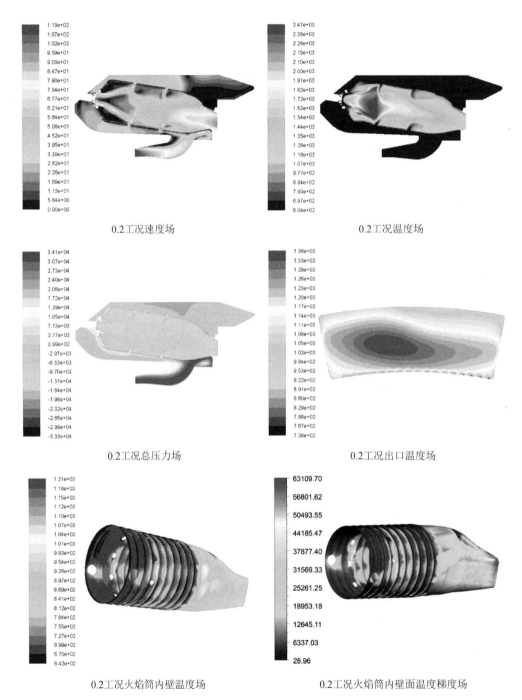

0.2工况速度场

0.2工况温度场

0.2工况总压力场

0.2工况出口温度场

0.2工况火焰筒内壁温度场

0.2工况火焰筒内壁面温度梯度场

图4.3 0.2工况燃烧模拟结果(见彩图)

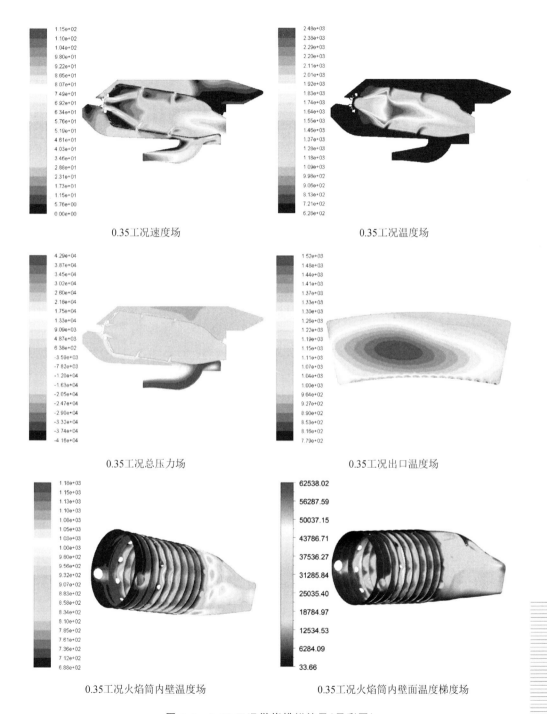

图 4.4　0.35 工况燃烧模拟结果(见彩图)

冷态流场相似,随工况的升高而减小。相对于冷态流动,由于燃烧作用的存在,热态流阻系数和总压损失都明显增大。燃烧室的热态总压损失包含流阻损失和热阻损失。

表 4.3　低工况热态模拟计算结果(b)

项目工况	出口污染物含量/$(kg \cdot s^{-1})$			燃烧效率/%	OTDF
	CO	H_2	UHC		
0.1	1.40×10^{-3}	4.77×10^{-5}	5.95×10^{-6}	92.97	0.281 7
0.2	1.19×10^{-3}	2.86×10^{-6}	1.29×10^{-6}	98.84	0.280 4
0.35	6.2×10^{-4}	1.96×10^{-6}	6.03×10^{-11}	99.53	0.309 0

由表 4.3 可知,燃烧室效率随工况的升高迅速提高至 99% 以上,0.1、0.2 工况燃烧效率较低的原因是燃油雾化差、颗粒较大,蒸发时间过长,使得燃油燃烧不完全。出口温度热点分布系数 OTDF 则随工况升高而增大。

4.1.3　燃烧室高工况性能分析

燃气轮机在高工况运行时,整机效率进一步提高,达到 33% 以上,而燃烧室效率也维持在 99% 以上。燃气轮机在高工况运行时,燃烧室的油气比和燃烧强度也更大。

1. 冷态流动分析

对高工况下的冷态流场进行模拟计算,获得燃烧室的冷态流场和总压分布如图 4.5 所示,各工况的流场和总压场分布相似。统计计算的各工况冷态流阻系数、总压损失系数,详见表 4.4,其变化规律与低工况和常用工况类似,前者基本维持不变,后者随工况升高而减小。

表 4.4　高工况冷态模拟计算结果

项目工况	进口总压/MPa	出口总压/MPa	进口空气密度/$(kg \cdot m^{-3})$	进口空气		冷态流阻损失系数	冷态总压损失系数
				流速/$(m \cdot s^{-1})$	马赫数		
0.8	1.882 8	1.821 4	8.564	115.20	0.210 6	1.080 48	0.032 611
0.9	1.990 9	1.926 95	8.890	115.37	0.209 1	1.080 894	0.032 121
1.0	2.088 7	2.022 4	9.200	115.47	0.207 6	1.080 979	0.031 742

2. 热态湍流燃烧分析

在冷态流场的基础上进行热流固耦合湍流燃烧模拟计算。分别给出燃烧室纵剖面流场、温度场和总压场、出口温度场、火焰筒内壁温度场以及温度梯度场,图 4.6 所

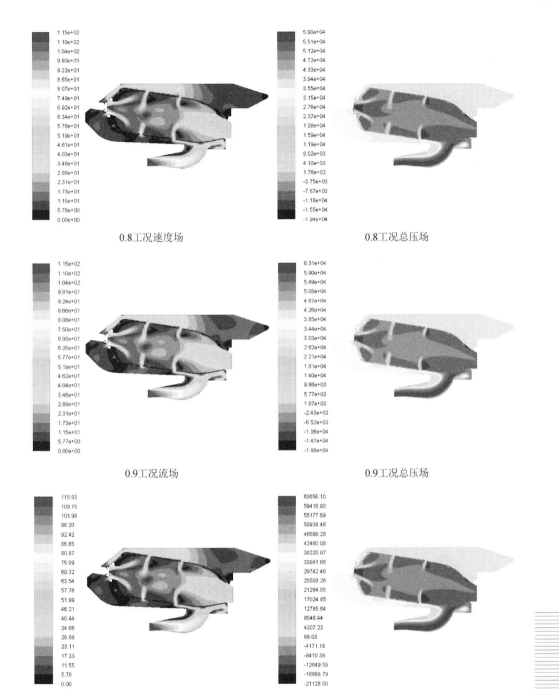

图 4.5 冷态模拟计算结果(见彩图)

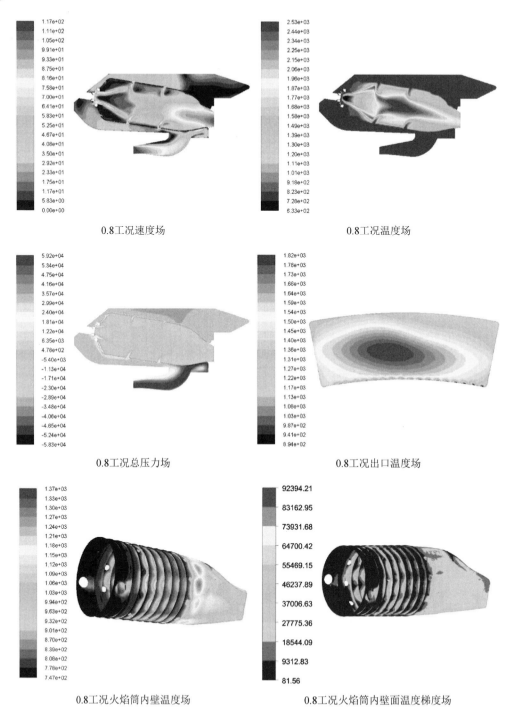

0.8工况速度场

0.8工况温度场

0.8工况总压力场

0.8工况出口温度场

0.8工况火焰筒内壁温度场

0.8工况火焰筒内壁面温度梯度场

图 4.6　0.8 工况燃烧模拟结果（见彩图）

示为 0.8 工况计算结果，图 4.7 所示为 0.9 工况计算结果，图 4.8 所示为 1.0 工况计算结果。由图可知：

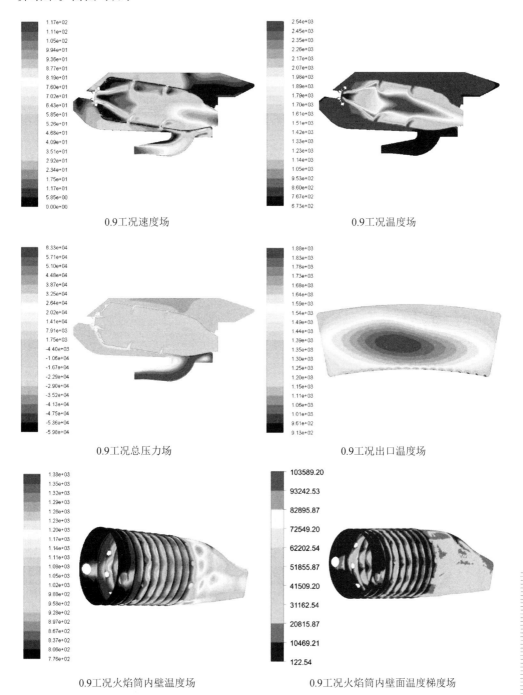

图 4.7　0.9 工况燃烧模拟结果(见彩图)

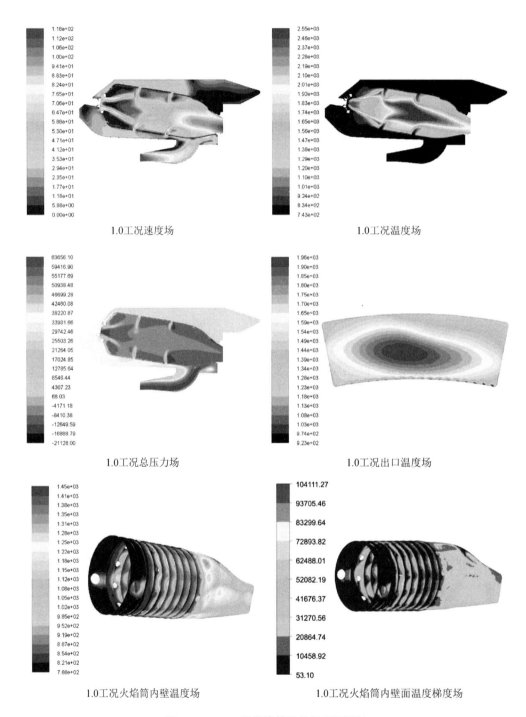

1.0工况速度场 1.0工况温度场

1.0工况总压力场 1.0工况出口温度场

1.0工况火焰筒内壁温度场 1.0工况火焰筒内壁面温度梯度场

图 4.8 1.0 工况燃烧模拟结果(见彩图)

① 随着工况的升高,燃烧高温区会进一步向后延伸进入混合器段,这不利于掺混气流对高温燃气的掺混冷却,必然使得出口温度热点分布系数更大。

② 火焰筒内壁最高温度以及温度梯度随着工况升高进一步增大,火焰筒工作环境更加恶劣,出现故障的概率增大。

③ 与常用工况相似,火焰筒的最高壁温位于主燃孔所在的锥筒段和混合器壁面,而最高温度梯度则主要位于主燃孔所在锥筒段。

根据模拟结果,统计计算高工况下燃烧室的各项参数,如流阻系数、压力损失、燃烧效率、温升比、出口温度分布等。详细结果如表 4.5 和表 4.6 所列。

表 4.5　高工况热态模拟计算结果(a)

项目 工况	进口空气		热态流阻 损失系数	热态总压 损失系数	燃烧室 温升比
	流速/(m·s^{-1})	马赫数			
0.8	115.68	0.211 4	1.238 8	0.037 54	2.040 54
0.9	115.82	0.209 9	1.240 2	0.037 04	2.067 0
1.0	115.94	0.208 5	1.241 7	0.036 61	2.086 4

表 4.6　高工况热态模拟计算结果(b)

项目 工况	出口污染物含量/(kg·s^{-1})			燃烧效率/%	OTDF
	CO	H$_2$	UHC		
0.8	6.05×10^{-5}	1.224×10^{-7}	6.814×10^{-13}	99.98	0.390 4
0.9	1.198×10^{-4}	2.875×10^{-7}	1.993×10^{-12}	99.96	0.407 4
1.0	6.10×10^{-5}	8.101×10^{-7}	4.683×10^{-13}	99.96	0.418 3

由表 4.5 可知,与低工况和常用工况类似,高工况下燃烧室的出口温度、温升比都随工况升高而增加,总压损系数随工况升高而减小;而热态流阻系数的变化规律发生了明显的变化,它随着工况的升高逐步增大,分析其原因应该是随着工况的升高,燃烧导致的热阻越来越大,使得高工况时热流阻系数呈现明显的增大趋势。

由表 4.6 可知,在高工况下,随着工况的升高,燃烧室出口温度热点分布系数 OTDF 增大,燃烧室效率较高,维持在 99.9% 以上。

4.1.4　燃烧室全工况性能分析

4.1.2 小节和 4.1.3 小节分别计算并给出了燃烧室在低、高工况点的稳态性能参数,本小节主要在全工况范围内进一步总结分析燃烧室各项性能参数随工况的变化规律。

1. 燃烧室冷态流动特性

燃烧室的冷态流动特性主要与自身结构和进口气流参数相关。图 4.9 所示为各稳态工况下流阻损失系数 ϕ 随工况的变化规律,由图可知,流阻损失系数是在一定范围内小幅波动的。经计算可知燃烧室的进口雷诺数 Re 已超过 10^6,燃烧室已经进入自模化状态,其流阻损失系数应当保持基本不变。因此,可认为冷态流阻损失系数 ϕ 不随工况变化。

图 4.10 所示为冷态总压损失系数 ξ 随工况的变化规律,可知,随着工况的升高总压损失系数逐渐减小。燃烧室的进口气流速度随工况逐渐增大,但马赫数却也随工况的升高而减小,如图 4.11 所示。对于确定燃烧室,总压损失系数 ξ 与燃烧室进口气流马赫数相关,图 4.12 所示为燃烧室进口气流马赫数与总压损失系数之间的关系,由图可知,冷态总压损失系数随进口气流马赫数的增大而增大,与马赫数近似成线性关系。

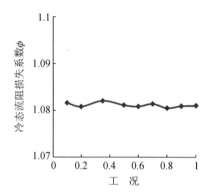

图 4.9　冷态流阻系数随工况的变化规律

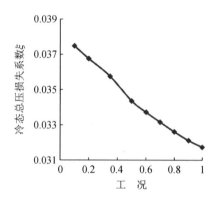

图 4.10　冷态总压损失系数随工况的变化规律

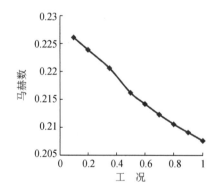

图 4.11　冷态马赫数随工况的变化规律

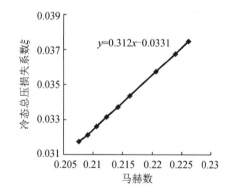

图 4.12　冷态总压损失系数与马赫数之间的关系

2. 燃烧室热态流动特性

由于燃烧的影响,燃烧室的热态流动特性与冷态流动特性有很大的区别。如图 4.13 所示,与冷态流阻系数不同,热态流阻损失系数 ϕ_h 随工况的升高而增大。由式(4.1.7)可知,热态流阻损失系数 ϕ_h 由冷态流阻损失系数 ϕ 和燃烧室温升比决定。虽然 ϕ 随着工况升高基本保持不变,但温升比随工况升高而增大(见图 4.14),使 ϕ_h 也逐步增大。热态总压损失系数和冷态总压损失系数都随工况升高而减小,但值明显增大,如图 4.15 所示。热态总压损失系数也与燃烧室进口马赫数相关,随马赫数增大而增大,如图 4.16 所示,这两个参数近似成线性关系。

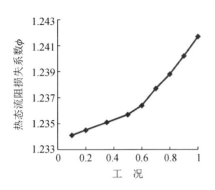

图 4.13 热态流阻损失系数随工况的变化规律

图 4.14 温升比随工况的变化规律

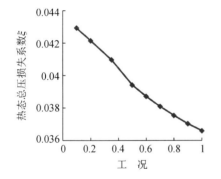

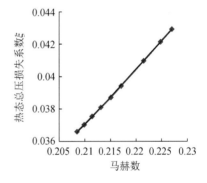

图 4.15 热态总压损失系数
随工况的变化规律

图 4.16 热态总压损失系数与
马赫数之间的关系

3. 燃烧室出口温度分布

出口温度分布是燃烧室重要的性能指标,本章主要计算了热点分布系数 OTDF 和径向温度分布系数 RTDF。如图 4.17 所示,出口温度热点分布系数 OTDF 随着工况升高逐渐恶化,尤其是高工况时达到 0.4,不利于涡轮的运行安全,不宜长时间运行。图 4.18 所示为各工况的 RTDF 分布,总的来说低工况优于高工况,但相差不大,RTDF 最大值稍大于 0.1,该参数较为合理。

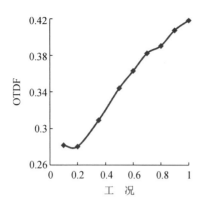
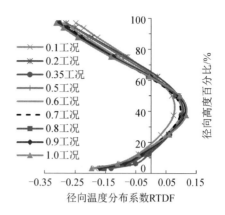

图 4.17　OTDF 随工况的变化规律　　　图 4.18　各工况的 RTDF 分布(见彩图)

4. 燃烧效率

燃烧效率随工况升高而增大,在常用工况以上时效率达到 99% 以上,如图 4.19 所示。由于模拟计算受燃烧模型的限制,没有考虑燃油成分的多样性,也没有考虑燃油的裂解反应以及碳颗粒的形成,导致模拟计算燃烧效率可能略高于实际燃烧效率。

5. 火焰筒壁温分布

火焰筒的壁面温度分布直接关系到其可靠性和耐久性。通过数值模拟发现火焰筒的最高壁面温度,除低工况以外,随工况升高而升高(见图 4.20),最高壁面温度梯度也呈现类似规律。值得注意的是,低工况时火焰筒的最高壁温位于主燃孔所在的锥筒内壁,常用工况和高工况时最高壁温还出现在混合器部分;而火焰筒的最高壁面温度梯度主要位于主燃孔所在的锥筒内壁。由于计算时没有考虑火焰筒内外壁面敷设的高温隔热搪瓷涂层,计算所得最高壁温较实际壁温要高,但显然高工况时火焰筒最高壁温过高,不宜长时间运行。

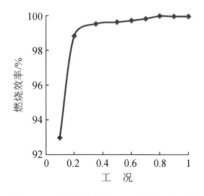
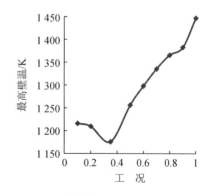

图 4.19　燃烧效率随工况的变化规律　　　图 4.20　最高壁温随工况的变化规律

4.2　火焰筒弹塑性应力应变分析

燃烧室是燃气轮机重要的热端部件,其内部进行着剧烈的燃烧化学反应,火焰筒直接面向高温燃气,承受高温以及高热应力的作用,极易发生高温烧蚀和热疲劳裂纹。据统计,火焰筒是燃气轮机故障最多的部件之一。针对火焰筒的裂纹和热疲劳等故障问题,广大学者对火焰筒的壁面温度预测、热应力应变、蠕变、裂纹的产生以及扩展等展开大量研究。早期研究主要采取实验的方法,但是由于火焰筒本身结构的复杂性和工作环境的特殊性,实验不但花费时间长、成本高,而且测量数据十分有限,精度也有待提高。现在多采用经验分析、试验研究以及模拟计算相结合的方法,并且随着计算机性能的提高以及计算技术的高速发展,模拟计算研究的地位越来越突出,逐步形成了以模拟计算为主,实验为辅的趋势。

对火焰筒进行热应力、蠕变、裂纹、疲劳以及强度寿命等分析研究,首先,要获得准确的火焰筒壁温分布,这是保证分析研究结果正确有效的先决条件之一。获取壁温的方法主要有两种:① 试验获取,常用的有示温漆法和铺设热电偶法。示温漆能够获取整个火焰筒表面的温度分布,但是精度一般,并且常常发生局部示温漆脱落。对于环管型燃烧室火焰筒内壁温度测量这种方法也存在一定的困难。铺设热电偶能够获取准确的壁面温度点,但是成本较高,并且铺设过多的热电偶会对燃烧室流场产生较大干扰,因此往往只对关键部位进行温度测量,获取壁温数据有限。② 通过计算获取壁温,按照原理可分为间接法和直接法。间接法一般是利用试验或者计算获取的局部点或面的温度进行瞬态或稳态的有限元热传导计算,得到整个火焰筒体的温度,目前学者大多采用这种方法。使用该方法进行有限元热传导计算时,燃气与壁面间辐射、对流换热系数以及实际的热流量往往难以确定,得到的火焰筒体温度可能存在较大误差。直接法是利用 CFD 软件对燃烧室流动燃烧过程进行热流固耦合模拟计算,直接获取火焰筒体温度。随着 CFD 技术的发展和计算机性能的提高,模拟计算结果已经越来越精确,再结合实验数据进行验证,模拟结果可以满足工程应用和后续应力应变分析研究的要求。本书采用直接法获得火焰筒体温度进行热弹塑性应力应变分析。

其次,使用三维物理模型应当尽量与实际火焰筒结构一致,因为火焰筒的热应力还与火焰筒局部结构密切相关。现代火焰筒多采用薄壁多孔结构,形状结构复杂,壁面上开设有主燃孔、掺混孔以及大量冷却气膜孔,必然对火焰筒的局部结构强度产生较大影响。但火焰筒复杂的结构必然会导致有限元网格划分的困难和网格数量的剧增,给模拟计算带来巨大压力,因此进行研究时会对火焰筒结构进行一定的简化,比如忽略尺寸较小的气膜孔等。这样可能导致结构强度变化和应力分布的偏差,影响计算结果的可靠性。

本节结合 4.1 节的燃烧室热流固耦合模拟计算结果,使用直接法获取火焰筒壁温结果,结合火焰筒体(结构不做简化)有限元网格,在 Workbench 平台中进行火焰筒热弹塑性应力应变计算,分析火焰筒的高温区、高热应力区以及发生弹、塑性应变的部位和大小,为进一步研究火焰筒裂纹的产生机理、预测火焰筒的热疲劳寿命作铺垫,为优化火焰筒的内部流场组织和冷却方案提供依据。

4.2.1 火焰筒模型

取某环管型燃烧室内的单个火焰筒为研究对象,如图 4.21 所示,火焰筒周向分布有 10 个主燃孔、10 个掺混孔,以及 10 排直径 1～1.5 mm 的气膜孔,头部左右两侧布置有联焰管。为全面考虑火焰筒结构对强度的影响,不对火焰筒结构进行简化。由于火焰筒结构复杂,因此采用四面体单元进行有限元网格划分,如图 4.22 所示,对小孔附近网格进行加密,总网格数为 6 484 168。

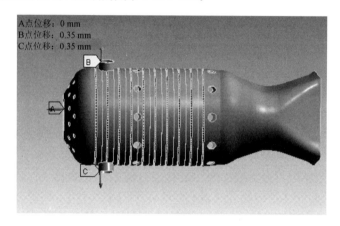

图 4.21　单个火焰筒模型(见彩图)

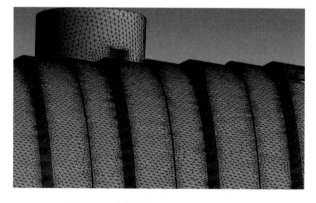

图 4.22　火焰筒有限元网格(见彩图)

火焰筒材料为固溶强化镍基变形高温合金材料 GH3044,常温下密度为 8 890 kg/m³,具有良好的抗氧化性能。火焰筒壁厚约为 1.5 mm,物理及力学性能对应于《中国航空材料手册》中 δ=0.5~4 mm 的 GH3044 冷轧薄板。材料的线性膨胀系数随温度变化如表 4.7 所列,力学性能如表 4.8 所列。

表 4.7　GH3044 线性膨胀系数

$\theta/℃$	20~100	20~200	20~300	20~400	20~500
$10^6 \cdot \alpha/℃^{-1}$	12.25	12.35	12.85	13.10	13.31
$\theta/℃$	20~600	20~700	20~800	20~900	20~1 000
$10^6 \cdot \alpha/℃^{-1}$	13.50	14.30	14.90	15.60	16.28

表 4.8　GH3044 力学性能

温度 $\theta/℃$	杨氏模量 E/MPa	泊松比 μ	$\delta_{0.1}/MPa$	$\delta_{0.2}/MPa$	极限强度 δ_b/MPa
20	203	0.292	400	415	882
400	178	0.29	320	326	760
700	157	0.297	296	301	596
800	128	0.302	284	290	387
900	100	0.307	155	166	214

4.2.2　约束条件及载荷

火焰筒头部由喷油嘴、旋流器以及定位销加以固定,不能移动,对头部采用 0 位移约束;安装时联焰管间预留有约 0.7 mm 的膨胀间隙,采用垂直端面位移为 0.35 mm 的位移约束;尾部座圈搭接在机体上,并留有足够的空间(6~10 mm)让其自由膨胀,因此不对尾部进行约束,总的约束条件设置如图 4.21 所示。

火焰筒在工作过程中主要承受高温热载荷和火焰筒表面气体压力的作用。火焰筒的热载荷即火焰筒温度场是进行热应力计算的前提,要获得准确的热应力以及火焰筒发生弹塑性应变的大小,首先必须要获得准确的火焰筒温度场。本节采用直接计算的方法,首先在 Fluent 软件中进行燃烧室燃烧反应流场热流固耦合计算,直接获取火焰筒固体域温度场。然后在 Ansys Workbench 平台中将火焰筒体温度场值加载到稳态结构静力学模块中,火焰筒加载温度载荷的结果如图 4.23 和图 4.24 所示。图中编号①~⑩标明了 10 个主燃孔对应的位置。火焰筒内外表面均存在气体压力的作用,但是其值远小于热应力,并且由于火焰筒内侧承受的燃气压力和外壁承受的空气压力之差较小,可视为相互抵消,因此忽略火焰筒内外壁面气体压力的作用。

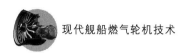

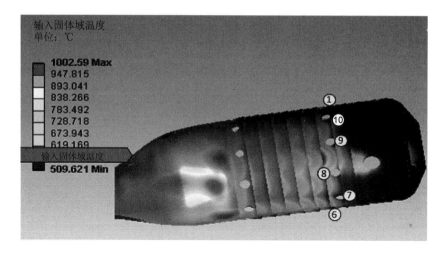

图 4.23　火焰筒温度载荷分布左视图(见彩图)

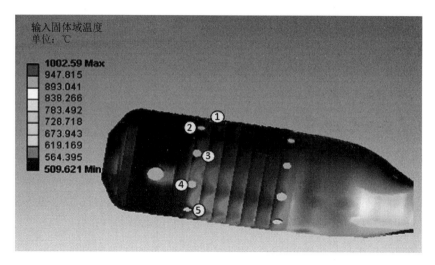

图 4.24　火焰筒温度载荷分布右视图(见彩图)

4.2.3　热弹塑性理论的本构方程

高温合金材料的性能如杨氏模量(E)、泊松比(μ)、温度膨胀系数、屈服强度以及强度极限等随温度升高而变化,火焰筒在高温条件下工作,必须考虑温度对本构关系的影响。假设 GH3044 为各向同性理想弹塑性材料,计算时不考虑材料的蠕变性能。

考虑温度的影响,应变增量为

$$\{d\varepsilon\} = \{d\varepsilon_e\} + \{d\varepsilon_p\} + \{d\varepsilon_\theta\} \tag{4.2.1}$$

式中：$\{d\varepsilon_e\}$ 为弹性应变增量；$\{d\varepsilon_p\}$ 为塑性应变增量；$\{d\varepsilon_\theta\}$ 为热应变增量。

考虑温度对材料常数 E、μ 等的影响，弹性应变增量 $\{d\varepsilon_e\}$ 为

$$\{d\varepsilon_e\} = [D_e]^{-1}\{d\sigma\} + \frac{\partial [D_e]^{-1}}{\partial \theta}\{\sigma\}\, d\theta + \frac{\partial [D_e]^{-1}}{\partial \dot{\varepsilon}}\{\sigma\}\, d\dot{\varepsilon} \qquad (4.2.2)$$

式中：$[D_e]$ 为弹性矩阵；$\{\sigma\}$ 为应力矩阵。

塑性应变增量为

$$\{d\varepsilon_p\} = d\lambda\left\{\frac{\partial F}{\partial \sigma}\right\} \qquad (4.2.3)$$

式中：λ 为正标量因子；F 为屈服函数，考虑温度、应变速率以及工作硬化参数 K 的影响，数学表达式为

$$F = F(\{\sigma\}, K, \theta, \dot{\varepsilon}) \qquad (4.2.4)$$

对于金属材料，服从 von Mises 屈服准则，其初始屈服函数为

$$F_0 = J_2 - \frac{1}{3}\sigma_y^2 \qquad (4.2.5)$$

式中：J_2 为偏应力的第二不变量。

热应变增量 $\{d\varepsilon_\theta\}$ 为

$$\{d\varepsilon_\theta\} = \{\alpha\}\, d\theta \qquad (4.2.6)$$

式中：$\{\alpha\}$ 为热膨胀系数矩阵。

热弹塑性增量本构方程为

$$\{d\sigma\} = [D_{ep}](\{d\varepsilon\} - \{d\varepsilon_0\}) - \{d\sigma_0\} \qquad (4.2.7)$$

$$\{d\varepsilon_0\} = \{\alpha\}\, d\theta + \frac{\partial [D_e]^{-1}}{\partial \theta}\{\sigma\}\, d\theta + \frac{\partial [D_e]^{-1}}{\partial \dot{\varepsilon}}\{\sigma\}\, d\dot{\varepsilon} \qquad (4.2.8)$$

$$\{d\sigma_0\} = \frac{[D_e]^{-1}}{S}\{\sigma'\}\, r\, \frac{\partial F}{\partial \dot{\varepsilon}}\, d\dot{\varepsilon} + \frac{\partial F}{\partial \theta}\, d\theta \qquad (4.2.9)$$

$$[D_{ep}] = [D_e] - [D_p] \qquad (4.2.10)$$

$$[D_p] = \frac{G^2}{S}\{\sigma'\}\{\sigma'\}^{\mathrm{T}} \qquad (4.2.11)$$

$$S = \frac{1}{9}(3G + H')\bar{\sigma}^2 \qquad (4.2.12)$$

$$H' = \frac{d\bar{\sigma}}{d\bar{\varepsilon}_p} \qquad (4.2.13)$$

式中：G 为剪切模量；$\bar{\sigma}$ 为等效应力。

4.2.4　计算结果及分析

在 Workbench 平台中将 Fluent 模块与稳态结构静力学模块相结合，考虑材料

的非线性特性,取火焰筒体的初始温度为 20 ℃,加载稳态工况下的温度场后进行火焰筒弹塑性热应力应变计算,计算结果及分析如下:

① 图 4.25 所示为火焰筒受热之后总的变形量,由图可知,头部固定约束后,火焰筒在略微周向膨胀的同时沿轴向伸长,总伸长量约 6 mm。由此可见火焰筒安装时留下 6~10 mm 的膨胀间隙是合理。

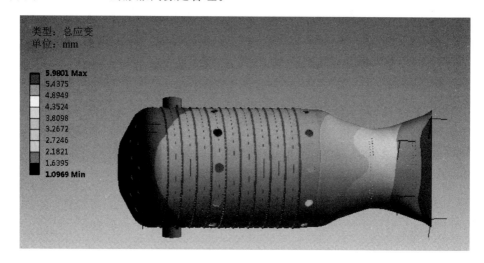

图 4.25 火焰筒总变形(见彩图)

② 图 4.26 和图 4.27 所示为火焰筒等效应力分布云图,在不均匀温度载荷的作用下,火焰筒应力分布十分不规则,由图可以看出:

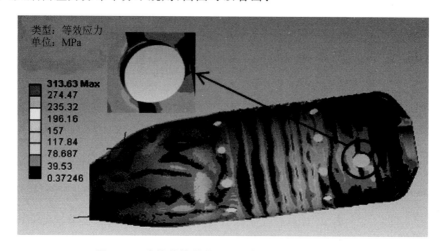

图 4.26 火焰筒等效应力分布左视图(1)(见彩图)

a) 应力较大的区域主要位于主燃孔所在锥筒段的气膜挡板环以及后排的气膜挡板,并且在③号、④号、⑧号和⑨号主燃孔下方至气膜挡板边沿形成了明显的应力

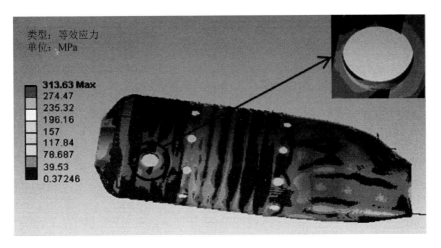

图 4.27　火焰筒等效应力分布右视图(1)(见彩图)

集中。在该型燃气轮机燃烧室拆检时也发现在③号、④号、⑧号和⑨号主燃孔下沿常发生贯穿至气膜挡板边缘的裂纹,可见应力分析计算结果与实际故障相符。

　　b) 从两侧联焰管处的局部放大图可以看出,两侧联焰管根部下沿的应力较大,这也是实际使用时常出现裂纹的部位。值得注意的是,这两个部位的温度并不是很高,产生高应力和裂纹的原因与联焰管的膨胀间隙过小或局部结构等有关。

　　c) 对比温度分布与等效应力分布可以发现,高温区和高应力区并不完全一致,如混合器段整体温度较高,但是应力水平并不高;③、④号主燃孔以及⑧、⑨号主燃孔之间的区域温度较高,但应力集中区域却在③、④、⑧、⑨号主燃孔下方至气膜挡板边沿。

　　③ 图 4.28 所示为在计算工况下火焰筒的塑性应变等值面。我们可以看到在两侧联焰管根部下沿、主燃孔所在的气膜挡板和后排的气膜挡板边沿以及混合器局部

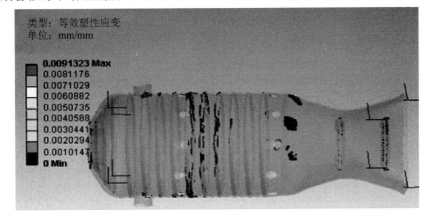

图 4.28　火焰筒塑性应变等值面图(见彩图)

均发生了一定的塑性应变。结合温度载荷图我们可以发现,这些部位产生塑性应变的原因不同:

a) 联焰管根部下沿处温度相对不高,对应的材料屈服强度较高(材料屈服强度随温度升高而下降),发生塑性应变的主要原因是该部位应力较大。

b) 从图4.25和图4.26可知混合器部分的等效应力并不高,但仍然发生了局部塑性应变,其主要原因是这些部位的温度很高,材料的屈服强度随温度升高下降较多,使其更容易发生塑性应变。

c) 主燃孔后方两排气膜挡板发生塑性应变的区域较多,产生塑性应变原因既有高热应力也有材料的屈服强度的下降。其中③、④、⑧、⑨号主燃孔附近的气膜挡板边沿塑性应变较大。

④ 图4.29和图4.30是火焰筒在计算工况下的弹性应变云图,分布与等效应力云图相似,弹性应变较大的部位也位于主燃孔所在的气膜挡板环以及后排的气膜挡板,其中③、④、⑧、⑨号主燃孔下方的气膜挡板边沿应变最大。两侧联焰管根部也出现了弹性应变较大的情况。

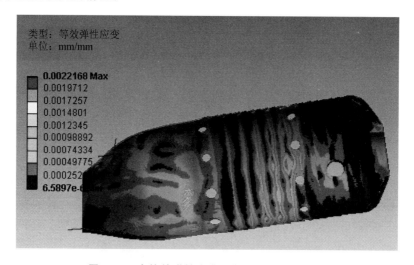

图4.29 火焰筒弹性应变分布左视图(见彩图)

由前述分析可知,联焰管的根部发生了应力集中,但是该处的温度并不高。为进一步探讨联焰管根部发生应力集中的原因,去掉对联焰管的位移约束,让联焰管端面可以自由膨胀,仅对火焰筒头部进行0位移约束,如图4.31所示。加载火焰筒固体域温度后重新进行稳态结构静力学计算,计算结果如图4.32和图4.33所示。

由图4.32和图4.33可知,虽然联焰管与火焰筒筒体连接处周围的应力应变范围有所减小,但是局部放大图表明联焰管根部的应力集中现象仍然存在。因此,联焰管根部的应力集中并不是由于安装膨胀间隙过小造成的,该安装间隙是合适的。联焰管根部的应力集中是由该处受热和局部结构特征共同作用产生的,要消除该处的

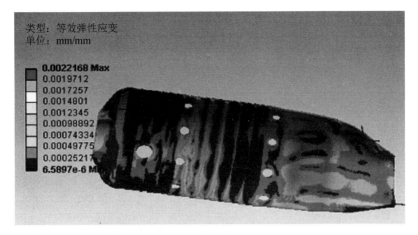

图 4.30　火焰筒弹性应变分布右视图(见彩图)

图 4.31　火焰筒头部约束(见彩图)

应力集中应当从改善该处的冷却和改变结构的方向入手。

本节使用直接法计算获得稳态工况下的火焰筒温度场,进行火焰筒稳态结构静力学计算,分析火焰筒的筒体等效应力分布和弹性、塑性变形的情况,得出以下结论:

① 两侧联焰管根部下沿存在应力集中现象,并发生了局部塑性应变,存在发生变形以及裂纹的风险。

② 主燃孔所在的气膜挡板以及后排的气膜挡板边沿应力较大,其中③、④、⑧、⑨号主燃孔下方至气膜挡板边沿形成了应力集中并发生了塑性应变,这些部位可能出现裂纹。

③ 联焰管的安装膨胀间隙合理,联焰管根部发生应力集中是由该处受热和局部结构特征共同作用的结果。

图4.32 火焰筒等效应力分布右视图(2)(见彩图)

图4.33 火焰筒等效应力分布左视图(2)(见彩图)

| 4.3 火焰筒气膜冷却孔改型优化 |

通过4.1节和4.2节的模拟计算可知,该火焰筒的③号和④号主燃孔以及⑧号和⑨号主燃孔之间的区域温度较高,使③、④、⑧、⑨号主燃孔出现应力集中,容易形成裂纹。本节仅针对燃烧室内火焰筒的主燃孔裂纹故障现象进行局部改进研究,而不改变燃烧室的类型(环管型)以及火焰筒的冷却方式(气膜孔冷却)。要消除该故障隐患,需要降低该区域的温度。降低火焰筒高温区域壁面温度的可行方法是改进气膜冷却结构,提高气膜冷却效率。本节将以降低火焰筒高温区壁面温度为目标,通过改变气膜冷却结构提高冷却效率的方法进行气膜冷却孔改型优化。

衡量气膜孔冷却效果的主要指标是冷却效率 η_t,而冷却效率随密流比 $\bar{M}$ 和无因次距离 $\bar{X}$ 的变化规律是反映气膜冷却组织合理与否的根据。

$$\eta_t = \left(\frac{T_g - T_w}{T_g - T_c} \right) \times 100\% \tag{4.3.1}$$

$$\bar{M} = \frac{\rho_c u_c}{\rho_g u_g} \tag{4.3.2}$$

$$\bar{X} = \frac{x}{S} \tag{4.3.3}$$

式中:T_g、T_w、T_c 分别是高温燃气、壁面和冷却空气的温度,单位 K;ρ_c、ρ_g 分别是冷却空气和高温燃气的密度,单位 kg/m^3;u_c、u_g 分别是冷却空气和高温燃气的速度,单位 m/s;S 为当量特征尺寸,mm;x 是气膜射流到气膜孔出口的距离,mm。

4.3.1　原型气膜冷却性能

某燃气轮机燃烧室火焰筒采用传统的机加工环式气膜冷却,其结构如图 4.34 所示。冷却空气自气膜孔喷出对下方壁面(气膜挡板)进行冲击对流冷却,对上方壁面(内壁面)进行气膜隔热冷却。气膜的隔热冷却效率随着冷却空气射流距离的增大逐渐减小。

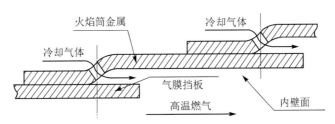

图 4.34　气膜冷却结构示意图

在标准大气状态下,1.0 工况时燃烧室热流固耦合数值模拟计算得到火焰筒内壁面温度分布、温度梯度和火焰筒出口温度场分别如图 4.35、图 4.36 和图 4.37 所示。注意:本章提及的温度梯度均是沿垂直壁面方向的温度梯度,不再赘述。由图 4.35 可知,主燃孔所在锥体段壁面温度以及温度梯度均较高,最高壁温 1 447 K 也位于该段。

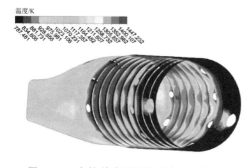

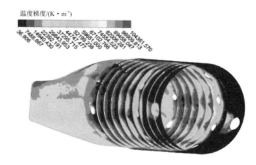

图 4.35　火焰筒内壁面温度场(见彩图)　　图 4.36　火焰筒内壁面温度梯度场(见彩图)

　　为了解火焰筒壁面高温区附近气体流动状态以及温度分布,分析该区域温度过高的原因,在后处理程序中截取了最高壁温区附近的气流流线图(见图 4.38 和图 4.39),流线图的颜色用温度来表示。由图可知,该区域的气流来源有 3 部分:第一部分是来自燃烧区的高温燃气;第二部分是来自 A 排气膜孔的冷却空气,对主燃孔所在的气膜冷却环带的内壁面进行隔热和冷却;第三部分是来自 B 排气膜孔的冷却空气,对该段气膜冷却环带的外壁面(即气膜挡板)进行冲击对流冷却。

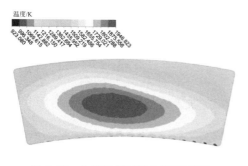

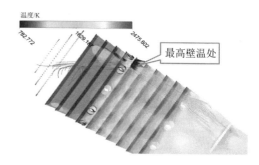

图 4.37　火焰筒出口温度场(见彩图)　　图 4.38　最高壁温处流线图(1)(见彩图)

　　下面对火焰筒主燃孔所在锥筒段的内壁面的冷却效率进行分析计算。冷却空气自 A 排气膜孔进入主燃孔所在锥筒段和上一锥筒段之间的夹缝,在气膜挡板的作用下形成较长距离的冷却气膜,对主燃孔所在锥筒段内壁面进行隔热冷却。该处气膜冷却的当量特征尺寸 S 为两个锥筒段之间夹缝的高度,S 取 2 mm。根据数值模拟结果,可获取夹缝中气膜冷却气体的初始参数,温度为 795.86 K,流速为 11.77 m/s,密度为 8.468 kg/m^3。而靠近高温区壁面处燃气的温度为 1 760.2 K,流速为 28.598 6 m/s,密度为 3.965 59 kg/m^3。可算出气膜冷却的密流比 $\overline{M}$ 为 0.879。取冷却气膜流动方向上的壁面温度分布进行冷却效率计算,得到气膜冷却效率随无因次距离的变化关系,如图 4.40 所示。

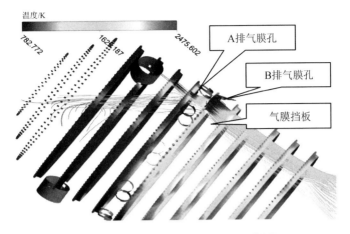

图 4.39　最高壁温处流线图(2)(见彩图)

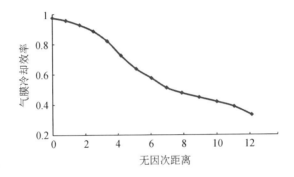

图 4.40　冷却效率随无因次距离的变化

由图 4.40 可知,气膜冷却孔的效率在无因次距离 $\overline{X}$ 大于 4 以后快速下降,气膜孔对该段壁面中部、后部的冷却效率低、效果较差,使得该区域壁面温度过高。

4.3.2　气膜冷却孔优化模型

1. 气膜冷却结构优化参数

基于前文对火焰筒高温区气膜冷却性能的分析可知,需要改进该区域的冷却效果。主燃孔所在锥筒段的气膜冷却结构参数主要有:① 气膜挡板的长度 L;② 冷却气膜当量尺寸 S,即两段锥筒之间夹缝的高度;③ 气膜孔数量 n,气膜孔直径 d。气膜冷却结构参数如图 4.41 所示。为了提高气膜冷却效率,这些参数其中一个或者几个将是优化的具体对象。

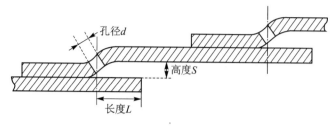

图 4.41　气膜冷却结构参数

2. 气膜冷却结构优化目标

本章进行气膜冷却孔改型优化的目标是降低火焰筒高温区最高内壁温度 T_{max}，对于降温的多少没有具体目标值，在不影响其他因素的条件下越多越好。

3. 气膜冷却结构优化方法分析

气膜挡板的作用是改变冷却空气流动方向形成沿壁面流动的冷却气膜。增大气膜挡板的长度 L 有利于形成长距离的冷却气膜，而本锥筒段气膜沿壁面流动情况良好，气膜挡板长度合适，并且过度增大气膜挡板的长度 L 会增大上一排气膜冷却孔的冷却负担，因此并不需要对气膜挡板长度进行优化处理。

由于气膜冷却效率是随着无因次距离 $\bar{X}$ 的增大而下降，随着密流比 $\bar{M}$ 的增大而增大。因此，气膜冷却结构优化的方法可以初步确定为减小无因次距离和增大冷却气膜密流比。若要减小无因次距离，则最直接的办法就是增大冷却气膜当量尺寸 S，即增大夹缝的高度。增大 S 会使火焰筒的直径增大，显然这个方法并不合适。

在不改变当量尺寸的情况下，增大密流比 $\bar{M}$ 即是要增大气膜冷却气量，具体的方法就是要增大气膜冷却孔通流面积。气膜冷却孔通流面积是由气膜孔的数量和直径决定的。因此优化方法将从增大密流比的角度出发，对气膜冷却孔的数量和直径进行优化。

原型火焰筒中，A 排气膜孔由 150 个直径 1.2 mm 的小孔组成，B 排气膜孔由 100 个直径 2 mm 的小孔组成。A 排气膜孔直径小，通流面积较小，对主燃孔所在的锥筒内壁面冷却效果较差。而 B 排气膜孔直径和通流面积较大，主要用于对后方锥筒段的冷却，对本段锥筒壁面的强制对流冷却换热量较为有限。基于此，提出仅改变 A 排气膜孔结构和同时改变 A 排、B 排气膜孔结构的两类方案，对冷却效果进行优化，并与原型气膜孔方案进行对比分析，得出相对合理的优化方案。

4.3.3　单排气膜冷却孔改型

对 A 排气膜冷却孔直径做加大处理，增大通流面积从而增大冷却气膜密流比提高冷却效率。A 排气膜冷却孔的初步调整方案:由原来的"直径 1.2 mm,150 个孔"改为"直径 1.8 mm,120 个孔"。通过计算可知,总气膜孔通流面积增大了 135.717 mm^2。使用与原始模型相同的边界条件进行模拟计算得到火焰筒内壁面温度场(见图 4.42)、温度梯度场(见图 4.43)以及出口温度场(见图 4.44)。

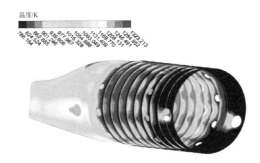

图 4.42　单排孔改型后火焰筒内壁面温度场(见彩图)

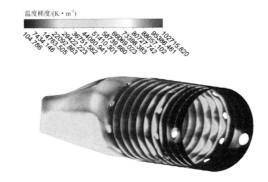

图 4.43　单排孔改型后火焰筒内壁面温度梯度场(见彩图)

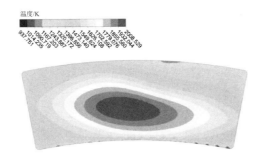

图 4.44　单排孔改型后火焰筒出口处温度场(见彩图)

由图 4.42 和图 4.43 可知,火焰筒内壁面的最高温度由原型火焰筒的 1 447 K 下降到 1 323 K,降低了约 124 K,并且高温区的温度梯度也大幅下降。可见,增大 A 排气膜孔的直径和通流面积能够增大气膜冷却效率,有效降低火焰筒内壁面最高

温度。

值得注意的是,由图 4.44 可知,出口热斑最高温度相对于原型火焰筒提高了约60 K,其出口温度系数 OTDF 为

$$\text{OTDF} = \frac{T_{4\text{max}} - T_{4\text{ave}}}{T_{4\text{ave}} - T_{3\text{ave}}} = \frac{2\ 008.529 - 1\ 599.482\ 5}{1\ 599.482\ 5 - 769.9} = 0.493$$

OTDF 由 0.418 3 增大至 0.493,会对高压涡轮叶片寿命产生不利影响。OTDF 增大的主要原因是增大 A 排气膜孔通流面积之后,冷却壁面的空气量增多,而参与燃烧和掺混的空气量减少了,这会导致燃烧区温度升高,掺混气量减少也不利于降低热斑温度,从而使出口最高温度增大,OTDF 发生恶化。

总结上文可知,增大 A 排气膜孔直径可以有效降低主燃孔所在锥体段的内壁最高温度,但是总气膜冷却空气量会增大,使出口温度场恶化。因此进行气膜冷却孔改型优化时,应当尽量保证用于气膜冷却的总气量保持不变,以防止出口温度热点分布系数增大。

4.3.4　双排气膜冷却孔改型

鉴于上一小节单排气膜冷却孔调整方案并不可行,本小节对双排气膜冷却孔改型优化进行研究。优化方案主要遵循两个原则:

① 增大 A 排气膜冷却孔直径,提高冷却效率。

② 保持总的气膜冷却孔通流面积基本不变,以保证总的气膜冷却空气量基本不变,以防止对出口温度场产生不利影响。因此要减小 B 排气膜冷却孔的通流面积。

1. 双排气膜冷却孔改型方案 1

基于上文论述,最简单直接的方案是将 A 排气膜孔和 B 排气膜孔进行对调,即 A 排气膜孔由原"直径 1.2 mm,150 个孔"增大至"直径 2 mm,100 个孔";对 B 排气膜孔由原"直径 2 mm,100 个孔"改为"直径 1.2 mm,150 个孔"。采用与原模型相同的边界条件模拟计算得到如下结果,如图 4.45～4.47 所示,由图可知:

① 调换 A、B 排气膜孔后,火焰筒内壁最高温度较原型火焰筒下降了 37 K,温度梯度有所减小,改型有一定的效果。

② 火焰筒内壁面最高温度位置也发生了变化,由主燃孔所在锥筒段移至下一锥筒段。分析其原因是气膜孔调整后 B 排气膜孔通流面积大幅减小,使得用于冷却主燃孔下一锥筒段的隔热气膜气量大幅减少,局部温度升高。

③ 由图 4.47 知,出口温度场与原模型相差不大,最高温度稍有升高,基本保证了出口温度场不恶化。可见,保持气膜孔总通流面积不变能够防止燃烧室出口温度场恶化。

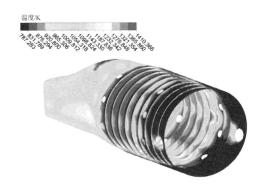

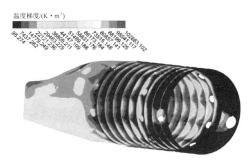

图 4.45　双排孔改型方案 1 火焰筒　　　　图 4.46　双排孔改型方案 1 火焰筒

内壁面温度场（见彩图）　　　　　　　内壁面温度梯度场（见彩图）

　　本方案在不恶化燃烧室出口温度分布的基础上，对火焰筒的壁温分布稍做改善。但是，显然本方案对 A 排气膜孔通流面积增加过多，而 B 排气膜孔通流面积减小过多，气膜冷却孔结构参数还有继续改进的空间。

2. 双排气膜冷却孔改型方案 2

　　基于方案 1 计算分析的结果，对双排气膜冷却孔结构参数做进一步的改进：A 排气膜孔由"直径 1.2 mm，150 个孔"改为"直径 1.7 mm，120 个孔"；B 排气膜孔由"直径 2 mm，100 个孔"改为"直径 1.5 mm，120 个孔"。计算可知，总气膜孔通流面积与原型火焰筒基本一致，仅增大了 0.628 mm² 。采用相同的边界条件进行模拟计算，结果如图 4.48～4.50 所示。

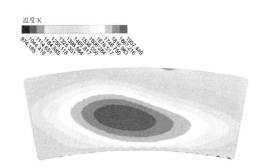

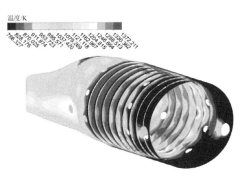

图 4.47　双排孔改型方案 1 火焰筒　　　　图 4.48　双排孔改型方案 2 火焰筒

出口温度场（见彩图）　　　　　　　　内壁面温度场（见彩图）

　　① 由图 4.48 和图 4.49 可知，使用改进的双排气膜冷却孔结构参数优化方案 2 后，相对于原模型火焰筒内壁最高温度下降了 75 K，内壁面温度梯度也相应减小。

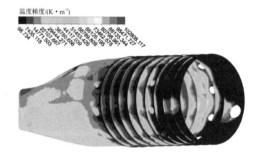

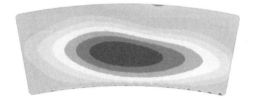

图 4.49　双排孔改型方案 2 火焰筒　　　　　图 4.50　双排孔改型方案 2 火焰筒
内壁面温度梯度场(见彩图)　　　　　　　　　出口温度场(见彩图)

② 火焰筒壁面最高温度点位置发生了明显变化,同时出现在主燃孔所在锥筒段及其下一锥筒段。

③ 由出口温度场图 4.50 可知,由于气膜孔总通流面积变化较小,保持了气膜冷却空气量基本不变,使出口温度场和原模型相差较小,OTDF 值与原型基本一致。因此,改进后的双排气膜冷却孔结构改型方案更为合理。

本节针对燃烧室火焰筒的主燃孔所在锥筒段因壁面温度过高引起裂纹故障,在分析高温区域壁面的气膜冷却性能的基础上,建立了气膜冷却结构改型优化模型,分析了优化方法,并采用了两类 3 种气膜孔改型方案进行计算分析。对比气膜冷却改型计算结果发现,双排气膜冷却孔改型的第二种方案相对合理,将火焰筒内壁最高温度降低了 75 K,并通过对气膜孔进行改型优化研究得出了如下结论:

① 增大 A 排气膜孔面积,能够较为有效地降低火焰筒壁面最高温度,改善火焰筒温度分布。

② 仅增大 A 排气膜孔面积会使用于冷却的气量增加,导致火焰筒出口热斑温度升高,出口温度场恶化,出口温度分布系数增大,影响涡轮导叶的使用寿命。

③ 在增大 A 排气膜孔面积的同时减小 B 排气膜孔面积,可使总的用于气膜冷却的气量基本保持不变,能够防止出口温度场恶化。

④ 对比双排气膜孔调整的两种方案可知:过度增大 A 排气膜孔面积和减小 B 排气膜孔面积,都不利于降低火焰筒壁面最高温度。

第 5 章
涡轮热障涂层技术

　　随着现代燃气轮机性能的不断提升,其关键热端部件之一的涡轮叶片既要有良好的气动性能,又必须兼备优异的耐热性能。热障涂层(Thermal Barrier Coatings, TBCs)的产生和发展与追求更高的燃气轮机性能密切相关。众所周知,增大压比,提高涡轮入口温度是提高燃气轮机效率的两个最直接的方法。由燃气轮机的发展历程可知,涡轮前入口温度(Turbine Inlet Temperature,TIT)正在不断提升。以航空发动机为例:20 世纪 90 年代研发的推重比为 10 的航空发动机 TIT 已达到 1 677 ℃左右,如美制 F22(猛禽)战斗机的 F119 发动机。而在 2005 年结束的美国高性能燃气轮机计划"IHPTET"中,已通过实验验证的更大推重比的发动机的 TIT 已达 1 827～2 047 ℃。显然,TIT 的大幅度提高对涡轮部件合金材料提出了更高的要求。就目前的工艺水平而言,采用先进气膜冷却技术可使涡轮表面温度最大降低约 500 ℃。而目前最先进的镍基单晶合金的使用温度也不超过 1 200 ℃,且已接近其使用温度极限(单晶合金熔点约 1 400 ℃)。因此,仅依靠高温合金材料的性能提升已不能满足燃气轮机发展的迫切需求。

　　热障涂层正是在这一矛盾中孕育和发展的。20 世纪 40 年代 NASA 最早提出热障涂层概念,并于 1960 年第一次将热障涂层应用于 X-15 型火箭飞机上,此后热障涂层逐渐在许多高温防护领域得到了广泛应用。它通过在零件表面喷涂低导热、低膨胀率、抗腐蚀的陶瓷材料来形成高温隔离层,避免了合金基体与高温燃气的直接接触,既降低了合金基体的温度载荷,又大大降低了其氧化腐蚀速率。在众多隔热材料中,7-8YSZ(质量比为 7%～8% 的 Y_2O_3 稳定化的 ZrO_2,简称 7-8YSZ)以其优异的热、力学性能,早在 20 世纪 70 年代末到 80 年代初就成为在热障涂层领域的经典材料,被广泛应用于热障涂层系统的隔热面层。

　　典型的热障涂层结构系统如图 5.1 所示,主要包括陶瓷面层(Top Coatings, TC)、黏结层(Bond Coatings,BC)、热生长氧化层(Thermally Growth Oxide,TGO)、以及合金基底层(Substrate,SUB)。根据应用场合不同,陶瓷面层采用不同的喷涂方式。当涂层材料应用于涡轮导叶时,以隔热为主不承受离心力作用,常用等离子喷涂工艺制备(Plasma Spraying,PS);应用于涡轮动叶时,由于承受高离心力作用,强度要求更高,主要采用电子束物理气相沉积工艺制备(Electro-Beam Physical-Vapor Depositing,EB-PVD)。使用 PS 法制备涂层具有效率高、费用低、工艺相对简便、能应用于大型结构的优点,但是黏结强度、抗热冲击性不如使用 EB-PVD 法制备的涂层。使用 EB-PVD 法制备涂层时,效率低、费用高、工艺复杂,只能应用于小型部件,但是黏结强度、抗热冲击性能更好,导热率更高。

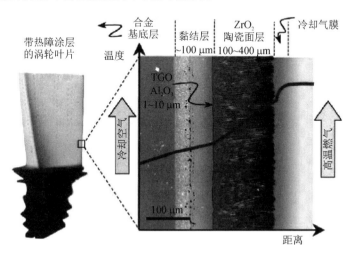

图 5.1　典型的热障涂层系统结构

在陶瓷面层和合金基体之间的为黏结层,黏结层本身也是合金材料,主要作用是提高基体合金的抗氧化能力和缓解由于陶瓷涂层和基体的热膨胀系数不匹配产生的应力。主要材料有 MCrAlY 和 Pt 改性的铝化物两种,其中,MCrAlY 喷涂工艺以等离子喷涂、火焰喷涂、电子束物理气相沉积为主;Pt 改性的铝化物以化学气相沉积和电镀为主。由于 YSZ 同时也是氧离子导体材料,在高温工作过程中氧离子很容易透过陶瓷面层与从黏结层中扩散而来的铝离子结合生成 Al_2O_3 氧化层(即 TGO 层),研究表明 TGO 层增大了热膨胀失配作用,对界面附近应力有重要影响,对涂层寿命有很大影响。

由于 TBCs 的隔热保护作用,在 TIT 温度不变的条件下合金基体的耐久性得到了很大提高,冷却气体消耗量可显著降低。NASA 的实验表明,当 TIT 不变时,厚度250 μm 的热障涂层可以使金属基体的温度降低约 170 ℃,油耗率改善 13%,叶片寿命提高 4 倍;或者为提高效率,TIT 可以进一步提高,如喷涂 TBCs 后 F119 发动机的TIT 可比未喷涂时提高约 150 K。实践表明,TBCs 是提高发动机 TIT 的一种高效可行方法,欧美国家以及我国的航空发动机推进计划中均把 TBCs 技术列为与高温合金材料和高效叶片冷却技术并重的高压涡轮叶片三大关键技术。"十三五"期间国家重大专项"两机专项"中同样包括了热障涂层技术研究。近年来我国在热障涂层领域取得一系列突破:如 2016 年北航宫声凯教授团队的"高温/超高温涂层材料技术与

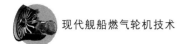

装备"荣获国家技术发明一等奖;西北工业大学李贺军课题组的"长寿命、耐高温氧化/烧蚀涂层防护机理与应用"获得国家自然科学二等奖。

热障涂层是燃气轮机热端部件必要的防护措施,在各种不同种类涂层系统中,热障涂层具有最复杂的结构与最苛刻的工作环境。迄今为止,解决热障涂层在应用过程中的过早剥落问题仍是难点,其原因在于影响热障涂层失效的因素非常复杂,归纳起来造成热障涂层失效剥落的因素主要有以下几个方面:

① 复杂结构的影响。一方面热障涂层系统本身属于多层结构,且在细观尺度上具有粗糙界面形貌。另一方面,在常见的应用场合,如实际涡轮叶片,通常具有复杂的叶型曲面、叶身弯扭,以及数量众多的气膜孔等。热障涂层的多层材料结构与涡轮叶片的复杂几何结构的叠加,易导致涡轮叶片涂层的局部应力集中,引起涂层剥落。

② 热膨胀不匹配。由于各层材料的热膨胀系数、杨氏模量等材料参数差异较大,热障涂层系统在均匀或不均匀工况温度场作用下均可能形成较大的热应力。另外,热障涂层在喷涂结束后以及停机冷却后,由于热膨胀不匹配同样会导致涂层内部产生残余应力,当残余应力超过涂层的界面强度时会导致涂层剥落。

③ 高温氧化。在燃气轮机工况运行环境下工作时,黏结层中的铝元素可以与从陶瓷层中扩散来的氧元素发生化学反应,生成 TGO 层,并逐渐增厚,加剧了界面处的应力集中。

④ 烧结效应及相变。热障涂层在高温工作时间累积作用下,陶瓷层会发生烧结和相变作用。烧结使孔隙率降低、晶粒粗化、导热率和杨氏模量增大;四方相到单斜相的相变过程则会导致晶胞体积 $3\%\sim5\%$ 的膨胀,诱发涂层开裂。

⑤ 高温熔盐侵蚀。当燃气轮机进气含有沙尘时(Ca、Mg、Al、Si 等氧化物,简称 CMAS),在高温下会与燃气反应生成各类熔盐,这些熔盐会侵蚀涂层内部孔隙和微裂纹间隙,导致涂层应变容限降低,同时还会发生高温腐蚀反应,降低涂层的寿命。

⑥ 粒子冲蚀损伤。燃气中不可避免地存在各种微粒,典型的如空气中杂质颗粒,燃气中碳颗粒,金属刮磨颗粒等,颗粒物易在叶片头部和压力面发生撞击,并逐渐形成冲击破坏涂层。

⑦ 高温腐蚀。由于燃料杂质及空气成分中含有的腐蚀物质,涂层在高温下还会发生腐蚀反应,加速涂层的失效。

5.1 热障涂层材料及几何参数对应力影响的理论分析

当涂层材料参数和几何参数发生变化时,会对涂层的传热和应力产生影响。相比于数值和实验方法,理论分析方法可以更加方便地获得材料参数和几何参数对传热和应力的影响规律。因此,有必要发展简化的理论方法来计算涡轮叶片热障涂层的传热和应力问题,以便把握基本规律,并为涡轮叶片热障涂层系统的早期设计选型提供参考。目前,关于热障涂层残余应力的简化计算,多采用基于空心圆筒(棒)的平面应变模型,如考虑界面理想接触,研究了考虑蠕变和 TGO 生成情况时热障涂层热应力;使用空心圆筒模型来考虑 TC/BC 界面粗糙度,并计算了 TGO 热生长应力;使用圆筒模型研究了基体曲率对残余应力的影响。但是,上述研究均未将涡轮叶片的几何和热边界条件与计算模型进行有机结合,对于涡轮叶片热障涂层的应力计算针对性不强。

本节利用简化方法,将涡轮叶片的几何与热边界条件与圆筒模型相关联,建立与实际涡轮叶片相对应的圆筒模型,不计塑性和蠕变影响,利用弹性理论推导多层圆筒结构的热障涂层模型在室温下的残余应力,以及不均匀温度场和 TGO 增厚条件下的涂层应力,获取材料参数、几何参数和工艺参数与涂层应力的影响规律。

5.1.1　涂层应力分析理论模型

由于实际涡轮叶片叶型很不规则,难以通过理论分析得到应力场结果,但考虑到叶身曲面及中空结构,研究人员多以空心圆棒喷涂热障涂层的方式来代替实际叶片进行实验研究和理论分析。生产实践表明,弹性理论分析在产品设计、加工、选型等方面有重要指导意义。

简化的空心圆筒模型如图 5.2 所示,内径为 R_0,从里往外分别为 SUB、BC、TGO、TC 层,厚度分别为 h_1、h_2、h_3、h_4。取圆棒中截面,建立极坐标系,将热障涂层简化为轴对称平面应变模型,显然材料点仅有径向位移 u_r,而周向位移 $u_\theta = 0$。

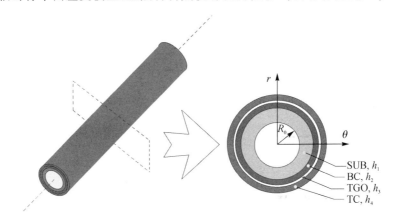

图 5.2　热障涂层简化模型

平面轴对称弹性力学方程如下:

平衡微分方程为

$$\frac{\mathrm{d}\sigma_r}{\mathrm{d}r} + \frac{1}{r}(\sigma_r - \sigma_\theta) = 0 \tag{5.1.1}$$

几何微分方程为

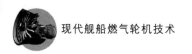

$$
\begin{cases}
\varepsilon_r = \dfrac{\mathrm{d}u_r}{\mathrm{d}r} \\[2mm]
\varepsilon_\theta = \dfrac{u_r}{r}
\end{cases}
\tag{5.1.2}
$$

本构方程为

$$
\begin{cases}
\sigma_r = \dfrac{\mu}{\kappa-1}\left[(\kappa+1)\varepsilon_r-(\kappa-3)\varepsilon_\theta\right] \\[2mm]
\sigma_\theta = \dfrac{\mu}{\kappa-1}\left[(\kappa+1)\varepsilon_\theta-(\kappa-3)\varepsilon_r\right]
\end{cases}
\tag{5.1.3}
$$

式中：$\mu=E/[2(1+\nu)]$ 为剪切杨氏模量；$\kappa=3-4\nu$ 为平面应变时的卡帕参数。将几何方程与本构方程结合，然后代入平衡方程，可得到用径向位移表示的微分方程：

$$
\frac{\mathrm{d}^2 u_r}{\mathrm{d}r^2}+\frac{1}{r}\frac{\mathrm{d}u_r}{\mathrm{d}r}-\frac{u_r}{r^2}=0
\tag{5.1.4}
$$

求该微分方程，可得到径向弹性位移的通解形式为

$$
u_r=Ar+\frac{B}{r}
\tag{5.1.5}
$$

该普遍形式适用于各层材料，其中 A、B 为待定系数。针对不同的材料层，待定系数取值要相应改变，即

$$
\begin{cases}
u_{r1}=A_1 r+\dfrac{B_1}{r}, & \text{SUB 层：} R_0 \leqslant r \leqslant R_0+h_1 \\[2mm]
u_{r2}=A_2 r+\dfrac{B_2}{r}, & \text{BC 层：} R_0+h_1 \leqslant r \leqslant R_0+h_1+h_2 \\[2mm]
u_{r3}=A_3 r+\dfrac{B_3}{r}, & \text{TGO 层：} R_0+h_1+h_2 \leqslant r \leqslant R_0+h_1+h_2+h_3 \\[2mm]
u_{r4}=A_4 r+\dfrac{B_4}{r}, & \text{TC 层：} R_0+h_1+h_2+h_3 \leqslant r \leqslant R_0+h_1+h_2+h_3+h_4
\end{cases}
\tag{5.1.6}
$$

式中：下标 1、2、3、4 分别代表材料层 SUB、BC、TGO、TC。根据几何方程和本构方程可以得到各层材料的径向和周向应力的通解为

$$
\begin{cases}
\sigma_{ri}=\dfrac{2\mu_i}{\kappa_i-1}\left(2A_i-\dfrac{\kappa_i-1}{r^2}B_i\right) \\[2mm]
\sigma_{\theta i}=\dfrac{2\mu_i}{\kappa_i-1}\left(2A_i+\dfrac{\kappa_i-1}{r^2}B_i\right)
\end{cases}
\tag{5.1.7}
$$

式中：A_i、B_i 为待定系数，各层材料所对应的系数值，必须结合边界条件求解。该模型的定解边界条件主要有两类：① 内、外表面上径向应力为零；② 材料交界面处法向应力和位移连续。由条件①可得

$$
\begin{cases}
\sigma_{r1} = \dfrac{2\mu_1}{\kappa_1 - 1}\left(2A_1 - \dfrac{\kappa_1 - 1}{R_0^{\ 2}}B_1\right), & \text{内表面} \\[4mm]
\sigma_{r4} = \dfrac{2\mu_4}{\kappa_4 - 1}\left[2A_4 - \dfrac{\kappa_4 - 1}{(R_0 + h_1 + h_2 + h_3 + h_4)^2}B_4\right], & \text{外表面}
\end{cases}
$$

$$(5.1.8)$$

由条件②可得

$$
\begin{cases}
u_{r1} = u_{r2}, \sigma_{r1} = \sigma_{r2}, & \text{SUB/BC 界面}: r = R_0 + h_1 \\
u_{r2} = u_{r3}, \sigma_{r2} = \sigma_{r3}, & \text{BC/TGO 界面}: r = R_0 + h_1 + h_2 \\
u_{r3} = u_{r4}, \sigma_{r3} = \sigma_{r4}, & \text{TGO/TC 界面}: r = R_0 + h_1 + h_2 + h_3
\end{cases} \quad (5.1.9)
$$

当考虑温度从零应力温度变化到 T 时,边界上位移连续条件还必须加上热膨胀效应带来的径向附加位移:

$$\Delta u_r^T = (\alpha_T T - \alpha_{\text{free}} T_{\text{free}})r \quad\quad (5.1.10)$$

$$\alpha_T = \alpha_0 + s_a(T - T_0) \quad\quad (5.1.11)$$

式中: T_{free}、T_0 分别为系统初始零应力温度和室温; α_{free}、α_0 分别为温度 T_{free}、T_0 时的热膨胀系数;在室温与工作温度之间,膨胀系数 α_T 与温度近似线性相关; s_a 为比例系数。因此,零应力温度时的热膨胀系数为

$$\alpha_{\text{free}} = \alpha_0 + s_a(T_{\text{free}} - T_0) \quad\quad (5.1.12)$$

与膨胀系数类似,与温度相关的杨氏模量可表示为

$$E_T = E_0 + s_E(T - T_0) \quad\quad (5.1.13)$$

式中: E_T 与温度服从线性关系; s_E 为比例系数。各层材料的杨氏模量和膨胀系数的线性比例系数为常数,如表 5.1 所列。

表 5.1　杨氏模量和膨胀系数的线性比例系数

比例系数	SUB	BC	TGO	TC
$s_E/(\text{GPa} \cdot \text{℃}^{-1})$	$-0.062\,59$	$-0.083\,33$	$-0.069\,44$	$-0.024\,07$
$10^6 \cdot s_a/\text{℃}^{-1}$	$0.004\,08$	$0.004\,08$	$0.001\,33$	$0.003\,265$

对于平面应变问题,膨胀系数须乘以因子 $(1+\nu)$,所以冷却至室温时温度变化带来的径向附加位移为

$$\Delta u_r^{T_0} = (1+\nu)(\alpha_0 T_0 - \alpha_{\text{free}} T_{\text{free}})r = (1+\nu)(\alpha_0 + sT_{\text{free}})\Delta T r$$

$$(5.1.14)$$

$$
\begin{cases}
\Delta T = T_0 - T_{\text{free}}, & \text{冷却到室温} \\
\Delta T = T_{\text{TIT}} - T_{\text{free}}, & \text{工况运行状态}
\end{cases} \quad\quad (5.1.15)
$$

式中: T_{TIT} 表示涡轮入口温度为 TIT 时,材料所具有的工况运行温度。对不同径向位置的材料点而言,从叶片外表面往内, T_{TIT} 沿径向厚度方向逐渐降低。因此,在工况运行条件下叶片及涂层处于非均匀温度场。当研究均匀温度场变化带来的应力

时,式(5.1.14)中 ΔT 为一定值。当研究高温下涂层应力时,应先进行温度场计算,此时 ΔT 随材料种类和径向位置而不同。

考虑温度变化时,界面连续条件式(5.1.9)可扩展为

$$\begin{cases} u_{r1} + \Delta u_{r1}^{T_0} = u_{r2} + \Delta u_{r2}^{T_0}, \sigma_{r1} = \sigma_{r2}, & \text{SUB/BC 界面}: r = R_0 + h_1 \\ u_{r2} + \Delta u_{r2}^{T_0} = u_{r3} + \Delta u_{r3}^{T_0}, \sigma_{r2} = \sigma_{r3}, & \text{BC/TGO 界面}: r = R_0 + h_1 + h_2 \\ u_{r3} + \Delta u_{r3}^{T_0} = u_{r4} + \Delta u_{r4}^{T_0}, \sigma_{r3} = \sigma_{r4}, & \text{TGO/TC 界面}: r = R_0 + h_1 + h_2 + h_3 \end{cases}$$

$$(5.1.16)$$

联合式(5.1.6)~(5.1.9)以及式(5.1.14),最终可以得到 4 种材料共 8 个待定系数,进而可通过式(5.1.7)求得各材料不同径向位置处的应力。应力结果与各层材料参数 E、ν、α,几何参数 R_0、h_1、h_2、h_3、h_4,以及温度参数 ΔT 相关。基于此,我们可以对涂层材料参数、几何参数、温度参数(跟工艺和工况相关)等进行研究,得出相关参数对涂层应力的影响规律,这对于指导涂层设计选型有较大的意义。

由于各层材料参数众多,在研究之前应首先设定一套室温下基准的力学、几何、温度参数值,便于在研究特定参数时,将其他参数固定,如表 5.2~5.4 所列。

表 5.2 材料力学基准参数

材料参数	杨氏模量 E/GPa				泊松比 ν				膨胀系数 $10^6 \cdot \alpha/℃^{-1}$			
	$E_{0,1}$	$E_{0,2}$	$E_{0,3}$	$E_{0,4}$	ν_1	ν_2	ν_3	ν_4	$\alpha_{0,1}$	$\alpha_{0,2}$	$\alpha_{0,3}$	$\alpha_{0,4}$
参数值	206.6	200.0	400.0	48.0	0.33	0.3	0.3	0.2	12.5	12.5	8.0	9.0

表 5.3 几何基准参数

几何参数	h_1/mm	h_2/mm	h_3/mm	h_4/mm	R_0/mm
参数值	1.5	0.15	0.001	0.15	3.0

表 5.4 温度基准参数

温度参数	T_0/℃	T_{free}/℃	TIT/℃
参数值	20.0	600.0	1 250.0

5.1.2 涂层传热计算理论模型

考虑极端情况,在该简化模型中将涂层外表面温度设为定温边界条件,近似等于某型舰船燃气轮机额定工况时 TIT 温度(1 250 ℃);冷却气体从高压压气机引入,计及输运过程中的加热作用,进入冷却腔前近似为 516 ℃,从叶片尾缝流出时约为 640 ℃;内壁面等效的综合表面传热系数设为 h_f。在热障涂层中,TC 层导热率最低,热阻大;TGO 层很薄,导热率很大,其热阻值相对其他材料可以忽略。而 BC 为

合金材料,其导热性能与 SUB 较为接近。因此,本小节将 TGO、BC、SUB 均视为与 SUB 相同的合金材料,将多层圆筒简化为双层圆筒进行导热计算,如图 5.3 所示。简化后所得温度结果与分别考虑 TGO、BC 传热时相差很小。

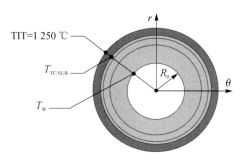

图 5.3　双层导热计算模型

根据热阻理论,长度为 l 的薄壁圆筒的热阻为

$$R = \frac{\ln(r_2/r_1)}{2\pi\lambda l} \tag{5.1.17}$$

式中:r_1、r_2 为内外径;λ 为热导率。取双层圆筒模型的长度 l 为单位长度,则由式(5.1.17)可得 TC 层和 SUB 层的热阻为

$$R_{TC} = \frac{\ln\left(\dfrac{R_0 + h_1 + h_2 + h_3 + h_4}{R_0 + h_1 + h_2 + h_3}\right)}{2\pi\lambda_{TC}} \tag{5.1.18}$$

$$R_{SUB} = \frac{\ln\left(\dfrac{R_0 + h_1 + h_2 + h_3}{R_0}\right)}{2\pi\lambda_{SUB}} \tag{5.1.19}$$

内壁面表面传热热阻为

$$R_w = \frac{1}{C_w(2\pi R_0)h_f\eta_0} \tag{5.1.20}$$

式中:C_w 为内冷腔面积扩展系数,用于表征实际叶片内腔因具有冷却肋、绕流柱等各种强化传热结构而引起的实际表面积扩展倍数;η_0 为内部肋槽的肋面总效率。就某型燃机而言,$C_w \approx 6 \sim 9$,$\eta_0 \approx 0.7 \sim 0.9$。

根据串联热阻中热流量相等原理,可以求得内壁面温度 T_w 为

$$T_w = T_{TC/SUB} - \frac{R_{SUB}(TIT - T_{TC/SUB})}{R_{TC}} \tag{5.1.21}$$

根据冷却腔进出口温度,取冷却气体平均温度为

$$\bar{T}_{cool} = 516\ ℃ + 0.5(640\ ℃ - 516\ ℃) \tag{5.1.22}$$

进而可以得到内壁面等效表面传热系数 h_f 为

$$h_f = \frac{TIT - T_{TC/SUB}}{C_w(2\pi R_0)R_{TC}(T_w - \bar{T}_{cool})} \tag{5.1.23}$$

当 h_f 取定时,联合式(5.1.5)和式(5.1.7)可以求得基体合金表面温度 $T_{TC/SUB}$ 和内壁面温度 T_w,其中 $T_{TC/SUB}$ 相当于多层圆筒模型的 TC/TGO 界面温度。

$$T_{TC/SUB} = \frac{TIT + 2\pi R_0 C_w h_f(TIT R_{SUB} + R_{TC} T_{cool})}{1 + 2\pi R_0 C_w h_f(R_{SUB} + R_{TC})} \tag{5.1.24}$$

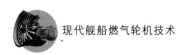

$$T_w = \frac{\text{TIT} + 2\pi R_0 C_w h_f (R_{\text{SUB}} + R_{\text{TC}}) T_{\text{cool}}}{1 + 2\pi R_0 C_w h_f (R_{\text{SUB}} + R_{\text{TC}})} \tag{5.1.25}$$

然后,根据双层模型中 SUB 层径向温度分布,可以获得实际涂层不同径向位置处温度,如 TGO/BC 和 BC/SUB 界面处的温度为

$$T_{\text{TGO/BC}} = T_w + \frac{T_{\text{TC/SUB}} - T_w}{\ln\left(\dfrac{R_0 + h_1 + h_2 + h_3}{R_0}\right)} \ln\left(\frac{R_0 + h_1 + h_2}{R_0}\right) \tag{5.1.26}$$

$$T_{\text{BC/SUB}} = T_w + \frac{T_{\text{TC/SUB}} - T_w}{\ln\left(\dfrac{R_0 + h_1 + h_2 + h_3}{R_0}\right)} \ln\left(\frac{R_0 + h_1}{R_0}\right) \tag{5.1.27}$$

显然,当温度从零应力点升高到运行工况状态时,不同材料交界面上的温度变化 ΔT 是不同的。当燃气入口温度 TIT 和冷却气平均温度 $\bar{T}_{\text{cool}}$ 一定时,TC 的厚度 h_4、热导率 λ_{TC},以及内壁面表面换热系数 h_f 对合金表面温度($T_{\text{TC/SUB}}$)影响最大。

在 5.1.1 小节中,已经给定了应力计算时的基准值,考虑热传导时,进一步给定热传导参数的基准值,如表 5.5 所列。

表 5.5　热传导参数

传热参数	$\lambda_{\text{TC}}/[\text{W} \cdot (\text{m} \cdot \text{K})^{-1}]$	$\lambda_{\text{SUB}}/[\text{W} \cdot (\text{m} \cdot \text{K})^{-1}]$	$h_{f0}/[\text{W} \cdot (\text{m}^2 \cdot \text{K})^{-1}]$	C_w	η_0
参数值	1.0	24.0	3 000.0	7.5	0.8

5.1.3　热传导的参数研究

图 5.4 所示为合金材料表面和内壁温度变化图。从图 5.4 可知合金材料内壁表面传热系数 h_f、TC 层热导率 λ_{TC}、TC 层厚度 h_{TC} 对于合金本体表面和内壁的温度均有较大影响。国产化合金材料 K452 的长期运行温度不高于 950 ℃,即涂层系统和冷却系统的综合作用应使得合金表面(SUB/BC 界面)温度低于 950 ℃。

由图 5.4 (a)可知,当保持 TC 层参数和以其他边界条件为基准值时,为保证合金材料不超许用温度,合金内壁材料的等效表面传热系数应不低于 2 600 W/(m² · K)。由图 5.4(b)可知,当保持边界条件和以 TC 层厚度为基准值时,对 TC 材料的热导率的要求是不高于 1.03 W/(m · K),在实际应用中,APS - YSZ 的热导率一般可以达到要求。虽然热导率会随着高温烧结和相变作用而增大,但由于涡轮叶片的综合冷却效果使 TC 表面的实际温度往往低于所采用的涡轮入口温度基准值,且实际叶片的内壁等效传热系数均较高,因此对热导率的要求可进一步放宽。如图 5.4(c)所示,当保持边界条件和以 TC 层热导率为基准值时,对涂层厚度的要求是不低于 0.14 mm,如果综合冷却系数够大,则可放松对厚度的要求。以上分析表明,高温合金材料的耐温极限对叶片的综合冷却效果、涂层的导热率和厚度等方面有最终限制作用,三者组合必须满足耐温极限要求。

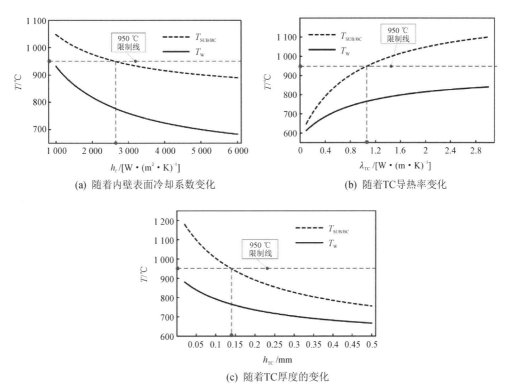

(a) 随着内壁表面冷却系数变化　　　　　(b) 随着TC导热率变化

(c) 随着TC厚度的变化

图 5.4　合金材料表面和内壁温度的变化

5.1.4　室温下残余应力的参数研究

界面开裂是涂层剥落失效的最主要原因,因此本小节重点讨论界面处的径向和周向残余应力,具体为 SUB/BC 界面处 SUB 层、BC/TGO 界面处 BC 层以及 TGO/TC 界面处 TC 层的径向和周向残余应力。

1. TC 材料参数的影响

在对涂层隔热性能进行研究的基础上,使用 5.1.1 小节推导的弹性力学结果对涂层残余应力进行相应的参数研究。首先将 TC 材料的 E、ν、α 定为主要研究的参数,将其他参数和边界条件按基准值取定。根据常见 TC 材料物性参数的取值,确定该 3 个参数的变化范围如下:

$$\begin{cases} 10.0 \text{ GPa} \leqslant E \leqslant 150 \text{ GPa} \\ 0.03 \leqslant \nu \leqslant 0.3 \\ 6.0 \times 10^{-6} \text{ ℃}^{-1} \leqslant \alpha_0 \leqslant 12 \times 10^{-6} \text{ ℃}^{-1} \end{cases} \tag{5.1.28}$$

下面重点对室温下 SUB/BC 界面上 SUB 层、BC/TGO 界面处 BC 层和 TGO/TC 界面处 TC 层的径向和周向残余应力随 TC 材料参数的变化进行讨论。图 5.5

和图 5.6 分别为涂层位于凸面和凹面时各界面处径向和周向应力随 TC 层膨胀系数的变化。由图 5.5(a)可知,当 TC 层膨胀系数较小时,凸面涂层的各界面处径向应力为拉应力,特别是 TGO/TC 和 BC/TGO 界面处径向拉应力接近 10 MPa,接近 TC/BC 界面黏结强度(45 MPa)的 1/4。但随着 TC 层膨胀系数的增大,与合金材料的热膨胀系数更加接近,使热膨胀不匹配得到缓解,应力水平逐渐下降。由图 5.6(a)可知,当涂层喷涂于凹面时,界面处径向应力均为压应力,且应力水平同样随着 TC 膨胀系数的增大而逐渐减小。可见,当涂层在凸面且 TC 膨胀系数较小时,界面处的径向应力相对较大,而处于凹面时界面处径向应力始终为压应力,不会导致涂层失效,通过增大 TC 的膨胀系数可以减小凹面或凸面涂层界面处径向应力。

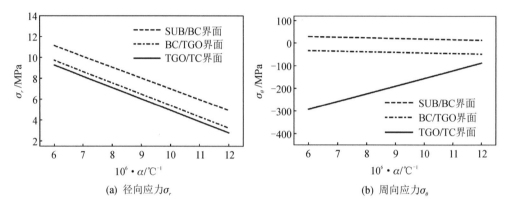

图 5.5 涂层处于凸面时界面处残余应力随 TC 膨胀系数的变化

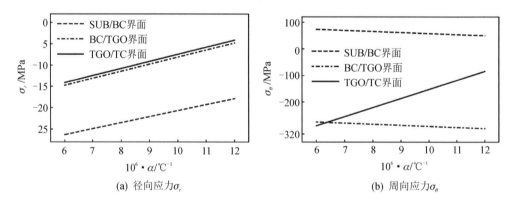

图 5.6 涂层处于凹面时界面处残余应力随 TC 膨胀系数的变化

由图 5.5(b)和图 5.6(b)可知,无论凸面涂层还是凹面涂层,BC/TGO 界面处 BC 层和 TGO/TC 界面处 TC 层的周向应力均为压应力;而 SUB/BC 界面处 SUB 层的周向应力均为拉应力,但远小于合金强度。BC/TGO 界面处周向压应力在凹面时远大于凸面情形,但是由于黏结层材料压缩强度很大,仍小于其压缩强度。而 TGO/TC 界面处 TC 层的周向压应力水平在膨胀系数较小时较大,已接近其压缩强度

300 MPa,但随着 TC 膨胀系数增大,由于与合金本体的热膨胀不匹配减弱,周向压应力水平逐渐减弱。从以上分析可知,无论凸面还是凹面,周向应力对涂层 SUB/BC 和 BC/TGO 界面均不会造成破坏作用,但当 TC 膨胀系数较小时,即热失配效应较大时,TGO/TC 界面处存在周向应力压缩失效的风险,而增大 TC 膨胀系数可减弱热膨胀失配带来的周向压应力。

图 5.7 和图 5.8 分别为涂层沉积于凸面和凹面时界面处径向残余应力随 TC 杨氏模量 E 的变化曲线。由图 5.7(a)可知,当 E 增大时,各界面处径向残余应力呈直线增大,因此将 E 控制在较低水平有利于抑制涂层的剥落。在实际应用中,由于涂层的高温烧结作用使杨氏模量不可避免地会发生强化,如能通过调控喷涂工艺,改善涂层微结构,延缓涂层的烧结速率,将有利于延长涂层的使用寿命。而由图 5.10(a)可知,凹面处各界面处径向残余应力均为压应力,且随 E 增大而增大,但压应力值远小于各材料的压缩强度,可见 E 增大不会对凹曲面上的涂层产生破坏作用。

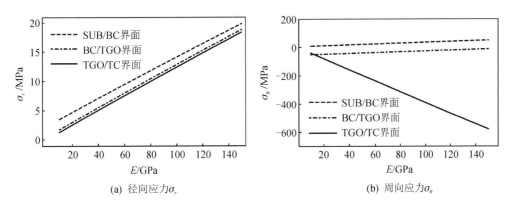

(a) 径向应力σ_r　　　　　　　　　　(b) 周向应力σ_θ

图 5.7　涂层处于凸面时界面处残余应力随 TC 杨氏模量的变化

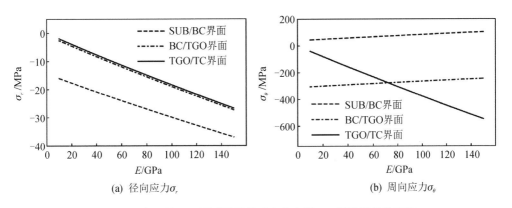

(a) 径向应力σ_r　　　　　　　　　　(b) 周向应力σ_θ

图 5.8　涂层处于凹面时界面处残余应力随 TC 杨氏模量的变化

由图 5.7(b)和图 5.8(b)可知,无论凹面还是凸面,TGO/TC 界面处 TC 层周向残余应力均为压应力,且随 E 增大而迅速增大。当 $E>70$ GPa 时,TGO/TC 界面处周向压应力值超过其压缩强度,即 TC 层在界面处可能发生压缩失效,但在实际应用中由于各层材料蠕变效应的存在,会缓解界面处的残余应力。BC/TGO 界面处 BC 层周向残余压应力在凹面时远大于在凸面时的值,且均随 TC 层 E 增大而略有增大。而 SUB/BC 界面处 SUB 层的周向残余应力在凹凸面条件下的相差不大。

图 5.9 和图 5.10 所示为涂层界面处径向残余应力随 TC 层泊松比的变化曲线。由图 5.9(a) 和图 5.10(a) 可知,径向残余应力值在凹凸面条件下均随泊松比的增大而减小,但在凸面时,径向残余应力为拉应力,而在凹面时为压应力。由图 5.9(b) 和图 5.10(b) 可知,TGO/TC 界面处 TC 层周向残余应力值在凹凸面时均为压应力,而且随着 TC 泊松比增大而减小。但是在 BC/TGO 和 SUB/BC 界面处周向应力随 TC 泊松比的变化非常微小。

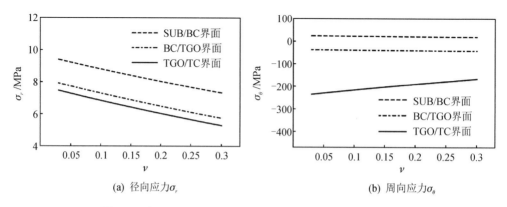

(a) 径向应力σ_r (b) 周向应力σ_θ

图 5.9　涂层处于凸面时界面处残余应力随 TC 泊松比的变化

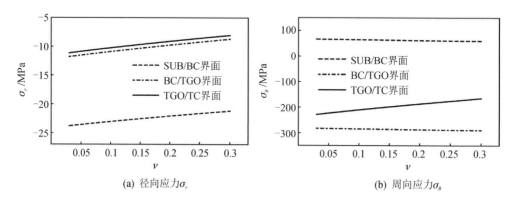

(a) 径向应力σ_r (b) 周向应力σ_θ

图 5.10　涂层处于凹面时界面处残余应力随 TC 泊松比的变化

综上可知,凹凸面结构特点导致涂层界面处径向应力的方向相反,其中凸面时为拉应力,凹面时为压应力;TC 层的膨胀率、杨氏模量、泊松比的变化对于涂层界面处的径向残余应力均有显著影响,且对凹凸面情形具有相同的影响效果。但是对于周向残余应力而言,TC 层材料参数的变化仅对 TGO/TC 界面处 TC 层残余应力具有显著影响,而对 BC/TGO 和 SUB/BC 界面处周向残余应力影响微小。从涂层失效的角度看,增大 TC 膨胀率和泊松比,抑制其杨氏模量的增长,有利于减少界面附近的残余应力水平。

2. BC 材料参数的影响

作为 SUB 和 TC 层中的过渡材料,有必要研究 BC 层材料参数变化对涂层应力的影响。图 5.11 和图 5.12 分别为涂层各界面附近残余应力随 BC 层膨胀系数的变化曲线。可见,BC 层膨胀率的变化对于 SUB/BC 界面处径向残余应力以及 BC/TGO 界面处 BC 层周向残余应力均有较大影响,但对其他界面处的残余应力值影响微小。

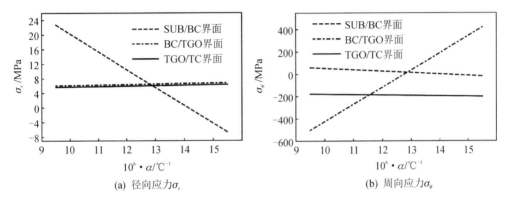

图 5.11　涂层处于凸面时界面处残余应力随 BC 膨胀率的变化

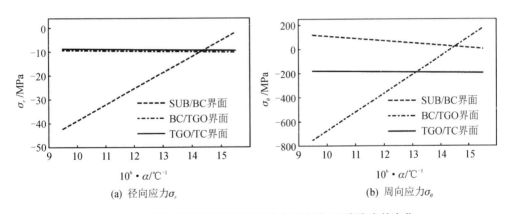

图 5.12　涂层处于凹面时界面处残余应力随 BC 膨胀率的变化

如图 5.11(a) 和图 5.12(a) 所示,随着膨胀率的增大,凸面涂层 SUB/BC 界面处的径向残余拉应力和凹面涂层 SUB/BC 界面处的径向残余压应力值都逐渐下降,可见膨胀率增大减弱了热膨胀不匹配。如图 5.11(b) 和图 5.12(b) 所示,无论凹面还是凸面,BC/TGO 界面处 BC 层周向残余压应力值初期均随膨胀率增大而减小,但达到一定临界值时,残余应力方向都会转化为拉应力,并逐渐增大。在凸面条件下,当BC膨胀率增大到 12.6×10^{-6} ℃$^{-1}$ 时,BC层周向残余应力转变为拉应力;而在凹面条件下,当BC膨胀率增大到 14.1×10^{-6} ℃$^{-1}$ 时,残余应力才转化为拉应力。

图 5.13 和图 5.14 分别为涂层各界面附近残余应力随 BC 层杨氏模量变化的曲线。可见 BC 层杨氏模量对于 SUB/BC 界面处径向残余应力以及 BC/TGO 界面处周向残余应力有较大影响,但是对于其他界面残余应力影响很小。

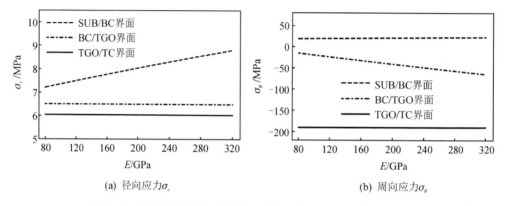

图 5.13　涂层处于凸面时界面处残余应力随 BC 杨氏模量的变化

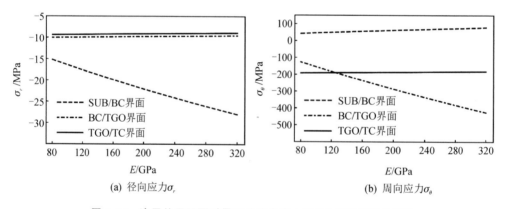

图 5.14　涂层处于凹面时界面处残余应力随 BC 杨氏模量的变化

由图 5.13(a)和图 5.14(a)可知,SUB/BC 界面处 SUB 层径向残余应力无论在凸面还是凹面均随 E 增大而增大,但应力方向相反,且应力值均不足以造成涂层失效。由图 5.13(b)和图 5.14(b)可知,随着 BC 杨氏模量增大,BC/TGO 界面附近 BC 层周向残余压应力逐渐增大,但是在凹面条件下周向残余压应力增大的幅度远大于凸面情形。

综上可知,BC 膨胀系数和杨式模量仅对 SUB/BC 界面处和 BC/TGO 界面处残余应力有显著影响。随着 BC 膨胀系数增大,SUB/BC 界面处径向残余应力逐渐减小,而 BC/TGO 界面处 BC 层周向残余压应力先减小而后转变为拉应力并增大。随着 BC 杨氏模量的增大,SUB/BC 界面处径向残余应力逐渐增大,BC/TGO 界面处 BC 层周向残余压应力也逐渐增大。

3. 几何参数的影响

除了涂层的材料参数对涂层应力有影响以外,涂层本身的厚度以及基体的半径同样会对涂层应力产生影响。本小节基于简化模型对 TC 和 BC 层的厚度以及 SUB 内径对涂层应力的影响进行研究。

图 5.15 和图 5.16 分别为涂层处于凸面和凹面时,各界面处残余应力随 TC 厚度变化的曲线。由图 5.15(a)可知,随着 TC 厚度的增加,各界面处径向残余拉应力几乎以相同的趋势增大,不同界面处径向残余拉应力值相差不大。当 TC 厚度为 0.5 mm 时,TGO/TC 和 BC/TGO 界面处径向残余应力值<19 MPa。考虑该涡轮叶片热障涂层 TC/BC 界面的结合强度约 45 MPa,可知在保持其他参数和边界条件为基准值,TC 的厚度在 0.5 mm 以内时,并不会直接导致凸面涂层的剥落。由图 5.16(a)可知,TC 厚度的增大导致凹面涂层径向残余压应力增大,但均远小于压缩强度,适度的径向压应力有利于保持界面的紧密接触防止界面开裂。

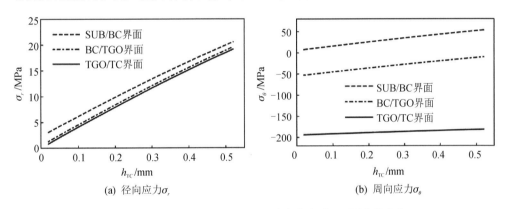

(a) 径向应力σ_r　　　　　　　　　(b) 周向应力σ_θ

图 5.15　涂层处于凸面时界面处残余应力随 TC 厚度的变化

由图 5.15(b)可知,涂层界面处周向残余应力在 TGO/TC 和 BC/TGO 界面处始终为压应力,且随着 TC 厚度增大周向残余压应力在 BC/TGO 界面处逐渐减小,而在 TGO/TC 界面处变化不大;但在 SUB/BC 界面处周向拉应力随着 TC 厚度增大而增大,但小于合金材料的拉伸强度。由图 5.16(b)可知,凹面涂层周向残余应力值在 BC/TGO 界面和 SUB/BC 界面处的值比凸面时更大,但在 TGO/TC 界面处周向残余压应力值与凸面时相差不大。

图 5.17 和图 5.18 分别为涂层处于凸面和凹面时涂层各界面处残余应力随 BC 厚度变化的曲线。由图 5.17(a)可知,BC 厚度的增大导致凸面 SUB/BC 界面处径向残余拉应力增大,而 TGO/BC 和 BC/TGO 界面处径向残余应力则略有降低。由图 5.18(a)可知,BC 厚度增大导凹面 SUB/BC 界面处径向残余压应力增大,而

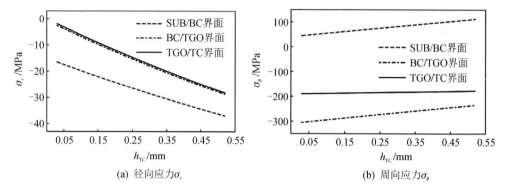

图 5.16 涂层处于凹面时界面处残余应力随 TC 厚度的变化

TGO/BC 和 BC/TGO 界面处径向残余应力几乎保持不变。由图 5.17(b)和图 5.18(b)可知,BC 增厚对于凸面涂层各界面的周向残余应力以及凹面涂层 TGO/TC 界面处残余周向应力几乎没有影响。但是 BC 增厚对凹面涂层的 SUB/BC 界面处周向残余拉应力有增大作用,而对 BC/TGO 界面处周向残余压应力有减小作用。

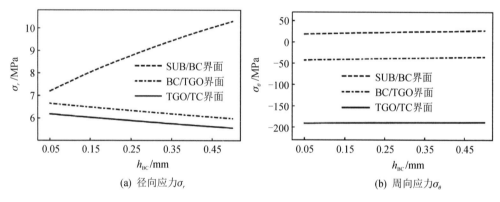

图 5.17 涂层处于凸面时界面处残余应力随 BC 厚度的变化

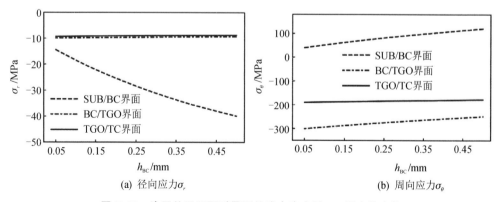

图 5.18 涂层处于凹面时界面处残余应力随 BC 厚度的变化

图 5.19 和图 5.20 分别为涂层处于凸面和凹面时, SUB 半径对涂层界面处残余应力的影响。由图 5.19(a) 和图 5.20(a) 可知, 随着 SUB 半径的增大, 凸面涂层界面处径向残余拉应力和凹面涂层界面处径向残余压应力均迅速减小, 这意味着合金本体曲率越小各界面处的径向残余应力越小。对于高压涡轮第一级导叶而言, 叶片进气边合金本体的曲率半径最小, 残余拉应力相对较大, 而叶背和叶盆处曲率半径较大, 残余拉应力相对较小。由图 5.19(b) 和图 5.20(b) 可知, SUB 半径的变化对于凹凸面上涂层界面处周向残余应力影响微小。

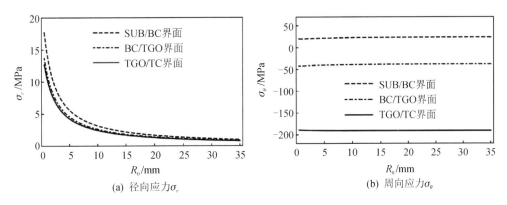

图 5.19　涂层处于凸面时界面处残余应力随 SUB 半径的变化

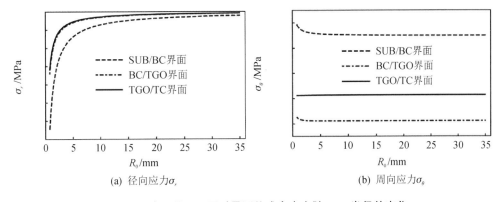

图 5.20　涂层处于凹面时界面处残余应力随 SUB 半径的变化

以上分析表明, TC 和 BC 层几何厚度, SUB 半径对于涂层各界面径向残余应力的影响都非常明显, 而对周向残余应力的影响较弱。随着 TC 增厚, 凸面涂层各界面处径向残余拉应力均增大, 凹面涂层径向残余压应力也增大。随着 BC 增厚, 凹凸面涂层的 SUB/BC 界面处径向残余应力均增大, 但在凸面为拉应力, 在凹面为压应力。SUB 半径的增大可导致径向残余应力值迅速减小。

4. TGO 层增厚的影响

高温运行时，从 BC 层向外扩散的 Al^{3+} 与从燃气侧扩散来的 O^{2-} 发生氧化反应会在 TC 和 BC 之间生成 Al_2O_3，TGO 层厚度随工作时间累积会逐渐增厚。图 5.21 和图 5.22 分别为涂层处于凸面和凹面时，涂层界面处残余应力随 TGO 厚度变化的曲线。

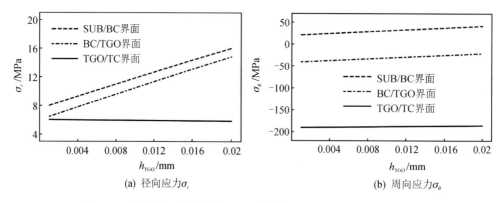

图 5.21　涂层处于凸面时界面处残余应力随 TGO 厚度的变化曲线

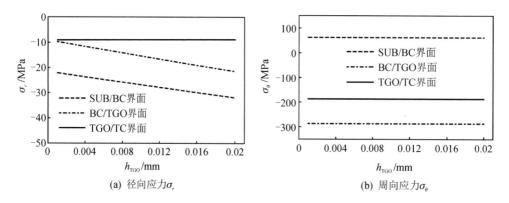

图 5.22　涂层处于凹面时界面处残余应力随 TGO 厚度的变化曲线

由图 5.21(a) 和图 5.22(a) 可知，TGO 厚度增大对凸面及凹面涂层 TGO/TC 界面处的径向残余应力几乎没有影响，但使得 BC/TGO 和 SUB/BC 界面处径向残余应力在凸面时拉应力增大，在凹面时压应力增大。一般而言，TGO 厚度小于 $10~\mu m$，但即使在简化模型中没有考虑界面粗糙度，当 TGO 厚度为 $10~\mu m$ 时，BC/TGO 界面处径向残余应力也从 5 MPa 增大到 10 MPa 左右。由于此时 SUB 半径取值为 $R_0 = 3~mm$，该应力值代表的是无粗糙度时进气边附近界面理想结合时的应力，若考虑粗糙界面波峰处波幅为 $10~\mu m$，并以此作为 SUB 的半径，则 TGO 厚度为 $10~\mu m$ 时，BC/TC 界面处径向残余应力值就会超过 45 MPa，在该应力作用下可能导致波峰位置处界面开裂。可见,若选用氧化速率低的 BC 层对于减小 TGO 增厚速率,延缓剥落界面开裂和提高涂层寿命有重要意义。由图 5.21(b)和图 5.22(b)可知,TGO 增厚可使凸面涂层的 BC/TGO 界面处周向残余压应力减弱,SUB/BC 界面处周向残余拉应力增强。但在凹面时,TGO 增厚对各界面处周向残余应力几乎没有影响。

5. 零应力温度的影响

热障涂层在喷涂过程中由于淬火作用会产生残余应力,该应力在系统处于某一等效温度时涂层系统处于零应力状态,该等效温度与喷涂工艺有密切关系。图 5.23 和图 5.24 所示分别为凸面和凹面涂层界面处残余应力随不同零应力温度变化的曲线。

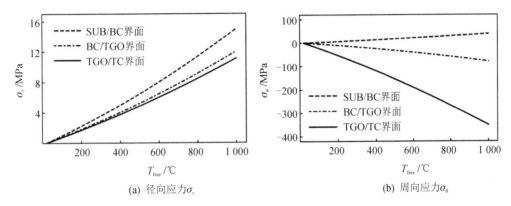

图 5.23　涂层处于凸面时界面处残余应力随零应力温度的变化曲线

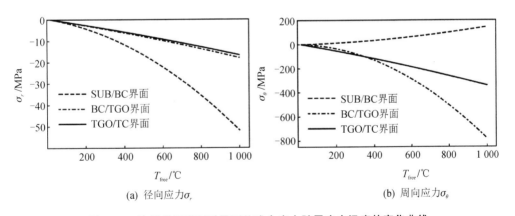

图 5.24　涂层处于凹面时界面处残余应力随零应力温度的变化曲线

如图 5.23(a)和图 5.24(a)所示,随着零应力温度的升高,凸面涂层界面处径向残余拉应力增大,而凹面涂层径向残余压应力也增大。从增大的速率来看,无论凹面还是凸面,SUB/BC 界面处径向残余应力增大的速率都更快。由图 5.23(b)和图 5.24(b)可知,无论凸面还是凹面,涂层在 TGO/TC 和 BC/TGO 界面处周向残余压应力都有显著增大,当零应力温度高于 800 ℃时,凸面涂层 TGO/TC 界面处 TC 的残余压应力数值将超过压缩强度(300 MPa),可能引起材料破坏;当零应力温度高于 600 ℃时,凹面涂层 TGO/TC 界面处残余压应力数值就将超过压缩强度,同样可能引起材料破坏。因此零应力温度强烈影响 TC/BC 界面处残余应力,零应力温度过高可能带来界面附近材料压应力破坏。

5.1.5 高温热应力

由于热膨胀系数的不匹配,涂层内部即使在统一温度场下也存在热应力。本小节研究均匀和非均匀温度场条件下涂层的热应力。

1. 均匀温度场

图 5.25 和图 5.26 分别为凸面和凹面涂层热应力随均匀温度场变化的曲线。其中 600 ℃为指定的基准零应力温度。当涂层系统的温度高于基准零应力温度 600 ℃时,由于热膨胀不匹配,系统内部会形成热应力。由图 5.25(a)和图 5.26(a)可知,当系统的均匀温度场从 600 ℃逐渐升高时,凸面涂层的各界面处径向热应力均为压应力且逐渐增大,而凹面涂层各界面处径向热应力为拉应力,也逐渐增大,无论凸面还是凹面,SUB/BC 界面处径向残余应力值增大都最为显著。由图 5.25(b)和图 5.26(b)可知,随着均匀温度场温度值的增大,TC 表面,TGO/TC 界面、BC/TGO 界面处热应力均有显著增大,当均匀温度场达到 1 250 ℃时,凸面涂层 TC 表面的周向热应力接近 120 MPa;凹面涂层 TC 表面周向热应力接近 100 MPa,在高表面周向热应力作用下,TC 层可能形成垂直于 TC/TGO 界面的表面裂纹(龟裂)。

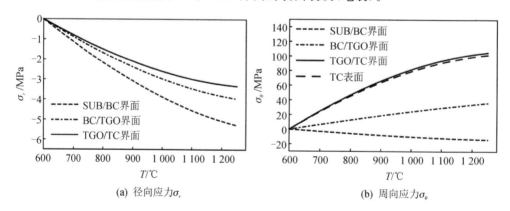

(a) 径向应力σ_r (b) 周向应力σ_θ

图 5.25　涂层处于凸面时界面处残余应力随均匀温度场的变化曲线

2. 不均匀温度场

当温度场不均匀时,由于热膨胀系数的差异,热障涂层内部同样会产生热应力,

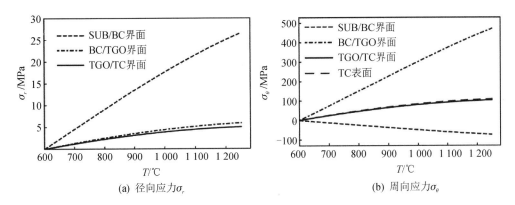

(a) 径向应力 σ_r　　　　　　　　　　(b) 周向应力 σ_θ

图 5.26　涂层处于凹面时界面处残余应力随均匀温度场的变化曲线

尤其是随着 h_{TC} 层增厚，不仅涂层内温度场发生变化，涂层的几何参数也发生了变化。图 5.27 和图 5.28 分别为凸面和凹面涂层界面处热应力随在不同 TC 厚度对应的不均匀温度场作用下的变化曲线。

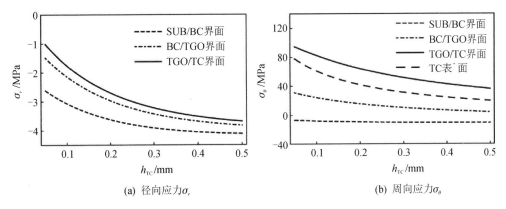

(a) 径向应力 σ_r　　　　　　　　　　(b) 周向应力 σ_θ

图 5.27　涂层处于凸面时界面处残余应力随不均匀温度场的变化曲线

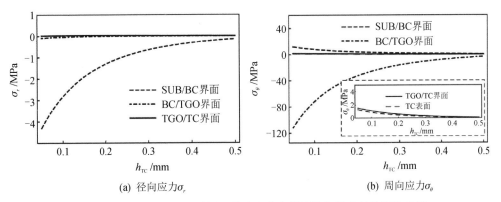

(a) 径向应力 σ_r　　　　　　　　　　(b) 周向应力 σ_θ

图 5.28　涂层处于凹面时界面处残余应力随不均匀温度场的变化曲线

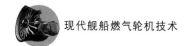

由图 5.27(a)和图 5.28(a)可知,凸面涂层界面处的径向热应力为压应力,且随 h_{TC} 增大而增大,但是应力值均不大(<7 MPa);而凹面涂层界面处的径向热应力随 h_{TC} 增大而减小。由图 5.27(b)和图 5.28(b)可知,在不均匀温度场作用下,周向热应力均随 h_{TC} 增大而减小。在凸面涂层条件时,当 h_{TC} 较小时,TGO/TC 界面和 TC 表面的周向热应力均较大,易形成与界面垂直的表面裂纹,而通过增厚 h_{TC} 可使 TC 层内的周向热应力减弱,可抑制不均匀温度场条件下表面裂纹的萌生。这是由于 h_{TC} 增厚可以降低 SUB 的平均温度,并相对增大 TC 层平均温度,这使 SUB 和 TC 之间热膨胀失配作用减弱。

本节建立了涡轮叶片热障涂层热传导与应力计算的理论分析模型,对涂层材料、几何、工艺控制等参数对涂层传热和应力的影响进行了研究。

TC 层的膨胀率、杨氏模量、泊松比的变化对于涂层界面处的径向残余应力均有显著影响。随着 TC 增厚,凸面涂层各界面处径向残余拉应力均增大,而凹面涂层径向压应力也均增大。BC 膨胀系数和杨氏模量仅对 SUB/BC 界面处 SUB 层应力以及 BC/TGO 界面处 BC 层应力有显著影响。随着 BC 增厚,无论凸面涂层的 SUB/BC 界面处的径向拉应力,还是凹面涂层的 SUB/BC 界面处径向压应力都增大。SUB 半径增大可导致径向残余应力值迅速减少。TGO 厚度增大主要影响 BC/TGO 界面的径向应力,而对周向应力和其他界面处的应力影响不大。零应力温度强烈影响 TGO/TC 和 BC/TGO 界面处残余应力。当 h_{TC} 较小时,TGO/TC 界面和 TC 表面的周向热应力均较大,而通过增厚 h_{TC} 可使 TC 层内的周向热应力减弱。涂层材料和几何参数对传热和应力的影响规律,对于涂层的设计选型有一定的指导意义。

5.2 热障涂层材料性能演化实验

在燃气轮机工作过程中,由于气膜孔冷气射流、高温辐射以及涂层表面粗糙度等综合影响,涡轮叶片热障涂层处于复杂的不均匀温度场作用之下,而在高温运行时间累积作用下,涂层的材料性能却会逐渐发生改变,如 YSZ 材料的烧结和黏结层氧化导致的 TGO 增厚等,在材料种类一定的情况下,不同的工艺制备参数、环境温度、时间因素等均会对材料性能的变化产生影响。

涡轮导叶热障涂层采用 APS 制备,在制备过程中,熔融微粒撞击基体并扁平化贴于基体表面,喷涂后涂层结构体现出一种片状层叠结构,在同一层扁平粒子之间以及不同的层扁平粒子间往往存在孔隙和微裂纹。这种微观结构对热障涂层的热学性能以及力学性能有重要影响。但是在高温累积时间作用下,扁平粒子之间以及不同层间的扁平粒子之间的孔隙和微裂纹会由于高温烧结作用慢慢缩小,甚至是相邻扁平粒子完全接触使孔隙和微裂纹消失。烧结作用包括表面扩散和晶界扩散,表面扩散导致扁平层叠粒子之间的接触表面增加和微裂纹的愈合,晶界扩散使相邻晶粒融为一体,即晶粒尺寸增大。此外,随着高温时间累积,BC 层不断氧化,使 TGO 发生热生长作用。

燃气轮机在稳定工况运行条件下,涡轮叶片一直处于高温状态,随着运行时间的累积,热障涂层必然会发生烧结和 TGO 热生长作用,并由此带来微观结构和力学性能的变化。而在燃气轮机运行条件下,涡轮叶片经受的不均匀温度场作用,使涂层不同部位的材料点虽然经历了相同的工作时间,但承受了不同的温度载荷,造成烧结和氧化层热生长的最终状态也不相同。

为了获取某型船用燃机涡轮导叶涂层 TGO 热生长增厚和 TC 杨氏模量烧结强化的演化规律,为后续涂层应力场研究提供更加符合实际的材料性能参数,本节对该涡轮导叶涂层进行了烧结氧化实验,以确定涂层温度及与时间相关的材料性能演化规律。

5.2.1　实验样品

采用与实际涡轮导叶涂层相同的材料、制备工艺和制备设备,将涂层制备于 80 mm×25 mm×1.5 mm(长×宽×厚)的 GH3039 高温镍基合金表面,如图 5.29 所示。

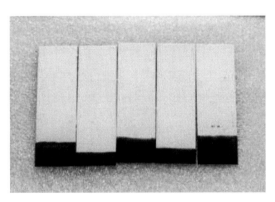

图 5.29　带涂层的试样片

5.2.2　样品热处理和金相处理

考虑后期的金相观测和纳米压痕仪测试要求,采用带金刚石锯片的低速精密切割机(标乐 ISOMET 1000)将涂层试片切割为约 10 mm×10 mm(长×宽)的颗粒试样,以减少切割过程对涂层的破坏,设备如图 5.30 所示。

考虑某型燃气轮机导叶涂层 1.0 工况运行时,实际叶片涂层的温度呈场分布特性,最高温度约 1 000 ℃左右,而且当温度低于 800 ℃时,氧化和烧结作用均很弱。

因此将切割后的试样分组,利用实验高温炉(见图5.31)分别在800 ℃、900 ℃、1 000 ℃温度条件下,对涂层进行烧结氧化实验,实验条件矩阵如表5.6所列。

图 5.30　金刚石低速精密切割试样

图 5.31　高温炉热处理

表 5.6　实验条件矩阵

温度/℃	5 h	15 h	90 h	250 h
800	▲	▲	▲	▲
900	▲	▲	▲	▲
1 000	▲	▲	▲	▲

注：▲表示进行了该项实验。

5.2.3　样品金相处理

高温热处理结束以后,对样品进行金相处理,如下:

图 5.32　真空镶嵌机

① 对样品进行超声波清洗,去除样品表面的污渍。

② 对样品进行镶嵌,以支撑涂层和样品。考虑涂层多孔和脆性特点,不适用于热固性镶嵌材料进行镶嵌,而是采用冷镶处理,镶嵌材料为亚克力粉末和固化剂,在真空镶嵌机中进行抽真空处理以减少气泡,如图5.32所示。

③ 将镶嵌好的样品进行粗磨、精磨、粗抛、精抛。其中粗磨时先用280目,再用400目砂

纸进行打磨;精磨时先用 800 目,再用 1 200 目砂纸进行打磨。粗抛时用短绒呢料抛光布和 2.5 μm 抛光剂抛光,精磨时采用丝绸抛光布和 0.5 μm 抛光剂抛光,至无划痕,显微镜下金相组织清晰为止,如图 5.33 所示。

图 5.33　双盘磨抛机及部分冷镶抛光后的样品

样品最终通过 3 目金相显微镜进行金相图片采集,并由配套金相软件进行测量,如图 5.34 所示。

图 5.34　金相显微镜

5.2.4　表面粗糙度和界面不平度

根据 GB/T 1031—2009,采用轮廓法来评定涂层的粗糙度和界面的不平度,如图 5.35 所示。其中,选用轮廓的算术平均偏差作为表面粗糙度参数,且考虑界面处的应力集中和裂纹萌发。除 Ra 外还增加轮廓的最大高度 Rz 作为涂层和界面的表面粗糙度参数。一般而言,APS 制备的 TC 层,其表面粗糙度一般在 10 μm 以内。按照标准 GB/T 1031—2009,当 Ra 处于 2～10 μm 区间时,确定 Ra 的取样长度为

2.5 mm,当 Rz 处于 $10\sim50~\mu\mathrm{m}$ 区间时,确定 Rz 的取样长度也为 2.5 mm。

$$Ra = \frac{1}{L}\int_0^l |Z(x)|\,\mathrm{d}x \tag{5.2.1}$$

$$Rz = \max(|Z_i|) \tag{5.2.2}$$

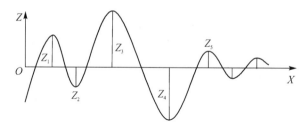

图 5.35 剖面粗糙度示意图

本书对表面粗糙度参数 Ra 和 TC/BC 界面不平度参数 Rz 的确定主要依据样品的金相图测量结果。金相观测时,200 倍金相图片的取样长度约 0.55 mm,取典型的 5 副金相图分别测量表面粗糙度参数 Ra 以及 TC/BC 界面的粗糙度参数 Ra 和 Rz,此时相当于总取样长度 2.75 mm,符合标准规定;然后根据式(5.2.1)和式(5.2.2)来最终确定粗糙度参数,典型表面和界面粗糙度金相图如图 5.36 所示。

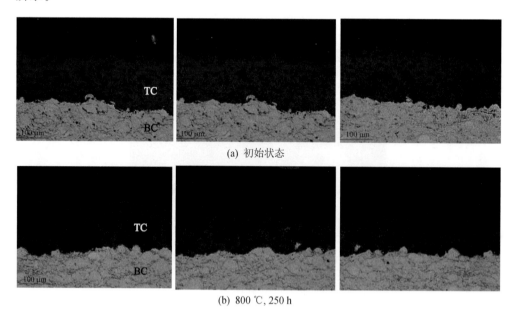

(a) 初始状态

(b) 800 ℃, 250 h

图 5.36 不同温度作用下的粗糙度

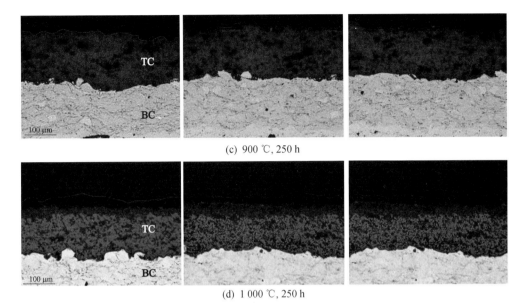

(c) 900 ℃, 250 h

(d) 1 000 ℃, 250 h

图 5.36　不同温度作用下的粗糙度(续)

粗糙度的计算过程具体分为以下 3 步：

① 设立如图 5.37 所示的 $X-Z$ 坐标系,计算粗糙剖面曲线相对于 X 轴的曲线下总面积,即各个小梯形的面积之和。

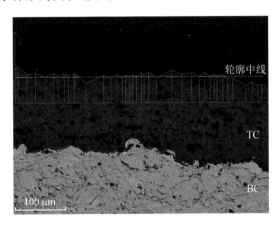

图 5.37　粗糙度计算示意图

② 将总面积除以总长度 L,得到平均高度,此即确立为轮廓中线。

③ 以轮廓中线为横坐标,利用式(5.2.1)离散化计算粗糙度 Ra,即用粗糙剖面曲线相对于轮廓中线的曲线下总面积除以总长 L 得到,Rz 利用式(5.2.2)计算。对表 5.6 所列的典型实验条件下的涂层表面粗糙度和界面不平度,各取 5 副金相图进行了测算,将 5 副图测算结果的平均值作为最终粗糙度,如表 5.7 和表 5.8 所列。

表 5.7　不同实验条件下 TC 表面粗糙度

温度/℃	$Ra/\mu m$,0 h	$Ra/\mu m$,90 h	$Ra/\mu m$,250 h
室温(25 ℃)	9.06	—	—
800	—	7.13	6.35
900	—	6.05	5.84
1 000	—	5.38	4.45

表 5.8　不同实验条件下 TC/BC 界面粗糙度

温度/℃	0 h		90 h		250 h	
	$Ra/\mu m$	$Rz/\mu m$	$Ra/\mu m$	$Rz/\mu m$	$Ra/\mu m$	$Rz/\mu m$
室温(25 ℃)	11.80	27.1	—	—	—	—
800	—	—	7.28	16.66	10.37	29.35
900	—	—	7.79	20.82	8.46	20.43
1 000	—	—	7.93	20.65	7.63	24.46

由表 5.7 可知,初始状态时,涂层的平均表面粗糙度为 9.06 μm,当经历 800 ℃、900 ℃、1 000 ℃高温烧结氧化作用之后,表面粗糙度均随作用时间的增大而有一定程度的下降。相同时间下,温度越高表面粗糙度下降越大,如 1 000 ℃条件下,作用 250 h 之后,粗糙度下降了 4.61 μm。粗糙度下降的主要原因是陶瓷面层在高温时间累积作用下发生了烧结作用,使层叠颗粒间结合更加紧密,晶界间的扩散作用,使晶粒融合增大,同时陶瓷层的部分微孔隙和微裂纹也会部分愈合。如图 5.38 所示,在 1 000 ℃,250 h 作用下,TC 层的表层附近可以见到明显的烧结薄层,其厚度约为 20 μm。关于烧结的扫描电镜图也揭示了 TC 微观结构的变化,如图 5.39 所示。虽然由于烧结导致 TC 表面的粗糙度下降,但在实际燃气轮机工作过程中,由于表面沉积物、高温腐蚀、粒子冲击等综合作用的影响,会导致表面粗糙度逐渐增大。

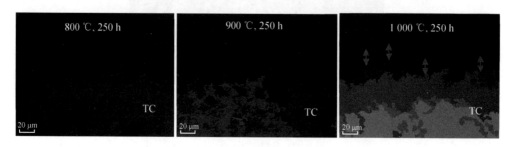

图 5.38　250 h 后不同温度条件下 TC 烧结作用

由表 5.8 可知,不同温度,90 h 高温烧结作用后,界面处 Ra 和 Rz 比初始状态略有下降,且 Ra 值均位于 7～8 μm 之间,Rz 位于 16～21 μm 之间。但是当温度为

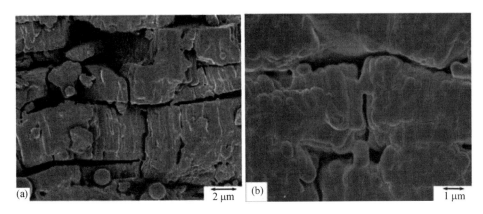

图 5.39　烧结前后涂层扫描电镜图

800 ℃和 900 ℃,作用时间增加到 250 h 后,界面处 Ra 略有升高;而 1 000 ℃,作用时间 250 h 之后,Ra 却略有下降,这是高温累积时间作用下涂层微观结构的变化结果。涡轮叶片涂层的高温区域温度约 1 000 ℃左右,因此对应到 900 ℃和 1 000 ℃实验结果可知,当取样长度为 0.55 mm 时,界面处 Ra 处于 7.6~8.5 μm 之间,Rz 处于 20.4~24.5 μm 之间。

5.2.5　TGO 厚度变化和增厚模型

　　随着高温时间累积,在 TC/BC 界面处 BC 层逐渐氧化,导致 TGO 厚度的增加。根据不同的实验条件,通过测量界面附近金相图,可以粗略得到不同高温累计时间条件下 TGO 层的厚度,典型 TGO 层金相图如图 5.40 所示,可见温度越高,相同时间下 TGO 层越厚。

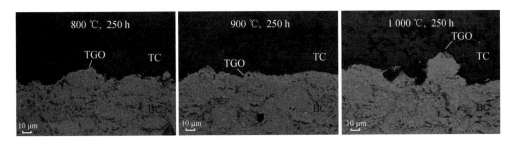

图 5.40　250 h 后不同温度条件下 TGO 金相图

　　实验条件下基于金相图测厚得到的 TGO 厚度如表 5.9 所列,从表中可知,初始状态下 TGO 厚度达到 0.8 μm,这是喷涂过程中以及喷涂结束后的两个工艺热处理阶段总的氧化作用的结果。在实验条件下,TGO 厚度增长在 800 ℃和 900 ℃时相对缓慢,而在 1 000 ℃条件下增厚明显,当累积时间 250 h 时,TGO 厚度达 4.3 μm。此外,前 90 h 内的 TGO 增厚速率要比 90~250 h 内的增厚速率更大。

表 5.9　不同实验条件下 TGO 平均厚度

温度/℃	$h_{\text{TGO}}/\mu\text{m}, 0\ \text{h}$	$h_{\text{TGO}}/\mu\text{m}, 15\ \text{h}$	$h_{\text{TGO}}/\mu\text{m}, 90\ \text{h}$	$h_{\text{TGO}}/\mu\text{m}, 250\ \text{h}$
800	0.8	1.1	1.5	2.1
900	0.8	1.4	2.2	3.2
1 000	0.8	1.9	2.9	4.3

考虑实际涡轮叶片在工况运行状态下温度呈场分布特点，随着工作时间的累积，不同材料点因温度不同会有不同的氧化速率。因此，为了模拟高温运行时间累积作用下叶片不同部位的 TGO 增厚量，须在实验数据的基础上，拟合出适合于该导叶涂层且与温度和时间相关的 TGO 增厚通用函数，以应用于有限元分析中 TGO 增厚的数值模拟。TGO 增厚量的拟合函数模型为

$$h = kt^n \tag{5.2.3}$$

$$k = 10^{\left(\frac{A}{T}+B\right)} \tag{5.2.4}$$

式中：h 为 TGO 层厚度，μm；t 为时间，取小时数；n 为常数；k 为 TGO 增厚因子，其数值大小由式（5.2.4）确定，其中 T 取摄氏温度值；A、B、n 的取值可通过数据拟合得到。考虑到 TGO 初始厚度为 0.8 μm，将式（5.2.3）改写为

$$h = kt^n + 0.8 \tag{5.2.5}$$

拟合后参数取值分别为 $A = -1\ 720$、$B = 1.149$、$n = 0.46$，即 TGO 热生长增厚的时间、温度相关的函数为

$$h = 10^{\left(\frac{-1\ 720}{T}+1.149\right)} t^{0.46} + 0.8 \tag{5.2.6}$$

需要注意的是，式中温度 T 取摄氏温度数值，时间 t 取小时数值，均不代入单位。热生长模型计算值与实验值的对比如图 5.41 所示，可见模型预测值与实验值均较为吻合，最大误差为 0.2 μm，此时相对误差为 6.7%，出现在 900 ℃，250 h 作用后，如图 5.41（b）所示。可见该模型可以较好地预测 TGO 热生长厚度。

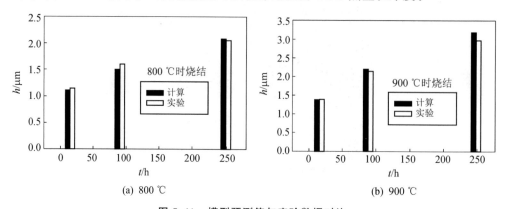

(a) 800 ℃　　　　　　　　　　　　　(b) 900 ℃

图 5.41　模型预测值与实验数据对比

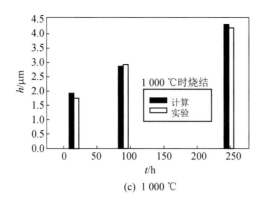

(c) 1 000 ℃

图 5.41　模型预测值与实验数据对比(续)

最后,由式(5.2.5)可知 TGO 增厚速率为

$$\dot{h} = \frac{\mathrm{D}h}{\mathrm{D}t} = knt^{n-1} = kn\left[\left(\frac{h}{k}\right)^{\frac{1}{n}}\right]^{n-1} = kn\left(\frac{h}{k}\right)^{1-\frac{1}{n}} \tag{5.2.7}$$

当材料点的温度一定时,由式(5.2.4)可知 k 为定值,又因为 $n<1$,所以 TGO 厚度 h 越大,TGO 增厚的速率 $\dot{h}$ 越小。

5.2.6　TC 层相结构的变化

不同的晶体结构可产生不同的 X 射线衍射信号,因此可以通过衍射图谱来辨别材料的物相变化。利用华中科技大学分析测试中心的 X 射线衍射仪(荷兰帕纳科公司产品,型号 Empyrean,Cu 靶)对 1 000 ℃、250 h 作用后的涂层,以及初始状态的涂层进行了 XRD 测试。采用扫描角 10°~90°,管压 40 kV,管流 40 mA,测量结果如图 5.42

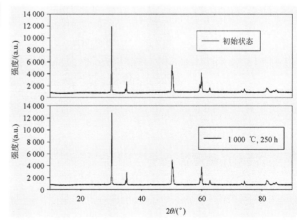

图 5.42　XRD 图谱对比

所示。由图谱可知,物相成分在热处理前后几乎没有变化,由此可知,在本书的热处理实验过程中,ZrO_2 晶体几乎没有发生晶相结构的变化。因此,对于采用该工艺涂层的某船用燃气轮机而言,在其 1.0 工况条件下,涂层局部高温区域的温度也约为 1 000 ℃,可以推知涡轮叶片涂层在高温累积时间作用下(250 h)发生相变的可能性很低或者速度极其缓慢。但是考虑到海洋环境的盐分特点,以及燃料中杂质的影响,TC 层相变速率比实验条件下要高。

5.2.7　烧结导致的涂层杨氏模量的变化

高温累积时间作用下,由于微裂纹愈合、晶粒融合增大、孔隙率下降等综合作用的影响,涂层逐渐致密化,并导致涂层力学性能发生相应变化。对于前期高温累积时间作用下的涂层实验样品,采用纳米压痕仪对不同温度下,对受到不同作用时间的样品的 TC 层和 BC 层进行压痕测试,压痕位置为样品厚度剖面。纳米压痕测试作为一种微损检测手段,在检测薄层材料性能方面有重要应用。它应用压头的“载荷-位移”曲线来计算材料的硬度和杨氏模量。此次对实验样品进行纳米压痕测试的设备型号为安捷伦 G200,采用恒应变速率加载,对于薄层材料应采用比固体块状材料更小的压入深度,测试过程采用最大压入深度 350～550 μm,压头形状为 Berkovich 形(金字塔形),材料为金刚石($E=1$ 140 GP,$\nu=0.07$),压痕仪如图 5.43 所示。

图 5.43　压痕仪

1. 纳米压痕测试原理

纳米压痕测试基于 Hertz 理论,由于压痕接触面积小,应力集中于接触面积内,通过加载和卸载过程的“载荷-位移”曲线,结合接触深度、接触刚度和面积、压头材料属性等计算被测材料的杨氏模量或硬度。为了排除非线性应变的影响,应选取曲线顶部附近范围内的卸载曲线来计算接触刚度和接触深度。典型的“载荷-位移”曲线

如图 5.44 所示,相关计算公式如下:

$$P = f(h) \tag{5.2.8}$$

$$S = \frac{\mathrm{d}P}{\mathrm{d}h} \tag{5.2.9}$$

$$E_r = \frac{\sqrt{\pi}}{2} \frac{S}{\sqrt{A}} \tag{5.2.10}$$

$$A = 24.5 h_c^2 \tag{5.2.11}$$

$$h_c = h_{max} - h_s \tag{5.2.12}$$

$$h_s = \epsilon \frac{P_{max}}{S} \tag{5.2.13}$$

$$\frac{1}{E_r} = \frac{1 - \nu^2}{E} + \frac{1 - \nu_i^2}{E_i} \tag{5.2.14}$$

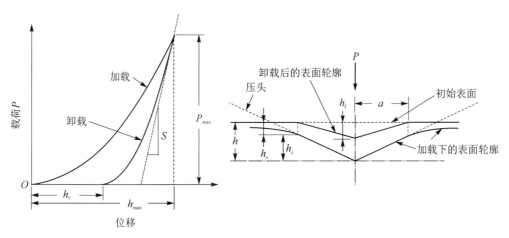

图 5.44　载荷-位移曲线

式中:P 为载荷;h 为压头弹性位移;S 为接触刚度;E_r 为复合杨氏模量;A 为投影面积;h_c、h_{max}、h_s 分别为接触深度、最大压痕深度、接触面周边的位移;P_{max} 为最大载荷;ϵ 为几何常数,对于 Berkovich 压头取 0.75;E、E_i 分别为压头和样品的杨氏模量;ν、ν_i 分别为压头和样品的泊松比。其中式(5.2.8)通常采用以下形式拟合:

$$P = B(h - h_f)^m \tag{5.2.15}$$

式中:B、m 为拟合常数,可通过靠近最高点附近的卸载段数据拟合得到;$h - h_f$ 为卸载过程弹性位移,h_f 为卸载完成后残余的非弹性位移。

2. 纳米压痕测试结果

测试过程在室温下进行(≈ 20 ℃),每个样品进行不少于 8 次的打点测量,其平均值作为该样品的最终结果。不同实验条件下的样品测试结果如表 5.10 所列。

表 5.10 不同实验条件下 TC 杨氏模量

高温累积时间/h	$E/\text{GPa},800\ ℃$	$E/\text{GPa},900\ ℃$	$E/\text{GPa},1\,000\ ℃$
0	81±9	81±9	81±9
15	85±9	87±10	91±11
90	96±12	105±14	114±15
250	103±13	112±17	122±20

可见,初始条件下杨氏模量约为 81 GPa,这与相关文献给出的 70～90 GPa 较为接近。不同文献给出的室温下杨氏模量初始值差异较大的原因:一是在于制备过程中的工艺参数和粉末原料的差异,二是制备后的热稳定过程不同。如本小节所采用的涂层,在喷涂结束后,涡轮叶片还分别进行了 1 050 ℃时效扩散和 870 ℃的基体强化热处理,由于涂层烧结在早期发展迅速,杨氏模量增长较大,因此该导叶涂层的初始杨氏模量高于实验室条件下制备的"新鲜"涂层。

从表 5.10 可以看出,在同一温度下杨氏模量随累积时间增加而增大,且前期增大速率快于后期;而在相同累积时间作用下,温度越高杨氏模量增加越大。可见,烧结导致的杨氏模量的增大与温度和作用时间都相关。

3. 温度时间相关的数据拟合

对相同温度下杨氏模量随高温累积时间烧结强化的数据分别进行拟合,拟合函数形式为 $f=y_0+a[1-\exp(-bx)]$,拟合结果如图 5.45 所示,各参数如表 5.11 所列。

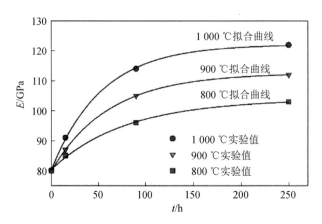

图 5.45 不同温度下杨氏模量烧结强化曲线

表 5.11   拟合参数取值

$T/℃$	a	b	y_0
800	41.923 2	0.018 6	80.309 1
900	32.583 7	0.016 2	79.988 7
1 000	0.012 5	23.547 2	80.396 0

由图 5.45 可知,杨氏模量烧结过程大体可分为两个阶段,在初期 0~100 h 内较快,在 100 h 后逐渐趋于稳定,这是由于涂层早期烧结主要发生涂层内部扁平颗粒间的扩散作用,使颗粒间结合强度增大,从而杨氏模量增长迅速;但在 100 h 之后,则主要发生微裂纹面之间的扩散愈合作用,以及微孔隙的减小等,这个过程进展较缓慢且对杨氏模量的强化作用较弱。图 5.46 所示为距表面不同距离处杨氏模量烧结强化曲线。

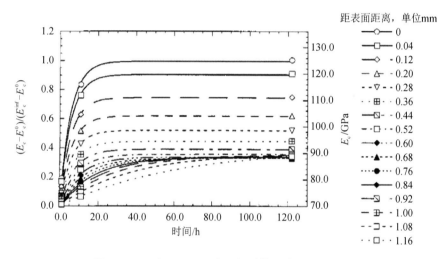

图 5.46   距表面不同距离处杨氏模量烧结强化曲线

为了实现数值方法模拟杨氏模量的烧结强化,我们还须将测得的杨氏模量结果以时间和温度为变量进行拟合,并获得拟合函数。Arrhenius 方程常用来描述温度相关的固态反应动力学,可将其应用于温度、时间相关的涂层烧结数据的拟合。根据实验所得数据,也借助 Arrhenius 方程来拟合涡轮导叶涂层在前期 100 h 内温度、时间相关的烧结过程,而在 100 h 之后,由于 E 增长程度有限,且限定了最终烧结状态 E_f,因此 100 h 之后的结果可由前 100 h 内的拟合函数外插得到。

$$k = Z\exp\left(-\frac{Q}{R'T}\right) \qquad (5.2.16)$$

$$\ln\frac{k}{Z} = \left(\frac{-Q}{R'}\right)\frac{1}{T} \qquad (5.2.17)$$

$$\omega = 1 - \frac{E - E_0}{E_f - E_0} \tag{5.2.18}$$

式(5.2.16)即为 Arrhenius 方程,式(5.2.17)为其对数形式,k 为频率因子,不同温度下具有不同的取值,同一温度下为常数,单位 h^{-1};T 为烧结温度,单位℃;Z 为烧结因子,单位 h^{-1};Q 为激活能,单位 J/mol;考虑公式应用范围在 0 ℃ 以上,为使用方便,以 0 ℃ 为温度计算基准,为保持单位统一,$R' = 8.314$ J/(mol·℃)为通用气体常数 $R = 8.314$ J/(mol·K)转化为摄氏温度时的表示;ω 为未烧结比;E_0、E_f、E 分别为初始状态、烧结最终态和当前状态的杨氏模量。根据样品测试结果,取实验的初始值 $E_0 = 81$ GPa,由于该涂层在该燃机 1.0 工况运行时的最高温度约为 1 000 ℃,而且在 250 h 时烧结基本达到稳态,因此取 $E_f = 122$ GPa。将表 5.10 中的 100 h 之前的实验数据转化为未烧结比,如表 5.12 所列。

表 5.12　不同实验条件下 TC 未烧结比 ω

t/h	ω(800 ℃)	ω(900 ℃)	ω(1 000 ℃)
0	1	1	1
15	0.902 4	0.853 7	0.756 1
90	0.634 1	0.414 6	0.195 1

将表 5.12 中未烧结比的倒数 $1/\omega$ 以散点图形式给出,并以 $1/\omega = kt + 1$ 的直线方程形式进行拟合,如图 5.47 所示,可见各数据点较好地符合了该直线拟合形式。符合该直线形式拟合时,则对应二次反应率方程,各拟合直线的斜率即为不同温度条件下的频率因子 k,如表 5.13 所列。

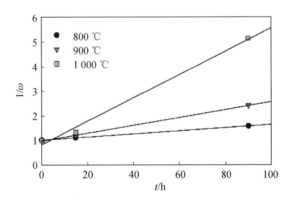

图 5.47　未烧结比的倒数 $1/\omega$ 相对于时间 t 的线性拟合

表 5.13　不同温度下的频率因子

T/℃	800	900	1 000
k/h^{-1}	0.006 4	0.016 0	0.047 4

由式(5.2.17)可知,$\ln(k/Z)$ 与 $1/T$ 成线性关系,因此,将不同温度条件下的对数烧结率以 $1/T$ 为自变量进行线性拟合,如图 5.48 所示,所得的拟合直线的斜率数值大小为 $l=-7\,951.43$,由式(5.2.17)可知此即为 $-Q/R'$,单位为 ℃。

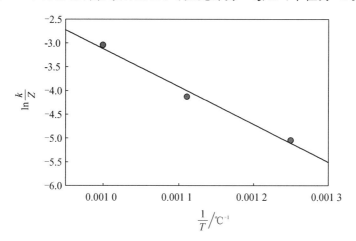

图 5.48 $\ln\dfrac{k}{Z}$ 相对于温度倒数 $1/T$ 的线性拟合

因此,可以求得激活能:
$$Q=-lR'=66.108\times10^3\ \text{J/mol} \tag{5.2.19}$$

将 800 ℃时的 k 值代入式(5.2.16),可得烧结因子 Z 为

$$Z=\frac{k}{\exp\left(-\dfrac{Q}{R'T}\right)}=\frac{0.006\,4}{\exp\left(-\dfrac{66.108\times10^3}{8.314\times800}\right)}\ \text{h}^{-1}=132.66\ \text{h}^{-1}$$

$$\tag{5.2.20}$$

因此,由式(5.2.16)可知,当温度 T 一定时,k 保持不变,则经历烧结时间 t 时,累积的反应变化量为

$$kt=\int_0^t Z\exp\left(-\frac{Q}{R'T}\right)\mathrm{d}t \tag{5.2.21}$$

因未烧结比的倒数 $1/\omega$ 与 kt 存在拟合关系:$1/\omega=kt+1$,可得烧结比为

$$1-\omega=1-\frac{1}{kt+1}=1-\frac{1}{\displaystyle\int_0^t Z\exp\left(-\frac{Q}{R'T}\right)\mathrm{d}t+1} \tag{5.2.22}$$

即

$$\frac{E-E_0}{E_f-E_0}=1-\frac{1}{\displaystyle\int_0^t Z\exp\left(-\frac{Q}{R'T}\right)\mathrm{d}t+1} \tag{5.2.23}$$

因此,在温度 T 作用下,累积工作时间为 t 时的杨氏模量为

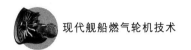

$$E(T,t) = (E_f - E_0)\left[1 - \cfrac{1}{\displaystyle\int_0^t Z\exp\left(-\cfrac{Q}{R'T}\right)\mathrm{d}t + 1}\right] + E_0 \quad (5.2.24)$$

由于 $E(T,t)$ 代表的是烧结作用后的最终杨氏模量,该杨氏模量的基准温度为室温(20 ℃)。当涂层处于高温状态时杨氏模量相比于室温下要降低,因此还必须考虑温度变化的影响,根据相关文献给出的数据可知,TC 层在 1 100 ℃时的杨氏模量相比于 20 ℃时,减小了 54.17%,将其线性化处理可知每升高 1 ℃,杨氏模量下降了 0.050 2%,因此考虑温度影响后 $E(T,t)$ 可表示为

$$E(T,t,T_{now}) = [1 - 0.000\,502(T_{now} - 20)] \cdot$$

$$\left\{(E_f - E_0)\left[1 - \cfrac{1}{\displaystyle\int_0^t Z\exp\left(-\cfrac{Q}{R'T}\right)\mathrm{d}t + 1}\right] + E_0\right\}$$

$$(5.2.25)$$

式中:T_{now} 为当前涂层温度;T 为烧结作用温度;t 为烧结作用时间。为验证模型的准确性,将模型计算结果与表 5.10 的实验结果进行对比,如图 5.49 所示。

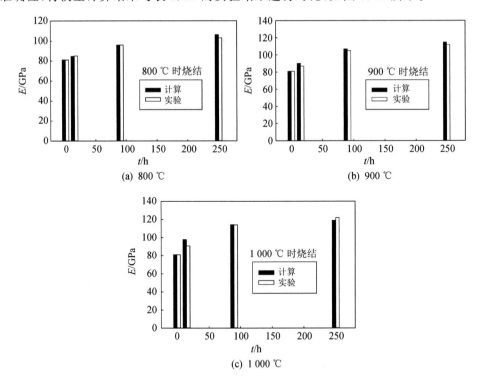

图 5.49　模型预测值与实验数据对比

从实验条件下的模型计算值和实验值的对比可知,计算值与实验值吻合较好,最

大误差为 6.7 GPa,此时相对误差为 7.6%,出现在 1 000 ℃,15 h 作用后,如图 5.49(c) 所示。可见,采用该模型可以较准确地描述该涂层在温度、时间作用下的杨氏模量烧结强化。

本节通过实验获得了某型燃气轮机涡轮导叶热障涂层在不同温度、不同时间累积作用下杨氏模量烧结强化和氧化层热生长增厚的相关数据,并通过拟合获得了温度、时间相关的烧结强化和氧化层热生长增厚的数学模型。

对导叶涂层在不同温度,不同工作时间累积作用下的剖面金相组织、表面粗糙度和界面不平度、氧化层厚度,TC 杨氏模量等进行了实验观测,并获得了相关结论:① 金相图显示 TC 层在高温累积时间作用下会发生烧结,特别是 1 000 ℃,250 h 作用下,表面可见约 20 μm 的薄烧结层。② 初始涂层表面粗糙度约 9.06 μm,随着高温累积时间增加,涂层表面平均粗糙度下降。③ 初始界面不平度约 11.80 μm,随着高温累积时间的继续增大,界面不平度先减小后小幅增大。④ 温度越高、作用时间越长 TGO 增厚越大,在 1 000 ℃,250 h 作用下厚度达 4.3 μm;增厚速率随 TGO 厚度增大而减小,在前 90 h 内相对较高;通过对实验数据的拟合得到了适用于该涡轮导叶涂层的时间、温度相关的氧化层热生长模型。⑤ 通过纳米压痕法测得了不同温度不同累积时间作用下 TC 层杨氏模量,初始约 81 GPa,在 1 000 ℃,250 h 作用下杨氏模量约增大到 122 GPa;通过对实验数据的拟合得到了适合该涡轮导叶涂层温度、时间相关的 TC 层杨氏模量烧结强化模型。

5.3　涂层材料性能演化的有限元增量建模

通过第 5.2 节的实验研究可知,涂层在高温累积时间作用下 TGO 层发生热生长、TC 杨氏模量发生烧结强化,这些材料性能的演化会影响涂层服役过程中的应力分布和相关的失效行为。

舰船燃气轮机属于长寿命工作机械,随着工作时间的累积,除了涂层烧结和 TGO 增厚之外,还必须考虑与时间相关的其他材料行为,如蠕变、长期运行后的涂层相变等。在该多层结构材料系统中,材料性能演化会影响内部的应力、应变和失效响应。如 TC 层材料随着工作时间累积性能会发生显著变化,尤其在工作初期这种变化非常明显。在燃气轮机整个大修寿命周期内,前期高温烧结过程会带来杨氏模量强化、孔隙率降低等一系列变化。烧结过程稳定之后,随着高温工作时间的继续累积,相变作用逐渐明显,并带来 ZrO_2 晶体的单斜相(M 相)、四方相(T 或 T′ 相)、立方相(C 相)组分的变化,进一步导致 TC 性能的改变。

显然,这些行为变化既与时间相关又与温度相关,都是典型的非线性行为,用常规线弹性材料并不能进行描述。因此,研究涂层在循环工作条件下的应力集中和失效问题,不能忽视由于高温时效作用带来的涂层材料性能的变化。考虑有限元计算的形式要求和 ABAQUS 软件计算的特点,为保证对热障涂层性能演化行为及应力响应进行较为准确的数值模拟,必须建立涂层材料随工作温度和累积时间不断演化的有限元增量模型。

5.3.1　TC 层高温累积时间作用下有限元增量本构模型

根据 TBCs 各层材料特点,一般而言 TC 层和 TGO 层主要成分为氧化物陶瓷,几乎不会发生塑性变形;BC 层和 SUB(部件合金本体)均为合金材料,具有塑性变形能力。而无论陶瓷材料还是金属材料都不可避免地发生蠕变变形,尤其是在高温环境下蠕变更加明显。这些因素既与高温工况运行累积时间有关,又与工况运行时材料点的温度相关。由于涂层内部的孔隙、微裂纹、晶粒间的间隙均是随机分布于涂层内部,且形状各异的,所以虽然单个孔隙的烧结变化具有各向异性,但从整体上看 APS 涂层材料各向异性不明显,本小节将各层材料视为各向同性。

1. TC 层烧结强化

TC 在烧结过程主要造成材料杨氏模量的强化,虽然有文献表明在烧结过程中会伴随材料体积的变化,但杨氏模量强化是涂层烧结过程中的主要表现特征,而关于时间、温度相关的涂层体积变化,目前还未有明确结论。

虽然 APS - YSZ 喷涂于金属基体上,但在高温下由于材料软化作用的存在,以及蠕变作用的存在,热膨胀不匹配导致的 YSZ 高温状态下的拉伸应力并不大,即阻碍烧结的作用力不大,而且表面扩散导致的烧结作用也不受基底存在的影响,因而基体对 YSZ 高温烧结几乎没有什么影响。相关实验结果表明,在烧结过程 8YSZ 材料的密度变化很微小,说明涂层烧结过程中体积变化很微小。一个材料性能随时间变化的烧结模型为

$$\frac{q_c - q_c^0}{q_c^{\text{inf(test)}} - q_c^0} = C\left[1 - \exp\left(-\frac{t}{\gamma^{\text{test}}}\right)\right] \tag{5.3.1}$$

式中:t 为烧结的累积时间;q_c 为该累积时间作用下的材料性能;q_c^0、$q_c^{\text{inf(test)}}$ 分别为材料初始状态和烧结稳定状态时的材料性能;$C=1$ 为系数;γ^{test} 为松弛时间,其大小表征材料性能在烧结过程中趋于稳定的时间长度。

该模型是基于 APS 制备 YSZ 的质量分数为 8% 在 1 316 ℃时的高温烧结数据拟合得到的材料性能关于时间的烧结模型,但由于烧结温度同样影响烧结作用,因此对于经受不同烧结温度的材料,如叶片工况条件下经受不同温度载荷的不同材料点并不能直接套用该模型。

结合第 5.2 节基于实验数据的拟合模型,本节试图建立 TC 材料温度、时间相关的有限元增量本构模型。根据广义胡克定律,弹性应力增量可表示为

$$\Delta\sigma_{ij} = \boldsymbol{D}_{ijkl}\Delta\varepsilon_{kl}^e \tag{5.3.2}$$

$$\boldsymbol{D} = \begin{bmatrix} K + \dfrac{4}{3}G & K - \dfrac{2}{3}G & K - \dfrac{2}{3}G & 0 & 0 & 0 \\[2mm] K - \dfrac{2}{3}G & K + \dfrac{4}{3}G & K - \dfrac{2}{3}G & 0 & 0 & 0 \\[2mm] K - \dfrac{2}{3}G & K - \dfrac{2}{3}G & K + \dfrac{4}{3}G & 0 & 0 & 0 \\[2mm] 0 & 0 & 0 & G & 0 & 0 \\[2mm] 0 & 0 & 0 & 0 & G & 0 \\[2mm] 0 & 0 & 0 & 0 & 0 & G \end{bmatrix} \tag{5.3.3}$$

$$K = \frac{E}{3(1 - 2\nu)} \tag{5.3.4}$$

$$G = \frac{E}{2(1 + \nu)} \tag{5.3.5}$$

式中：$\Delta\sigma_{ij}$ 为弹性应力分量；$\Delta\varepsilon_{kl}^{e}$ 为弹性应变增量；$\boldsymbol{D}_{ijkl}$ 为弹性矩阵；K、G 分别是 TC 的体积模量和剪切模量；E 为 TC 杨氏模量；ν 为 TC 泊松比，取 0.2。

根据第 5.2 节杨氏模量烧结强化的拟合模型，考虑 TC 层在高温累积时间作用下的杨氏模量的烧结强化作用，将该模型改写如下：

$$E(T,t) = (E_{f} - E_{0})\left[1 - \frac{1}{\displaystyle\int_{0}^{t} Z\exp\left(-\frac{Q}{R'T}\right)\mathrm{d}t + 1}\right] + E_{0} \tag{5.3.6}$$

$$E(T,t,T_{\mathrm{now}}) = \left[1 - 0.000\,502(T_{\mathrm{now}} - 20)\right] \cdot$$
$$\left\{(E_{f} - E_{0})\left[1 - \frac{1}{\displaystyle\int_{0}^{t} Z\exp\left(-\frac{Q}{R'T}\right)\mathrm{d}t + 1}\right] + E_{0}\right\}$$
$$\tag{5.3.7}$$

在燃气轮机热循环中，由于加热和冷却过程时间短，忽略烧结作用，仅考虑工况稳定运行阶段的 TC 烧结强化过程。根据有限元增量理论，假设在第 i 个增量步开始时杨氏模量为 E^{i}，根据式(5.3.6)和式(5.3.7)可得高温累积时间增量 Δt 作用后，室温下杨氏模量和考虑温度变化后的杨氏模量分别为

$$E(T,t^{i+1}) = (E_{f} - E_{0})\left[1 - \frac{1}{Z\exp\left(-\dfrac{Q}{R'T}\right)t^{i+1} + 1}\right] + E_{0} \tag{5.3.8}$$

$$E(T,t^{i+1},T_{\mathrm{now}}) = \left[1 - 0.000\,502(T_{\mathrm{now}} - 20)\right] \cdot$$
$$\left\{(E_{f} - E_{0})\left[1 - \frac{1}{Z\exp\left(-\dfrac{Q}{R'T}\right)t^{i+1} + 1}\right] + E_{0}\right\}$$
$$\tag{5.3.9}$$

式中：E_{i+1} 为第 i 个增量步结束时的杨氏模量；t_i、$t^{i+1} = t_i + \Delta t$ 分别为第 i 个增量步开始和结束时经历的总烧结时间；增量步开始时，根据式(5.3.8)和式(5.3.9)更新杨氏模量。在增量步结束时刻，由弹性应变增量和增量步结束时刻的杨氏模量，通过式(5.3.2)~(5.3.5)可得到该增量步结束时的应力增量。

除此以外，由于应力、应变均为状态变量，在一定的应变场条件下，若弹性矩阵发生了变化，则由本构关系可知，相应的应力场必然也发生改变，因而还须计及因弹性矩阵改变带来的原应变场所对应的应力场的改变：

$$\Delta \boldsymbol{D} = \boldsymbol{D}^{i+1} - \boldsymbol{D}^i \tag{5.3.10}$$

$$\Delta \sigma_{ij}^D = \Delta D_{ijkl} \varepsilon_{kl}^e \tag{5.3.11}$$

式中：$\Delta \sigma_{ij}^D$ 为弹性矩阵变化导致的应力变化；$\Delta \boldsymbol{D}$ 为增量步前后弹性矩阵的变化，通过增量步前后的杨氏模量可得，ΔD_{ijkl} 为其分量；ε_{kl}^e 为增量步开始时刻弹性应变分量。所以，增量步结束后更新的应力为

$$\sigma_{ij}^{i+1} = \sigma_{ij}^i + \Delta \sigma_{ij}^D + \Delta \sigma_{ij} \tag{5.3.12}$$

2. TC 蠕变作用

关于 YSZ 的蠕变作用，目前绝大多数文献应用 Norton 蠕变模型来考虑 YSZ 材料的蠕变行为。该模型形式简单，便于实验数据整理和工程应用：

$$\dot{\bar{\varepsilon}}_{cr} = A \bar{\sigma}^n \tag{5.3.13}$$

式中，$\dot{\bar{\varepsilon}}_{cr}$ 为等效蠕变应变率；A 为蠕变因子；n 为蠕变指数；$\bar{\sigma}$ 为等效应力。材料参数分高蠕变和低蠕变两种情况，其中 1 000 ℃时高蠕变采用 $B = 1.80 \times 10^{-5}$，$n = 1$；低蠕变采用 $A = 1.80 \times 10^{-11}$，$n = 1$。在计算 TBCs 应力时采用介于高低蠕变之间的中等程度蠕变：$A = 1.80 \times 10^{-8}$，$n = 1$。

YSZ 蠕变率关于等效蠕变应变、等效应力以及时间的蠕变模型如下：

$$\dot{\bar{\varepsilon}}_{cr} = A \bar{\sigma}^m \mathrm{e}^{-\frac{\bar{\varepsilon}_{cr}}{\varepsilon'}} + B \bar{\sigma}^n \tag{5.3.14}$$

式中，$\dot{\bar{\varepsilon}}_{cr}$ 为等效蠕变率；$\bar{\varepsilon}_{cr}$ 为等效蠕变；ε' 为名义蠕变；$\bar{\sigma}$ 为等效应力；A、B 为因子；m、n 为指数，各参数均具有温度相关性，取值如表 5.14 所列。

表 5.14 YSZ 蠕变参数

$T/℃$	$A/(\mathrm{s}^{-1} \cdot \mathrm{MPa}^{-n})$	m	ε'	$B/(\mathrm{s}^{-1} \cdot \mathrm{MPa}^{-n})$	n
750	2.20×10^{-18}	4.5	0.05	2.00×10^{-22}	4.5
850	2.00×10^{-16}	4.32	0.08	2.00×10^{-20}	4.32
950	9.00×10^{-15}	4.15	0.12	3.00×10^{-18}	4.15
1 050	3.02×10^{-13}	3.98	0.18	3.77×10^{-16}	3.98
1 150	4.80×10^{-12}	3.8	0.25	4.80×10^{-14}	3.8

此外,还可采用基于时间硬化的蠕变模型:

$$\dot{\bar{\varepsilon}}_{cr} = A \cdot \exp\left(-\frac{Q}{RT}\right)\bar{\sigma}^n t^{-s} \tag{5.3.15}$$

式中:$n = 0.56$、$s = 0.67$ 为蠕变常数;$A = 0.026$ s^s/MPa^n 为蠕变因子;$Q = 104.5$ kJ/mol 为蠕变激活能;$R = 8.314$ J/(mol·K)为通用气体常数;T 为温度,K; $\bar{\sigma}$ 为 Mises 等效应力,MPa;t 为时间,s。

本节为了简化计算过程,采用了如式(5.3.13)所示的 Norton 蠕变率,其中 $A = 1.80 \times 10^{-8}$,$n = 1.3$。因而第 i 个增量步结束时等效蠕变应变增量为

$$\Delta \bar{\varepsilon}^{cr} = A\bar{\sigma}^n \Delta t \tag{5.3.16}$$

3. 有限元增量模型

(1) 材料本构建模

由于 TC 材料性能随温度、时间的变化非常复杂,使用常用的材料模型并不能体现材料的性能演化,因此必须建立自定义材料本构模型参与有限元计算。有限元增量本构模型可用于描述材料点应力状态既依靠当前应变状态又依赖达到这种状态所经历的路径这类材料的性能。通过建立 TC 增量本构模型,我们可以将材料的特有属性通过增量形式表达出来,并参与有限元迭代运算。

TC 的有限元增量本构模型,最终通过 ABAQUS 子程序 UMAT 来实现,采用热弹黏性材料模型,综合考虑弹性变形、蠕变以及热膨胀作用:

$$\Delta\varepsilon_{ij} = \Delta\varepsilon_{ij}^e + \Delta\varepsilon_{ij}^{cr} + \Delta\varepsilon_{ij}^T \tag{5.3.17}$$

式中:$\Delta\varepsilon_{ij}$ 为有限元计算过程中一个时间增量步的总应变增量;$\Delta\varepsilon_{ij}^e$ 为弹性应变增量;$\Delta\varepsilon_{ij}^{cr}$ 为蠕变应变增量;$\Delta\varepsilon_{ij}^T$ 为热应变增量。下面对这三个应变分别进行阐述:

1)热应变增量

温度为 T 时的涂层绝对热应变可表示为

$$\varepsilon_{ij}^T = \alpha T \tag{5.3.18}$$

当考虑温度相关的热膨胀系数时,一个增量步内的热应变增量 $\Delta\varepsilon_{ij}^T$ 可表示为

$$\Delta\varepsilon_{ij}^T = \Delta(\alpha T)\delta_{ij} = (\alpha^{i+1}T^{i+1} - \alpha^i T^i)\delta_{ij} \tag{5.3.19}$$

式中:α 为热膨胀系数;T 为温度;α^i 和 α^{i+1} 分别为第 i 个和第 $i+1$ 个增量步时的热膨胀系数;T^i 和 T^{i+1} 分别为增量步开始和结尾时的温度;δ_{ij} 为 Kronecker 常量,当 $i = j$ 时,$\delta_{ij} = 1$,当 $i \neq j$ 时,$\delta_{ij} = 0$。这是由于热膨胀作用只导致体积应变增量,即仅有直接应变增量(正应变),而不产生偏应变增量,剪切应变增量为零。此外,考虑热应变还需考虑参考温度的选择,即零应力温度点,只有相对于零应力温度点的热应变才会产生热应力效果。令零应力温度为 T_0,则温度为 T 时的相对热应变为

$$\varepsilon_{ij}^{T_r} = \alpha_T T - \alpha_{T_0} T_0 \tag{5.3.20}$$

2)蠕变应变增量

涂层的蠕变行为与温度、时间、应力状态相关,常被视为与经典的不可压塑性流

动相仿。因此,蠕变应变与塑性应变类似,被认为是不导致体积应变增量改变,而仅仅是导致形状应变增量的改变,即偏应变增量的改变。由于蠕变属于不可逆变形,对于蠕变理论的处理,通常采用塑性变形理论进行推广,因此本书同样遵循该规则,并采用如下假设:

① 材料各向同性。

② 蠕变不引起体积变化,体积应变仍按弹性规律变化。

③ 附加的静水压力不影响蠕变变形。

④ 塑性理论中,为确定塑性应变增量的比例因子 $d\lambda$,需要补充单轴作用下应力应变关系即硬化率,蠕变过程中同样要以单轴作用下蠕变率作为补充条件来确定蠕变应变增量的比例因子 $d\lambda_{cr}$,该蠕变率就是我们所说的蠕变模型。

根据正交流动法则:

$$n_{ij} = \frac{\partial f}{\partial \sigma_{ij}} \tag{5.3.21}$$

$$d\varepsilon_{ij}^{cr} = d\lambda_{cr} n_{ij} = d\lambda_{cr} \frac{\partial f}{\partial \sigma_{ij}} \tag{5.3.22}$$

$$d\lambda_{cr} = \frac{1}{h_{cr}} \frac{\partial f}{\partial \sigma_{ij}} d\sigma_{ij} \tag{5.3.23}$$

使用累积蠕变应变为内变量时:

$$\overline{d\varepsilon^{cr}} = \sqrt{\frac{2}{3} d\varepsilon_{ij}^{cr} d\varepsilon_{ij}^{cr}} = \sqrt{\frac{2}{3} \frac{\partial f}{\partial \sigma_{ij}} \frac{\partial f}{\partial \sigma_{ij}} (d\lambda_{cr})^2} \tag{5.3.24}$$

$$d\lambda_{cr} = \frac{\overline{d\varepsilon^{cr}}}{\sqrt{\frac{2}{3} \frac{\partial f}{\partial \sigma_{ij}} \frac{\partial f}{\partial \sigma_{ij}}}} \tag{5.3.25}$$

内变量演化的一致性条件:

$$h_{cr} d\lambda_{cr} + \frac{\partial f}{\partial \left(\int \overline{d\varepsilon^{cr}}\right)} = 0 \tag{5.3.26}$$

对于 Mises 等向蠕变材料:

$$\bar{\sigma} = \sqrt{\frac{3}{2} s_{ij} s_{ij}} = \sqrt{3J_2} \tag{5.3.27}$$

$$f = \bar{\sigma} - k\left(\int \overline{d\varepsilon^{cr}}\right) = 0 \tag{5.3.28}$$

$$n_{ij} = \frac{\partial f}{\partial \sigma_{ij}} = \frac{\sqrt{3}}{2} \frac{s_{ij}}{\sqrt{J_2}} \tag{5.3.29}$$

$$\sqrt{\frac{2}{3} \frac{\partial f}{\partial \sigma_{ij}} \frac{\partial f}{\partial \sigma_{ij}}} = 1 \tag{5.3.30}$$

$$d\lambda_{cr} = \overline{d\varepsilon^{cr}} \tag{5.3.31}$$

$$d\varepsilon_{ij}^{cr} = d\lambda_{cr} n_{ij} = \frac{\sqrt{3}}{2} \frac{s_{ij}}{\sqrt{J_2}} \overline{d\varepsilon^{cr}} = \frac{3}{2} \frac{\overline{d\varepsilon^{cr}}}{\bar{\sigma}} s_{ij} \tag{5.3.32}$$

对于各向同性材料蠕变而言,以显式欧拉形式表示的蠕变应变增量为

$$\dot{\varepsilon}_{ij}^{cr} = \frac{3\dot{\bar{\varepsilon}}^{cr}}{2\bar{\sigma}} s_{ij} \tag{5.3.33}$$

$$s_{ij} = \sigma_{ij} - \delta_{ij}\sigma_0 \tag{5.3.34}$$

$$\Delta\varepsilon_{ij}^{cr} = \frac{3\dot{\bar{\varepsilon}}^{cr}}{2\bar{\sigma}} s_{ij}\Delta t = \frac{3S_{ij}}{2}\Delta\bar{\varepsilon}^{cr} \tag{5.3.35}$$

式中:$\dot{\varepsilon}_{ij}^{cr}$ 为蠕变应变分量;σ_{ij} 为弹性应力分量;$\sigma_0 = \frac{1}{3} \times (\sigma_{ij} + \sigma_{ij} + \sigma_{ij})$ 为静水应力;δ_{ij} 为 Kronecker 常量,当 $i = j$ 时,$\delta_{ij} = 1$,当 $i \neq j$ 时,$\delta_{ij} = 0$;$\Delta\bar{\varepsilon}^{cr}$ 即为等效蠕变应变增量;$\bar{\sigma}$ 为 Mises 等效应力,s_{ij} 为偏应力分量,二者是根据式(5.3.33)中的相关变量在子程序中需要根据当前的应力状态求解得出。首先根据式(5.3.34)将当前的应力状态分解为偏应力和静水应力和的形式:

$$\sigma_{ij} = s_{ij} + \sigma_0\delta_{ij} \tag{5.3.36}$$

则偏应力的第二不变量可表示为偏应力的张量形式:

$$J_2 = \frac{1}{2} s_{ij}s_{ij} \tag{5.3.37}$$

Mises 等效应力可表示为

$$\bar{\sigma} = \sqrt{3J_2} \tag{5.3.38}$$

3)弹性应变增量

弹性应变增量最终可以表示为

$$\Delta\varepsilon_{ij}^e = \Delta\varepsilon_{ij} - \Delta\varepsilon_{ij}^T - \Delta\varepsilon_{ij}^{cr} \tag{5.3.39}$$

式中:$\Delta\varepsilon_{ij}$ 为总应变增量;$\Delta\varepsilon_{ij}^e$ 为弹性应变增量。

(2) 过程控制

TC 材料的增量本构模型最终必须通过编写 UMAT 子程序才能在 ABAQUS 中实现。在一个循环中,包括加热、保温、降温过程,将杨氏模量的烧结强化和蠕变过程控制在保温阶段发生,而加热和降温过程仅仅考虑弹性和热应变增量,不考虑烧结强化和蠕变作用,此时,TC 的杨氏模量仅根据当前增量步温度做温度相关性调整。

(3) 状态变量定义和应力应变更新

子程序 UMAT 中需要定义状态空间变量 STATEV(n),$n = 21$ 表示分量个数,用于存放中间过程或者随增量步变化的状态变量。本书为弹性应变、蠕变、热应变各建立了 6 个状态变量分量分别存储它们的正应变和剪切应变;为杨氏模量建立了 2 个状态变量分量,用于存储当前烧结程度下的室温杨氏模量,以及考虑温度相关性

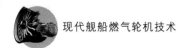

的当前温度下杨氏模量;还为等效蠕变应变建立了 1 个状态变量分量。

在增量开始时,从状态变量中提取增量步开始时的杨氏模量,由烧结模型计算增量步结束时的新杨氏模量,根据本构关系计算当前增量步开始和结束时的弹性矩阵 $\boldsymbol{D}^i$ 和 $\boldsymbol{D}^{i+1}$,以及弹性矩阵的变化量 $\Delta\boldsymbol{D}$。然后计算热应变增量 $\Delta\varepsilon_{ij}^T$ 以及等效蠕变应变增量 $\Delta\bar{\varepsilon}^{cr}$ 和蠕变应变增量 $\Delta\varepsilon_{ij}^{cr}$,最终得到弹性应变增量 $\Delta\varepsilon_{ij}^e$。然后根据胡克定理利用 $\boldsymbol{D}^{i+1}$ 和 $\Delta\varepsilon_{ij}^e$ 计算弹性应变增量导致的应力增量 $\Delta\sigma_{ij}$;读取存储在状态变量中的弹性应变分量 ε_{ij}^e,结合 $\Delta\boldsymbol{D}$ 计算因弹性矩阵变化导致原弹性应变对应的应力增量 $\Delta\sigma_{ij}^D$,得总应力增量 $\Delta\sigma_{ij}^{total}=\Delta\sigma_{ij}^D+\Delta\sigma_{ij}$。在得到所有应变增量、应力增量后,将应力增量叠加到默认的应力变量 STRESS 中,更新应力;将各个应变增量叠加到状态空间中存储的起始应变中,更新各应变。

(4) 对于定义文件的适应性修改

UMAT 子程序的运用必须对 ABAQUS 的 inp 文件进行修改才能正常运行。包括 3 个部分:① 必须在 inp 文件中通过关键字定义用户自定义材料模型,模型中必须定义解相关状态变量个数和材料常数,解相关状态变量个数必须不小于 UMAT 中所用到的状态空间变量个数;② 将 TC 层截面属性赋予用户自定义材料模型,同时对于减缩积分单元,还必须通过关键字" ∗ hourglass"定义单元的沙漏刚度。③ 必须在分析步开始前,对应用用户自定义子程序的单元集赋予所有状态变量初始值。

5.3.2 TC 长期相变作用模型

由于 ZrO_2 材料导热率低、强度高、抗腐蚀性强,以及熔点高等优点,已成为热障涂层的主要材料。纯 ZrO_2 固体在不同温度范围内有 3 种不同的相稳定结构:立方相(C 相)、四方相(T 相)、单斜相(M 相),其中立方相与四方相晶体结构类似,但单斜相相差较大。当温度低于 1 170 ℃时,ZrO_2 稳定相结构为单斜相;当温度在 2 370 ℃到熔点(2 710 ℃)之间时,稳定结构为立方相;当温度在 1 170～2 370 ℃时,稳定结构为四方相。当温度从 1 170～2 370 ℃下降到室温时,会发生 T 相到 M 相的马氏体相变,使得晶胞体积发生 3%～5% 的膨胀(当发生 3.5% 体积膨胀时,相当于晶胞密度从 6.1 g/cm^3 下降到 5.8 g/cm^3),而且该转变即使在应力作用下同样会发生。这种由相变带来的晶胞体积膨胀,以及由此带来的物性变化也是涂层失效的原因之一。因此,为防止相变的发生,需在 ZrO_2 中掺杂稳定剂 Y_2O_3,以使 T 相在冷却至室温过程中保持稳定,因稳定剂而保持稳定的四方相称为非相变 T′相,如常见热障涂层材料 8YSZ 中就掺杂了质量比为 8% 的 Y_2O_3(相当于 $YO_{1.5}$ 的摩尔百分比为 8.6%～9%)。ZrO_2 的相结构与 Y_2O_3 的关系如图 5.50 所示,可见稳定剂 Y_2O_3 含量对于保持相结构的稳定至关重要。

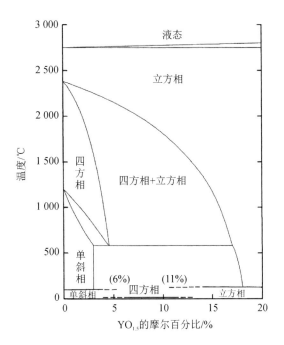

图 5.50　YSZ 相图

然而,即便有稳定剂的存在,高温长时间运行之后,因 Y^{3+} 的扩散(浓度降低),T′仍会转变为 T 相和 C 相的混合相,在冷却过程中,T 相又会转变为 M 相,如表 5.15 所列。另外,在海洋环境中运行的燃气轮机,空气中含有的盐分($NaCl$ 为主),加上燃料中 S、V 等杂质,在高温环境下会对涂层形成熔盐腐蚀。熔盐与 Y_2O_3 发生反应,会导致 Y_2O_3 浓度的降低,使得 T′相在常温下不能保持稳定而加速向 M 相发生转变。由于 T 和 T′相结构和性能相近,所以下面不加区别统一使用 T 相。

表 5.15　高温时效作用下 8YSZ 的相变

T/℃	时间/h	M 相的摩尔百分比/%	T 相的摩尔百分比/%	T′相的摩尔百分比/%	C 相的摩尔百分比/%
	0	2	0	91	7
	100	0	26	62	12
982	500	2	46	28	23
	1 000	2	41	21	37
	5 000	28	18	2	51
	10 000	32	0	0	64

T/℃	时间/h	M 相的摩尔百分比/%	T 相的摩尔百分比/%	T′相的摩尔百分比/%	C 相的摩尔百分比/%
1 204	0	2	0	91	7
	100	0	28	34	38
	500	19	14	5	62
	1 000	28	10	0	61
	5 000	36	0	0	64
	10 000	36	0	0	64

不同相结构的 ZrO_2 致密固体热导率不相同,如表 5.16 所列。其中,M 相变化较大,但是 T 相几乎没有变化,因此主要成分为 T 相的 8YSZ 材料的 TC 层热导率也几乎与温度无关。其原因是晶格中氧缺陷多,空穴间距与晶胞尺寸近似,因此与声子波长相当,对声子阻碍作用较大。

表 5.16 不同相结构的 ZrO_2 致密块状固体材料的热导率

相结构	热导率 $\lambda/[W \cdot (m \cdot K)]^{-1}$	
	200 ℃	800 ℃
M 相	5.4	3.6
T 相	2.8	2.8
C 相	2.2	2.3

如表 5.17 所列,不同文献通过实验方法或晶体第一性原理计算得到的不同相结构致密固体的 ZrO_2 的体积模量存在一定偏差,主要是由于方法和参数选取不同造成的。本书利用这些结果的平均值,使用各相同性假设,将致密材料泊松比取为0.3,根据体积模量公式

$$K = \frac{E}{(1+\nu)(1-2\nu)} \tag{5.3.40}$$

可以得到各相分别为致密固体的杨氏模量如表 5.18 所列。

表 5.17 不同相结构的 ZrO_2 致密块状固体材料的体积模量

相结构	室温下各相致密块状固体体积模量 K_{desity}/GPa				
	数值 1	数值 2	数值 3	数值 4	平均值
M 相	161.8	143.5	196.0	149.0	162.6
T 相	203.0	218.8	182.0	200.0	201.0
C 相	277.8	227.6	239.0	220.0	241.1

表 5.18　不同相结构的 ZrO_2 致密块状固体材料的杨氏模量

相结构	E_{buck}/GPa
M 相	195.1
T 相	241.1
C 相	289.3

此外,致密固体的 T 相和 M 相的膨胀系数也存在差异,T(T′)相晶胞(致密固体)热膨胀系数为 6.69×10^{-6} ℃$^{-1}$,而 M 相致密固体的热膨胀系数约为 15.3×10^{-6} ℃$^{-1}$,C 相由于结构与 T(T′)相相近,其热膨胀系数可视为与 T(T′)相相同。可见,当相成分发生变化时,多相混合物的热膨胀系数也会发生变化。

因此,可以推断随着相变的发生,TBCs 的总体杨氏模量、热膨胀率和热导率均会随相组分的变化而变化,进而影响涂层内部的应力分布和失效行为。根据上述相结构参数,可以总结高温累积时间作用后,相变引起的材料性能的变化,并用来预测热障涂层隔热性能和力学行为等。

1. 多相混合 APS－8YSZ 的热导率、杨氏模量和热膨胀系数

本小节采用理想混合物的概念得到 TBCs 材料在各相组合下的整体热、力学参数。根据固体混合物的特点,将各相所占的体积分数作为确定 ZrO_2 多相混合后热导率 λ_{mix} 和杨氏模量 E_{mix} 的参数,可得

$$\lambda_{mix} = V_M \lambda_M + V_C \lambda_C + V_T \lambda_T \tag{5.3.41}$$

$$E_{mix} = V_M E_M + V_C E_C + V_T E_T \tag{5.3.42}$$

$$\alpha_{mix} = V_M \alpha_M + V_C \alpha_C + V_T \alpha_T \tag{5.3.43}$$

式中:V 为体积分数,下标 M、C、T 分别对应 M 相、C 相、T 相。此外,由 T 相转变为 M 相带来的体积膨胀增大,本书统一取中间数 4%。通常实验测得的多是各相的摩尔分数 M_M、M_T、M_C,因此还需各相摩尔体积即可得到各相体积分数。对于 C 相而言,其晶体结构为面心立方体,晶胞棱长 0.512 nm,晶胞体积 V_s^C 为 0.512^3 nm^3;对于 T 相言,其晶体结构近似长方体,晶胞棱长分别为 0.507 4 nm、0.507 4 nm、0.518 8 nm,晶胞体积 V_s^T 约为 0.507 4 nm $\times$ 0.518 8 nm $\times$ 0.102 2 nm;对于 M 相而言,晶胞体积 V_s^M 比 T 相大约 4%。因此,C、M 相相对于 T 相的摩尔体积比为 1.004 87 和 1.04。当各相处于相同的涂层工艺状态时,摩尔体积比基本不变。因此,热导率 λ_{mix}、杨氏模量 E_{mix} 和热膨胀率 α_{mix} 又可表示为

$$\lambda_{mix} = \frac{1.04 \times M_M}{1.04 \times M_M + 1.004\ 87 \times M_C + M_T} \lambda_M +$$

$$\frac{1.004\ 87 \times M_C}{1.04 \times M_M + 1.004\ 87 \times M_C + M_T} \lambda_C +$$

$$\frac{M_{\mathrm{T}}}{1.04 \times M_{\mathrm{M}} + 1.004\,87 \times M_{\mathrm{C}} + M_{\mathrm{T}}} \lambda_{\mathrm{T}} \quad (5.3.44)$$

$$E_{\mathrm{mix}} = \frac{1.04 \times M_{\mathrm{M}}}{1.04 \times M_{\mathrm{M}} + 1.004\,87 \times M_{\mathrm{C}} + M_{\mathrm{T}}} E_{\mathrm{M}} +$$

$$\frac{1.004\,87 \times M_{\mathrm{C}}}{1.04 \times M_{\mathrm{M}} + 1.004\,87 \times M_{\mathrm{C}} + M_{\mathrm{T}}} E_{\mathrm{C}} +$$

$$\frac{M_{\mathrm{T}}}{1.04 \times M_{\mathrm{M}} + 1.004\,87 \times M_{\mathrm{C}} + M_{\mathrm{T}}} E_{\mathrm{T}} \quad (5.3.45)$$

$$\alpha_{\mathrm{mix}} = \frac{1.04 \times M_{\mathrm{M}}}{1.04 \times M_{\mathrm{M}} + 1.004\,87 \times M_{\mathrm{C}} + M_{\mathrm{T}}} \alpha_{\mathrm{M}} +$$

$$\frac{1.004\,87 \times M_{\mathrm{C}}}{1.04 \times M_{\mathrm{M}} + 1.004\,87 \times M_{\mathrm{C}} + M_{\mathrm{T}}} \alpha_{\mathrm{C}} +$$

$$\frac{M_{\mathrm{T}}}{1.04 \times M_{\mathrm{M}} + 1.004\,87 \times M_{\mathrm{C}} + M_{\mathrm{T}}} \alpha_{\mathrm{T}} \quad (5.3.46)$$

通过实验得到了 1 250 ℃,1 000 h 高温作用后各相体积分数,如表 5.19 所列。

表 5.19　高温时效作用下 8YSZ 的相变

T/℃	时间/h	M 相体积分数/%	T(T′)相体积分数/%	C 相体积分数/%
1 250	0	3	91	6
	1	2	93	5
	10	2	91	7
	100	2	76	22
	1 000	26	33	41

在 APS 涂层工艺条件下,由于内部结构疏松,具有孔隙和微裂纹,相比于致密块状固体,涂层状态时的热导率和杨氏模量均下降很大。

设各相的热导率与温度线性相关为:$\lambda_{T} = \lambda_{0}[1 - s_{\lambda}(T-20)]$,由表 5.16 可知,M 相、C 相、T 相的线性斜率 s_{λ} 分别为:0.000 505 1、0、-0.000 076 8,外推得到室温下(20 ℃)M 相、C 相、T 相的热导率 λ_{0} 分别为 5.94 W/(m·K)、2.80 W/(m·K)、2.17 W/(m·K)。

如前面所述,APS 制备的 8YSZ 涂层在未发生相变时几乎均为 T 相,其室温下热导率 $\lambda = 1.0$ W/(m·K),占致密块状固体热导率的比例为 $c_{\lambda} = 0.357\,143$。由于热导率的变化主要是由涂层的孔隙率和微观结构造成的,而在同一涂层状态下,孔隙率、微观结构在整个涂层内部都类似,因此可假设该比例因子同样适用于涂层状态的 M 相和 C 相。因此,可以得到涂层状态的各相材料热导率如表 5.20 所列。

同理,APS 制备的 8YSZ 涂层,其室温(20 ℃)下杨氏模量为 E_{0},占致密块状固体杨氏模量的比例为 $c_{E} = \dfrac{E_{0}}{E_{\mathrm{buck}}}$,温度相关性为 $E_{T} = E_{0}[1 - s_{E}(T-20)]$,$s_{E} =$

0.000 502 4。假设不同相结构的 ZrO_2 在室温下涂层状态时的杨氏模量相对于致密固体时所占的比例分数相同,而且各相的杨氏模量与温度也呈线性关系,且都具有与 T 相相同的斜率 s_E,通常这种线性假设对同素异形体结构的力学性能在一定温度范围内是合理的。因此,涂层状态下各相的杨氏模量如表 5.21 所列。

表 5.20 不同相结构的 ZrO_2 涂层状态时的热导率

相结构	$\lambda/[W \cdot (m \cdot K)^{-1}]$	
	$\lambda_0(20\ ℃)$	$\lambda_T(T)$
M 相	2.121	$2.121[1-0.000\ 505\ 1(T-20)]$
T 相	1.0	1.0
C 相	0.775	$0.775[1-0.000\ 076\ 8(T-20)]$

表 5.21 不同相结构的 ZrO_2 涂层状态时的杨氏模量

相结构	E/GPa	
	$E_0^M(20\ ℃)$	$E_T(T)$
M 相	E_0^M	$E_T^M=E_0^M[1-0.000\ 502\ 4(T-20)]$
T 相	E_0^T	$E_T^T=E_0^T[1-0.000\ 502\ 4(T-20)]$
C 相	E_0^C	$E_T^C=E_0^C[1-0.000\ 502\ 4(T-20)]$

此外,APS 制备的涂层态 8YSZ 初始主要成分为 T 相,其室温下热膨胀系数 α_0 为 $9.0×10^{-6}\ ℃^{-1}$,1 100 ℃时为 $12.2×10^{-6}\ ℃^{-1}$,室温下与同相致密固体材料的热膨胀系数之比为 $c_\alpha=1.345\ 3$,设涂层态的热膨胀系数与温度也同样成线性关系 $\alpha_T=\alpha_0[1-s_\alpha(T-20)]$,则斜率为 $s_\alpha=0.003\ 265$。综上所述,将比例因子 c_α 与线性斜率 s_α 同样应用于涂层态的 M 相和 C 相,因此,涂层状态下各相的热膨胀系数如表 5.22 所列。

表 5.22 不同相结构的 ZrO_2 涂层状态时的热膨胀系数

相结构	$10^6 \cdot \alpha/℃^{-1}$	
	$\alpha_0(20\ ℃)$	$\alpha_T(T)$
M 相	20.58	$\alpha_T^M=20.58[1-0.000\ 329(T-20)]$
T 相	9.0	$\alpha_T^T=9.0[1-0.000\ 329(T-20)]$
C 相	9.0	$\alpha_T^C=9.0[1-0.000\ 329(T-20)]$

2. 燃气轮机热障涂层长期运行后的相变作用

在高温条件下 YSZ 中的 Y 元素因扩散而重新分布,使亚稳态 T′相在高温下转变为 C 相和 T 相,在涂层冷却至室温过程中,当温度为 560 ℃时 T 相又有发生共析反应生成 M 相和 C 相的趋势,但由于 Y_2O_3 稳定剂的存在,该共析反应又依赖于 Y

元素的扩散,而在相对较低的 560 ℃ 温度下,Y 元素扩散非常困难,因此相变作用一般只在长时间的高温作用下才会有明显的 M 相含量增大。

对于舰船燃气轮机而言,其设计大修寿命达 10 000 h 以上。因此在长期工作时间累积作用下,涂层的相变作用不可忽视。对于 8YSZ 材料各相成分的变化,目前常用测量方法是 X 射线衍射(XRD),该方法通过衍射峰强度来计算各相的摩尔分数。

图 5.51(a)和图 5.51(b)分别为实验测得的 8YSZ 的 M 相和 T(T′)相摩尔分数

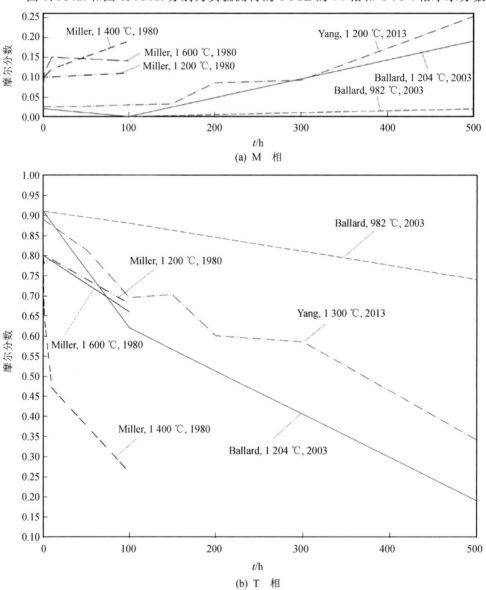

图 5.51　APS‐8YSZ 中 M 相和 T 相摩尔分数随高温作用时间的变化

随高温作用时间的变化。由于在 8YSZ 中,M、T(T′)和 C 相的摩尔分数之和几乎达 1.0,因此当已知 M 相和 T(T′)相摩尔分数时,可得 C 相的摩尔分数。从图 5.51 可见,相成分的变化既与高温作用的时间相关,又与温度条件密切相关。在 982～ 1 400 ℃范围内,温度越高,M 相生成越快,且在 0～500 h 之内,M 相随时间累积逐渐增加。当温度为 982 ℃时,500 h 累积时间作用下,M 相摩尔百分数仅为 2%,变化非常缓慢。因此,即使在较低的温度作用下,从整个燃气轮机大修寿命时间范围内来看,M 相含量依然是相当可观的。对于舰船燃气轮机而言,实际涡轮叶片在综合冷却作用下最高温度一般不超过 982～1 400 ℃的范围。因此,可借鉴相关文献实验结果进行长期高温累积时间作用下混合相的材料性能计算。

虽然不同学者所得结果有一定的分散性,但趋势性是一致的。由于低含量的相成分变化对涂层性能影响微小,而且多个相变相关实验表明,1 200 ℃及以下温度,M 相在初期(100 h 以内)几乎维持不变或少量增长。1 000 ℃、250 h 高温累积时间作用后,涂层相结构的 XRD 图谱对比表明,涂层未发生相变。因此,本小节忽略该 0～ 100 h 内 M 相的微量变化结果,认为在 0～100 h 内 M 相保持不变。据此,再根据表 5.15 中其余相变数据得到各相的摩尔分数在 982 ℃和 1 204 ℃温度下随累计运行时间的分段线性函数:

$$982\ ℃,M_M:\begin{cases} 0.02, & 0\leqslant t<1\ 000 \\ 0.02+\dfrac{0.28-0.02}{5\ 000-1\ 000}\times(t-1\ 000), & 1\ 000\leqslant t<5\ 000 \\ 0.28+\dfrac{0.32-0.28}{10\ 000-5\ 000}\times(t-5\ 000), & 5\ 000\leqslant t<10\ 000 \end{cases}$$

$$(5.3.47)$$

$$982\ ℃,M_{T(T')}:\begin{cases} 0.91-\dfrac{0.91-0.88}{100}\times t, & 0<t<100 \\ 0.88-\dfrac{0.88-0.74}{500-100}\times(t-100), & 100\leqslant t<500 \\ 0.74-\dfrac{0.74-0.62}{1\ 000-500}\times(t-500), & 500\leqslant t<1\ 000 \\ 0.62-\dfrac{0.62-0.20}{5\ 000-1\ 000}\times(t-1\ 000), & 1\ 000\leqslant t<5\ 000 \\ 0.20-\dfrac{0.20-0}{10\ 000-5\ 000}\times(t-5\ 000), & 5\ 000\leqslant t<10\ 000 \end{cases}$$

$$(5.3.48)$$

$$1\ 204\ ℃,M_M:\begin{cases} 0.02, & 0<t<100 \\ \dfrac{0.190-0.02}{500-100}\times(t-100), & 100\leqslant t<500 \\ 0.19+\dfrac{0.28-0.19}{1\ 000-500}\times(t-500), & 500\leqslant t\leqslant 1\ 000 \end{cases}$$

$$(5.3.49)$$

$$1\ 204\ ℃, M_{T(T')}:\begin{cases} 0.91 - \dfrac{0.91-0.62}{100} \times t, & 0 < t < 100 \\[2ex] 0.62 - \dfrac{0.62-0.19}{500-100} \times (t-100), & 100 \leqslant t < 500 \\[2ex] 0.19 - \dfrac{0.19-0.10}{1\ 000-500} \times (t-500), & 500 \leqslant t \leqslant 1\ 000 \end{cases}$$

$$(5.3.50)$$

若燃气轮机总工作时间为 t_0,则其中低工况工作时间为 t_{01},高工况工作时间为 t_{02}。初始状态时涂层内各相摩尔分数分别为 M_{M0}、M_{T0}、M_{C0}。首先,在低工况时间内按 982 ℃,t_{01} 时间计算相变,得到低工况运行时间后各相成分。由于相变作用主要是由 T(T') 向 M 和 C 相转变,因此计算高工况相变作用时,将剩余的纯 T(T') 相按照初始涂层各相成分比例,在涂层内部重新配制等效未相变初始涂层。以该虚拟的新初始涂层,按高工况运行条件(1 204 ℃,t_{02} 时间)计算相变,得到虚拟新涂层高工况运行后各相成分。最后,将原始涂层低工况运行后各相成分,扣除组配新涂层所消耗的成分后所得的各相残余成分,并与虚拟涂层高工况运行后所得的各相成分叠加,得到整个运行时间内涂层的各相成分。

需要注意的是,总的相变成分应小于 1 204 ℃ 作用下各成分的相变最终值,因此若叠加后 M 和 C 相成分超过限制值时,则应取 1 204 ℃ 条件下的相变最终值作为各相成分实际最终值。由以上分析可知,燃气轮机长期运行后由于相成分的变化,会导致相应的导热率和杨氏模量等的变化,而且由于 T 相到 M 相的转变,会带来涂层体积的增大。以某型船用燃气轮机为例,对经历不同累计运行时间后涂层的导热率、杨氏模量、热膨胀率以及体积增大率进行了计算,其中总运行时间为 t_0,低工况运行时间 $t_{01}=96\% \ t_0$,高工况运行时间为 $t_{02}=4\% \ t_0$,如表 5.23 所列,由于工况温度场下发生不均匀烧结,涡轮叶片不同部位的初始杨氏模量须根据高温累积时间下的烧结结果才能确定。

表 5.23　工况运行后相成分及相关性能变化

t_0/h	0	500	1 000	2 000	5 000	10 000	15 000
$t_{01}=96\% \times t_0$	0	480	960	1 920	4 800	9 600	14 400
$t_{02}=4\% \times t_0$	0	20	40	80	200	400	600
M_{M1}	0.02	0.02	0.02	0.079 8	0.267	0.316 8	0.316 8
$M_{T(T')1}$	0.91	0.747	0.629 6	0.523 4	0.221	0.016	0.016
M_{C1}	0.07	0.233	0.350 4	0.396 8	0.512	0.667 2	0.667 2
$M_{M1,rest}$	0	0.003 582 42	0.006 162 64	0.068 296 7	0.262 143	0.316 448	0.316 448
$M_{T(T')1,rest}$	0	0	0	0	0	0	0
$M_{C1,rest}$	0	0.175 538	0.301 969	0.356 538	0.495	0.665 969	0.665 969
M_{M2}	0	0.016 417 6	0.013 837 4	0.011 503 3	0.015 178 6	0.002 593 41	0.003 657 14
$M_{T(T')2}$	0	0.699 389	0.549 343	0.389 962	0.124 464	0.005 230 77	0.003 024 18

续表 5.23

M_{C2}	0	0.105 073	0.128 687	0.173 7	0.103 214	0.009 758 24	0.010 901 1
$M_{M,total}$	0.02	0.02	0.02	0.079 8	0.277 322	0.319 041	0.320 105
$M_{T(T'),total}$	0.91	0.699 389	0.549 343	0.389 962	0.124 464	0.005 230 77	0.003 024 18
$M_{C,total}$	0.07	0.280 611	0.430 656	0.530 238	0.598 214	0.675 727	0.676 87
$\lambda/(W \cdot m^{-1} \cdot ℃^{-1})$	1.007 48	0.959 959	0.926 161	0.973 304	1.185 46	1.215 71	1.216 67
$10^6 \cdot \alpha/℃^{-1}$	9.241	9.240	9.240	9.956	12.294	12.782	12.794
$R_V = \Delta V/V$	0	0.001 024 53	0.001 753 44	0.004 628 08	0.012 850 2	0.014 894	0.014 942
E/GPa	式(5.3.45)	式(5.3.45)	式(5.3.45)	式(5.3.45)	式(5.3.45)	式(5.3.45)	式(5.3.45)

由表 5.23 可知,由于相变的发生,导致热导率有小量变化;热膨胀率在 5 000 h 后增大了约 1/3;单斜相的增加导致体积膨胀率在 5 000 h 后超过了 1.2%,这会增大与合金材料的不匹配。

由于在早期烧结过程中,涂层的杨氏模量会发生变化,而相变过程是更长期的过程,可以看作是在烧结作用之后发生的,因此相变混合物杨氏模量计算所采用的杨氏模量应该根据涂层烧结后的杨氏模量来确定,然后根据各相组分由式(5.3.45)计算得到。

3. 相变过程有限元实现

由于相变过程是个长期的过程,而烧结主要在早期工作过程中发生。因此,本书将烧结作为相变过程的前置阶段,即相变过程的初始条件是涡轮叶片在不均匀工况温度场作用下的烧结终态。本书将 400 h 烧结后的状态作为烧结终态值,烧结过程可通过前面所述的有限元子程序实现。显然,在不均匀温度场作用下的烧结,会导致涂层杨氏模量强化的不均匀性。因此在叶片相变起始阶段,涡轮叶片的不同部位材料点已经具有不均匀的杨氏模量。对于一个给定总时间 t_0 的相变过程,根据燃气轮机工况运行规定,将其划分为高工况时间 t_{01} 和低工况时间 t_{02}。由相关公式,可以求得相变结束时的热膨胀系数、体积、杨氏模量。

因此,对于相变导致的材料相关性能的变化,采用时间相关的分析步进行模拟目前并不现实。本书将其简化为烧结过程结束后的一个静态相变分析步来实现,热膨胀系数、体积、杨氏模量在总的相变时间内按线性变化。子程序的实现与 TC 高温累积时间作用下有限元本构模型的构建过程类似,采用 UMAT 子程序,可以仿照烧结过程改写,主要有以下几点需要注意:① 相比于烧结过程,杨氏模量的变化规律要根据 5.2 节所述的相变模型改写,弹性矩阵的更新过程相同;② 热膨胀系数须在热应变计算之前按相变模型先更新,然后再按烧结类似的形式进行热应变计算;③ 在应变分量中增加体积应变分量,将由相变模型得到的体积变化转化为体积应变形式,并假设在三个方向具有相同的正应变(剪应变为零),体积应变分量要参与总应变的计算,按照对数应变形式给出:

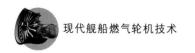

$$\varepsilon_1^v = \varepsilon_2^v = \varepsilon_3^v = \ln\left(\sqrt[3]{\frac{v_0 + \Delta v}{v_0}}\right) \tag{5.3.51}$$

应力应变更新和状态变量的设定与烧结过程类似,该相变子程序可以实现相变终止时材料性能的终值,以及在该状态下的应力响应。

5.3.3　TGO 层高温累积时间作用下热生长增厚

由于 BC 的高温氧化作用,TGO 厚度随时间累积而增厚,且增厚方向主要在法向方向,侧向方向较微小,通常忽略不计。在有限元模拟中 TGO 的热生长作用是将 TGO 体积增厚率转化为单元的体积应变率,并参与有限元计算,TGO 层的热生长增厚可以通过两种方式进行模拟,一种是采用体积应变增量的方式引入,一般只考虑厚度方向的增厚,通过 CREEP 子程序实现;另一种通过子程序 UMAT,将 TGO 增厚考虑为时间相关的厚度方向体积应变增量,并参与总的应变计算。

1. UMAT 形式的 TGO 热生长增厚本构模型

UMAT 形式的 TGO 热生长实现过程与 TC 累积时间作用下有限元增量本构模型的建立类似,同样需要定义弹性矩阵,并进行相应的应力应变更新和计算。其主要的不同之处在于,需要在式(5.3.17)的基础上增加 TGO 热生长增厚项:

$$\Delta\varepsilon_{ij} = \Delta\varepsilon_{ij}^e + \Delta\varepsilon_{ij}^{cr} + \Delta\varepsilon_{ij}^T + \Delta\varepsilon_{ij}^{TGO} \tag{5.3.52}$$

式中:$\Delta\varepsilon_{ij}^{TGO}$ 为热生长增厚应变。由第 5.2 节的实验拟合式可以得到增量步结束后的 TGO 厚度增量:

$$\Delta h = kn\left(\frac{h}{k}\right)^{1-\frac{1}{n}}\Delta t \tag{5.3.53}$$

若材料厚度方向为 3 方向,仅考虑 TGO 在厚度方向的增长,采用对数应变,则有

$$\Delta\varepsilon_{33}^{TGO} = \ln\left(\frac{\Delta h}{h}\right) \tag{5.3.54}$$

而在其他方向上,TGO 增厚的正应变分量均为零。由于 TGO 增厚只涉及体积应变,因此所有剪切应变也为零。在状态变量中定义 TGO 厚度为状态变量分量,在增量步结束时更新:

$$h = h + \Delta h \tag{5.3.55}$$

调用 UMAT 子程序,每个增量步需要计算弹性矩阵,并更新应力应变,而且不同性质的应变需要定义不同的状态变量分量才能读取相关应变值,对应的 inp 文件也必须做适应性修改。相对于 CREEP 子程序而言,UMAT 实现方式更加复杂,但灵活性却很大。

2. CREEP 子程序形式的 TGO 热生长增厚模型

采用 CREEP 子程序形式实现 TGO 热生长,不需要如 UMAT 子程序那样进行自定义弹性矩阵和应力应变更新,只需要将式(5.3.54)中的增量步结束时的增厚应变赋予子程序 CREEP 中的体积应变增量 DESWA(1)。DESWA(1)即为式(5.3.56)中的 $\dot{\varepsilon}_v^{TGO} \Delta t$。

$$\begin{bmatrix} \dot{\varepsilon}_{11}^{TGO} & 0 & 0 \\ 0 & \dot{\varepsilon}_{22}^{TGO} & 0 \\ 0 & 0 & \dot{\varepsilon}_{33}^{TGO} \end{bmatrix} \Delta t = \frac{1}{3} \boldsymbol{R} \dot{\varepsilon}_v^{TGO} \Delta t \quad (5.3.56)$$

$$\boldsymbol{R} = \begin{bmatrix} r_{11} & 0 & 0 \\ 0 & r_{22} & 0 \\ 0 & 0 & r_{33} \end{bmatrix} \quad (5.3.57)$$

式中:$\dot{\varepsilon}_v^{TGO}$ 为 TGO 体积应变率,r_{ii} 代表材料的 3 个方向,若 3 个方向为 TGO 厚度方向,同样考虑其他方向体积增长较微弱,则有 $r_{11} = r_{22} = 0$、$r_{33} = 3$。一般仅需要一个存储 TGO 厚度的状态变量即可,在每个增量步结束时更新。采用 CREEP 子程序时,inp 文件的适应性修改比 UMAT 要少。相对而言,CREEP 子程序更加简便,但适用范围较窄。

5.3.4　TC 杨氏模量烧结和 TGO 增厚的耦合模拟

在分别得到 TC 杨氏模量烧结与 TGO 增厚的子程序后,两者联合模拟的关键之处在于:① 要定义统一的状态变量,保持 TC 和 TGO 材料的状态变量的分量个数相等;② 对 TC 和 TGO 材料要分别定义状态变量的初始值,初始值的个数同样要保持相同;③ TC 杨氏模量烧结的子程序和 TGO 增厚的子程序必须包含于同一个 Fortran 子程序之内,ABAQUS 每次只能调用一个子程序文件。

5.3.5　BC 层的蠕变和塑变行为

BC 层常见材料为 MCrAlY(其中 M 代表金属元素,一般为 Ni、Co 等元素),从本质上讲,BC 层材料为合金材料,具有金属材料的一般性质,既可以发生塑性变形又存在蠕变行为,而且与温度相关性强,因此 BC 层材料模型要考虑温度相关的塑性与蠕变。在高温运行条件下,由于 BC 层的高温氧化而导致 TGO 层增厚是热障涂层的重要特征,关于 TGO 增厚模型有的学者采用分子扩散理论考虑氧离子和铝离子生成 Al_2O_3 的模型,也有的学者采用唯相学模型考虑 TGO 层的增厚。在热障涂层研究中 TGO 层一般作为一个独立层单独进行考虑。在公开文献中一般认为 BC 层蠕变行为服从 Norton 蠕变率,其蠕变参数如表 5.24 所列。

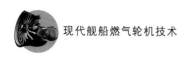

表 5.24　BC 层蠕变参数

$A/(s^{-1} \cdot MPa^{-n})$	n	$T/℃$
6.54×10^{-19}	4.57	$\leqslant 600$
2.2×10^{-12}	2.99	700
1.84×10^{-7}	1.55	800
2.15×10^{-8}	2.45	$\geqslant 850$

目前相关文献中普遍将 BC 层的塑性行为视为温度相关的各向同性塑性硬化行为，服从 Mises 屈服准则。有关文献关于 BC 层（MCrAlY）塑性行为的材料参数如表 5.25 所列。

表 5.25　BC 层塑性参数

应力/MPa	应　变	温度/℃
1 100	0	400
2 500	0.23	400
1 100	0	600
2 200	0.3	600
300	0	800
375	0.022	800
50	0	900
60	0.02	900
11	0	1 000
19	0.01	1 000

5.3.6　SUB 层（高温合金）材料蠕变和塑性行为

K452 合金材料是国产化的代用材料，其蠕变实验数据如图 5.52 所示。

由图 5.52 可知，K452 高温合金在 800 ℃和 900 ℃时不同等拉伸应力情况下蠕变应变随时间的变化近似为线性，即在等拉伸应力作用下，蠕变速率近似等于蠕变曲线斜率，通过线性化处理得到 800 ℃和 900 ℃时 K452 合金的蠕变速率如表 5.26 和表 5.27 所列。

表 5.26　K452 合金 800 ℃时线性化处理的蠕变速率

σ_s/MPa	200	220	240	260	270	280	300	320
$10^9 \cdot \dot{\varepsilon}_{cr}/s^{-1}$	1.852	2.500	2.870	5.278	5.741	6.204	7.870	12.50

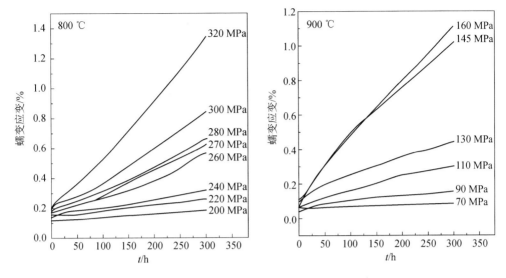

图 5.52 K452 高温合金在 800 ℃ 和 900 ℃ 时的蠕变性能

表 5.27 K452 合金 900 ℃ 时线性化处理的蠕变速率

σ_s/MPa	70	90	110	130	145	160
$10^9 \cdot \dot{\varepsilon}_{cr}$/s^{-1}	0.926	1.389	2.778	4.167	9.444	14.815

以 Norton 蠕变率拟合 800 ℃ 和 900 ℃ 时 K452 合金的蠕变应变率与等效应力的曲线,如图 5.53 所示。可见,图 5.53 中给出的 Norton 蠕变方程可以较好地反映蠕变过程。相关参数应用在后续应力计算中。

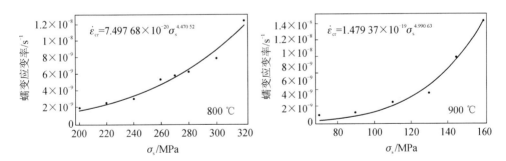

图 5.53 基于 Norton 模型的拟合曲线

K452 的塑性参数如表 5.28 所列,采用 Mises 屈服准则。

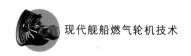

表 5.28　K452 合金塑性参数

应力/MPa	应 变	温度/℃
708.707	0	27
716.430	1.998×10^{-3}	27
830.0	0.040 2	27
627.829	0	600
636.270	1.998×10^{-3}	600
991.9	0.086 2	600
633.548 0	0	700
641.280	1.998×10^{-3}	700
1 030.440	0.102 6	700
666.962	0	800
671.340	1.998×10^{-3}	800
901.530	0.107 1	800
413.364	0	900
415.830	1.998×10^{-3}	900
658.8	0.198 9	900
204.144	0	1 000
205.410	1.998×10^{-3}	1 000
355.6	0.239 0	1 000

　　本节主要完成以下几项工作:① 利用第 5.2 节烧结强化的实验拟合结果,建立了高温累积时间作用下可综合考虑 TC 烧结强化、蠕变、热膨胀、弹性变形的有限元增量本构模型;② 根据 TC 层材料长期相变数据,建立了长期服役条件下,相变作用导致的 TC 材料参数变化的计算模型;③ 利用第 5.2 节 TGO 氧化层热生长拟合结果,分别建立了可模拟 TGO 热生长增厚的基于 UMAT 和 CREEP 的有限元增量子程序模型;④ 引入了时间相关的 BC 层和 K452 高温合金的蠕变行为。

第 6 章
舰船发电燃气轮机设计技术

舰船电力推进装置的应用具有悠久的历史。早在 1833 年第一艘电动实验船诞生,人们就开始了舰船电力推进的研究,由于受各种因素制约,发展缓慢。1886 年,英国人就建造了 1 艘以蓄电池-电动机为推进装置的小艇,并依靠自身电力横渡了英吉利海峡。最初的潜艇也有不少采用全电传动装置的。例如,作为早期电力推进的代表,法国人于 1888 年建造的"吉姆诺特"号潜艇安装有 564 块蓄电池,以 40 kW 的电动机为传动装置。20 世纪前 20 年是电力推进舰船的第一次兴盛时期。当时的舰船迅速大型化,满载排水量 3 万余吨、全长超过 200 m 的大型战舰纷纷出现。1911 年,美国海军建造的"木星"号运煤船是第一艘采用电力推进的军舰,后被改造成"兰利"号航母。该舰的主机采用蒸汽轮机驱动发电机,再由电动机推进螺旋桨。后来的"新墨西哥"、"田纳西"、"科罗拉多"级战列舰和"列克星敦"级航空母舰也采用了蒸汽轮机-电动机电力系统。例如"科罗拉多"级战列舰 8 座锅炉产生的高压蒸汽驱动 2 台蒸汽轮机,汽轮机再带动发电机,由电动机驱动螺旋桨。受当时机械加工工艺限制,无论是超大型、高精度的齿轮,传动功率数万千瓦的变速箱,还是长达近百米的传动轴的加工都非常困难。在此情况下,人们想到了电力推进。也就是说,当时使用电力推进装置是机械传动装置的制造技术暂时无法满足大型舰船需要情况下的无奈之举。到了 20 世纪 30 年代,随着齿轮和传动轴制造技术的发展,大型战舰配用的机械传动装置已经成熟,电力推进舰船的第一个黄金时期也随之结束。

电力推进装置的发展思想归根结底取决于科技的发展以及对舰船推进系统不断提高的要求。进入 20 世纪 80 年代以来,电力推进装置在舰船上的应用发生了根本性的变化,电力推进已不再限于潜艇及工程船舶等特殊领域,其应用范围几乎扩大到所有舰船。随着科学技术,特别是造船、电力技术、计算机科学等方面的高速发展,组成电力推进装置的各个部件如原动机、发电机、变流装置以及电力推进控制系统等发生了深刻的变化,电力推进系统已具有其他推进装置无法相比的优越性。人们对于舰船推进装置的要求除了与机动性、费效比有关的各个方面外,还迫切要求减少由推进装置产生的物理场信号特别是水下辐射噪声,以及不断提高其自动化程度及采用新的简便可靠的维护程序。武备高度智能化的未来舰船在网络中心战的复杂战场环境中,将直接或间接地对舰船推进装置的发展和应用提出更加苛刻的要求,因而必须进一步提高推进系统的技战术性能。电力推进系统正是适应上述要求的一种具有综合优越性的推进方式,越来越受到海军和舰船设计人员的青睐。

因此,从 20 世纪 80 年代起,供电系统、推进电机、微电子、信息技术的迅猛发展,使舰船电力推进装置加快了发展步伐,打破了长期徘徊局面;变频技术在舰船上的实际应用,使电力推进装置取得了突破性进展。

长期以来,作战潜艇都采用机械推进和电力推进两种方式。以常规潜艇为例,水面航行时使用柴油机直接驱动传动轴带动螺旋桨,水下航行时使用蓄电池驱动直流电动机使潜艇航行。20 世纪 80 年代以来,世界各国海军建造的潜艇几乎毫无例外都采用综合电力推进方式,任何时候都是由推进电机带动螺旋桨作为潜艇运动的动力。潜艇在水下航行时,蓄电池组是唯一的供电电源,而在水面及通气管状态航行时,则由专门的柴油发电机组与轴系无机械联系,柴油机的机械噪声不会直接传给螺旋桨,也不会通过轴系中的轴承支点和隔墙支点传给艇体以至艇外。柴油发电机组可以采用双层整体隔振措施,以控制机械振动及机械噪声向外传播。因此,采用电力推进方式大大提高了潜艇的安静性和隐蔽性。即使是核潜艇,在寻求低速隐蔽或应急航行时,也需要采用直流推进而放弃直接机械传动。

美国海军于 1986 年针对当时水面舰船的低能表现提出"海上革命"计划,曾制订一个综合电力推进(IED)的计划,目的是研制出一种非常"安静"而且费用合理的新型推进装置,以对付在世界各大洋深处游弋的苏联潜艇的威胁。但是,在研制过程中发现 IDE 并不是经济上能承受、性能上能满足要求的最合理的方案。于是,在 1994 年提出将船舶的电力系统和推进系统相结合,使船舶日用供电和推进供电一体化,采用模块化结构和区域配电,实现能源的综合利用和统一管理,力图通过设备的通用性、实施的简易性和标准化来实现未来舰队的高性能与低成本。"综合全电力系统"的概念由此产生。其典型结构如图 6.1 所示,图中 $G_i(i=1,2,\cdots,n)$ 为集成化的高功率密度大容量发电模块。1997 年,在 2000—2035 年美国海军技术报告中明确提出了将综合电力推进作为未来水面舰船动力和推进系统现代化的发展途径。1998 年,正式启动了下一代对陆攻击型驱逐舰的 DD - 21 计划,后来又先后改为 DD(X)计划、DDG1000 计划,但不论代号怎么改,美国海军均计划采用综合电力推进。美国海军在充分地进行综合电力推进可行性研究和方案论证的基础上,还做了大量的实验验证工作。其目的是将商船上可得到的已成熟的技术用于军舰环境。兰德公司运用定量法对电力推进舰船设计中单个部件的性能配置进行了估算,然后综合这些信息对综合电力推进的可行性进行了分析。

英国国防部于 1994 年正式开始舰船综合全电力推进(IFEP)系统的应用研究,将其用于未来护卫舰、航空母舰和攻击型潜艇。Hodge 等介绍了英国海军电力推进舰船的发展及研制情况。英国 2002 年服役的两艘辅助油轮(AO)和 2003 年服役的

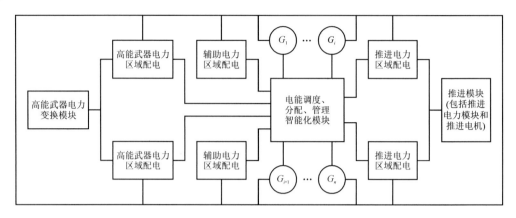

图 6.1　舰船综合全电力系统典型结构示意图

两艘船坞登陆舰(LPD)均采用了综合电力推进系统。配置综合电力系统的 45 型导弹驱逐舰是建立在美国 IPS 基础上的综合电力推进系统,发电机的原动机采用以降低生命周期成本为目的的 WR‐21 中冷回热燃气轮机和柴油机。英国海军最新航空母舰的动力就是采用由 MT30 燃气轮机驱动的综合全电力推进(IFEP)系统。

北约组织的有关机构也对采用综合全电力推进的全电力舰(AES)进行了大量的研究工作,并于 1998 年 10 月在布鲁塞尔公布了结果,证实了 AES 的可行性。

我国对综合电力系统的研究起步较晚,但对舰船综合全电力推进的研究非常重视。章以刚分析了船舶综合电力系统设计时要考虑的若干问题。鲍利群探讨了我国未来护卫舰采用综合全电力推进的概念设计。大连海事大学、北京交通大学、上海海事大学、武汉理工大学、华中科技大学、哈尔滨工程大学、清华大学、海军工程大学、海军研究院和其他一些相关船舶研究单位正在对综合电力推进在我国船舶领域的应用进行研究。

6.1　综合电力系统对燃气轮机的设计要求

6.1.1　舰船对综合电力系统的设计要求

21 世纪主要大国海军战略发生重大变化,水面舰船设计强调提高舰船的多用途功能,强调尽可能降低装备全寿命费用。

在这种背景下,对综合电力推进系统提出更高、更新的要求,主要是:

① 有利于舰船布置的全面优化,有利于舰船的顺利建造。推进系统应能够适应舰体外形的变化、船线型和上层建筑布置的优化设计。舰船的优化布置不仅能提高总体性能,而且有利于平时和战时对装备的维护管理,也有利于机电设备维修工作的

顺利展开。

电力系统具备综合全电力作战(IFTP),可以为舰上所有负载提供灵活、可靠、高质量的电力。由于综合电力系统是将舰上的日常用电和推进用电结合在一个电力系统内,因此,全舰包括推进和日常发电机组在内的总的装机数量可减少。无论是用于推进发电机组,还是用于日常发电机组都能根据实际负载的需要,统一地、有选择地进行启动、停机,并使各发动机接近最佳油耗的工况运行,运行经济性好。控制全电舰船的建造成本,节约运行费用,进而提高综合电力推进系统的全寿命周期费用。

② 大的电站容量。现代舰船的用电量随着武器电子装备的发展和日常用电量不断增加而增加。驱逐舰的单位排水量电功率由 0.56 kW/t 增加到 1.07 kW/t,护卫舰的单位排水量电功率由 0.864 kW/t 增加到 1.03 kW/t。

一般军辅船和民用船,日用电功率占推进功率比例较大。而水面战斗舰船航速高,需推进功率大,因此用电功率占比例较小。但是未来舰船高能武器的使用需要成倍地增加电站容量,电热化学炮约需 2 000 kW 的功率,中级能激光武器约需 100 kW 以上功率,大功率激波武器约需 500 kW 的功率等,另外电磁弹射器和声呐设备都需大功率供电。

③ 尺寸小、质量轻,以减少排水量或增加武器装载量。

④ 提高能量利用率。实行低能耗,不仅能降低运行成本,更重要的是能在一定续航力下,减少燃油装载量,节约舰船容积和重量,为此必须提高推进效率,提高原动机效率和有效匹配运行工况。

⑤ 提高通用性、可靠性和可维修性。许多国家海军随着舰船数量的减少,要求舰船能独立进行持续的海上作战活动,需要不依赖传统的保障资源支持,而能长期作战的舰船;能在给定的燃油装载量上增加航速、续航力和海上活动时间;还能有效地利用远程维修保障支持舰上推进系统运行和维修。

⑥ 提高自动化水平,减少人力需求。

⑦ 降低作战费用,提高生命力。

6.1.2　综合电力系统的负荷需求分析

任务剖面(mission profile)是对武器装备在完成规定作战使用任务这段时间内,所经历的事件和环境的时序描述。对舰船来讲,任务剖面主要指舰船的运行概貌(operating profile),即舰船在遂行各种作战使用任务的范围内航速、功率等性能的具体时间分布。舰船的任务剖面是变化的,取决于舰船要执行的任务及执行任务的频率。

图 6.2 显示了美国海军 DDG-51 型驱逐舰的设计运行概貌。图 6.3 显示了英国综合全电力推进护卫舰的三种典型运行概貌图,图中 ASW 表示执行反潜任务(典型的低速运行概貌),GP 表示通用航行任务(典型的中速运行概貌),CBG 表示航母战斗编队任务(典型的高速运行概貌)。由图 6.3 可以看出,对于不同的使命任务,任

务剖面明显不同。如对于主要执行反潜任务的舰船,要求稳定低速航行工况较多,其任务剖面如图中的 ASW 曲线。

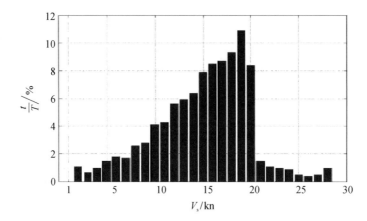

图 6.2　DDG - 51 型驱逐舰的设计运行概貌

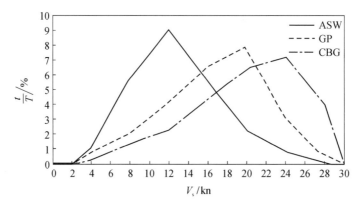

图 6.3　综合全电力推进护卫舰的典型剖面示意图

　　表 6.1 综合统计了美、俄等国实际使用经验下,并考虑今后舰船装备技术发展和战术使用变化条件的舰船航行时间分配表。由表可见,舰船在 20 kn 以下航行时所需功率不超过全功率的 25%,航行时间却占总航行时间的 80%;28 kn 以上航行时所需功率为全功率的 80%~100%,而航行时间仅占总航行时间的 3%。

表 6.1　舰船航行时间分配表

航速/kn	运行工况 (占总功率百分比%)	航行时间 (占总航行时间百分比%)
<20	<25	80
20~28	25~80	17
>28	80~100	3

针对综合全电力推进目标舰的使命任务,在借鉴国外现有同类舰船的任务剖面特点,调研国内驱逐舰的任务剖面的基础上,编制出目标舰船的运行任务概貌图,如图 6.4 所示。

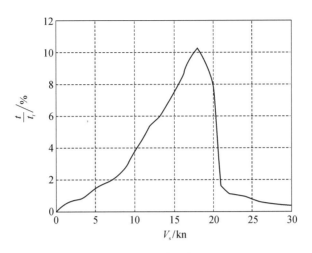

图 6.4　目标舰的任务剖面图

6.1.3　舰船综合电力系统燃气轮机的技术特点

　　综合电力推进的优缺点,主要从重量、尺寸、成本、效率、可靠性、生命力、机动性、对航行的适应性、设计安装、控制检查、维护修理等方面进行比较。其主要优点如下:

(1) 结构优化、布置灵活

　　通过选择不同功率的原动机和不同种类的发电机、电动机及其附属设备,可以组成各种形式的电路结构,获得效率较高的大功率输出,而原动机的种类可以只限于几种规格;可以用高速原动机驱动发电机为电动机供给电能,省去了中间的机械减速装置。同时原动机与螺旋桨之间无硬性连接件,避免了原动机的冲击、振动传到螺旋桨。原动机可以在船舶的不同位置上布置:在传统的机械动力推进系统当中,推进器是通过齿轮箱与推进轴连接在一起驱动螺旋桨的,而综合电力推进系统则是通过电缆与动力系统连接驱动螺旋桨,其可靠性和可维护性大大增强。该系统便于实现自动化,操纵灵活,机动性好。除了减少总装机数量外,还可以不使用推进减速齿轮装置和可调螺距螺旋桨。节约的费用足可补偿电机等设备的采购费用。

　　推进发电机组不一定非要布置在推进轴线上,推进轴系的倾斜角可以减少,推进轴系可以缩短,从而有利于其他设备的布置。因此也就提高了推进系统的生存力。对燃气轮机发动机组而言,因布置灵活可向上布置而极大地减少燃气轮机进、排气管所需要的空间。由于可以将发电机组布置在水线以上从而能够大大减少辐射噪声。

(2) 增大电站冗余,提高船舶动力的生命力和安全性

　　将舰船上所有的原动机综合在一起发电,可以使全舰电网的可用度增加 10 倍以

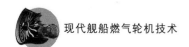

上。这样大的发电冗余能力不仅可以大大提高电网供电的可靠性,而且有助于解决未来舰船高能武器的供电问题,电网具有较大的储备发电能力可以为未来舰船的现代化改装留有充足的裕量,这种设置还有助于发电原动机的类型和数量选择的自由性,能保证发电原动机一直处于满负荷下工作,提高了机组的工作效率,降低了 NO_x 的排放,从而大大提高了船舶动力的生命力和安全性。

特别是综合电力推进系统能为新型战舰提供不间断的动力支持和先进的故障隔离方式,而这些都是当前舰船所不能实现的。

(3)提高机动性

推进电机可过载加速启动,增强了船舶的机动性。可以控制电动机转矩或使推进轴上具有最有利的转矩与转速的关系。例如,降低转速时,可获得最大转矩,而螺旋桨阻力小时,可获得最大转速。可以在调速范围内维持恒转矩输出;原动机不必反转,依靠电动机反转就可以获得螺旋桨长期稳定的、额定的或低速的运行。

电力推进系统的动态制动和全功率倒车推进能使舰船在几倍舰长的距离内停止航行。在变换器内的功率调节消除了因海况变化而使桨叶露出水面传输回原动机的负载瞬态,从而使负载平滑而减少了原动机的磨损。

(4)模块化、标准化、通用化程度高

采用电力推进装置,可进行高度模块化生产,这样就大大简化了机型,扩大了批量使用,批量生产,有利于维护使用,减少费用。对发电机和电动机可以很方便地实现远距离电控(启动、停机、调速等)。

综合电力推进系统进行现代化改装容易,能比较方便地容纳先进技术。由于整个设计都利用工业标准电压和接口,一旦新技术发展成熟,就可将新技术装备方便地接入综合电力系统。

(5)满足高能武器的能源需求

未来的舰船可能会装备使用需要高脉冲功率的武器系统,如电磁炮、电热化学炮、激光武器等主要用电武器系统。使用综合电力推进系统可以比较容易地把这种高脉冲功率负载并入此系统中,瞬间内将大量的功率从推进负载转移至武器负载,而不会对舰船的性能和运行产生太大的影响。

综合电力推进的缺点如下:

① 由于能量的多次转换,使所需设备增多、总重量增加、初投资增大。

② 能量损耗增加,故总的推进效率降低。

6.2 飞轮储能系统对燃气轮机发电机组性能的影响

由于船舶综合电力系统相对于大容量陆地电网而言,属于孤立电网,其容量较小、供电距离短、电网间耦合性强、工作环境较为恶劣、负载多为感性负荷且大范围频繁变化等因素,都会制约电网电能品质的提高。同时,各种大功率负载、高能功率武器的切换使综合电力系统负载形式更加复杂多变,均会对船舶电网造成冲击影响,带来一系列不可避免的电能品质问题,出现诸如脉冲负载的投切导致的电压凹陷、畸变、电流涌浪、尖峰等不良现象,严重时不仅影响船舶其他重要电器设备的使用,降低原动机的运行性能,甚至还会使整个电网瘫痪。因此,为了提高船舶综合电力系统稳定性以满足各种负载频繁变化的需求并改善电网电能质量,各国先后对综合电力系统进行多方面深入研究,如改进控制策略、配电网分层保护、输电布局改进设计、电制电压等级设计、采用新型设备或装载先进储能系统等以提高综合电力系统整体性能,同时美国未来船舶综合电力系统已明确将大容量集成化的飞轮储能设备应用于对大功率重要负载供电,用以抑制电压波动。

因此,紧跟国际先进技术发展潮流,我国已大力开展综合电力系统技术相关研究与实验,并取得一定重大成果,结合燃气轮机为原动力发展的大容量综合电力系统更是势在必行,将大容量集成化储能设备应用到船舶电网更是有效解决电网问题的关键技术。为此,本书从理论从发,基于计算机仿真软件,建立以某型燃气轮机为原动机的综合电力系统与飞轮储能系统并网的仿真模型,用以研究分析飞轮储能系统对船舶电网电能品质的改善情况以及对燃气轮机发电机组性能的影响等,最终研究成果能够为未来综合电力系统的深入研究以及飞轮储能装置的设计提供一定的理论参考。

6.2.1　飞轮储能系统与充放电控制

飞轮储能系统采用物理储能形式,集机电能量转换为一体,通过飞轮电机和变流器装置实现机械能与电能的完美转变。供电方式主要为 AC-DC-AC 形式,即先将交流电压转变成恒定的直流电压(整流环节,AC-DC),再将直流电压转变成频率、电压均可控的交流电压(逆变环节,DC-AC)来驱动飞轮电机带动飞轮转子进行能量的储存与释放。而且飞轮电机的充放电控制技术也是飞轮储能系统的核心,决定着整个储能系统的优劣程度,因此对其工作原理及组成、理论数学模型及充放电控制进行深入分析十分必要。

1. 飞轮储能系统工作原理及组成

飞轮储能系统是利用高速旋转的具有大惯性的飞轮转子来实现能量储存的,其可用下列表达式表示:

$$W = \frac{1}{2} J \omega^2 \leqslant K_s \sigma_h V = \frac{1}{2} m \sigma_h / \rho \qquad (6.2.1)$$

$$J = \int r^2 \, \mathrm{d}m = \frac{1}{2} \pi \rho h R^2 \qquad (6.2.2)$$

式中:W 为储存的能量,J;J 为飞轮转动惯量,kg·m²;ω 为飞轮转速,rad/s;σ_h 为材

料允许拉伸应力,N;K_s 为飞轮形状系数;V 为飞轮体积,m^3;dm 为质量微元,kg;r 为轴线到 dm 的距离,m;ρ 为飞轮密度,kg/m^3;h 为飞轮厚度,m;R 为飞轮半径,m。

从上式可知飞轮储存的能量与转动惯量和转速的平方成正比,若要获得更大的储存能量,则飞轮需要选取高比(σ_h/ρ)强度的复合材料。当转动力矩不平衡时势必导致飞轮转速发生改变,其关系可表述如下:

$$M = J \frac{d\omega}{dt} \qquad (6.2.3)$$

当力矩 M 与转速同方向时,飞轮做加速运动,储存能量;反之,当力矩 M 与转速反方向时,飞轮做减速运动,释放能量;故当飞轮转速运行在最高值 ω_{max} 与最低值 ω_{min} 时,所吸收或释放的能量为

$$\Delta W = \frac{1}{2} J (\omega_{max}^2 - \omega_{min}^2) \qquad (6.2.4)$$

飞轮轴功率为

$$P = \frac{dW}{dt} = J\eta\omega \frac{d\omega}{dt} = M\eta\omega \qquad (6.2.5)$$

式中:η 为转化效率。

飞轮储能系统主要工作在 3 种工作模式:① 从电网吸收电能增加飞轮转速储存能量的充电模式,其中飞轮电机为电动机运行模式;② 消耗小量电能克服系统损耗保持飞轮转速恒定,不做能量转化的保持模式;③ 降低飞轮转速,作为原动机拖动电机转子利用其产生的感应电动势向电网输入电能释放能量的放电模式,此时飞轮电机为发电机运行模式。其工作原理如图 6.5 所示。

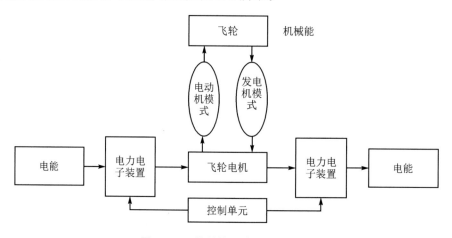

图 6.5　飞轮储能系统工作原理图

实际飞轮储能装置非常复杂,而且种类繁多,典型飞轮储能装置主要由 5 大部分构成:

① 采用新型复合材料(如玻璃纤维或碳纤维)的飞轮转子;

② 磁悬浮支撑轴承系统；

③ 集成电动/发电机；

④ 电力电子及其控制装置系统；

⑤ 辅件(如真空壳体、保护罩、冷却系统等)。

其结构简图如图 6.6 所示。

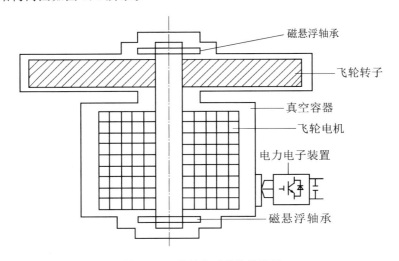

图 6.6　飞轮储能系统结构简图

所以在实际设计中必须综合考虑各种限制条件，目前制约飞轮储能技术的关键技术主要有：

① 飞轮转子的设计，飞轮转子的结构与材料直接制约着整个系统的储能容量与安全。

② 磁悬浮轴承技术，磁悬浮轴承的设计要求是系统能够长时间、高效地储能，而且满足损耗低、寿命长、承重大等要求。

③ 飞轮电机的设计，飞轮电机是飞轮储能装置的关键部分，设计时尽可能实现大转矩和大输出功率，且运行寿命长、损耗低、能量转换率高、转速能够大范围变化。

④ 电力电子变换技术，设计时要求其满足低谐波、小畸变率、大功率、高精度及响应快等要求。

2. 飞轮电机的选择与电力变换器设计方案

飞轮储能装置应用的场合不同、放电功率等级不同以及充放电次数都会影响飞轮电机的选取，目前应用广泛、性能优越最具潜力并可用于飞轮储能装置的 3 种电机分别为感应电机、开关磁阻电机及永磁同步电机。感应电机结构简单、低成本、运行可靠，能够长时间高温运行，但其缺点也非常明显，转速范围小、运行时会产生涡流损耗，同时当转速上升时也会导致转子损耗增加，降低了运行效率。开关磁阻电机结构简单，由于转子上没有绕组，也没有永磁体，故可以高温运行、损耗低、可频繁启动，其缺点是低速运行时转矩脉动较大,易产生较大的噪声,效率偏低。永磁同步电机功率密度大、效率高、损耗低、噪声低、转速范围宽,其缺点是成本高、转矩不稳定、不适合长时间运行在高温环境。综合对比 3 种电机运行性能,本书决定选择永磁同步电机作为飞轮储能装置驱动电机以实现对船舶综合电力系统中大功率负载频繁变化造成电压波动的大功率放电补偿。

目前主要用于驱动飞轮储能装置的电力变换器有半桥式拓扑、半桥式拓扑与斩波拓扑结合、全桥式拓扑、"H"桥式拓扑等,均能得到可靠的控制效果,本书为保证飞轮储能装置能够发出恒频恒压、低谐波分量的电能并入电网供给负载使用,同时高效率实现飞轮储能装置与电网之间的能量双向流动,采用目前具有广泛应用价值、最可靠的双 PWM 变流器控制来驱动飞轮储能装置,其工作原理如图 6.7 所示,在飞轮系统处于充电模式下,电网侧变流器工作为整流模式,将交流电转变为可控的直流电压,再经过飞轮侧变流器逆变为频率、电压均可调的高品质交流电驱动飞轮电机储存能量。在放电模式下,飞轮侧变流器将发出的交流电整流为恒定的直流电压,在经过电网侧变流器逆变为恒频恒压、输出功率可调的交流电并入电网,实现飞轮储存能量向交流电压的流动。

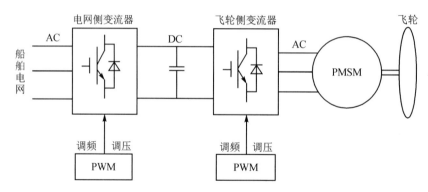

图 6.7 双 PWM 变流器控制模式原理图

3. 飞轮电机数学模型

飞轮储能电机的数学理论分析,在 dq 同步旋转坐标系下的数学模型为

① 电压方程:

$$\begin{cases} u_{f,d} = R_{f,s} i_{f,d} + p\psi_{f,d} - \psi_{f,q}\omega_f \\ u_{f,q} = R_{f,s} i_{f,q} + p\psi_{f,q} + \psi_{f,d}\omega_f \end{cases} \tag{6.2.6}$$

② 磁链方程:

$$\begin{cases} \psi_{f,d} = L_{f,d} i_{f,d} + \psi_f \\ \psi_{f,q} = L_{f,q} i_{f,q} \end{cases} \tag{6.2.7}$$

③ 转矩方程：

$$T_{em} = \frac{3}{2} n_p \big[\psi_{f,f} i_{f,q} + (L_{f,d} - L_{f,q}) i_{f,d} i_{f,q} \big] \qquad (6.2.8)$$

式中：$i_{f,d}$、$i_{f,q}$、$u_{f,d}$、$u_{f,q}$ 为飞轮电机 dq 轴定子电流和定子电压分量；$R_{f,s}$ 为电机定子电阻；$\psi_{f,d}$、$\psi_{f,q}$ 为电机 dq 轴磁链分量；$L_{f,d}$、$L_{f,q}$ 为 dq 轴定子电感分量；ω_f 为电机同步角速度；$\psi_{f,f}$ 为转子磁通；p 为微分算子；n_p 为极对数；T_{em} 为电磁转矩。

同时，在建模分析中将飞轮转子等效成一个具有转动惯量的大质量块，则飞轮电机运动方程为

$$J_{f,m} \frac{d\omega}{dt} = n_p (T_{em} - T_\zeta) \qquad (6.2.9)$$

式中：ω 为飞轮电机转动的角速度；$J_{f,m}$ 为飞轮电机等效转动惯量，且存在 $J_{f,m} = J_f + J_m$，J_f 为本体转动惯量，J_m 为电机自身转动惯量；T_ζ 为阻尼转矩。

根据能量守恒定律，飞轮放出的能量可表述为

$$\int_0^t P_i(t) dt + C \big[U_{dc}^2(t) - U_{dc}^2(0) \big]/2 + \int_0^t \frac{U_{dc}(t)^2}{R_L} dt$$
$$= \int_0^t P_f(t) dt = J_{f,m} \big[\omega(t)^2 - \omega(0)^2 \big]/2 \qquad (6.2.10)$$

式中：$P_f(t)$ 为飞轮系统输出功率；$P_i(t)$ 为流入电网侧的平均功率；C 为直流侧电容；R_L 为直流侧电阻；$\omega_f(0)$、$\omega_f(t)$ 分别为电机减速开始及减速后的角速度。

若忽略损耗，即在稳态情况下认为阻尼转矩 T_ζ 为零，则飞轮输出功率 P_f 可用下式表示：

$$P_f = T_{em} \omega_f \qquad (6.2.11)$$

由于永磁同步电机 $\psi_{f,f}$ 恒定不变，所以结合式（6.2.8）与式（6.2.11）可知，要控制飞轮输出功率，需同时控制转速 ω_f、转矩电流分量 $i_{f,q}$ 和励磁电流分量 $i_{f,d}$，而这些状态量都具有耦合性，要实现对飞轮储能电机的精准控制必须要对这些参数进行解耦。目前对于永磁同步电机的控制方法主要有矢量控制与直接转矩控制，而矢量控制又主要分为：最大转矩/电流比控制、弱磁控制、恒磁链控制、最大功率因数控制、$i_d = 0$ 控制等。控制方法不同导致其控制特性也不同，所以可根据控制要求进行相应的选择。下面就几种主要控制方法进行简要介绍。

（1）直接转矩控制

直接转矩控制采用 T_{em} 与 ψ_s 双位式滞环控制，依据双位式控制器输出的定子磁链偏差 $\Delta\psi_s$、电磁转矩偏差 ΔT_{em} 与其对应的逻辑符号以及期望输出电磁转矩的极性 P/N，再根据当前 ψ_s 的空间位置，直接按照控制法则选取要输出的电压空间矢量。其优点是省去了 dq 坐标变换与电流控制，简化了控制算法，以定子磁链 ψ_s 为控制量的计算磁链模型不受转子参数变化的影响，可有效提高控制鲁棒性。但缺点是易产生转矩脉动，低速状态下易受影响，调速范围不够宽。

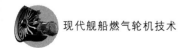

（2）最大转矩/电流比控制

最大转矩/电流比控制是指在给定电流的条件下使输出转矩达到最大,以保证凸极永磁同步电机运行的高效率。此时电机电流矢量需满足:

$$\frac{\partial(T_{em}/i_s)}{\partial i_d}=0$$

$$\frac{\partial(T_{em}/i_s)}{\partial i_q}=0 \tag{6.2.12}$$

式中:$i_s=\sqrt{i_d^2+i_q^2}$,那么定子电流分量 i_d、i_q 可表示为

$$i_d=f_1(T_{em})$$

$$i_q=f_2(T_{em}) \tag{6.2.13}$$

于是对于给定的电机转矩,通过上式可求得最小电流指令值,实现单位电流下最大转矩控制。

（3）弱磁控制（$i_d<0$）

当电机电压达到极限值后,若仍想继续增加转速、提高输出功率,则其简单有效的方法就是令 $i_d<0$,利用电枢反应削弱转子励磁的效果,但由于电机定子电流的限制,i_d 取多大的负值要视电机参数而定,同时同步电机多用采用稀土永磁材料制成,磁阻较大,导致在弱磁恒功率区长时间运行效果较差,故常根据不同电机设计采用特定的弱磁方法。

（4）$i_d=0$ 控制

采用按转子磁链定向并使 $i_d=0$ 的控制策略,其最大优点是将电机定子电流励磁分量与转矩分量解耦,彼此相互独立,并且该控制方法相对简单,易于工程实现,转矩脉动小,调速范围宽,适用范围广。但当负载增加时会导致定子电压升高,为保证电源电压冗余度,常使有效利用率降低,同时也造成功率因数降低。

所以综合考虑后本书选择 $i_d=0$ 控制方法来驱动飞轮电机,将 $i_d=0$ 代入式（6.2.8）可得

$$T_{em}=\frac{3}{2}n_p\psi_{f,f}i_{f,q} \tag{6.2.14}$$

其中 $i_s=i_{f,q}$,使电机转矩与定子电流成正比,转矩稳定性好,此时永磁同步电机可具有类似直流电机的特性,易于调速控制。

4. 飞轮储能充放电控制设计

根据飞轮永磁同步电机的数学模型,式（6.2.6）的定子电压方程可进一步写为

$$\begin{cases} u_{f,d}=R_{f,s}i_{f,d}+L_{f,d}\dfrac{di_{f,d}}{dt}-\omega_f L_{f,q}i_{f,q} \\ u_{f,q}=R_{f,s}i_{f,q}+L_{f,q}\dfrac{di_{f,q}}{dt}+\omega_f L_{f,d}i_{f,d}+\psi_{f,f}\omega_f \end{cases} \tag{6.2.15}$$

从式中可以看出 dq 同步旋转坐标系下两电压分量间仍存在动态耦合，而且这个动态耦合会降低系统的控制性能，在电机高速运行下影响更为明显，因此有必要对飞轮驱动电机进行定子电流前馈解耦，对式（6.2.15）中的电压进行解耦补偿。采用工业成熟化的 PI 控制应用于飞轮电机驱动控制以实现系统的鲁棒性及全局稳定性，则令

$$\begin{cases} u_{f,d}^* = R_{f,s} i_{f,d} + L_{f,d}\,\dfrac{\mathrm{d}i_{f,d}}{\mathrm{d}t} = \left(K_{d,p} + \dfrac{K_{d,i}}{s}\right)(i_d^* - i_d) \\[3mm] u_{f,q}^* = R_{f,s} i_{f,q} + L_{f,q}\,\dfrac{\mathrm{d}i_{f,q}}{\mathrm{d}t} = \left(K_{q,p} + \dfrac{K_{q,i}}{s}\right)(i_q^* - i_q) \end{cases} \tag{6.2.16}$$

则式（6.2.16）变为

$$\begin{cases} u_{f,d} = u_{f,d}^* - \Delta u_{f,d} = u_{f,d}^* - \omega_f L_{f,q} i_{f,q} \\[2mm] u_{f,q} = u_{f,q}^* + \Delta u_{f,q} = u_{f,q}^* + \omega_f L_{f,d} i_{f,d} + \psi_{f,f} \omega_f \end{cases} \tag{6.2.17}$$

于是 dq 坐标系下同步电机定子电流前馈解耦控制框图可用图 6.8 表示，电流为直流量，PI 控制器能够快速无误差地跟踪电流指令。

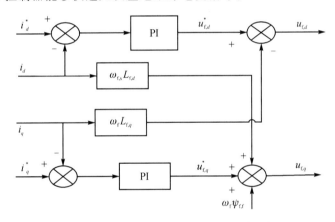

图 6.8　dq 坐标系下的电流前馈解耦控制框图

要精准实现控制飞轮转速 ω_f 与放电模式下直流电压 U_{dc}，还必须在电流前馈 PI 解耦环节外部再分别串联转速 PI 控制环与电压 PI 控制环，实现双闭环控制；于是飞轮电机采用 $i_d^* = 0$，矢量控制原理如图 6.9 所示，充电模式下，开关切换至 1，放电模式下，开关切换至 2，分别将充电模式下飞轮测量转速与设置转速相比较或将放电模式下测量的直流电压幅值与期望放电下输出的直流电压幅值做比较后，经 PI 控制器控制输出给定的转矩电流分量 $i_{f,q}^*$，在与电机定子三相电流经 dq 坐标变换得到的电流分量 i_d、i_q 相比较后，将误差信号再经过 PI 控制器调节，输出电机所需的电压信号 $U_{f,d}^*$、$U_{f,q}^*$，结合电压空间矢量脉宽调制（SVPWM）控制晶闸管的导通时间，实现飞轮电机驱动的控制。

采用电压空间矢量脉宽调制（SVPWM）不仅能够比传统 SPWM 调制提高电压

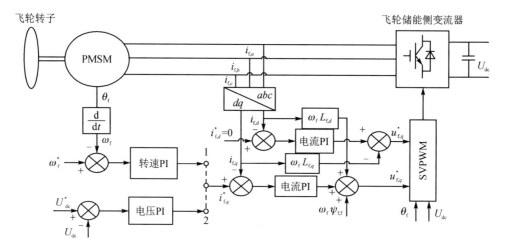

图 6.9 飞轮充放电控制原理图

近 15% 的利用率,使输出的电压电流接近正弦波,减少开关器件损耗,而且更主要的是能够生成电机所需的圆形旋转磁链,保证电磁转矩的稳定,其工作理论基于平均值等效原理,即在变流器工作中的一个开关周期内,对等效的空间基本电压矢量进行矢量叠加,使合成的电压矢量与期望的电压相等。由于三相桥式变流器具有 8 种开关状态,并对应着 8 个基本电压空间矢量,如图 6.10 所示和表 6.2 所列,$u_1 \sim u_6$ 为空间角度互差 $\dfrac{\pi}{3}$,幅值是直流电压 $U_{dc}\sqrt{\dfrac{2}{3}}$ 倍的有效工作矢量,u_0 与 u_7 为零矢量,如图 6.11(a) 所示,6 个扇区完全对称,当期望的电压矢量处于某个扇区时,就可利用与其相邻的两个基本电压矢量等效合成期望输出的电压 u_s,即可生成等效的定子磁链 ψ_s,如图 6.11(b) 所示,同时由于电压矢量 u_s 方向与磁链矢量 ψ_s 正交,当电压矢量 u_s 能够按照圆轨迹作用时,磁链 ψ_s 也可按圆轨迹运动。

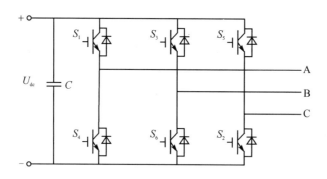

图 6.10 三相桥式逆变器

表 6.2　逆变器开关状态

状　态	闭合开关	基本电压矢量
I	$6-1-2$	u_1
II	$1-2-3$	u_2
III	$2-3-4$	u_3
IV	$3-4-5$	u_4
V	$4-5-6$	u_5
VI	$5-6-1$	u_6
○	$4-6-2$	u_0
VII	$1-3-5$	u_7

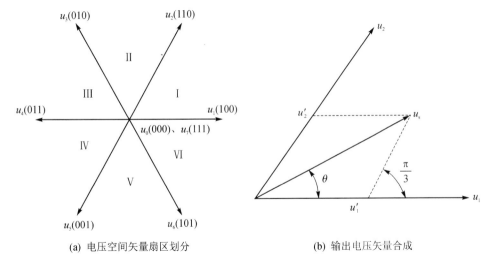

(a) 电压空间矢量扇区划分　　　　(b) 输出电压矢量合成

图 6.11　电压空间基本矢量图

合理设置零矢量作用时间与顺序,可大大降低开关器件的损耗与谐波分量,故在仿真建模时,需要基于两相静止坐标系 $\alpha-\beta$ 利用伏秒平衡原理准确实时地计算出电压作用扇区与作用时间,可将仿真模块主要分为扇区判断模块、电压矢量作用时间组合模块及触发脉冲生产模块,图 6.12 所示为其 MATLAB 仿真模型。

同时飞轮储能系统作为一种分布式电源,要实现充放电模式的自动切换,需通过一个逻辑判断来进行控制。该逻辑判断原理是通过测量燃气轮机动力涡轮输出转速(即发电机转速)与电网重要负载电压的幅值进行设定,按照 GB/T 13030—2009《船舶电力推进系统技术条件》与 ABS *Rules for Integrated Power Systems*(IPS)对船舶电力的规范进行设计,其具体标准如表 6.3 所列。

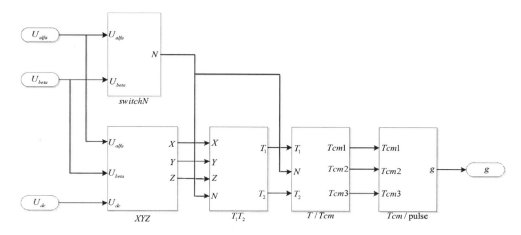

图 6.12　SVPWM 仿真模型

表 6.3　综合电力相关技术规范

参　数	商用船		军用船	
	稳态	瞬态	稳态	瞬态
电压	+6%～−10%	±20%(1.5 s)	+5%	±16%(2 s)
频率	±5%	±10%(5 s)	±3%	±4%(2 s)
谐波含量	总谐波含量≤5%，且单相谐波含量≤3%			

所以结合发电用燃气轮机动力涡轮转速规范要求，可以设计一个能够控制飞轮充放电模式切换的逻辑法则，即当重要负载电压幅值突增率超过 20% 或燃气轮机动力涡轮转速波动率大于(3 000＋15)r/min 时，输出相应的逻辑判断信号使飞轮进入充电模式进行储能；当电压幅值降低至 80% 以下或动力涡轮转速小于(3 000−15)r/min 时，飞轮进入放电模式对电网进行功率补偿，抑制电压凹陷，增强电网及燃气轮机运行稳定性。其逻辑判断框图如图 6.13 所示。通过 dq 坐标系将电网三相电压标幺值转换成两相电压 u_d、u_q，能够实现对电压幅值快速精准的监测，同时也可以根据其与额定值比较产生的误差，经 PI 控制器输出的 T_{SD} 信号的大小来控制并网逆变器向电网输入的有功功率与无功功率，实现对电网的智能补偿。

5. 飞轮储能系统充放电仿真分析

根据以上对飞轮储能系统的数学分析以及为验证所提控制策略的正确性及有效性，可建立 $i_d=0$ 矢量控制策略下的飞轮储能系统仿真模型如图 6.14 所示。

根据综合电力船舶中压电网的电压范围规定，令直流电压参考值 $U_{dc}=4\ 000$ V，储能电容 $C=0.2$ F，SVPWM 采样周期 $T_s=10^{-4}$ s，电网频率 $f=50$ Hz；飞轮电机参数为：额定功率 $p_n=600$ kW，恒定放电功率为 $p_f=700$ kW，电机定子电阻 $R_s=$

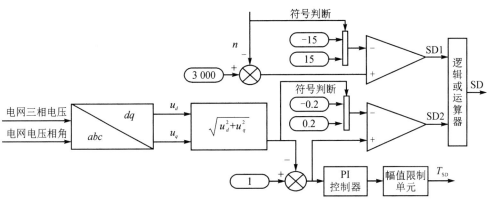

图 6.13　飞轮充放电逻辑判断框图

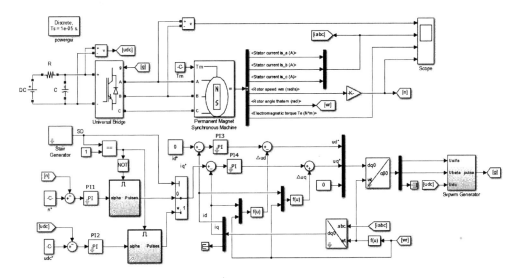

图 6.14　飞轮储能系统充放电仿真模型

2.192 Ω,电感 $L_d = 3.9 \times 10^{-3}$ H,$L_q = 3.708 \times 10^{-3}$ H,永磁体磁链 $\psi_{f,f} = 0.447\ 5$ Wb,极对数 $p = 2$,运行转速 $n = 18\ 000$ r/min;为节省仿真时间,将实际飞轮转动惯量进行等比例缩减,令飞轮电机总转动惯量 $J_{f,m} = 1.4$ kg·m²。控制模块中共有 4 个 PI 控制器,外环转速 PI1 与电压 PI2 采用典 Ⅱ 型系统设计以增强抗扰性能,内环电流 PI3 与 PI4 采用典 Ⅰ 型系统设计可以提高电流的快速无误差跟踪性能,设计参数如表 6.4 所列。

表 6.4　控制系统各 PI 设计参数

参　　数	K_p	K_i	参　　数	K_p	K_i
PI1	60.5	4.6	PI3	80	5.5
PI2	260	0.01	PI4	12	0.01

飞轮储能装置在充电模式下的仿真波形如图 6.15～6.20 所示,飞轮转速能够稳定上升至给定值,电磁转矩脉动小。结合飞轮电机吸收功率曲线分析可知,电机启动初期采用最大电磁转矩启动,电机转速能够快速上升,电动功率也能达到额定值600 kW,功率幅值脉动较大是受到电磁转矩与高转速的相互影响;当转速达到稳定值时,电动功率降低至零附近,只消耗小量电功率维持转速恒定。

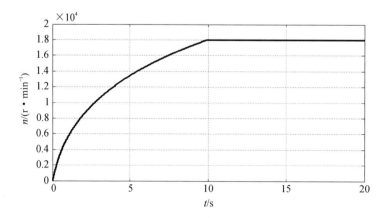

图 6.15　飞轮转速曲线

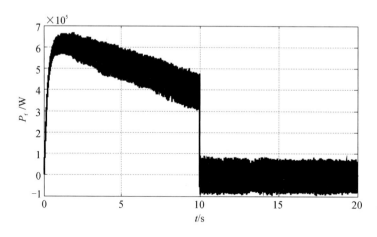

图 6.16　飞轮充电功率曲线

电磁转矩能够快速跟随定子电流分量 i_q 的变化,i_d 初期出现大于零的现象,是为尽可能提高电磁转矩幅值而对电机定子磁链进行增磁作用,最终维持在零值,满足控制要求;同时飞轮电机三相定子电流能够保持较好的正弦波形,畸变率小。

飞轮储能装置的充放电过程如图 6.21～6.27 所示,前期对飞轮进行充电及能量储能,在 15 s 时进行恒功率减速释能,控制输出直流电压 $U_{dc}=4\,000$ V;同时为了寻找飞轮储能放电下的最低临界转速,暂令电机转速降低至零时,迅速由"电压外环-电

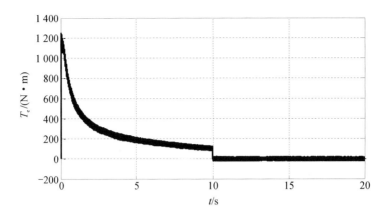

图 6.17　飞轮电机电磁转矩曲线

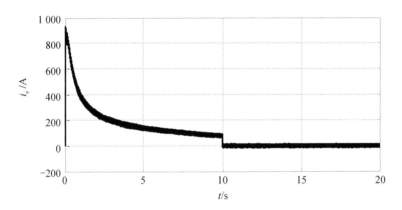

图 6.18　飞轮电机 q 轴电流曲线

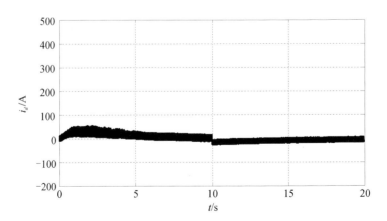

图 6.19　飞轮电机 d 轴电流曲线

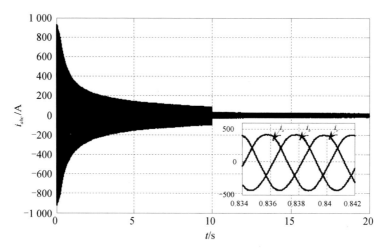

图 6.20　飞轮电机定子三相电流曲线

流内环"切换成"转速外环-电流内环"控制,将转速控制为零以保证电机不反转并安全稳定运行,然后根据仿真波形再最终确定最低临界转速。

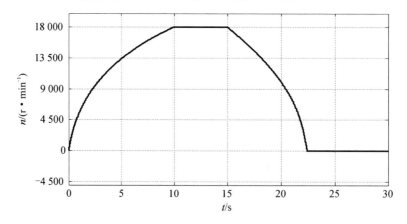

图 6.21　充放电过程中飞轮电机转速曲线

　　由图 6.22 所示的电机功率曲线可知,飞轮装置能够按照指令以恒定 700 kW 功率进行放电,在 21.9 s 时放电功率开始迅速降低,不能保持恒定放电,此时转速降低至约 1 750 r/min,因此,可把 1 750 r/min 作为飞轮装置能够恒定 700 kW 放电下的最低转速值,小于该转速时放电功率将降低。同时放电模式下的直流母线电压 U_{dc} 如图 6.23 所示,能够快速跟随给定稳定在 4 000 V,在 21.5 s 时直流电压不能跟随给定值而开始降低,电压控制环失效,由于直流侧储能电容的存在,直流电压得以维持在 2 700 V 左右,此时转速约为 1 900 r/min,则认为此转速是维持输出直流电压恒定的最低转速值。综上所述,将飞轮放电最低转速设置为 1 900 r/min,能够实现放电过程中输出直流电压恒定与功率恒定。

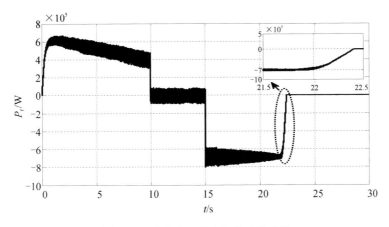

图 6.22　充放电过程中飞轮功率曲线

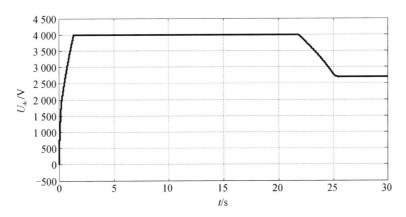

图 6.23　充放电过程中直流电压曲线

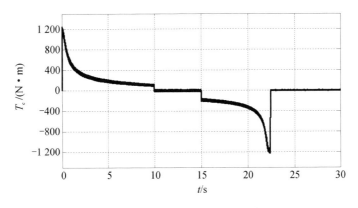

图 6.24　充放电过程中电磁转矩曲线

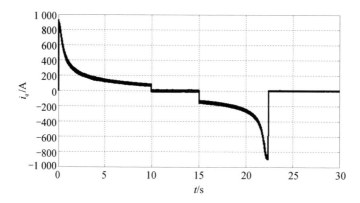

图 6.25　充放电过程中电机 q 轴电流曲线

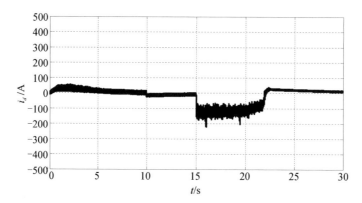

图 6.26　充放电过程中电机 d 轴电流曲线

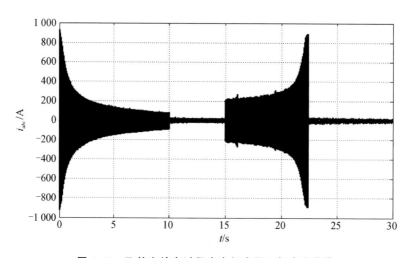

图 6.27　飞轮充放电过程中电机定子三相电流曲线

放电过程中电磁转矩与转速方向相反以降低转速进行放电,当转速处于低速区时大幅增加最大负转矩值为 $-1\ 200$ N·m 以保持恒功率放电,其变化趋势与 i_q 一致,电流 i_d 在放电过程中存在较大波动但最终仍稳定在零参考值。放电状态下电机定子三相电流仍保持正弦状态,电能品质较高,飞轮电机能够安全高效运行。

本小节着重分析了飞轮储能装置的运行原理与控制建模方法,首先从理论原理出发详细阐述了飞轮储能装置能量的吸收、储存与释放;然后根据应用场合的不同介绍了不同电机的选取与主要控制方法的差异性,并依据飞轮电机的数学模型提出了飞轮储能装置充放电控制策略,按照综合电力系统运行要求设计了飞轮储能装置充放电模式切换的逻辑控制,同时采用 SVPWM 脉宽调控技术提高电机运行能力;最后为验证所提出的控制策略是否正确,单独建立了飞轮储能装置充放电仿真模型,分别分析了充电模式下与放电模式下电机与控制系统的各个主要动态参数变化,最终经仿真分析结果表明所提出的控制策略是正确有效的,能够精准实现对飞轮储能系统的充放电控制。

6.2.2　飞轮储能系统对燃气轮机发电机组性能的影响

通过建立燃气轮机发电系统、负载模型、飞轮储能装置系统的 MATLAB 仿真模型,研究分析综合电力系统带飞轮储能装置与不带飞轮储能装置时大功率负载突变对燃气轮机运行及电网的动态影响,考察飞轮储能装置充放电对大功率负载突变下电网电能品质的补偿情况。

1. 带飞轮储能装置的综合电力系统仿真模型

由于船舶负载功率变化可高达数十兆瓦,当发生大功率负载突变时采用单台燃气轮机供电其电网稳定性及燃气轮机运行性能容易受到严重的冲击影响,动力涡轮输出转速、电网电压电流、频率等会出现明显的大幅瞬变,使电能品质恶化,原有的控制系统远不能快速响应使系统恢复稳定。为此,采用大功率飞轮储能装置并入船舶电网来降低大功率负载突变对系统的冲击影响,同时由于小功率飞轮储能装置不能尽可能多地吸收电网过剩电能或瞬间释放巨大电能,导致对电网的补偿效果不明显。因此,为提高飞轮储能装置放电并网功率,增加对电网的补偿效果,将所建飞轮储能装置进行并联,组成一个飞轮储能系统,其总额定瞬时放电功率可达 3 MW。燃气轮机模块、发电机组模块、推进电机模块、飞轮储能系统模块等均已封装成一个模块来表示,经过多次反复对综合电力系统仿真模块的调试验证,最终建立如图 6.28 所示的总体仿真模型。其中,燃气轮机的额定功率为 24.4 MW,动力涡轮输出转速为 3 000 r/min,三相同步发电机输出线电压有效值为 6 000 V,电网频率为 $f=50$ Hz,直流母线电压为 $U_{dc}=4\ 000$ V,推进电机功率为 16 MW。

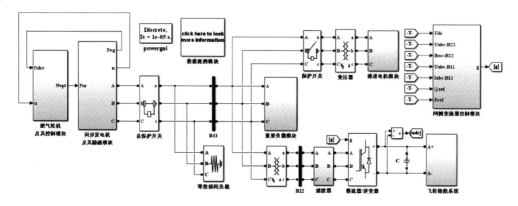

图 6.28 综合电力系统仿真模型

2. 突增负载仿真分析

根据某船实际运行工况,令燃气轮机初始负载为 4 MW 日常负荷,25 s 时突加 4 MW 负载,同时飞轮储能系统放出 3 MW 功率对电网进行功率调节,其功率波形如图 6.29 所示。

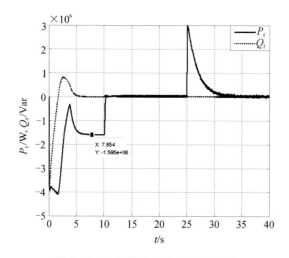

图 6.29 飞轮储能系统功率波形(1)

由于飞轮电机需要进行最大励磁启动,因此在启动瞬间会消耗极大的有功功率及感性无功功率,从图 6.29 波形可明显看出;同时当飞轮转速进入基速以上后飞轮电机进入恒功率充电,在 10 s 左右当飞轮转速达到给定值时,飞轮电机消耗极小量的功率保持转速稳定(负号代表功率由电网流入飞轮电机方向)。当 25 s 突加 4 MW 负载时,充放电模式切换控制系统对动力涡轮转速与电网母线电压进行监测,当转速瞬间小于 2 985 r/min 或相电压幅值小于 4 653 V 时由转速保持模式切换成放电模式并向电网放出高达 3 WM 的瞬时有功功率。从图 6.30 可以看出,电网功率由瞬

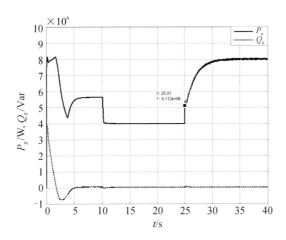

图 6.30　电网功率波形(1)

间 8 WM(4 WM+4 WM 飞轮充电启动过程)过渡到 4 WM(飞轮电机保持转速稳定过程)最终在约 33 s 时稳定在 8 WM(突加负载过程)。如图 6.31 所示,燃气轮机在启动瞬间输出极大的有功功率,导致动力涡轮转速产生约 3.5% 的超调,约 8 s 后通过控制系统的调节使动力涡轮转速进入稳定状态(动力转速保持在(3 000±15) r/min 范围内);当 25 s 突加 4 MW 负载时导致转速瞬间降低至 2 968 r/min,系统进入不稳定状态,在飞轮储能系统向电网放出 3 MW 功率进行补偿后,动力涡轮瞬态转速降低至 2 983 r/min,动力涡轮转速瞬态变化得到有效抑制。另一方面在 10 s 时由于飞轮电机进入转速保持模式,使充电消耗功率瞬间从 1.6 WM 降低约至零,导致转速上升稍微超过了稳定设定值 3 015 r/min,但仍处于可接受范围内。从图 6.32 中

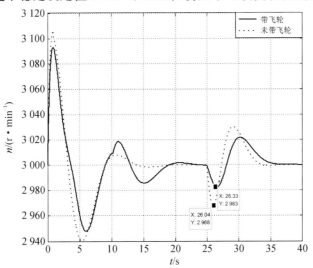

图 6.31　动力涡轮转速波形(1)

可看出,电网频率由动力涡轮转速决定,其变化趋势与转速变化趋势一致,频率波动能够控制在±3‰范围内;电网 A 相电压变化如图 6.33 所示,突加负载导致电压发生短时跌落,降低至 4 852 V,经 0.6 s 后恢复稳定;在飞轮储能系统向电网输出 3 MW 功率后,电压跌落得到有效抑制,降低值减小,至 4 878 V 且经 0.3 s 便恢复稳定,电网稳定性得到增强。

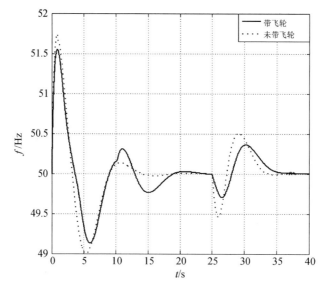

图 6.32　电网频率波形

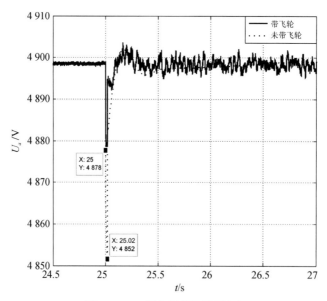

图 6.33　A 相电压幅值波形(1)

如图 6.34 和图 6.35 所示,电网电流随负载变化而变化,飞轮储能系统放电并网后降低了电网电流瞬间突增量,而且电压电流保持良好的正弦波形,保持同相位运行,实现单位功率因数并网,满足并网控制要求。

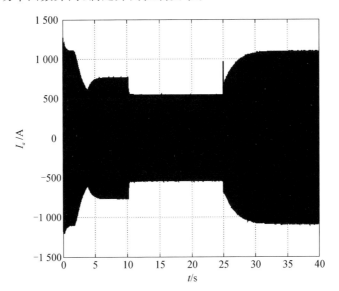

图 6.34　A 相电流波形

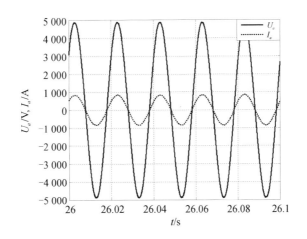

图 6.35　A 相电压与电流波形

　　再令燃气轮机初始为 50% 额定负载(12.2 MW),25 s 时再突加 50% 额定负载至满载运行,控制飞轮储能系统放出 3 MW 功率对电网进行功率调节,仿真波形如图 6.36 和图 6.37 所示。

　　对比图 6.31 与图 6.36 可以看出,燃气轮机初始负载的增加可以降低启动时动力涡轮转速超调量,并缩短转速达到稳定状态的时间;25 s 时突加 12.2 MW 的负载

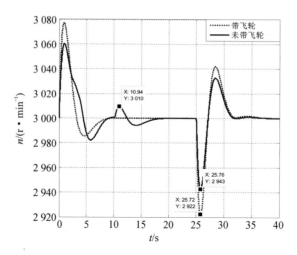

图 6.36 动力涡轮转速波形(2)

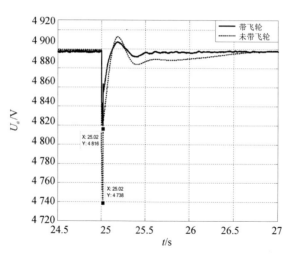

图 6.37 A 相电压幅值波形(2)

增加了转速的瞬态跌落程度,降低至 2 922 r/min,飞轮储能系统放电并网对动力涡轮转速的补偿反应时间大大缩短,基本是负载突增的瞬间飞轮储能系统立即对电网放电补偿。同时也可从图 6.37 中看出,突加 12.2 MW 负载导致电网幅值瞬间跌落至 4 738 V,需 1.6 s 才能恢复稳定,飞轮储能系统放出 3 MW 功率并网后,电压瞬态凹陷减少至 4 816 V,且能够在跌落后 0.6 s 恢复稳定,电压抗干扰能力得到增强。

综上可得,飞轮储能系统放电并网能够有效地抑制突加大功率负载对燃气轮机动力涡轮转速的冲击影响,增强了转速的稳定性,同时也有效降低了电网电压幅值的瞬态变化,提高了电网的可靠性。

3. 突减负载仿真分析

(1) 突减 50% 负载

对综合电力系统进行突减负载仿真,令燃气轮机初始为满负荷运行,25 s 时突减 50%负载,其仿真结果如图 6.38~6.41 所示。

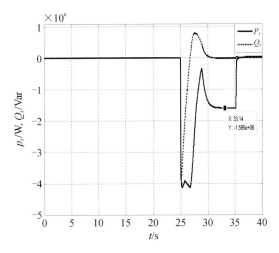

图 6.38　飞轮储能系统功率波形(2)

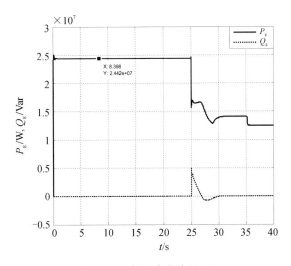

图 6.39　电网功率波形(2)

飞轮储能系统功率变化如图 6.38 所示,25 s 前飞轮储能系统处于待机状态,不与电网发生功率交换,当突减 50%负载导致涡轮转速突增,飞轮储能工作模式切换控制系统监测到动力转速超过 3 015 r/min 时,触发飞轮储能系统进入充电模式将电网瞬间过剩能量储存起来。

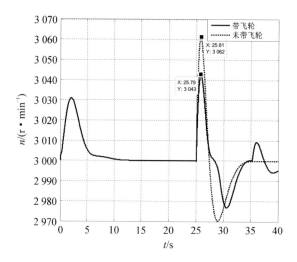

图 6.40　动力涡轮转速波形(3)

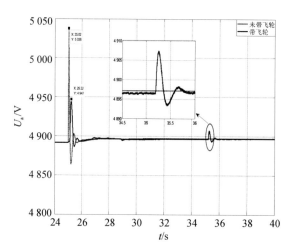

图 6.41　A 相电压幅值波形(3)

发电机功率如图 6.39 所示,25 s 功率瞬间突变相比原来的 12.2 MW 减少了 4 MW,功率波动得到有效的抑制。从图 6.40 中可看出,突减 50% 负载导致动力涡轮转速突增至 3 062 r/min,在飞轮储能系统吸收电网部分过剩能量后,转速减少至 3 043 r/min,恢复稳定状态相比原来稍微延迟近 1.5 s,对系统影响不大,35 s 时由于飞轮电机转速达到给定值使充电消耗功率减少导致动力涡轮转速少量上升但未超过稳态设定值(3 000±15)r/min,负载突减对动力涡轮转速的冲击影响得到有效减缓。同时,从图 6.41 中也可看出,突减 50% 负载导致电网 A 相电压幅值瞬间增大至 5 038 V,在飞轮储能系统对电网过剩能量进行部分吸收后,电压幅值降低至 4 947 V,均在 0.5 s 左右恢复稳定。

（2）突甩 100%负荷

令燃气轮机满负荷运行,25 s时电网主动突甩100%负荷,继续分析飞轮储能系统对燃气轮机发电系统的补偿效果,其仿真结果如图 6.42 和图 6.43 所示。

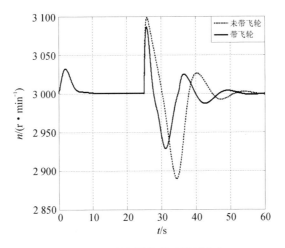

图 6.42　动力涡轮转速波形(4)

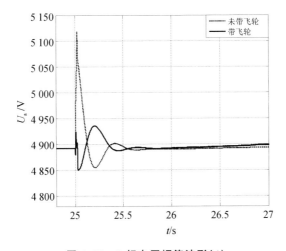

图 6.43　A 相电压幅值波形(4)

如图 6.42 所示,燃气轮机由满负荷状态突减至空载状态,在没有引入飞轮储能系统时动力涡轮转速瞬间上升至 3 100 r/min,经约 15 s 恢复稳定状态;引入飞轮储能系统后动力涡轮转速值有效减小至 3 085 r/min,同时也抑制了转速在恢复稳定状态过程中的振荡幅值,可提前约 5 s 进入稳定状态。突甩负荷导致电网电压瞬间增大,从图 6.43 可看出,电网暂态电压瞬间上升至 5 118 V;在引入飞轮储能系统后,电网暂态电压瞬时值增加至 4 934 V,两者恢复时间均约为 0.6 s,电网稳定性得到增强。

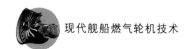

综上所述,飞轮储能系统的引入能够有效地减少大功率负载突减对燃气轮机动力涡轮转速与电网电压的冲击影响,并且可以增强电网的抗干扰能力,提高电能品质。

4. 不同发电功率飞轮的补偿效果

为分析飞轮储能系统不同功率放电下对燃气轮机动力涡轮转速及电网电能品质的影响,寻求最佳飞轮储能系统放电功率,在原建立的飞轮储能系统中进行稍加设置,提高了飞轮储能系统中每个飞轮给定转速值,由原来的 18 000 r/min 提高至临界值以增加飞轮储能系统放电功率,实际中长时间运行在临界值会对飞轮电机造成一定的温升损坏等影响,在实际实验研究中应与仿真模型分析进行区分。

经过多次的仿真可得出,飞轮储能系统短时间运行在该临界值状态下输出的功率可达 5 MW,燃气轮机初始负载为 4 MW,25 s 时突加 50% 额定负载的仿真实验中改令飞轮储能系统放出 5 MW 功率并网,并与原放电 3 MW 功率进行对比,其仿真结果如图 6.44~6.47 所示。

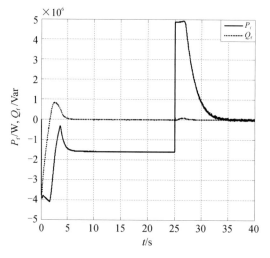

图 6.44 飞轮储能系统功率波形(3)

如图 6.44 所示,当飞轮储能系统放电功率为最大值 5 MW,给定转速提高为临界值时,25 s 时飞轮转速仍未达到临界值,而此时突加 50% 额定负载导致飞轮储能系统由充电模式立即转为放电模式向电网输出 5 MW 功率,发电机功率也随着发生改变。从图 6.46 中看出,飞轮储能系统向电网放电 5 MW 对动力涡轮转速的抑制效果相对于原放电 3 MW 更加显著,飞轮储能系统向电网放出 5 MW 功率使动力涡轮转速从 2 900 r/min 增加至 2 963 r/min,同时降低了动力涡轮转速的振荡幅度。从图 6.47 中也看出,增大飞轮储能系统的放电功率至 5 MW 使电网电压跌落幅值从 4 738 V 增加至 4 872 V 且能够立即恢复稳定,相对于原放电 3 MW 补偿效果要

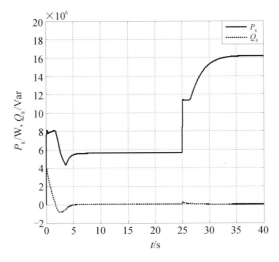

图 6.45　发电机功率波形

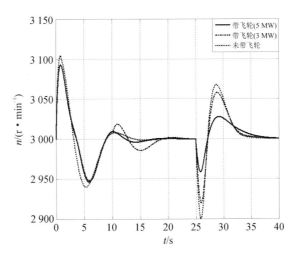

图 6.46　动力涡轮转速波形(5)

显著一些。

　　从上面的分析可知,在条件允许的情况下,若能够提高飞轮储能系统的充放电功率,则对电网电压、频率及动力涡轮转速的补偿效果更加显著。

　　本节根据所建的船舶综合电力系统仿真模型进行相关研究分析,着重研究了飞轮储能系统充放电对船舶大功率负载突加、突减、突甩负荷以及不同放电功率下对燃气轮机动力涡轮转速、电网电压、频率的补偿影响,经过仿真实验分析得出,引入飞轮储能系统能够有效地抑制大功率突变对燃气轮机动力涡轮转速的冲击影响,可以提升电网电能品质,同时对整个综合电力系统的稳定性及可靠性具有显著的帮助作用。

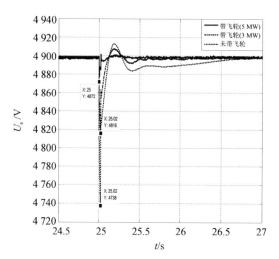

图 6.47　A 相电压幅值波形(5)

6.3　舰船发电用燃气轮机稳定性能优化设计

　　根据发电机转速限制,动力涡轮转速需维持在 3 000 r/min,发电模块输出电能的频率为 50 Hz,电网对原动机要求转速波动率要小于 0.5%。由此可知,当稳定发电时,发电机转速要在(3 000±15)r/min 范围内,即驱动发电机的燃气轮机动力涡轮转速为(3 000±15)r/min。当电网负荷变化时,控制系统通过调整输出参数使动力涡轮转速快速稳定地回到(3 000±15)r/min。

　　船舶电网与工业电网不同,工业电网容量非常大,当某一用电单位用电负荷发生变化时,对整个电网的冲击性很小,此时某一发电单位输出负荷认为基本不变,可以通过对整个电网的调整达到稳定。而船舶电网容量小,当发生突甩负荷情况时,直接影响燃气轮机动力涡轮转子转速的飞升,此时燃气轮机控制系统必须调节快速且稳定。电力品质由燃气轮机转轴转速波动情况所决定,因此要研究燃气轮机的控制方式,必须对转轴转速波动的原因进行分析。转子平衡方程如下:

$$\frac{\mathrm{d}n}{\mathrm{d}t} = \frac{900}{J\pi^2 n}(N_{\mathrm{out}} - N_{\mathrm{load}}) \tag{6.3.1}$$

式中:n 为输出转速;N_{out} 为燃气轮机输出功率;N_{load} 为电网负荷;J 为转动惯量。

　　由式(6.3.1)可以看出,当电网负荷发生波动时,最佳的控制方式是使燃气轮机所发功率紧跟负荷的变化,而燃气轮机功率与其自身的运行状况相关,即与燃油量和通流部分空气流量相关。

　　船舶发电用燃气轮机在甩负荷下,功率不平衡导致转速会升高很多,突增负荷下燃油量的突增会导致燃烧室出口温度超温现象。本节基于已有的技术标准和可能出现的控制难点,依据对燃气轮机内部的气动分析设计船舶发电用燃气轮机控制器结构,立足于满足电网对发电品质的要求。

综合以上分析,燃气轮机控制系统将放气开关和燃油流量作为功率匹配过程的两种控制变量,为舰船燃气轮机与发电机的匹配性,针对燃气轮机进行结构和控制两个方面的优化设计,分别构建放气控制结构和燃油控制结构,下面分别进行介绍。

6.3.1　舰船燃气轮机结构优化设计

本小节考虑燃气轮机是在发生甩负荷情况下,通过放气的手段降低空气量以减缓燃气轮机所发功率与负荷迅速匹配,寻找稳定点,减少寻找稳定点的时间。甩负荷发生与否的判断量是通过动力涡轮转速来进行的,因为在负荷发生变化时,首先发生的是功率不匹配引起的转速变化,特别是发生在甩负荷的极端情况下,转轴的转动惯量过小就可能导致动力涡轮转轴在极短时间内发生超速现象,引起紧急停机事故,此时可以考虑增加额外控制项。当动力涡轮转速在上升阶段超过 UP_LIM 值时,放气阀打开,而低于某一值时放气阀关闭,这些值设置的不同会明显影响到调速过程,

通过大量对比计算发现,当负荷波动不大时,提前开启放气阀相当于给燃气轮机运行增加额外的小扰动,系统不宜在短时间内达到稳定。由此可知负荷波动较小,不宜采用放气措施,本书针对某三轴舰船燃气轮机发电机组,通过仿真计算,最后确定放气阀开启值为动力涡轮转速大于 3 100 r/min(发电机转速为 3 000 r/min)。放气控制模块如图 6.48 所示,合理的放气量和 UP_LIM 值有利于缩短甩负荷下的稳定时间,减小过程超调量。

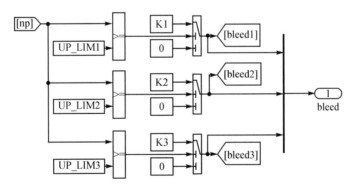

图 6.48　放气控制模块

1. 高、低压压气机放气

高、低压压气机的放气机制,除了在低工况下的防喘作用外,本小节还考虑当负荷突然降低时,通过打开放气开关,减小进入燃烧室的空气量,减小发热量进而使燃气轮机工况降低与负荷进行匹配,bleed1 和 bleed2 分别为高、低压压气机放气比率

设置值。设计缺点:高、低压压气机放气量过大容易造成燃气发生器的气动不稳定。

2. 动力涡轮放气

动力涡轮放气是甩负荷下调节转速回到稳定值的最快速有效的手段,本书前面的控制研究并未将其考虑进去,只考虑高、低压压气机放气,这样的仿真效果并不好,而且甩负荷时,高、低压压气机放气过多容易引起动力涡轮膨胀比小于 1 的情况,这是因为高、低压压气机放气量过大容易导致燃气轮机内部不稳定,而动力涡轮放气作为燃气轮机的末端,对燃气发生器影响较小,bleed3 为动力涡轮放气比率设置值。设计优点:不必考虑油气比变化;不必考虑放气量过大引起的气动不稳定现象。设计缺点:动力涡轮放气造成能量的浪费,考虑甩负荷情况不是经常发生,故此设计结构可取。

6.3.2 舰船燃气轮机调速器优化设计

本小节以无差转速调节为例分析负荷波动下燃气轮机的控制品质(本书发电机转速为 3 000 r/min),有差转速控制与其相似。调速器即反馈转速信号与给定转速信号值进行比较,差值信号经过 PID 调节输出油量调节信号,再经过执行机构输出燃油量。普通的增量式 PID 结构如图 6.49 所示。

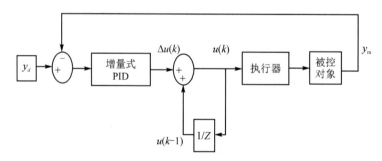

图 6.49 增量式 PID 结构图

当燃气轮机用电负荷出现突甩情况时,必须迅速降低燃油流量以给发电机提供一个稳定的转速来源。由于在 PI 控制中燃油流量降低的速率由转速差信号和 PI 参数决定,即燃油量要从某一工况值缓慢降低到另一工况值,在此过程中动力涡轮可能发生超速现象。基于上述考虑引入两种不同的调速器结构分别进行研究。

1. 调速器 A 的结构和参数

调速器 A 如图 6.50 所示,船舶电网负荷与地面电网负荷相比变化剧烈,仍采用常用的 PI 控制并不能满足要求,原因是当负荷波动时燃油量的增加或减少速率完全由 PI 参数决定,即燃油量要从某一工况值缓慢降低到另一工况值。而新的调速器在PI 后加入预估油量模块,目的是在发生负荷变化时减少寻找稳定点时间。方法是在发生负载变化时,首先通过计算机采集来的扭矩转速信号,判断出负荷发生变化的大小,然后通过前期的仿真实验或实际运行得出这个负载下的油量应为多少,将判断出的燃油信号迅速传输给电子控制器,降低燃油消耗,这样的过程加速了寻找稳定点的过程。

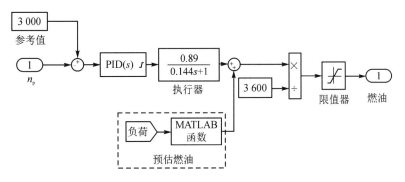

图 6.50　调速器 A 控制模型

2. 调速器 B 的结构和参数

调速器 B 为实际过程中较容易实现的放油方法,仿真它的调速过程更有实际意义。当船舶电力负载发生断路时即燃气轮机负荷突降,为了实现功率的迅速匹配采用了压气机放气,考虑单独放气会导致燃烧室出口温度过高,控制器 B 考虑同步减少油量保证油气比不会过高,采用技术上容易实现的泄油方法;另外,打开泄油开关时油量的突减同样会加快功率的匹配过程。

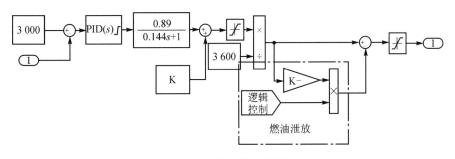

图 6.51　调速器 B 模型

6.3.3　舰船燃气轮机控制系统性能分析

6.3.1 小节对舰船燃气轮机结构进行了优化设计,6.3.2 小节设计了两种不同的控制器结构。本小节对优化设计了的舰船燃气轮机结构和控制器中参数的影响进行了仿真分析。

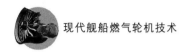

1. 控制器 A 的仿真和分析

(1) 最小燃油限制值的影响

为确保燃气轮机平稳运行,燃油系统需设置喷入燃烧室内的燃油质量流量最小值,这样可避免燃气轮机在降工况的过程中可能出现的贫油熄火。最小燃油限制值对燃气轮机甩负荷调速性能如图 6.52 所示,由计算结果可以看出,提前触碰到最小燃油限制值导致稳定时间加长,由此可以看出在允许的范围内可以适当降低最小燃油限制值。

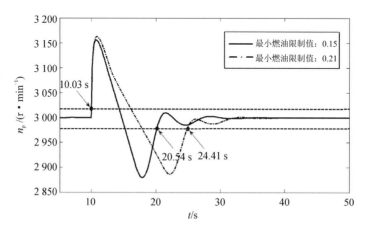

图 6.52　最小燃油限制值影响(1)

降低最小燃油限制值的缺点:

① 导致油气比低于低限值,可能会出现贫油熄火现象。

② 可能导致动力涡轮膨胀比小于 1,国外的燃气轮机发电实验机组就曾出现过动力涡轮轴向力反向的情况。

综合以上情况,选择最小燃油限制值为 0.15 kg/s。

(2) 动力涡轮放气量的影响

高、低压压气机放气和动力涡轮放气的联合作用,结合了两部分单独放气的优点:动力涡轮放气使燃气轮机更易快速、稳定地达到稳定状态,避免了压气机放气量过大造成的燃气发生器内部不稳定的问题;同时,高、低压压气机放气减少了动力涡轮单独放气造成的能源浪费问题。仿真结果如图 6.53 所示,由图可以看出提高动力涡轮放气比率可以降低调速率和减少稳定时间,说明动力涡轮放气比高、低压压气机放气更有效。通过减少动力涡轮进气量使高温燃气的膨胀做功值减小,更好地与电力负荷波动进行匹配。

提高动力涡轮放气比率的缺点是能源的浪费。但考虑甩负荷情况不是经常发生,可以考虑采取此设计结构。

甩负荷仿真结果如表 6.5 所列,可以看到随着放气比率以 10% 递增,稳定时间

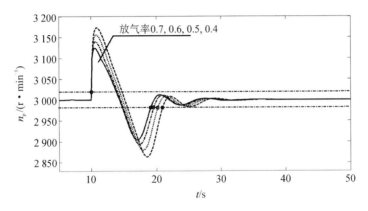

图 6.53　动力涡轮放气量的影响(1)

并没有明显降低,而在放气比率为 40％时出现了负功率,因此本书最终选择动力涡轮放气为 50％。

表 6.5　甩负荷动力涡轮放气比率对稳定时间的影响

动力涡轮放气比率/％	稳定时间/s
70	9.23
60	9.69
50	10.35
40	11.09(出现负功率)

实际船舶电力推进的负荷显然不会只发生甩全部负荷这一种情况,也会由额定运行工况甩部分负荷运行,这时依然选择放掉高比率的燃气显然没有必要,为了证明这个观点,总结仿真实验结果如表 6.6 所列。

表 6.6　放气比率对突减负荷调速的影响

突甩负荷量	动力涡轮放气比率/％	稳定时间/s
由额定负荷突甩 100％负荷	70	9.23
	40	11.09
由额定负荷突甩 80％负荷	70	4.68
	40	4.58
由额定负荷突甩 60％负荷	70	3.84
	30	3.72

由表 6.6 可以看出,甩部分负荷下放气量的大小对调速的影响已经降低了,因此可以设计依据甩负荷情况来确定放气比率的放气机制,以达到节能的目的。

(3) 转动惯量的影响

在推进型燃气轮机模型中动力涡轮位于燃气轮机末端输出功率,常采用开环控制,动力涡轮输出量不作为反馈参数作用于控制机构,一般燃油量的信号都是人工给定的,加上调节速度的限制,变化都是单向稳定的,此时转动惯量影响燃气轮机的动态过程作用不是很明显。

而在发电用燃气轮机中,动力涡轮的输出功率要与负荷进行匹配,此时它的大小会影响转速的变化,进而影响燃油调节的过程,是非常重要的参数。此时动力涡轮轴与大型发电机相连,而其内部部件质量都很重,包括定子、电磁绕组等部件,动力涡轮转轴数值都很大,查找相关资料选择了几个转动惯量进行仿真实验,如表6.7所列。

表 6.7 转动惯量的影响

转动惯量/(kg·m²)	超调量/%	稳定时间/s
2 533	5	10.5
3 000	4.53	11.45
4 000	3.93	13.52

仿真结果如图6.54所示,可以看到随着转动惯量的降低,瞬态调速率升高,稳定时间缩短。当转动惯量为 2 533 kg·m² 时,经过 10.5 s 回复到(3 000±15)r/min,已达到波动率的要求,同时时间也较短。

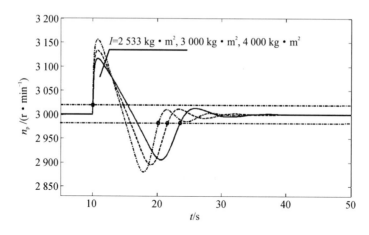

图 6.54 转动惯量的影响

(4) 高、低压压气机放气比率的影响

低压涡轮后的超温保护限制为 1 070 K,为避免触发超温保护,通过计算得出燃烧室内的油气比不得超过 0.026。当负荷突减较多或机组甩负荷时采取放气措施,放气量过大而燃油调节相对较慢,会使油气比超过 0.026 进而触发超温保护;燃油质量流量减少较快而空气量变化不明显,则易造成贫油熄火停车,并且较低的放气量会使动力涡轮转速峰值较高,进而导致稳定回到给定值的时间增加。通过多次调试测试,模型中已初步选取合适的放气量用于计算。

高、低压压气机放气比率的提高能够降低稳定时间,高、低压压气机总的放气量为 23% 时,稳定时间为 10.03 s。当关掉高、低压压气机放气阀机制时,稳定时间延长到 17.03 s。

但当总的放气量高于 23% 且继续增加时,会出现动力涡轮所发功率为负,这样的原因可能是因为高低压放气造成的燃气发生器内部不稳定,与动力涡轮放气相比,高、低压压气机放气放掉的是参与到燃气发生器的空气量,空气量和燃油量的不匹配可能会导致燃气发生器内部不稳定,而动力涡轮放气不会影响燃气发生器内部的作用,但同样地,动力涡轮放气会造成能源的浪费。高、低压压气机放气比率对燃气轮机调速的影响如图 6.55 所示。

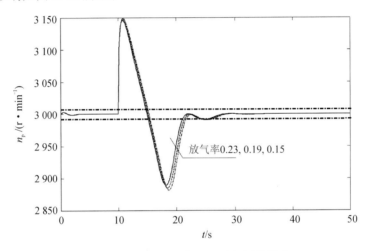

图 6.55 高、低压压气机总放气量的影响

(5) PI 值选取的影响

在已建立的原动机仿真模型中,用 PID 进行调速时积分环节 I 必须产生作用,故而调速系统控制器采用 PI 调节或者 PID 调节。在机组的突减负荷时,实现动力涡轮转速最终维持在 $(3\,000 \pm 15)$r/min,需减小进入燃烧室的喷油量,但在低工况下突减负荷时,PID 控制器中的微分环节通过预测作用将加快喷油量的减少,易造成贫油熄火停车。

突增负荷时,微分作用将加速燃油量的提高,使燃气轮机功率更快匹配。但在高工况下突增负荷时,加速燃油量的提高速度,易造成涡轮叶片超温,因此,控制器只采用 PI 控制器。

综合考虑 P 和 I 对调速功能的影响,对机组在额定负载运行时,突减负荷 17.6% 过程进行了各组 P、I 控制方案下机组的动态特性仿真计算,仿真结果如表 6.8 所列。

表 6.8　*P*、*I* 值影响（1）

方　案	P	I	最高值/ $(r \cdot min^{-1})$	稳定时间/s	方　案	P	I	最高值/ $(r \cdot min^{-1})$	稳定时间/s
1	5	1	3 054	4.6	6	15	3	3 044	2.34
2	5	3	3 054	4.46	7	15	5	3 044	2.39
3	10	1	3 048	2.72	8	20	1	3 041	2
4	10	3	3 048	2.92	9	20	3	3 041	2
5	15	1	3 044	2.25	10	20	5	3 041	2

对机组在额定负载运行时，甩负荷过程进行了各组 *P*、*I* 控制方案下机组的动态特性仿真计算，仿真结果如 6.9 表所列。

表 6.9　*P*、*I* 值影响（2）

方　案	P	I	最高值/ $(r \cdot min^{-1})$	稳定时间/s	方　案	P	I	最高值/ $(r \cdot min^{-1})$	稳定时间/s
1	5	1	3 154	12.13	6	15	3	3 154	14.2
2	5	3	3 154	>20	7	15	5	3 154	14.3
3	10	1	3 154	15.5	8	20	1	3 154	11.9
4	10	3	3 154	10.2	9	20	3	3 154	16.1
5	15	1	3 154	13.5	10	20	5	3 154	13.23

在甩全部负荷时可以明显看到当 *P*、*I* 取 10 和 3 时能够达到稳定时间最短，同时仿真时发现当 *P*、*I* 取 10 和 3 时，转速波动率很小且迅速达到稳定，其他情况虽然降到 0.5% 转速之内，但一直在波动，综合考虑以上仿真情况，*P*、*I* 值取 10 和 3。同时 *P* 值过大易使燃油流量触及最低燃油流量限制（假设最低燃油流量限制已确定），致使动力涡轮转速不能在较短时间内稳定回到额定转速。因此，在负荷突增、突减的情况下，宜将 *P* 值取小，初步设定 PI 控制器的参数值为 *P*＝10、*I*＝3。

2. 控制器 B 的仿真和分析

(1) 最小燃油限制值的影响

最小燃油限制值的影响与控制器 A 相似，不同的是控制器 B 的低限极易导致动力涡轮膨胀比小于 1。仿真依据如图 6.56 所示，虚线最小燃油限制值为 0.18 kg/s，实线最小燃油限制值为 0.2 kg/s。可以看到甩负荷情况下，如果设置最小燃油限制值为 0.18 kg/s，则会导致动力涡轮所发功率小于 0，即动力涡轮膨胀比小于 1，可能导致动力涡轮轴向力反向，这种情况是严重的事故，会发生气体的倒流，应予以避免，因此最小燃油限制值选择不能低于 0.2 kg/s。

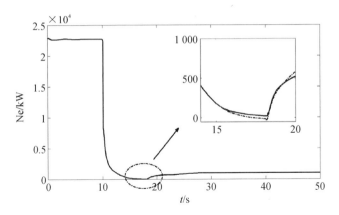

图 6.56　最小燃油限制值影响(2)

(2) 动力涡轮放气的影响

动力涡轮放气量对控制器 B 的影响如图 6.57 所示,由仿真结果可以看到,随着放气量的增加,瞬态调速率也逐步降低,而稳定时间则是先降低后升高。

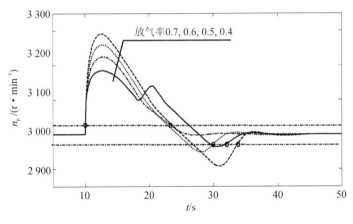

图 6.57　动力涡轮放气量的影响(2)

根据国标要求调速率基本满足要求,因此稳定时间是本书选取的依据,由计算结果可知,放气 60% 时稳定时间最短为 13.16 s。同样地,本书可以在非甩全部负荷的情况下,降低放气比例以达到节约能源的目的。

控制器 B 与 A 相比虽然时间上达到接近的结果,但由图 6.57 可以看到,这样的调速并不稳定,在最佳放气量附近变化时,会导致调速时间加长。

(3) 泄油量的影响

泄油量对燃气轮机甩负荷调速性能的影响如图 6.58 所示,由仿真结果可以看到,随着泄油量的增加,瞬态调速率也逐步降低,而稳定时间则是先降低后升高。

根据国标要求调速率基本满足要求,因此稳定时间是本书选取的依据,由计算结果可知,泄油量 40% 时稳定时间最短。

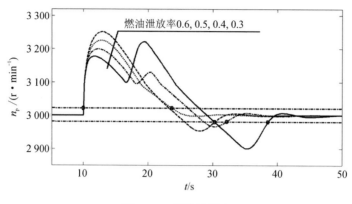

图 6.58 泄油量影响

3. 两种控制回路的对比和分析

查找相关船舶电力推进系统技术条件规范。本书设计的两种控制器结构调速率都达到了技术规范的要求；甩负荷情况下，稳态时间即回到（3 000±15）r/min 的时间，控制器 A 需要 10.35 s，控制器 B 需要 13.16 s，实际上与实际应用需求已相当接近，因此认为两种控制都达到了设计要求。

两种控制器结构都采纳了放气开关调节燃气轮机功率的方法，放气机制两种控制器相同，即在发生甩负荷时（用动力涡轮转速超过某一值作为判断量）触发放气开关。通过对两种控制器参数影响的仿真分析可以看到，虽然控制器 B 在稳定时间上与控制器 A 已经很接近，但这种控制效果并不稳定，在放气量或泄油量变化时可能造成稳定时间的加长。

分析和比较两种控制回路仿真结果可知，控制器 A 的控制效果较优，应作为最后的选择。通过控制器参数对仿真结果影响的对比实验，得到影响效果如下：降低最小燃油限制值可以减少调节时间；提高动力涡轮放气比率可降低调速率和稳定时间；降低转动惯量可以减少调节时间。

在仿真过程中功率最低时动力涡轮所发功率只有几十 kW，经常出现的问题是甩负荷时动力涡轮输出功率为负，建模过程中为避免出现负功率应采取如下方法：

① 提高最小燃油限制值；
② 降低高、低压压气机放气比率，提高动力涡轮放气比率；
③ 提高动力涡轮转动惯量。

第 7 章
舰船燃气轮机进排气设计技术

进排气系统是舰船燃气轮机装置重要的组成部分。与其他常规动力装置相比，尺寸大而复杂。其中进气系统由水过滤分离器、消声器、过滤网和进气室组成，排气装置由排气蜗壳、排气过渡管、排气引射器等组成。

进气系统在供给大量空气的同时，对空气清洁过滤、整流、消音，并具有引气防冰功能。排气系统在排出燃气轮机废气的同时，抽引箱装体冷却空气，防止箱装体超温，同时在末段对废气进行红外抑制降温以满足舰船的战术要求。由于整个进排气系统部件结构复杂，流动阻力较大，从而带来压力损失，并导致燃气轮机特性的变化，如功率和经济性的下降及耗油率的增加等。如 OLYMPUS TM3B 型燃气轮机在最大功率下，进气压力每下降 1%，比油耗增加 1.2%，功率损失 2.2%；LM2500 排气系统流动阻力每增加 980 Pa 其输出功率相应减少 107 kW，可见进排气系统特性对燃气轮机特性有显著影响。相对于排气系统而言，当工况不同时，由于燃气成分、流量、温度、比热、黏性、绝热指数等参数均有明显差异，所以排气系统的特性与工况密切相关，获取全工况下排气道特性是研究舰船燃气轮机实际性能的前提条件。随着我海军舰船活动范围和使命任务的拓展，燃气轮机舰船由传统的浅水走向深蓝，任务的长期性、海况和环境的多变性对舰船任务的准备部署提出了更高的要求。只有掌握主动力装置的实际特性，才能做出更精确合理的准备部署。

目前，舰船燃气轮机功率和燃油消耗率等性能指标通常是在忽略进排气全压损失或者压力损失取定值时给出的。当进排气道的压力损失与设定值不同时，燃气轮机的性能将发生明显变化。实际工作中，一方面排气道的特性随工况变化而变化；另一方面，由于工况不同，工质的绝热指数和膨胀比等参数不同，单位压损对燃气轮机性能影响也不同。因而，要获得全工况下舰船燃气轮机实际特性，既要获取全工况下排气道特性，也必须考虑不同工况工质参数的不同。

研究排气系统的特性必须从其部件结构入手。在排气系统中有两大主要部件，也是主要的排气阻力部件，其一为排气道末段的排气引射器，另一为排气蜗壳。排气系统的特性在很大程度上由这两者决定。排气蜗壳一般随主机一起提供，陆上实验与测试均是在带有蜗壳的基础之上进行的,排气蜗壳之后的排气道部件是真正随装舰而产生的,排气引射器正是燃气轮机装舰后对排气道特性起关键作用的核心部件。因此,研究其特性对于获取整个排气系统的特性乃至进一步获取燃气轮机实际性能有重要意义。

　　另一方面,以燃气轮机为主动力的舰船排气温度高,红外热辐射大,特别是随着高性能燃气轮机的装备使用,对抑制排气系统红外辐射提出了更高的要求。Selby 和 McClatchy 的研究结果表明:在大气环境下,目标发出的红外信号,在 3 个波段范围容易被探测器发现,即 $1\sim3\ \mu m$(近红外)、$3\sim5\ \mu m$(中红外)和 $8\sim14\ \mu m$(远红外)。Brik 和 Davis 的研究表明:船舶的红外辐射特征主要集中在中、远红外辐射范围,而排气道和排气烟羽的红外辐射占中红外的 99%、远红外的 46%。因此,排气系统是整个船舶系统中最主要的红外热辐射源,排气道出口段往往是红外制导的主要目标。因此,抑制红外辐射成为攸关舰船战场生命力的关键技术之一。而排气系统中的排气引射器正是作为红外抑制装置而安装使用的。在承担红外抑制作用的同时,其复杂的结构形式,给排气系统带来了显著的压力损失。因此,排气引射器是关乎排气道特性,影响燃气轮机实际性能以及红外辐射抑制的核心问题,研究其气动特性必须同时考虑其红外抑制。

| 7.1　进气系统设计 |

7.1.1　进气系统的设计要求

　　进气装置一般应满足下列要求:

　　① 压力损失小。大量空气经过进气系统流到压气机进口截面,由于存在各种损失,如进气道壁面的摩擦阻力损失、进气口和转弯处的流动损失、水分离器和消声器中的阻力损失、压气机进口及防护网引起的流动损失等,使压气机进口的空气压力降低,功率和效率降低。根据国外的舰船燃气轮机的使用经验,当压力损失每增加 1% 时,额定功率损失约 2.2%,油耗增加 1.2%。

　　② 压气机进口速度场要均匀。空气流经进气系统,因多次转弯及进气道内结构物(如消声器等)的影响,压气机进口截面上的速度场是不均匀的。这种不均匀性严重到一定程度,会使气流的紊流程度升高,甚至出现涡流。这对压气机的工作很不利,将改变压气机的喘振边界线,降低压气机的稳定工作范围。此外,还将增加空气流动阻力损失,减小空气流量和增压比,降低效率。周向和径向的不均匀度会引起叶片振动,使叶片损坏。为了获得流场的均匀性,进气装置结构上通常在气流进入压气机入口前安装整流导向叶片或设置空间较大的进气稳压室,并且压气机进口导流罩通常应伸展到进气室内。

③ 防止吸入海水、烟气、灰尘及杂物。

④ 传出噪声小。

⑤ 结构简单、质量轻、尺寸小,并能承受一定的冲击力。

7.1.2 进气系统的主要部件及结构设计技术

进气系统由水过滤分离器、消声器、过滤段和进气室等组成,如图 7.1 所示。进气管道由周向支撑呈悬臂式径向固定。整个进气管道是借助于安装固定在舰体上,使它的重量不直接落在燃气轮机上。

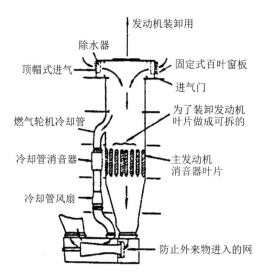

图 7.1 进气系统

在水分离器前,空气入口处,设置可旋转的百叶窗,以便燃气轮机停车时关闭进气口,防止空气中的杂质污染发动机。

1. 进气百叶窗

进气百叶窗安装舰体上,在水分离器前,空气入口处。通常进气百叶窗前加装滤网,以防止外来物体被吸入燃气轮机。进气百叶窗为可旋转的结构,当燃气轮机停车时关闭百叶窗,以防止空气中的杂质污染燃气轮机。

2. 三级水分离器

在海洋环境中,海面上的空气中含有盐分,它以不同直径的固体和海水形式存在于空气中。有关资料表明,海面空气中含盐量:晴天为 $0.01 \times 10^{-6} \sim 0.05 \times 10^{-6}$,盐粒直径小于 $5~\mu m$;一般天气可达 $0.1 \times 10^{-6} \sim 0.2 \times 10^{-6}$;恶劣天气及在大风下高达 1×10^{-6}。潮湿的空气从进气装置吸入后也会产生不良后果,首先是使压气机叶片污染和结盐垢,使叶型发生改变,通流面积减小,压气机效率下降,甚至改变压气机工作特性,喘振边界移向下方,稳定工作范围变小。如英国某护卫舰上的燃气轮机,在一次恶劣海情下航行,吸入了大量海水,由于进气系统中水分离器分离水分效果不好,仅运行了 3 h,盐分就聚集在压气机叶片表面上,燃气轮机的功率也下降了 20％,且在压气机叶片上产生腐蚀麻点。

因此必须采取措施对吸入空气进行净化,以减少空气中盐分和海水被吸入燃气轮机中,使空气中的盐吸入量降低到允许的程度。三级水分离器的结构如图 7.2 所示。

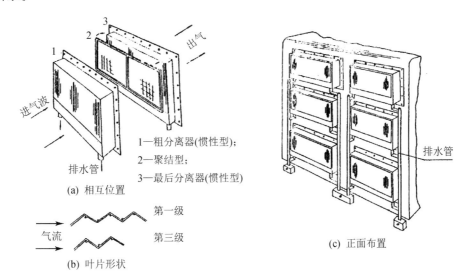

1—粗分离器(惯性型);
2—聚结型;
3—最后分离器(惯性型)

(a) 相互位置

(b) 叶片形状

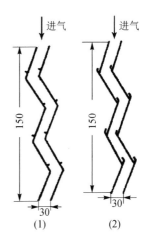

(c) 正面布置

图 7.2　三级水分离器简图

第一和第三级的结构大致相同,是一种惯性型水分离器,由若干叶片组成,其横截面形状如图 7.2(b)所示,叶片垂直安装在一个框架上,呈箱型。叶片在转折处设有小的挡水板或挤压成收集水用的凹槽。叶片是用 2～3 mm 的铝板冲压呈波纹状,并经阳极化处理,提高了抗腐蚀能力。

惯性型水分离器是利用空气流改变方向或速度时,空气中的水珠和盐粒在离心力或惯性力作用下分离出来,然后集中排走。惯性水分离器由若干块波纹状板垂直甲板并排布置而成,常见的形式如图 7.3 所示。当夹杂在空气中的水珠和盐粒经过多次变向时,在离心力作用下使水珠和盐粒抛到波纹板上,被波纹板上的小挡板挡住而向下流动,汇集到

图 7.3　惯性水分离器形式

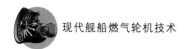

排水槽内再经水管引走。

第一级作用是将大于 10 μm 以上的水滴分离。而第三级的作用是将第二级聚结成大的水滴再分离掉。

第二级分离器是一种聚结型的水汽凝聚器。它是由纤维薄板夹在金属网之间，并固定在一个框架上，框架用不锈钢制成。为了防腐，金属网涂有保护塑料膜。其作用是将穿过第一级分离器的微小水珠聚结成大粒水珠，随气流进入第三级后将大水珠分离掉。第二级的另一个作用是聚结夹杂在空气中的盐粒和杂质，然后定时将第二级分离器拆下进行清洗。

为了方便使用，往往将三级分离器做成一块块规格化的模件，如图 7.4 所示。每块模件在 8.5 m/s 流速下可通过的空气流量为 10.27 m³/s。它的除水能力为每分钟可除 3 000 kg 水。在风速为 30 kn 条件下，经分离器分离后的空气中的含盐量不超过 0.01×10⁻⁶。

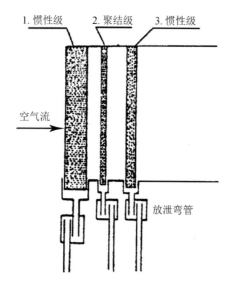

图 7.4　三级水分离器模件

三级水分离器具有除水能力强、结构紧凑、质量轻、安装方便、便于清洗等优点，其分离效果如表 7.1 所列。

表 7.1　三级分离器的分离效果

水珠尺寸/μm	分离效果/%
＞113	99.4
4～3	94.8
＜4	84.9

3. 消声部件

舰船燃气轮机在运行中，由于气流的高速流动和机械振动，将产生强烈的噪声。因此在进气系统中应采取降噪措施，把噪声控制在允许的范围。

(1) 燃气轮机产生的噪声

燃气轮机工作时产生的噪声有气动噪声和机械结构噪声两大类。它通过进、排气道和机匣辐射出来。

1) 气动噪声

气动噪声是由于气流进入进气道后，经过压气机、燃烧室、涡轮和排气装置时，各处气流由于压力脉冲引起密度发生局部性交变。气流膨胀、扩压、掺混和局部畸变产生紊流、分离；进而引起气流的振动而产生声波，并从进、排气口传出或从机匣辐射出来。

2）结构噪声

结构噪声是指结构产生机械振动时激起的噪声。当气流流经通道时，遭到压气机的叶片、燃烧室及涡轮叶片等构件的阻挡，气流对它们的作用而产生振动，从而激发周围的空气介质而产生声音。另外，由于转动构件的不平衡力产生的振动，也激起噪声。

从进气道和排气道传出的噪声，以及机匣辐射出的噪声是空气噪声和结构噪声的混合噪声。但通常从进气道传出的噪声以高频为主，而排气道传出的噪声以低频为主，机匣辐射出的是这两种噪声的综合。进气噪声的高频部分声压级较高，是一种尖锐而刺耳的噪声；而排气噪声的低频部分声压级较高，这种噪声就显得低沉，呈"隆隆"声。

噪声是一种杂乱无章的声音，当噪声传至水下时，成为水下辐射声，它会影响声呐的正常工作。另外，还易被敌方声呐发现，激发音响水雷的自爆，吸引声制导鱼雷的攻击等。而空气噪声主要危及舰员的身体健康，对听觉造成破坏，听觉神经遭到损害及对人体各部位的生理机能产生的刺激，使人容易疲劳，并使工作效率下降。

因此，必须尽力消除噪声，把噪声控制在一定范围内，达到规定标准。

（2）消声方法

进排气系统的噪声，是从进排气道传出及进排气道管壁辐射出的。因此，对噪声的消除就需从这两方面采取一些适当的措施。由于排气噪声的影响比进气噪声的影响小，加之排气消声器的工作环境很恶劣，对消声器的技术要求较高。目前，我们使用的舰船燃气轮机未采用排气消声设备。进气消声的方法和原理有以下几种：

1）阻式消声

利用吸声材料或吸声结构，敷贴在管道壁面或设置在管道中，将声能吸收一部分而达到降低噪声的目的。其消声原理就是利用矿渣棉或玻璃纤维等材料的多孔性，声波传入这些小孔内后引起孔内空气振动，这种振动使空气内部分空气与吸声材料表面产生摩擦，从而消耗噪声的声能以达到降低噪声的目的。根据实际使用经验，这种方法对高频噪声消声效果较好，而对低频噪声的有效性较差。所用的吸声材料有油毛毡、超细玻璃棉、聚氨酯泡沫塑料、矿渣棉、陶瓷纤维等。

2）抗式消声

抗式消声可分为扩张型和共振型，它们的共同原理是借助于管道截面的突然扩张或收缩，或傍接共振腔（共振腔内壁面常附设吸声材料），使沿管道传播的噪声在突变处向声源反射回去，以达到降低噪声的目的。扩张型对中低频噪声较为有效，对高频噪声衰减较小。共振型只适用于衰减低频段噪声。

3）隔　　声

隔声就是在结构上将声源与周围环境隔绝开。燃气轮机在箱装体内，进排气道采用双层壁结构，就属于这一种。

进气噪声主要是以高频噪声为主。因此，舰船燃气轮机进气道的消声器多采用阻式消声器结构,是由若干块块状消声片呈平行排列而成平板式消声器,平板式消声片内部结构如图 7.5 所示,主要由整流罩、多孔板及多孔板内用玻璃纤维布包裹着的矿渣棉或玻璃纤维等填装材料组成。多孔板和吸声板之间用抗腐蚀的铝丝或铝铜丝网隔开。为防止振动时产生的疲劳损坏的碎件吸入压气机,消声片都采用焊接结构。消声片所用材料要能耐腐蚀,通过涂防腐漆来保护。平板式消声器可降低噪声 20～40 dB。此外,在进气道壁上也可采用消声材料和结构。

4. 防冰措施

海面的空气经常含有一定数量的水分,呈悬浮水珠或水蒸气。严冬季节有冰雪,海洋中的相对湿度达 70％～80％,每千克空气中水分

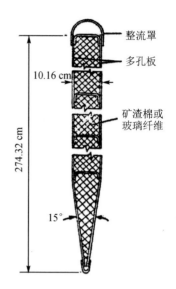

图 7.5 平板式消声器及消声片内部结构

达 1 g。当进气装置气流的静温在 5 ℃以下时,吸入空气中的水珠或浪花溅上的水珠,容易在进气装置内的某些部位结冰。结冰后带来的后果是进气压力损失增加,流量下降,使燃气轮机功率下降,涡轮前的燃气温度升高,可能超过允许值。还可能使压气机工作特性改变,出现喘振,使工作不稳定。而且一旦冰块破碎,吸入压气机后,轻则把叶片打弯,重则使叶片断裂造成严重的事故。因此,在舰船燃气轮机使用中,在进气系统结构上均采用了防冰措施。

防冰措施主要有:合理选择进气口的位置,尽量减少吸入水分或冰雪;装设水分离器;采用加热设备。结构上采用加热设备,使吸入空气的温度在结冰温度以上。加热的方法多采用从压气机后面几级或出口抽出热空气来加热。热空气从压气机引出,去加热百叶窗滤器至消声器进口处的吸入空气,以达到防止结冰的目的。

7.2 排气系统设计

排气系统用于排出工作过的燃气及箱体内冷却燃气轮机的空气。排气装置也是一种薄壳结构管道,它工作得好坏直接影响燃气轮机的工作。

7.2.1 排气装置的设计要求

与进气装置相似排气装置中各种构件和通道壁面的阻力引起的压力损失,同样对燃气轮机的功率和效率有很大的影响。压力损失越大,动力涡轮后的背压就越高,

在动力涡轮进口压力一定的情况下,燃气在动力涡轮中的压降减少,做功能力降低,效率下降。

为获得完善的气动特性,除努力减少压力损失外,还要尽量使动力涡轮出口的速度场均匀。速度场不均匀性是由于排气流道各部分损失不均匀和气流方向的改变等因素造成的。当这种不均匀性大到一定程度时,气流紊流产生挠动力,会引起涡轮末级叶片振动加剧,或出现共振而造成叶片的断裂。

由于排气温度比进气空气温度高很多,可达 500 ℃。因此高温排气带来许多问题,如:它是造成火灾的火源;它会引起空气电离而对通信产生干扰;使桅杆及天线过热;高温排气中辐射出红外线,使舰船红外目标明显;高温使排气装置存在严重的热膨胀等。

此外,从排气装置中传出的噪声也是很大的。排出的废气还会由于选择排气装置不当,而重新被进气装置吸入,这会引起流通部分的污染及由于吸入空气温度升高使燃气轮机功率和效率的下降。这些问题,在排气系统中应设法解决。

根据其工作条件,排气装置应满足下列基本要求:

① 压力损失小,目前使用标准一般在 150～250 mm 水柱。
② 涡轮出口截面的燃气速度场要均匀。
③ 排气管道壁面温度和排气出口温度符合允许值。
④ 排气噪声低。
⑤ 避免排出的废气重新进入进气装置。
⑥ 质量轻、尺寸小,并具有一定的抗冲击能力。

7.2.2　排气系统的结构设计技术

排气系统由排气蜗壳、排气管及用于红外抑制的排气引射器(红外抑制段)等组成,如图 7.6 所示。排气蜗壳与动力涡轮机匣相接,常和燃气轮机一起安装在箱体内。扩压管用膨胀接头(如专用的波纹管结构)与排气蜗壳连接。排气管道的固定方式和进气管道相似,为不使重量落在燃气轮机上,也是用安装座直接支承在舰体上的。

1. 排气蜗壳

燃气轮机安装在水线以下的机舱里,动力涡轮排出的废气就要经过 90°的转弯后排出。从动力涡轮出口到排气管扩压段之间,安装有结构较为复杂的排气蜗壳。排气蜗壳的形式如图 7.7 所示,环形扩压器使气流速度降低,具有提高排气压力的作用。

排气蜗壳由圆锥形引射喷口和壳体组成,为增加刚性,排气蜗壳壳体有加强筋。安装时排气蜗壳的壳体搭在支座上,支座在排气蜗壳壳体上,每侧有一个。

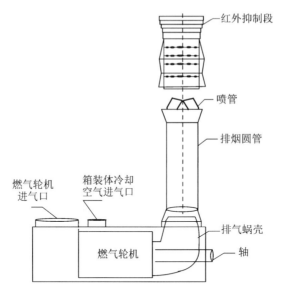

图 7.6　排气系统简图

为便于吊运排气蜗壳,在引射喷口的两侧设有吊环。在排气蜗壳下部有排放管,以便排放滑油和燃油,这些燃油和滑油是从燃气轮机进入排气蜗壳的。

在排气蜗壳上,每侧各有一个用于安装测量排气温度热电偶的管接头,在运行时只使用一个。为减小排气蜗壳在箱体内的散热量,排气蜗壳表面用保温材料进行了包敷。

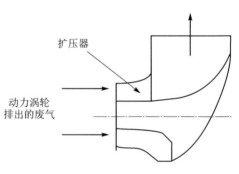

图 7.7　排气蜗壳的形式

2. 降温措施

由于从涡轮排出的燃气温度是很高的,将带来许多问题。因此在排气管道中要采取以下降温措施:

① 整个排气管道采用双层壁结构,同时在内层壁采取铺设绝热材料的措施,以减少向舱室散发的热量和降低温度。进而防止火灾,减小红外线的辐射,以及改善工作和生活条件。

② 增设排气引射器。燃气轮机的排气温度接近 500 ℃,由于红外线辐射的能量与废气的温度成 4 次方关系,因此太高的排气温度给舰船带来了很大的威胁。降低排气温度就能降低红外线辐射能量,起到了消除红外线的作用。排气引射器就是利用排气管道内高速流动的废气产生的抽吸作用,将大气中的新鲜空气吸入,与废气混合,以达到排出的废气温度降低的目的。在排气管出口处有 4~6 个喷嘴组,每组 4~

6 个喷嘴,4～6 个混合管,每组喷嘴与一个混合管相配合。此引射器的主要功能是,靠引射吸入的新鲜空气和排气在混合管内掺混,达到降低排气温度的目的。采用多组喷嘴是为了提高引射掺混的效果,缩短混合管的长度,而且还可以降低废气排入大气时与大气混合所产生的噪声。

3. 排气口布置

由于排气温度比进气温度高得多,容积流量比进气装置大得多。为了使排气管道的尺寸和重量不致过大,所以排气速度比进气速度快得多,一般为进气流速的 3 倍左右,为 45～60 m/s。由于速度过高,使流动损失和排气噪声增大。如速度过低,将使排气装置的重量和尺寸增大,还会有使废气重新被进气装置吸入的危险。因此,排气烟囱需布置得高于并尽量远离进气系统的吸入口以防废气重新吸入。

7.3　红外抑制设计

喷管结构是红外抑制装置的总压损失和红外辐射的关键部件,良好的喷管结构能使总压损失有效降低,且出口截面的温度和辐射特性仍能保持较低水平,从而这种喷管结构形式也就会降低对燃气轮机动力涡轮比功、输出功率和经济性的影响。本节将采用适当模型,通过数值模拟和分析,就降低压损、提高燃气轮机性能及改善出口截面辐射特性为目标展开研究。

7.3.1　模型选择

由图 7.6 分析可知,原型红外抑制装置在整个工况范围内压力损失均较高,但是其采用了混合管开槽及六级扩压环结构的红外抑制段,因此在混合管及扩压环段内壁存在冷却空气隔离层,有效地降低了红外抑制段壁面温度,在控制壁面红外辐射上性能突出。因此,在结构优化时,只对喷管段进行优化,而不改变红外抑制段结构。

有关学者分析表明:常规喷管引射混合器,主要依赖高速主流黏性剪切作用,泵抽并混合次流。引射混合速率慢,混合管段要求长。因此,工程师和学者便产生了改变喷管形状,在主次流之间利用横向流增强混合的想法。把圆筒形喷管尾部薄壁曲折成周期波瓣的形状,形成波瓣喷管。在其出口截面以波瓣轮廓线为界,主流速度有一个沿波峰向外的横向速度分量,而次流则有一个沿波谷向内的横向速度分量。从而在波瓣侧边形成了大尺度漩涡,称为流向涡。流向涡具有对流的性质,可有效加强主次流的混合。

有关学者通过实验与常规喷管引射器进行了对比,结果表明波瓣喷管引射流量比有显著增强;由于流向涡的存在,波瓣喷管可以在较短流向距离内很快达到混合。

鉴于此,本节拟采用如图 7.8 所示波瓣喷管形式。该喷管采用圆排排列,波瓣数为 8 个;考虑尺寸匹配,该喷管底座基圆与排烟圆管直径相等,高度 2 m,与原喷管相当。在装配过程中波瓣喷管出口处与红外抑制段入口处之间的距离为 1.25 m,波瓣喷管与红外抑制段的装配图如图 7.9 所示。

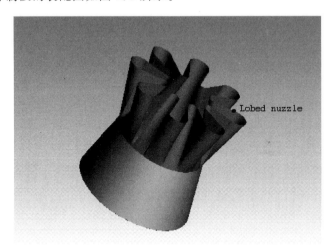

图 7.8 波瓣喷管(见彩图)

图 7.9 波瓣喷管与红外抑制段的装配图(见彩图)

7.3.2 波瓣喷管流场分析

以 1.0 工况,环境温度 25 ℃为例,对波瓣喷管流场进行分析。

1. 出口截面温度场分布

从图 7.10 和图 7.11 所示的出口截面温度等值线云图可知,两种模型下温度场分布形式完全不同。波瓣喷管在出口截面温度场等值线分布外密内稀,基本呈现圆环形状。而原型出口截面温度分布则显现出 4 瓣形状。通过对比还可以看出,波瓣型喷管出口截面的核心区最高温度为 639.3 K 左右,而原型喷管出口截面的核心区最高温度为 696.2 K,两者相差 57 K 左右,这表明波瓣喷管在掺混外界空气的能力要明显强于原型喷管,尤其是对于主流核心区的掺混冷却作用比原型喷管优良。所以采用波瓣喷管,可以弥补原型在主流核心区冷却不良的缺陷。从第 6 等值线所围的面积可以看出,波瓣喷管出口在 580~639.3 K 范围内的面积明显小于原模型 580~696.2 K 之间的面积,显然在高温区域辐射强度会比原模型小很多。从第 5 和第 6 等值线间的面积比较可以看出,波瓣型在该温度区间的面积占据了整个出口截面的大部分,且温度梯度小,均匀度高。而原模型在该部分的面积非常狭小。可见,采用波瓣型喷管能使外围冷却空气在很大程度上掺混进主流并吸收主流核心区的能量,而原模型主流核心区能量大部分还保留在主流本身,在靠近红外抑制段内壁区附近有大量冷却空气几乎未参与混合冷却,冷却空气掺混的范围明显小于波瓣喷管。

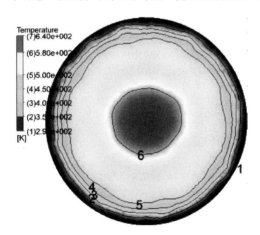

图 7.10 波瓣喷管模型出口截面温度分布(见彩图)

图 7.12 所示为原型与波瓣型各截面温度分布图,所取的 6 组截面距离喷管出口的高度 h 分别是:0.25 m、1.25 m、2.25 m、3.25 m、4.25 m 以及红外抑制段出口截面处。

总体来看,随着沿程距离的增加,两种模型的截面混合均匀性都在不断增大,温

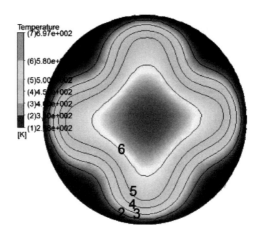

图 7.11 原型喷管模型出口截面温度分布(见彩图)

度分布也朝更加均匀的方向发展;在离喷管出口 0.25 m 处,温度分布呈现明显的喷管型面特征,四喷管和波瓣形状明显,主次流交接处卷吸边界层在周长方向上明显。在 1.25 m 处,原模型的 4 股主流已经汇合到一起,但在后 3 个截面处,温度分布又逐渐显现四瓣特征。只是该四瓣相对于喷管出口沿周向转动了 45°。而波瓣喷管在 2.25 m 处时仍有较明显的波瓣形状特征。只是波瓣已经与主流核心区断裂分离并形成环绕主流核心区的独立波瓣。随着沿程的增加波瓣逐渐消失破碎,到出口截面时几乎已经看不出瓣型。

从各个截面温度分布对比可以看出,波瓣型喷管混合速度明显大于原模型。在 4.25 m 截面处,波瓣喷管混合均匀已经很高了。可见波瓣型喷管可以在较短的距离获得大的混合效果。从离喷管 0.25 m、1.25 m 处的温度分布可以看出,此时主流从喷管刚刚喷出,波瓣喷管与周围冷却空气的剪切作用周长明显比原型喷管要长。撇开流向涡的影响,单从这个意义上讲波瓣喷管在卷吸次流方面也要强于原型喷管。

2. 速度场分布形式与特点

波瓣尾缘对主流和次流诱导横向速度的方向是相反的,在波瓣出口后形成具有无黏特征的流向涡是波瓣喷管强化混合的支配因素。图 7.13 所示为速度矢量在波瓣喷管出口截面处(距离喷管出口高度 $z<0.1$ m)速度横向分量的分布,从中可以看到波瓣对主次流诱导出的横向速度很明显。虽然在主流中央区几乎没有横向分速度,但在周向分布的波瓣内部,主流横向分量最高达到 33.8 m/s 左右;同时在相邻两个波瓣间隔内的次流横向速度分量也可达到近 16 m/s,且两者方向相反,形成对流性质的掺混。图 7.13~7.17 显示了不同沿程距离时横向速度矢量的分布情况,从中可以看出由波瓣结构诱导的横向分速在离开喷管以后,横向作用范围在逐渐增大,但强度衰减很快。当 $z=3.5$ m 时,主流已经进入混合管内部,从图 7.17 中可以看出,

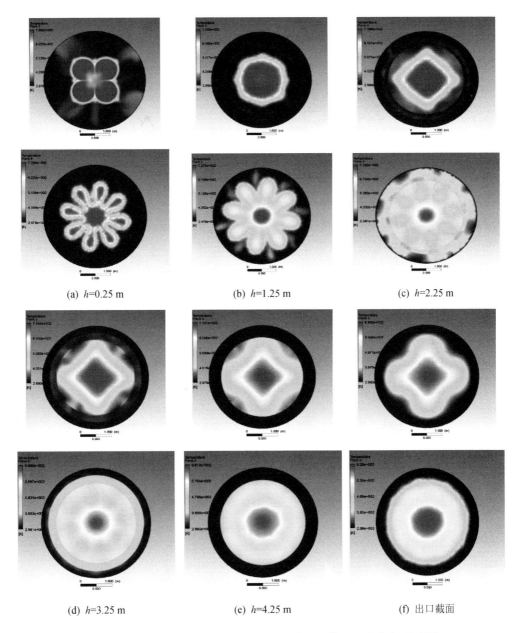

(a) h=0.25 m　　　　(b) h=1.25 m　　　　(c) h=2.25 m

(d) h=3.25 m　　　　(e) h=4.25 m　　　　(f) 出口截面

图 7.12　波瓣型与原型距离喷管出口相同高度处截面温度分布(见彩图)

横向运动的燃气在运动过程中遇到壁面障碍后在两侧又形成回流。

图 7.18 所示为沿流程平均横向速度的变化趋势图,在 2 m<z<3.5 m 范围内平均横向分速度衰减很快,60%的横向分速度在此过程中衰减,这主要是由于主次流横向分速在该段内形成强烈交叉掺混而消耗掉了横向分速,因此该段是主流卷吸次

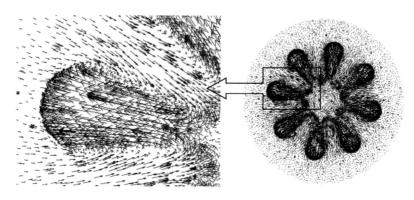

图 7.13　波瓣喷管出口截面横向速度分布（$z=2.0$ m）

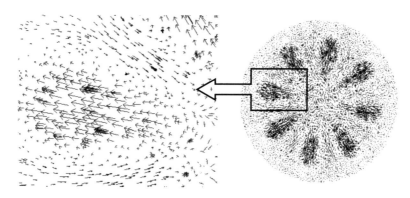

图 7.14　波瓣喷管 $z=2.5$ m 截面横向速度分布及局部放大图

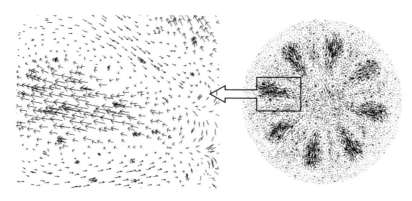

图 7.15　波瓣喷管 $z=2.75$ m 截面横向速度分布及局部放大图

流的主要作用区域,这种在较短的流向距离内横向分速急速衰减的特征,反映出波瓣喷管在较短距离内混合能力强及对混合管长度需求短的特点。$z>3.5$ m 之后平均横向速度继续减弱,到出口位置时仅仅只有 1 m/s 左右。

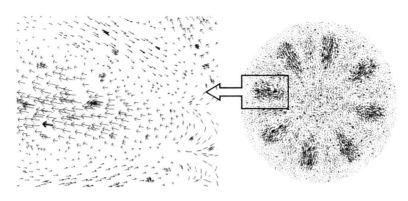

图 7.16　波瓣喷管 $z = 3.0$ m 截面横向速度分布及局部放大图

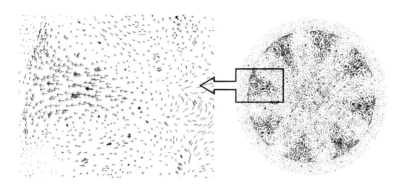

图 7.17　波瓣喷管 $z = 3.5$ m 截面横向速度分布及局部放大图

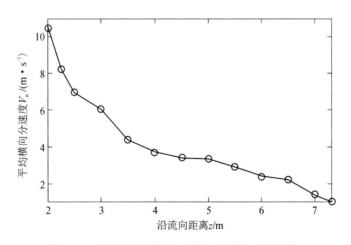

图 7.18　波瓣喷管沿流程截面平均横向速度变化

3. 涡量分布形式与特点

主次流横向分速度使气流在垂直于 z 轴方向形成很强的环流,并产生了方向沿

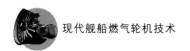

流向的旋涡——流向涡。正是流向涡的存在,使波瓣喷管具有比一般喷管更高的引射效率和混合效果。

涡量的定义:

$$\boldsymbol{\Omega} = \nabla \times \boldsymbol{V} \tag{7.3.1}$$

式中:$\nabla = \dfrac{\partial}{\partial x}i + \dfrac{\partial}{\partial y}j + \dfrac{\partial}{\partial z}k$ 为哈密尔顿算子,$\boldsymbol{V} = ui + vj + wk$ 为速度矢量。写成分量形式为

$$\begin{cases} \boldsymbol{\Omega}_x = \left(\dfrac{\partial w}{\partial y} - \dfrac{\partial v}{\partial z} \right) i \\[2mm] \boldsymbol{\Omega}_y = \left(\dfrac{\partial u}{\partial z} - \dfrac{\partial w}{\partial x} \right) j \\[2mm] \boldsymbol{\Omega}_z = \left(\dfrac{\partial v}{\partial x} - \dfrac{\partial u}{\partial y} \right) k \end{cases} \tag{7.3.2}$$

式中:$\boldsymbol{\Omega}_z = \left(\dfrac{\partial v}{\partial x} - \dfrac{\partial u}{\partial y} \right)$ 即为与流动方向相同的流向涡矢量。它由与流动方向垂直的 x、y 方向上的速度分量决定。$\boldsymbol{\Omega}_n = \sqrt{\boldsymbol{\Omega}_x^2 + \boldsymbol{\Omega}_y^2}$ 为正交涡,由与流动方向垂直的两个涡分量组成。

图 7.19~7.21 所示为波瓣型排气引射器涡量分布沿流向的发展变化。从图 7.19~7.21 可以看出,在离开波瓣喷管后,涡量分布起初与波瓣形状极为相似,涡流区域主要集中在贴近波瓣壁面两侧的狭窄区域,随着沿程的增加,涡流尺度逐渐向内向外发展变大,在中央部位旋涡逐渐向内挤压脱落,并重新结合成尺度较大的圆形涡。图 7.22~7.25 显示了涡量进入红外抑制器后到第四圈开槽孔之间的变化趋势,从中可以看出,一方面随着沿程的增加,大尺度的涡量逐渐破碎成小尺度的涡量;另一方面,由于涡的外围尺度沿流向逐渐扩大并超过红外抑制器直径,因而涡量受到抑制器壁面结构的阻隔而在阻隔处破裂断开。图 7.23 显示了在 $z = 4$ m 时,原来的涡量基本破碎成杂乱的小尺度碎涡状。图 7.24~7.25 则显示了在混合管开槽处,冷却空气可以一定的速度从槽孔处进入混合管参与混合。因此,在周向 8 个槽孔处形成了 8 个尺度与槽孔相当的涡量,可见开槽对于增加引射量是有益的。如图 7.25 所示,在 $z = 5.68$ m 时,不仅仅在 8 个槽孔附近存在涡,而且原先分布在大部分截面的杂乱的小尺度涡此时已经合并结合形成了 8 个方位角与波瓣方位角相当,环绕 z 轴的大尺度方形涡。在这一周方形涡的内部还分布着两个圆形涡。图 7.26~7.28 则显示了混合气体从扩压环至出口段涡的分布,从中可以看出,由于扩压环的存在,诱导出许多近似环形的大尺度的漩涡。

图 7.19~7.28 仅显示了涡的分布形式和结构特点。但是涡的强度沿流向总体是逐渐减弱的。图 7.29 所示为沿流向各截面平均涡量值的变化趋势图。

图 7.19　波瓣型出口截面
($z=2.0$ m)涡量分布

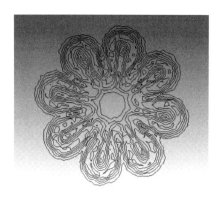

图 7.20　波瓣型出口截面
($z=2.5$ m)涡量分布

图 7.21　波瓣型出口截面
($z=3.0$ m)涡量分布

图 7.22　波瓣型出口截面
($z=3.5$ m)涡量分布

图 7.23　波瓣型出口截面
($z=4.0$ m)涡量分布

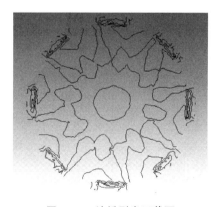

图 7.24　波瓣型出口截面
($z=4.42$ m)涡量分布

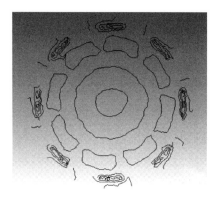

图 7.25　波瓣型出口截面
($z=5.68$ m)涡量分布

图 7.26　波瓣型出口截面
($z=6.71$ m)涡量分布

图 7.27　波瓣型出口截面
($z=7.33$ m)涡量分布

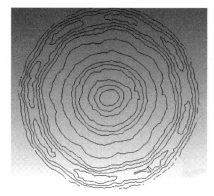

图 7.28　波瓣型出口截面
($z=7.55$ m)涡量分布

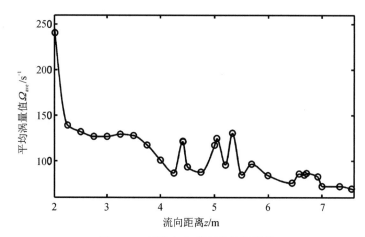

图 7.29　沿流向各截面平均涡量值

从图 7.29 可以看出,随着沿程的增加,涡量总体是逐渐减弱的,尤其在波瓣出口截面($z=2$ m)至 $z=2.25$ m 沿程内,涡量剧烈下降,幅度达到了 42%,涡的减弱主要是高温燃气与冷却空气的剧烈掺混以及流体本身的黏性作用。涡量值短距离内的剧烈下降有力地验证了波瓣喷管在短距离内高效混合的优势。在 $z=2.25\sim3.25$ m流向距离范围内,截面平均涡量值变化平缓,类似于涡量平台期,在该平台期内,流向涡持续作用但减弱不明显。在 $z=3.25\sim4.25$ m 之间,涡在沿流向过程中尺度不断扩展,并最终超过红外抑制器尺度,当涡进入红外抑制段沿程范围内时,红外抑制器的本体结构阻隔并破坏了大尺度涡,使涡量下降明显。但是在 $z=4.25\sim5.99$ m 之间,$z=4.415$ m、5.04 m、5.327 m、5.684 m 处,可以看到平均涡量值出现极值,这主要与红外抑制段中混合管开槽有关。在这 4 个极值处,对应着混合管的开槽处,4 圈开槽对应 4 个极值,在槽孔处的上下游涡量值上升梯度和下降梯度都非常明显。燃气进入扩压环后 $z>5.99$ m,平均涡量值均较小,都在 100 s^{-1} 以下,在第一至第二道环之间涡量值呈下降趋势,而在第三、四、五环之间,涡量又上升并维持在稍高于 80 s^{-1},在第五道扩压环之后的第六道,乃至出口后涡量值均处下降趋势。可见从波瓣喷管至开槽混合管末端这段距离是涡量主要的作用区域,主次流的掺混主要在该段完成。而在扩压环内涡的作用已经很小,主流主要由黏性作用卷吸从环间隙过来的冷却空气,由于该段涡量值小,与中部主流的掺混效果弱,因此次流的主要作用是在扩压环壁面与中部主流之间形成一层隔热气膜,达到冷却扩压环降低壁面辐射的作用。

4. 沿流向涡通量的变化规律

涡通量又称为漩涡强度,由斯托克斯定理可知涡通量与速度环量相等。其定义式为

$$I = \iint_S \Omega \cdot dS = \oint_L V \cdot dl \qquad (7.3.3)$$

从图 7.30 可以看出,从出口截面($z=2.0$ m)至 $z=2.25$ m 流向距离内,涡通量从 1 100 m^2/s 急剧升高到 1 300 m^2/s。从前面关于涡量的叙述可知,在该段距离内涡的作用范围在不断扩展,平均涡量值急剧下降,但是从整个截面的涡通量来看,涡通量是急速上升的。从涡通量的定义式分析可知,涡量值 Ω 在该段沿程内急剧下降,但是涡量作用面 S 扩展程度超过了涡量值 Ω 的下降幅度。所以在该段距离内流向涡的总的作用效果是不断得到强化的。在 $z=2.25\sim3.25$ m 之间时,涡量值比最高值有所下降,但是总的来说均维持在大于 1 200 m^2/s 的较高水平,这段距离对应平均涡量值的平台期,在 $z=3.25\sim4.25$ m 之间时,涡通量急剧下降到 850 m^2/s。从平均涡量值的变化曲线分析可知,此时由于红外抑制段本体结构对流向涡的破坏,平均涡量值急剧下降,涡通量也同样急剧下降。在 $z=4.25\sim5.99$ m 之间时,混合管开槽处由于平均涡量值的极值也导致涡通量的极值。在 $z>5.99$ m 时,涡通量的变化趋势也基本与平均涡量值变化趋势一致。总之,在 $z>3.25$ m 时,涡的作用范

围一直被限制在红外抑制段内部,即面积 S 基本维持不变。所以,涡通量的变化,基本上由涡量值的变化趋势所决定。

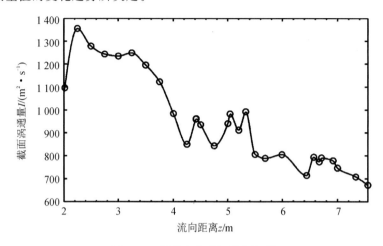

图 7.30　沿流向各截面的涡通量

5. 流向涡的变化规律

涡矢量中包括流向涡和正交涡,流向涡是波瓣喷管与原型喷管相比增强混合的主要原因,图 7.31～7.39 所示为沿流程各截面流向涡的分布。

图 7.31　出口截面流向涡分布

图 7.32　$z=2.5$ m 流向涡分布

研究流向涡的发展和消亡过程对于掌握波瓣喷管的混合机理有重要作用,从图 7.31 可以看出,在出口截面每个波瓣两侧边各有一个流向涡,从横向速度矢量图可知,由于在波瓣两侧边的速度矢量一个左转,一个右转。根据右手螺旋定则可知,在两侧边分别形成了方向顺流向与逆流向的两个流向涡。因而在该八波瓣喷管出口处,形成了正负交替的 16 个流向涡。从图 7.31～7.34 可以看出,流向涡的作用范围沿流程在不断增大,且原 16 个涡,均演变为三环结构。如图 7.35～7.39 所示,当流向涡进入混合管以后,受到混合管结构的限制,大尺度的流向涡先在外围断裂,随后在下游又重新组合成数量相等,排列结构与初始流向涡类似的限制在管内的小尺度流向涡。

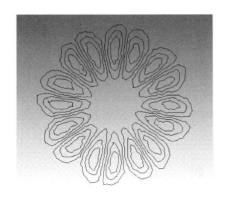

图 7.33　$z = 3.0$ m 流向涡分布

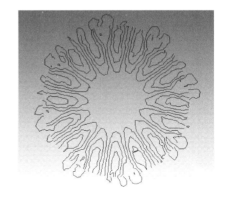

图 7.34　$z = 3.5$ m 流向涡分布

图 7.35　$z = 4.0$ m 流向涡分布

图 7.36　$z = 5.0$ m 流向涡分布

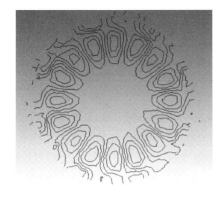

图 7.37　$z = 6.0$ m 流向涡分布

图 7.38　$z = 7.0$ m 流向涡分布

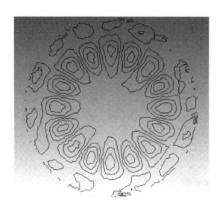

图 7.39　$z=7.33$ m 流向涡分布

如图 7.40 所示,从出口截面至 $z=2.5$ m 沿程内,流向涡量最大值急剧下降,之后以平缓速度耗散减弱,但在 $z=5.327$ m 时,即第三圈开槽处,流向涡有一定程度增幅。之后沿流向又平缓下降。因此,流向涡的主要作用范围集中在 $z=2\sim3$ m 的流向距离内。总体来说,流向涡由波瓣所诱导,其分布形式和量值主要受波瓣影响。而红外抑制段中的开槽混合管和扩压环对流向涡的基本分布形式影响不大,对量级的影响也不显著。

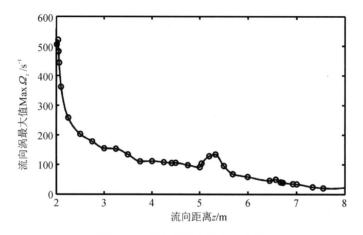

图 7.40　流向涡最大值变化曲线

6. 正交涡的变化规律

从图 7.41～7.43 可以看出,正交涡在波瓣出口截面后至进入混合管之前分布形式与波瓣型面类似,且随沿程增加作用范围不断增大,当进入混合管之后,外围大尺度的涡破碎为小尺度涡,如图 7.44～7.47 所示,在流经混合管和扩压环过程中碎涡逐渐重新结合成大尺度的圆环形分布,呈现出与扩压环类似的环状结构特征,如图 7.48～7.52 所示。

由图 7.53 可知,正交涡从离开波瓣出口截面到 $z=2.5$ m 沿程内其最大值急剧下降,之后经过混合管开槽孔,由于槽孔对正交涡的强化作用出现了与四圈开槽孔相对应的跳跃极值,在随后的扩压环段,正交涡最大值又逐渐下降。可见正交涡受波瓣和红外抑制段结构特征的双重影响,其演变过程反映了红外抑制装置的结构特征。

图 7.41　出口截面正交涡分布

图 7.42　$z=2.5$ m 正交涡分布

图 7.43　$z=3.0$ m 正交涡分布

图 7.44　$z=3.5$ m 正交涡分布

图 7.45　$z=4.0$ m 正交涡分布

图 7.46　$z=4.5$ m 正交涡分布

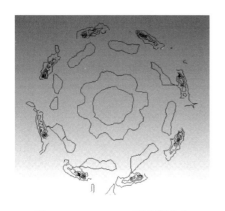

图 7.47 $z=5.0$ m 正交涡分布

图 7.48 $z=5.5$ m 正交涡分布

图 7.49 $z=6.0$ m 正交涡分布

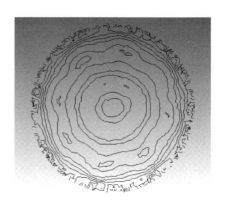

图 7.50 $z=6.5$ m 正交涡分布

图 7.51 $z=7.0$ m 正交涡分布

图 7.52 $z=7.5$ m 正交涡分布

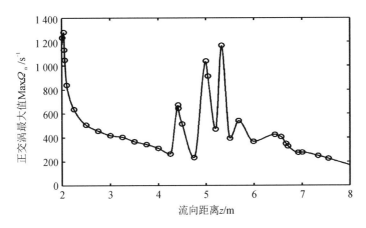

图 7.53　正交涡最大值沿流向变化曲线

7.3.3　数值试验结果及分析

在环境温度为 25 ℃,其他边界条件设置与原模型相同的情况下,对 0.1～1.0 工况波瓣型红外抑制装置进行了数值模拟,并与相同条件下原模型相关参数进行了对比。

1. 压力损失对比

如图 7.54 所示,波瓣型红外抑制装置在各个工况下的压力损失均显著低于原型。0.5 以上工况时,波瓣型压力损失比同工况下原型均下降了 100 Pa 以上;在 1.0 工况时,压力损失更是下降了 900 多 Pa。这与两者几何结构有很大关系。原型喷管

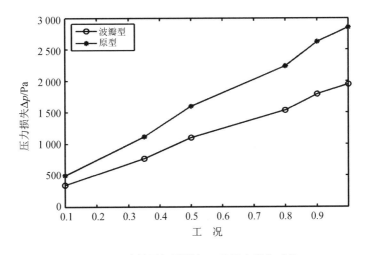

图 7.54　波瓣型与原型各工况压力损失对比

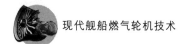

在流道结构上存在较大程度的截面扩缩变化,尤其在凸台与四只喷管结合处流体阻塞明显。

从图 7.55 所示的原型喷管速度分布云图可以看出,在凸台上部贴近壁面处,以及尖角附近区域存在明显的速度滞止区,而如图 7.56 所示,波瓣喷管内流体速度除了在近壁面附近有少量的黏性阻滞外,整个流道内基本没有滞止现象,所以可以推知其流动阻力要小于原模型,而红外抑制段结构尺寸相同。因此波瓣结构喷管的应用正是导致压力损失小于原型的主要因素,从降低排气道压力损失,减少对燃气轮机性能的负面影响来看,波瓣型优于原型。

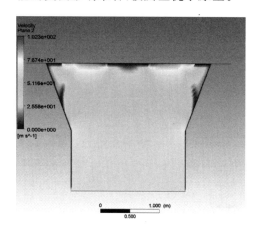

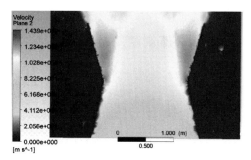

图 7.55　原型喷管凸台内流场
速度云图(见彩图)

图 7.56　波瓣型喷管内流场
速度云图(见彩图)

2. 修正引射系数对比

如图 7.57 所示,波瓣型在各个工况下修正引射系数均比原型相应工况下高 0.1 左右,由于波瓣诱导的流向涡的存在,波瓣喷管卷吸次流能力得到了加强。另外,波瓣结构使主次流黏性剪切边界周长比普通喷管更长,这也有利于增加对次流的卷吸作用。随着工况的增加,波瓣型修正引射系数略呈下降趋势,0.1 工况与 1.0 工况下的差值不超过 0.03。

3. 出口截面温度场特性比较

从图 7.58～7.59 中波瓣型与原型平均温度和最高温度的对比可知,波瓣型喷管出口截面平均温度高于原型喷管 20 ℃左右,但在各个工况下均小于 250 ℃,达到了该型舰设计要求;而最高温度在各工况下均比原型低至少 30 ℃以上,在 0.8 以上工况,最高温度比原型降低了将近 60 ℃,且从图 7.60 可以看出,波瓣型在出口截面的温度分布中高温区域温度比原型要低。可见波瓣型在掺混冷却主流核心区方面、抑

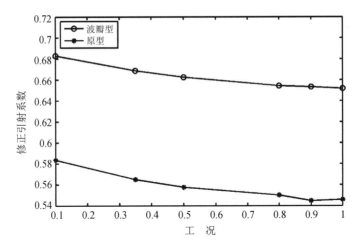

图 7.57 波瓣型与原型各工况修正引射系数对比

制出口截面高温区域面积方面具有更大的优势。

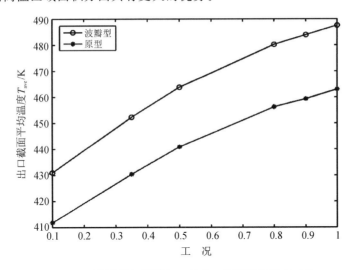

图 7.58 波瓣型与原型各工况出口截面平均温度对比

图 7.61 所示为两型排气引射器在出口截面的高温面积对比,在各个不同工况下,波瓣型出口截面温度大于 580 K 的区域面积比原型明显要小。在 0.35 工况以下,波瓣型在出口截面处温度高于 580 K 的区域面积均为零,即使在 1.0 工况时也仅有 0.8 m² 左右,而原型超过 1.4 m²。由此可见,波瓣型可以更有效掺混高温核心区域主流,这对于减少高温区域分布面积以及减少高温核心区域面积的红外辐射更有利。

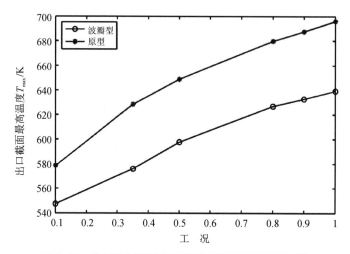

图 7.59　波瓣型与原型各工况出口截面最高温度对比

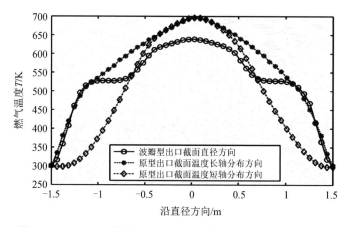

图 7.60　1.0 工况波瓣型与原型出口截面沿直径温度分布对比

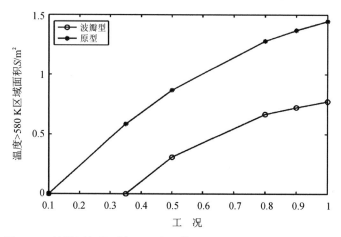

图 7.61　波瓣型与原型各工况出口截面温度＞580 K 区域面积对比

7.3.4   波瓣喷管压力损失对燃气轮机性能的影响

由于各工况下波瓣型红外抑制装置带来的压力损失小于原型,因此对燃气轮机性能的影响比原型要小。对于进气压力损失和红外抑制装置之前的管道压损,采用之前理论计算值;对于红外抑制装置压损采用各自三维流场数值计算值;进而研究这两种喷管形式对燃气轮机性能的影响。

通过计算得到进排气系统总的压力损失对燃气轮机性能的影响如图 7.62 和图 7.63 所示,通过两图对比可知,任一工况波瓣型压力损失对燃气轮机的比功和功率等性能的影响均比原型要小,且随着工况增大,这种优势也逐渐增大,在 0.8 以上工况,比功和功率相对损失量与原型相比均下降 0.52% 以上,1.0 工况时下降了0.61%。由第 2 章分析可知,油耗率的增量与比功相对损失的增量相等。因而,若该型机 0.8 工况时油耗率为 0.262 kg/(kW·h),同样的一次远洋航行任务燃气轮机工作时间 500 h,80% 时间工作在 0.8 工况,则在此次任务中采用波瓣型比采用原型节省的燃油量为

$$\Delta Q_f \geqslant \frac{500\ \text{h} \times 80\% \times 19\ 112\ \text{kW} \times Be \times 0.52\%}{1\ 000\ \text{kg/t}} \approx 10.417\ \text{t} \quad (7.3.4)$$

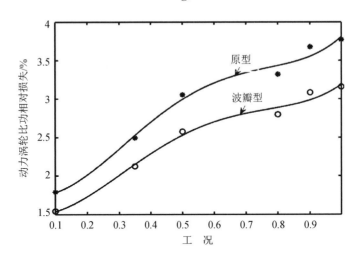

图 7.62   采用波瓣型与原型时进排气压损对动力涡轮比功相对损失的影响

可见,由于采用波瓣型红外抑制装置,在本次任务中单台燃气轮机可以节省的燃油量超过 10.417 t,对于配置双机双桨的某型舰可以节省超过 20.834 t 燃油,若编队内有 4 条该型舰,则可以节省超过 83.336 t 燃油。

如果一台舰船燃气轮机平均寿命约为 10 000 h,80% 时间工作在 0.8 工况,那么在平均寿命周期内,采用波瓣型红外抑制装置与采用原型相比可省的燃油量为

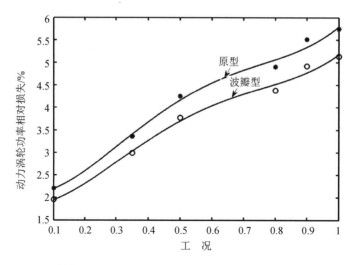

图 7.63　采用波瓣型与原型时进排气压损对动力涡轮输出功率相对损失的影响

$$\Delta Q_f \geqslant \frac{10\,000\ \text{h} \times 80\% \times 19\,112\ \text{kW} \times \text{Be} \times 0.52\%}{1\,000\ \text{kg/t}} \approx 208.34\ \text{t}$$

$$(7.3.5)$$

可见,在平均寿命周期内,采用波瓣型红外抑制装置,仅单台燃气轮机就可以节省超过 208.34 t 燃油,随着燃气轮机全寿命以及燃气轮机舰船列装数量的增加,特别是在我国海军主力舰船全燃化趋势的背景下,从长远和全局的眼光看采用波瓣型红外抑制装置的军事经济效益将非常可观。

本节基于在红外抑制性能不降低的前提下,以降低排气系统压力损失为优化目标,选用波瓣型红外抑制装置作为某型舰燃气轮机排气红外抑制装置进行数值试验,所得结果如下:

① 以环境温度 25 ℃,工况 1.0 时的波瓣型红外抑制装置的数值模拟流场结果为典型工况,分析了波瓣型温度场、速度场、涡量场等主要流场特性。尤其对波瓣结构诱导的涡量及其演化进行了分析。正是波瓣诱导的涡的作用使波瓣喷管具有引射系数高,高温区域面积小,主流核心区冷却更强等优点。

② 环境温度 25 ℃时,对波瓣型和原型不同工况时的压力损失、出口截面温度场特性、修正引射系数等特性做了对比。结果表明波瓣型总压损失、出口截面最高温度和高温区域面积等均要低于原型喷管,其修正引射系数比原型高 0.1 左右。因此波瓣型对于减少对燃气轮机负面影响,提高经济性,抑制红外辐射要优于原型。

③ 对采用波瓣型和原型两种排气引射器形式对燃气轮机性能的影响做了对比,任一工况波瓣型压力损失对燃气轮机的比功和功率等性能的影响均比原型要小,且随着工况增大,这种趋势也更明显,从平均寿命周期来看,若采用波瓣型,则该型机可节省数量可观的燃油,从长远来看,其经济效益较大。

7.4 进排气压损对燃气轮机性能的影响

某型三轴燃气轮机系统如图 7.64 所示。从图 7.64 可以看出,舰船燃气轮机的压力损失是由图上 0—1 之间的进气道压损,高低压压气机 2—3 之间的过渡段压损,4—5 中间的燃烧室压力损失,高低压涡轮 6—7 之间的中间扩压段(涡轮中间机匣)压损,低压涡轮与动力涡轮 8—9 之间的机匣通流部分压损,10—11 之间排气蜗壳压损,11—0 之间排气道压损等共同构成。

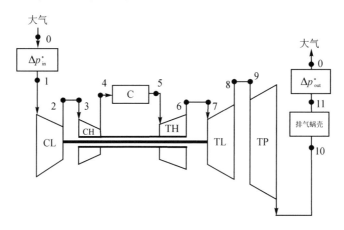

图 7.64 燃气轮机系统简图

在工程实践中一般用总压恢复系数来计量压力损失的大小,定义为出口总压与进口总压之比,则各部件的总压恢复系数分别如下:

进气道总压恢复系数为

$$\sigma_{0-1} = \frac{p_1^*}{p_0^*} \tag{7.4.1}$$

高低压压气机中间过渡段总压恢复系数为

$$\sigma_{2-3} = \frac{p_3^*}{p_2^*} \tag{7.4.2}$$

燃烧室总压恢复系数为

$$\sigma_{4-5} = \frac{p_5^*}{p_4^*} \tag{7.4.3}$$

高低压涡轮中间机匣总压恢复系数为

$$\sigma_{6-7} = \frac{p_7^*}{p_6^*} \tag{7.4.4}$$

低涡和动力涡轮之间的机匣通流部分总压恢复系数为

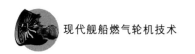

$$\sigma_{8-9} = \frac{p_9^*}{p_8^*} \tag{7.4.5}$$

排气蜗壳总压恢复系数为

$$\sigma_{10-11} = \frac{p_{11}^*}{p_{10}^*} \tag{7.4.6}$$

排气道总压恢复系数为

$$\sigma_{11-0} = \frac{p_0^*}{p_{11}^*} \tag{7.4.7}$$

总的总压恢复系数为

$$\sigma = \sigma_{0-1} \cdot \sigma_{2-3} \cdot \sigma_{4-5} \cdot \sigma_{6-7} \cdot \sigma_{8-9} \cdot \sigma_{10-11} \cdot \sigma_{11-0} \tag{7.4.8}$$

由全压损失对燃气轮机性能影响的分析可知,由于进气压损相对总压而言是小量,因此从近似关系来看,假设压气机进气总压的变化不对压气机特性线上共同工作点位置产生影响,即可知压气机压比不变,所以进气总压变化前后有

$$\frac{G\sqrt{T_a^*}}{p_1^*} = \frac{(G+\Delta G)\sqrt{T_a^*}}{p_1^* + \Delta p_1^*} \tag{7.4.9}$$

从而可以导出 $\dfrac{G}{p_1^*} = \dfrac{(G+\Delta G)}{p_1^* + \Delta p_1^*}$,即有

$$\frac{\Delta G}{G} = \frac{\Delta p_1^*}{p_1^*} \tag{7.4.10}$$

当其他部件总压恢复系数不变时,可以导出燃烧室出口总压变化前后之比,即

$$\frac{\sigma_{0-1}'}{\sigma_{0-1}} = \frac{p_5^* + \Delta p_5^*}{p_5^*} \tag{7.4.11}$$

对于微小变化,假设涡轮特性线上的流量参数和高低压涡轮效率不变,所以可知涡轮前初温、膨胀比以及动力涡轮的进口温度不变。

所以当进气和排气总压恢复系数同时发生变化时,动力涡轮中膨胀比为

$$\varepsilon_{TP}^{*\prime} = \frac{p_9^{*\prime}}{p_{10}^{*\prime}} = \frac{\dfrac{p_0^* \cdot \pi_{LC}^* \cdot \pi_{HC}^* \cdot \sigma_{0-1}' \cdot \sigma_{2-3} \cdot \sigma_{4-5} \cdot \sigma_{6-7} \cdot \sigma_{8-9}}{\varepsilon_{TH}^* \cdot \varepsilon_{TL}^*}}{\dfrac{p_0^*}{\sigma_{10-11} \cdot \sigma_{11-0}'}} = \frac{\sigma' \cdot \pi_{LC}^* \cdot \pi_{HC}^*}{\varepsilon_{TH}^* \cdot \varepsilon_{TL}^*} \tag{7.4.12}$$

此时,

$$\sigma' = \sigma_{0-1}' \cdot \sigma_{2-3} \cdot \sigma_{4-5} \cdot \sigma_{6-7} \cdot \sigma_{8-9} \cdot \sigma_{10-11} \cdot \sigma_{11-0}' \tag{7.4.13}$$

当其他部件总压恢复系数不变,而仅进排气道总压损失变化后,动力涡轮膨胀比与之前膨胀比之比为

$$\frac{\varepsilon_{TP}^{*\prime}}{\varepsilon_{TP}^*} = \frac{\sigma'}{\sigma} = \frac{\sigma_{0-1}' \cdot \sigma_{11-0}'}{\sigma_{0-1} \cdot \sigma_{11-0}} \tag{7.4.14}$$

又由于动力涡轮中的等熵膨胀比功为

$$W_{TP,s} = c_p(T_9 - T_{10}) = c_p\left(1 - \frac{T_{10}}{T_9}\right) = c_p\left[1 - (\varepsilon_{TP}^*)^{\frac{1-k}{k}}\right] \quad (7.4.15)$$

所以进排气道总压损失变化后动力涡轮比功与之前比功之比为

$$\frac{W'_{TP,s}}{W_{TP,s}} = \frac{1 - (\varepsilon_{TP}^{*\prime})^{\frac{1-k}{k}}}{1 - (\varepsilon_{TP}^*)^{\frac{1-k}{k}}} \quad (7.4.16)$$

即可推得动力涡轮比功增量与原比功之比为

$$\frac{\Delta W_{TP,s}}{W_{TP,s}} = \frac{W'_{TP,s} - W_{TP,s}}{W_{TP,s}} = \frac{1 - \left(\frac{\varepsilon_{TP}^{*\prime}}{\varepsilon_{TP}^*}\right)^{\frac{1-k}{k}}}{(\varepsilon_{TP}^*)^{\frac{k-1}{k}} - 1} = \frac{1 - \left(\frac{\sigma_{0-1} \cdot \sigma_{11-0}}{\sigma'_{0-1} \cdot \sigma'_{11-0}}\right)^{\frac{k-1}{k}}}{(\varepsilon_{TP}^*)^{\frac{k-1}{k}} - 1}$$

$$(7.4.17)$$

又因为动力涡轮输出功率为

$$Ne = G \cdot W_{TP} \quad (7.4.18)$$

所以当 G 和 W_{TP} 发生小量变化时，Ne 的全增量可由其全微分得到

$$\Delta Ne = \frac{\partial Ne}{\partial G}\Delta G + \frac{\partial Ne}{\partial W_{TP}}\Delta W_{TP} = W_{TP} \cdot \Delta G + G \cdot \Delta W_{TP} \quad (7.4.19)$$

所以当进排气道全压损失变化后，动力涡轮输出功率与原功率的比值为

$$\frac{\Delta Ne}{Ne} = \frac{\Delta G}{G} + \frac{\Delta W_{TP}}{W_{TP}} = \frac{\Delta p_1^*}{p_1^*} + \frac{1 - \left(\frac{\sigma_{0-1} \cdot \sigma_{11-0}}{\sigma'_{0-1} \cdot \sigma'_{11-0}}\right)^{\frac{k-1}{k}}}{(\varepsilon_{TP}^*)^{\frac{k-1}{k}} - 1}$$

$$= \frac{\Delta p_1^*}{p_1^*} + \frac{1 - \left[\frac{p_1^*(p_{11}^* + \Delta p_{11}^*)}{p_{11}^*(p_1^* + \Delta p_1^*)}\right]^{\frac{k-1}{k}}}{(\varepsilon_{TP}^*)^{\frac{k-1}{k}} - 1} \quad (7.4.20)$$

从上式可以看出，进气总压变化 Δp_1^* 相对于排气总压变化 Δp_{11}^* 对动力涡轮的输出功率影响要大。另由于每小时耗油率为

$$Be = \frac{3\,600f}{W_{TP}} \quad (7.4.21)$$

且油气比仅与燃气初温和压气机出口的温度有关，因此油气比 f 与进排气道总压损失无关。所以当 W_{TP} 发生小量变化时，小时耗油率的变化为

$$\Delta Be = -3\,600f \cdot W_{TP}^{-2} \cdot \Delta W_{TP} \quad (7.4.22)$$

所以可得到进排气道总压损失变化后耗油率增量与原耗油率的比值为

$$\frac{\Delta Be}{Be} = -\frac{\Delta W_{TP}}{W_{TP}} = \frac{\left(\frac{\sigma_{0-1} \cdot \sigma_{11-0}}{\sigma'_{0-1} \cdot \sigma'_{11-0}}\right)^{\frac{k-1}{k}} - 1}{(\varepsilon_{TP}^*)^{\frac{k-1}{k}} - 1} = \frac{\left[\frac{p_1^*(p_{11}^* + \Delta p_{11}^*)}{p_{11}^*(p_1^* + \Delta p_1^*)}\right]^{\frac{k-1}{k}} - 1}{(\varepsilon_{TP}^*)^{\frac{k-1}{k}} - 1}$$

$$(7.4.23)$$

而燃气轮机效率为输出的有用功与消耗的燃料之比,即

$$\eta = \frac{W_{TP}}{f \cdot H_u} \tag{7.4.24}$$

因为油气比 f 和燃料低热值 H_u 与压损无关,所以可以通过类似推导得

$$\frac{\Delta\eta}{\eta} = \frac{\Delta W_{TP}}{W_{TP}} = -\frac{\Delta Be}{Be} = \frac{1 - \left[\dfrac{p_1^*(p_{11}^* + \Delta p_{11}^*)}{p_{11}^*(p_1^* + \Delta p_1^*)}\right]^{\frac{k-1}{k}}}{(\varepsilon_{TP}^*)^{\frac{k-1}{k}} - 1} \tag{7.4.25}$$

假设在初始时进气总压恢复系数和排气总压恢复系数均为1,相当于进气口和排气蜗壳出口直通大气,此时初始 p_1^* 和 p_{11}^* 取标准大气压数值 101 325 Pa,然后综合考察进气压力损失 Δp_1^* 和排气压力损失 Δp_{11}^* 变化时对比功、功率、耗油率、效率等的影响。

从图7.65可以看出,当初始 p_1^* 和 p_{11}^* 取标准大气压数值 101 325 Pa 时(相当于未安装进排气系统,进出口直通大气),由于进排气道压力损失的影响,动力涡轮比功相对变化量随进排气道压损的增大而增大。当进排气道压损增量均达到 4 000 Pa 时,动力涡轮比功相对减少量达到 0.055,即相对减少了 5.5% 的比功。从图7.66可以看出,两条进排气单因素对比功相对变化量的影响曲线几乎重合,表明进排气道压损增量对于动力涡轮比功的影响几乎相同。另外,从式(7.4.23)可知,每小时耗油率 Be 相对变化量与比功相对变化量表达式相同,只是相差一个负号,即表示在进排气压损增大时油耗率在增大,其相对增量与比功相对减少量在数值上相同。所以从图7.66可以看出,当不考虑排气压损变化时,进气压损增大 4 000 Pa 时,油耗增大了 2.68%;而不考虑进气压损变化时,排气压损增大 4 000 Pa,油耗增大了 2.70%。

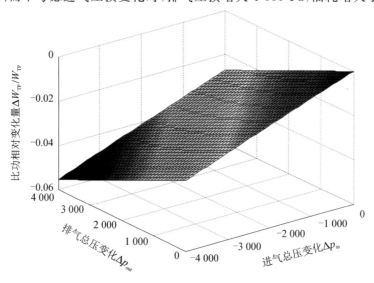

图7.65　1.0工况下进排气总压变化对动力涡轮比功相对变化量的影响

从式(7.4.25)可以看出,有效率相对变化量表达式与动力涡轮比功相对变化量表达式相同,即进排气压损增大时效率在减小,其相对减小量与比功相对减小量相等。所以,图7.66可以同时表示比功相对变化量、耗油率相对变化量和有效效率相对变化量随进排气压损的变化规律。

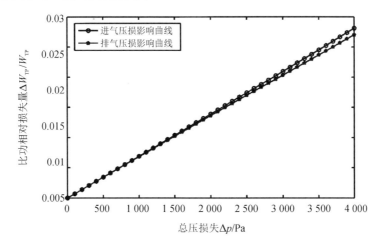

图 7.66　1.0 工况下进排总压单因素对动力涡轮比功相对变化量的影响

从图7.67可以看出,当进排气道压损均达到4 000 Pa时,其综合影响使输出功率下降了将近9.5%。从图7.68中可以看出,1.0工况时不考虑排气压损,当进气压损达到4 000 Pa时,输出功率下降了6.8%左右;当不考虑进气压损,排气压损达4 000 Pa时,输出功率下降了将近2.7%。进气压损变化时,输出功率相对变化量的斜率比排气压损变化时要大,可见进气压损对输出功率的影响比排气压损更明显。

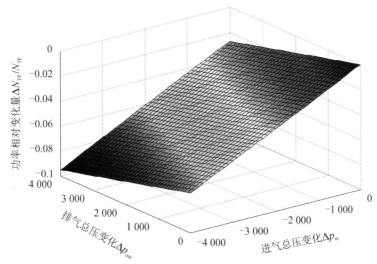

图 7.67　1.0 工况下进排总压变化对动力涡轮输出功率相对变化量的影响

从式(7.4.10)可以看出,这是由于进气道压损除了对比功产生影响外还会对燃气轮机进气量产生影响。但是在排气道中,红外抑制装置和排气涡壳等均能产生显著的压力损失,使压力损失值往往比进气道压损要大,所以进排气系统全压损失对动力涡轮输出功率的影响均不能忽略。

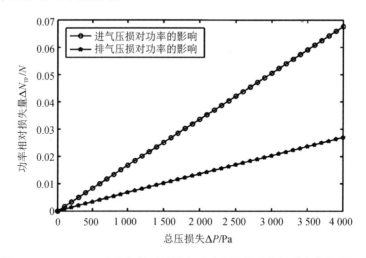

图7.68 1.0工况下进排气总压单因素对动力涡轮功率相对变化量的影响

图7.69~7.71所示为单纯考虑进气总压损失或排气总压损失得到的各工况压损对燃气轮机性能的影响,从中可以看出,相同进气压损对低工况下比功和输出功率相对损失的影响要大于1.0工况下的影响。如同样是进气压损4 000 Pa,0.1工况和0.35工况时,比功相对损失(等于效率或油耗相对增量)达到了6.72%和4.48%;功率损失达到了10.66%和8.42%。相比之下,1.0工况进气压损4 000 Pa时,比功和功率相对损失为2.68%和6.76%,比低工况时均要低。

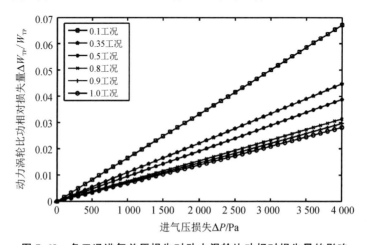

图7.69 各工况进气总压损失对动力涡轮比功相对损失量的影响

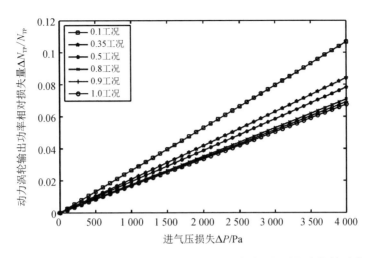

图 7.70　各工况进气总压损失对动力涡轮输出功率相对损失量的影响

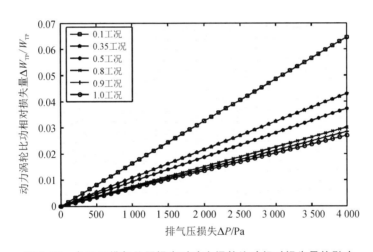

图 7.71　各工况排气总压损失对动力涡轮比功相对损失量的影响

当不考虑进气压损时,排气总压变化对动力涡轮比功和输出功率相对损失量表达式是一样的,即两者均可用图 7.67 表示。从中可以看出,随着工况增加,相同增量的排气道压损对比功和功率的影响逐渐下降。如当排气压损 4 000 Pa、0.1 工况时,动力涡轮比功和输出功率的相对损失均为 6.45%,而 1.0 工况时为 2.7%。但是,在燃气轮机的实际运行中,由于进排气道气流量的不同,进排气道压力损失的变化并不是一致的。虽然单位压力损失增量对低工况的性能影响要大,但是由于气流量和热物理性质的原因,低工况下压力损失的增量总额,比额定工况下要小,所以,对性能总的影响并不会超过额定工况。当把各个工况下压力损失增量的规律认识清楚以后,再通过上述计算分析就可以得到与实际情况接近的各工况下压力损失对燃气轮机性能的影响。

对于进气压力的损失,近似认为不同工况时压力损失与流量平方成正比,即

$$\frac{\Delta p}{\Delta p_0} = \left(\frac{G}{G_0}\right)^2 \qquad (7.4.26)$$

设在 1.0 工况下进气道压损近似为 2 000 Pa,流量为 85 kg·s^{-1}。通过各个工况下流量可以粗略得到不同工况下进气压力损失(见表 7.2)。从表 7.2 可以看出,随着工况的增加排气道和进气道压力损失都增大,而且工况增加,排气道阻力损失的增加幅度要大于进气道阻力增长。

表 7.2　各工况下进气管道总压损失

压力损失	0.1 工况	0.35 工况	0.5 工况	0.8 工况	0.9 工况	1.0 工况
进气 Δp_1^*/Pa	−422.1	−877.7	−1 211.0	−1 603.5	−1 860.4	−2 000
排气 Δp_2^*/Pa	−408.5	−970.9	−1 342.3	−1 955.8	−2 283.4	−2 485.5

利用理论分析结果,综合排气道总压损失后,得到各个工况下比功相对损失量(见表 7.3 和图 7.72),从中可以看出,随着工况的增加进排气系统总压损失对燃气轮机动力涡轮的比功相对损失量是不断增大的。在大于 0.8 工况时,比功损失均大于 2.7%;在 1.0 工况时,比功损失量则达到了 3.09%。

表 7.3　进排气总压损失对各工况动力涡轮比功相对损失量

比功相对损失	0.1 工况	0.35 工况	0.5 工况	0.8 工况	0.9 工况	1.0 工况
$\Delta W_{TP}/W_{TP}$	−1.36%	−2.02%	−2.42%	−2.73%	−3.00%	−3.09%

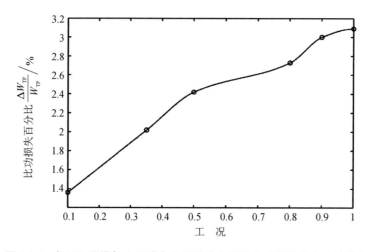

图 7.72　各工况进排气总压联合作用对动力涡轮比功相对损失量的影响

由式(7.4.23)和(7.4.25)可知,表 7.3 和图 7.72 也代表了效率相对减少量和小时油耗率的增量。可见随着工况的增大,由于进排气道压损影响,动力涡轮输出的比功和效率损失及油耗率相对增量也增大,在大于 0.8 工况时,比功损失均大于

2.7%，在 1.0 工况下更达到了 3.09%，可见损失是很大的。若一次远洋航行任务，预计燃气轮机累计工作时间为 500 h，0.8 工况使用时间为 80%，该型机 0.8 工况时油耗率为 0.262 kg/(kW·h)，功率为 19 112 kW，则由于进排气压力损失导致的单台燃气轮机多消耗的燃油量为

$$\Delta Q_f \geqslant \frac{500 \text{ h} \times 80\% \times 19\ 112 \text{ kW} \times Be \times 2.73\%}{1\ 000 \text{ kg/t}} \approx 54.68 \text{ t} \quad (7.4.27)$$

很明显在这种航行条件下，为有效保障此次任务，保守估计单台燃气轮机要比实验条件下耗油率的基础上多储备大于 54.68 t 的燃油。因此，对于一艘配置两台该型燃气轮机的舰船必须多储备超过 100 t 燃油。可想而知对于全燃动力舰船，甚至对于一个舰船编队乃至一场大规模演习演练，充分考虑动力装置实际特性，才能更充分地准备部署。

表 7.4 和图 7.73 表示各工况下输出功率相对变化量。可以看出，在大于 0.8 工况时功率损失均大于 4.3%，1.0 工况时更达到 5.06%。可见，进排气系统压损联合作用对于涡轮输出功率影响很大且相对于比功影响更大。

表 7.4 进排气总压损失对各工况动力涡轮输出功率相对损失量

输出功率相对损失	0.1 工况	0.35 工况	0.5 工况	0.8 工况	0.9 工况	1.0 工况
$\Delta N_{TP}/N_{TP}$	−1.78%	−2.89%	−3.62%	−4.31%	−4.84%	−5.06%

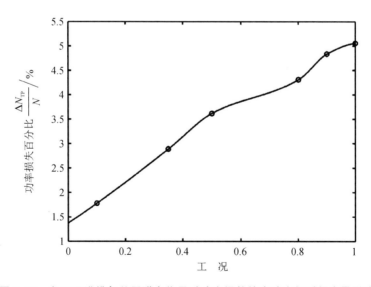

图 7.73 各工况进排气总压联合作用对动力涡轮输出功率相对损失量影响

以上仅考虑工况和结构本身对燃气轮机性能的影响。更重要的是在海军现役舰船上，由于燃气轮机长时间工作，海上盐雾、水汽、烟气、腐蚀等综合影响使进排气管道通流能力和气动性能严重下降，进排气压损很容易在上述讨论的压力损失基础上

显著上升,从而带来更大的动力涡轮比功、效率和输出功率损失。所以,保持进排气道的清洁畅通,定期检查并清除污垢和腐蚀层是舰员级维修保养的一项重要内容,这对于保证燃气轮机输出功率和经济性,防止不必要的油耗损失有重要意义。

另外,从进排气压损变化对性能参数的影响可以看出,在陆上台架实验得出的比功、耗油率、效率、功率等与装船后带有进排气道压力损失时相比有较大的差异,且随着燃气轮机工作时间的增加,由于进排气系统气动性能的进一步下降,这种差异会更大。因而需要对压损带来的影响进行修正,而本节所述方法和结论对装舰后获取相关性能参数的修正量,以及建立综合考虑进排气道特性对燃气轮机性能影响的高精度燃气轮机数学模型都有一定的实用价值。

第 8 章
舰船燃气轮机气路性能退化及评估技术

　　随着使命任务的多样化和装备的转型升级,舰船燃气轮机的保障任务量、保障费用和保障技术难度均在不断增加。传统的事后维修和定期计划维修已远不能适应新的保障需求,急需发展基于状态的维修(Condition-based Maintenance,CBM)。燃气轮机的预测与健康管理(Prognostics and Health Management,PHM)技术是使定期计划维修转向基于状态的维修的关键技术之一,目的是提高燃机的可靠性、可用性,降低全寿命周期费用,减少维修耗费,增加战备完好率和实现自主式保障。燃气轮机性能退化分析和健康评估技术是 PHM 技术的基础问题。

　　燃气轮机部件工作在高转速、高热应力、高气动力的条件下,特别是舰船燃气轮机工况变化频繁,高湿、高盐的恶劣海洋环境使燃气轮机部件在工作一段时间后会产生性能退化。燃气轮机性能退化分为可恢复性(暂时性)的退化和不可恢复性(永久性)的退化两种。本章研究的燃气轮机性能退化,主要为燃气轮机某个或某些部件的特性发生变化而导致整机和各气路部件的热力学性能的退化,即主要研究对象为整机和各部件的气路性能退化。性能退化的后果是燃油消耗增加、部件效率下降、使用寿命下降、可靠性下降,直到不稳定工作甚至完全失效。

　　燃气轮机安全、可靠、经济的运行是使用和管理者非常关注的问题,与其相关的状态监控和视情维修工作日益受到重视。在同一运行工况,发动机性能参数的变化趋势能够客观反映性能退化情况,因而根据监控信息进行状态评估,可为预测发动机的性能退化的快慢程度及维修决策提供科学依据。对于复杂的燃气轮机系统,受传感器耐温极限和可靠性的限制,精确确定各个部件、各轴向截面的热力参数几乎是不可能的,故燃气轮机健康评估问题往往是亚定的。对于我国舰船燃气轮机,大多服役不久,目前积累的历史状态数据有限,在运行的早期其可靠性可能并没有发生明显的变化,这种情况下以趋势分析和大量失效数据为基础进行健康评估和预测的方法就难以应用。

　　本章是通过建立舰船燃气轮机性能退化模型,提取亚定条件下的性能退化特征,开展健康评估,为舰船燃气轮机健康管理提供决策支持,以保证燃气轮机的良好的装备技术状态。

8.1　性能退化模式及机理

　　燃气轮机部件工作在高转速、高热应力、高气动力的条件下,特别是舰船用燃气轮机工况变化频繁,恶劣的海洋环境使燃气轮机部件在工作一段时间后会产生性能退化。本书研究的燃气轮机性能退化,为燃气轮机某个或某些部件的特性发生变化而导致燃气轮机系统热力学性能退化,即主要研究对象为气路部件的性能退化。常见的气路性能退化模式有结垢、磨损、腐蚀、外来物损伤、堵塞、叶顶间隙增大等。

8.1.1　结　垢

　　结垢是由于进入燃气轮机通流部分的微粒附着而产生的。特别是由于海洋环境湿度比较大,含盐率较高,加上轴承中产生的润滑油雾,容易在通流部分和叶片上形成与微粒之间的“黏附基”,而进气过滤系统一般只能过滤尺寸在 $5 \sim 10~\mu m$ 以上的颗粒,而小于 $2 \sim 10~\mu m$ 的颗粒如烟雾、油雾、盐雾、沙尘等就常常进入了燃气轮机的通流部分,在燃气轮机运行一段时间后就很容易产生结垢现象。而且燃气轮机耗气量较大,如某型舰船燃气轮机耗气量为 $85~kg/s$,则该燃气轮机工作 $10~h$ 就要吸入 $3~060~t$ 的空气。设吸入的空气经进气系统过滤后还有百万分之一的微粒进入,那么该燃气轮机工作 $10~h$ 吸入的微粒量为 $30.6~kg$,这些进入燃气轮机通流部分的微粒中的一部分将逐渐黏附在通流部分上,形成结垢。

　　叶片结垢后,其表面光洁度降低,叶形改变,通流面积变小,而摩擦损失、气流分离损失、涡流损失、端部损失等增大,从而导致叶片的气动性能降低。压气机叶片结垢后,压气机的流量和效率都下降。在压气机“流量-压比”性能曲线中,不仅等转速线右下移,而且喘振边界也下移。

　　对于使用燃油作为燃料的燃气轮机,燃油中的重烃分子由于燃烧不完全,以及燃烧后的硫化产物等就会在涡轮叶片上结垢。涡轮叶片外表面结垢后,气流状况也变差,涡轮效率降低,通流截面积减小,阻力增大。

　　对于高压涡轮的叶片,由于从压气机引气冷却,空气中的微粒如果附着在内部冷却通道,则可能降低叶片的冷却效果,甚至堵塞内部冷却通道,使叶片由于局部过热而加速损坏。所以为确保冷却空气的清洁度,一种方法是对冷却空气进行过滤,如在冷却空气入口处加装滤网。另一种方法是从压气机内径处抽取冷却空气。由于离心力的作用,在压气机后面的几级中,灰尘颗粒已聚集在流道的外径处,内径处的空气一般是很清洁的。但由于冷却空气不可能绝对清洁,所以还需要从冷却叶片本身的结构上采取措施相配合。对有冷却的叶片,即使不是采取从叶顶排出的对流冷却,最好也在叶顶开少量的小孔,让进入的微粒在离心力的作用下排出,这种孔称为清

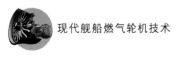

除孔。

8.1.2 磨 损

当过滤器损坏后,过滤效果下降,使尺寸大于 10 μm 以上的颗粒较多地进入压气机。这种大尺寸的颗粒就会冲刷叶片,造成磨损。

压气机叶片磨损后,表面变得粗糙,使气流流过叶型表面时,在附面层内气体的摩擦增加,附面层也加厚,从而加大了摩擦损失,甚至有些区域由层流变成紊流,使各基元级的效率下降,即压气机效率降低。虽然压气机叶片磨损使通流截面积有所增大,工质流量要增加,但是流动情况变差,阻力系数增大,这又使压气机流量要下降,综合以上两个因素,可以近似认为磨损导致的压气机流量变化不大或认为基本不变。

当颗粒随工质流经涡轮通流部分时,对涡轮叶片也会产生冲刷,造成涡轮叶片磨损。涡轮叶片的磨损使涡轮效率下降。从增压涡轮和压气机的匹配来看,涡轮效率的下降使压气机的运行点远离喘振边界,喘振裕度增大,似乎有利于燃气轮机安全运行;但是涡轮叶片磨损后,叶型遭到损坏,强度降低,特别是对于喷涂有隔热陶瓷层的叶片,将产生局部热应力过大,甚至使处于高温、高压和高速的燃气流运行的陶瓷层加剧脱落,进而使燃气轮机存在安全隐患。

对于燃气轮机主轴承而言,由于燃气轮机滑油系统的异常运行通常包括:滑油外部泄漏,过量的滑油消耗,回油温度过高等。如果燃气轮机在滑油系统异常状态下运行一段时间后,特别是滑油温度过高,其分子间的杨氏模量降低,黏性也降低,则会降低机匣中支撑转子的主轴承的润滑效果,如果再加上燃气轮机转子动平衡不佳,则对于起停和工况变化频繁的船用燃气轮机来说,很容易导致主轴承中滚珠(柱)以及轴瓦表面的巴氏合金磨损。主轴承轻度磨损将使转子的机械效率降低,中度磨损还可能会导致径向振动加剧,重度磨损将可能使燃气轮机转子和静子摩擦碰撞,导致事故的发生。

对于主轴承磨损这一性能退化模式,可以采取金属捕屑器监控滑油回油中的磨损金属量,以及滑油温度和油量的健康,但由于燃气轮机转子的转速很高,主轴承磨损随时间的发展趋势一般呈指数变化,由轻度磨损阶段到重度磨损阶段的时间可能非常迅速,而金属捕屑器常常在主轴承中度磨损时才能发出警报,所以应该在轻度磨损阶段早发现,及早采取相应措施,以便保证燃气轮机安全运行。

对于燃油喷嘴而言,经过一段时间的工作,喷嘴可能被磨损,通流截面积就会变大;虽然某型燃气轮机燃油控制系统所采用的定流量控制策略,其喷嘴截面积变化对稳定的供油量没有太大的影响,但对系统动态供油规律有一定影响。通流截面积增大会使燃油油压降低,油压降低将使雾化质量下降,可能在某一区域燃油质点喷出后重叠,形成"油柱",不利于燃烧。另外,由于磨损使喷嘴的形状不规则,也影响燃油的雾化质量。

8.1.3　腐　蚀

船用燃气轮机通流部分产生腐蚀的主要原因是由于海洋环境中的空气中含有较高的盐分以及其他腐蚀性气体，而涡轮通流部分还受燃油中的杂质和添加剂以及燃烧产物中硫化氢（H_2S）和氯化氢（HCl）等腐蚀性气体的腐蚀。腐蚀使叶型和表面光洁度遭到损坏，使压气机和涡轮的效率降低。此外，在高温部件，对于腐蚀后的残留物，混合空气和燃油中的杂质，附着在静叶、动叶的表面，如果这些物质的熔点低于燃气流的温度，那么这些物质将受燃气流的加热，熔化并黏附在高温部件的表面，容易导致冷却空气孔堵塞。从而使高温部件冷却效果降低，时间一长，工作在高温恶劣环境中的叶片的前后缘、叶尖等薄弱部分就面临烧坏的危险。

特别值得注意的是，即使燃气轮机处于停机状态，没有空气和燃油中腐蚀性物质的大量入侵，但由于腐蚀能自行发展和加剧，所以停机状态的腐蚀可能更快。

8.1.4　堵　塞

空气中烟雾、油雾、盐雾、沙尘等进入燃气轮机的通流部分后，部分会黏附在涡轮叶片上，进而堵塞涡轮叶片的冷却孔。如果继续运行，则随着涡轮叶片的损坏，高温部件开始失灵，同时造成隔热涂层剥离。隔热涂层的剥离不仅使涡轮叶片暴露在高速、高温和高压的燃气流中，还可能对后面的涡轮叶片造成划伤。此外，对于动叶片而言，由于冷却效果下降，在高速旋转中，热叶片的径向伸长量增大，叶顶间隙减小，动叶片和机匣的碰撞概率增大，存在严重的安全隐患。

涡轮叶片冷却孔的堵塞，尽管短时间内由于冷气流出时对燃气的扰动程度降低，使流动损失降低，进而使涡轮效率增加，但持续的堵塞将产生严重的后果。

燃油调节系统的技术状态影响油气比，加上燃烧室、喷嘴的形状的改变，导致燃油和空气的混合不理想，进而影响混合气的质量的燃烧效果，造成局部富油燃烧，容易使燃油喷嘴产生积碳，堵塞燃油喷嘴。

当燃油喷嘴产生堵塞时，燃烧效率下降，在一定的工况下，耗油率上升。喷嘴产生堵塞还会导致燃烧室温度场分布不均匀，燃烧室零部件因局部过热会扭曲变形，导致燃烧室的阻力增加，即压力恢复系数下降。另外喷嘴产生堵塞时，燃油压力将增加，油压的增加尽管有助于提高燃油雾化质量，但是油压过高又会使系统管道所承受的压力增加，对管路的减震以及管道的密封等提出较高的要求，油压长期过高一方面会使燃油系统存在安全隐患，另外一方面也影响燃油控制系统的正常控制。

对于燃气轮机的进气过滤器，由于空气中灰尘、烟雾甚至花粉的黏附，寒冷天气的局部结冰，以及可调百叶窗的不到位，消声装置堵塞、变形等因素，导致进气道堵塞，使进气道的总压恢复系数下降。同理，排气道也会产生堵塞现象。

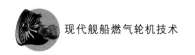

8.1.5　外来物损伤

尽管船用燃气轮机有过滤器,但也不能完全避免外来物的损伤,由于舰船的振动,过滤器等进气部件的老化,金属的氧化和老化,在寒冷天气的一些冰粒的入侵等都有可能以较大的外来物的形式进入压气机,对高速旋转的压气机叶片造成砸伤,甚至造成叶片掉块和断裂,并形成二次损伤。外来物损伤导致压气机叶片表面划伤,叶片变形,特别是叶片较薄部位如叶尖和后缘更容易变形,压气机的效率下降。

进入压气机的外来物还可能沿着通流部分进入涡轮,造成涡轮叶片的机械损伤。另外由于燃烧室燃油喷嘴上的大块积碳脱落,也可能造成涡轮叶片的机械损伤,导致涡轮效率下降。

8.1.6　叶顶间隙增大

当"压气机—涡轮"转子动平衡欠佳,或主轴承损坏,会造成压气机叶片与气封的摩擦,磨损后的压气机叶片的顶端和气封之间的间隙会逐渐增大。叶顶间隙的增大,在压差的作用下,工质从叶腹流向叶背的圆周方向潜流损失和从叶片后缘流向前缘的轴向倒流损失均增大,使沿着轴向的流量降低。

对于涡轮而言,除了转子动平衡欠佳和轴承损坏导致叶顶间隙增大,还会因为工况急速变化、紧急停机时,叶片的膨胀(或冷却)和机匣的膨胀(或冷却)不同步,导致叶片和气封之间的摩擦,进而使叶顶间隙增大。

综合 8.1.1～8.1.6 小节的性能退化模式,典型的燃气轮机气路性能退化模式及其对燃气轮机性能的影响如表 8.1 所列。

表 8.1　典型燃气轮机气路性能退化

序　号	性能退化模式	性能退化影响
1	进气道堵塞	进气总压恢复系数下降
2	压气机叶片结垢	压气机流量下降、效率降低
3	压气机叶片磨损	压气机效率降低
4	压气机叶片腐蚀	压气机效率降低
5	压气机叶片受外物损伤	压气机效率降低
6	压气机叶顶间隙增大	压气机流量下降
7	燃油喷嘴磨损	燃烧室效率下降,动态供油规律改变
8	燃油喷嘴堵塞	燃烧室总压恢复系数下降,动态供油规律改变
9	涡轮叶片结垢	涡轮流量下降、效率降低
10	涡轮叶片磨损	涡轮效率降低
11	涡轮叶片腐蚀	涡轮流量增加、效率降低

序　号	性能退化模式	性能退化影响
12	涡轮叶片受外物损伤	涡轮效率降低
13	涡轮叶顶间隙增大	涡轮流量下降
14	涡轮叶片冷却孔堵塞	效率增加
15	排气道堵塞	排气总压恢复系数下降
16	主轴承磨损	转子机械效率下降

8.2　性能退化评估指标体系构建

　　燃气轮机性能退化机理复杂,腐蚀或结垢导致的叶片表面粗糙度的变化、磨损导致的叶片表面形状的改变和叶顶间隙的改变、外来物造成的通流部件的损伤、热变形、燃油喷嘴堵塞等均会导致实际的气路几何参数与新机偏离,使压气机、涡轮等部件的流量和效率发生变化,导致燃气轮机的性能发生退化。叶顶间隙的增加,叶片几何形状变化和叶片表面质量的变化是引起压气机和涡轮性能退化的三个主要因素。前两个因素通常导致不可恢复的性能退化,第三个因素可以通过清洗压气机而至少部分恢复。燃烧系统退化会潜在地导致燃烧室出口温度分布的变化。进气过滤器随着时间增加逐渐发生结垢,导致进气系统压力损失增加,进而降低燃机功率和效率。

　　舰船燃气轮机常年运行在高湿度、高盐度的环境中,结垢和腐蚀对压气机和涡轮的性能影响更为严重。

　　本节在前人研究的基础上,成体系地提出燃气轮机气路性能退化的指标,以及指标的计算与趋势分析方法和阈值确定方法,为系统开展燃气轮机气路性能退化评估研究构建基本框架。

8.2.1　性能退化评估指标体系

　　本章研究的某型舰船三轴燃气轮机示意图如图 8.1 所示,图中,LC、HC、B、HT、LT、PT 分别表示低压压气机、高压压气机、燃烧室、高压涡轮、低压涡轮和动力涡轮。书中字母各下标数字对应图 8.1 中标注的相应截面。

1. 排温裕度

　　随着燃气轮机部件性能退化,转化利用的热能不可能像健康状态时一样多,整机效率降低,为获得同样功率必须增大供油量,从而导致燃气发生器排温(即低压涡轮出口温度)和动力涡轮排温上升。受部件材料耐温极限的限制,排温有一个限制值。针对本书研究的燃气轮机,由于低压涡轮出口温度 T_6 设定了阈值 $T_{6,threshold}$,定义燃

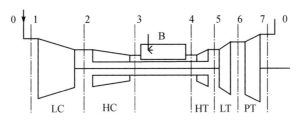

图 8.1　三轴燃气轮机示意图

气发生器的排温裕度（exhaust gas temperature margin）为

$$M_{egt} = T_{6,\text{threshold}} - T_6/\theta^a \tag{8.2.1}$$

式中：$\theta = T_0/288.15$；a 为消除环境温度 T_0 影响的折合指数，$a = \hat{k}_1 \bar{T}_0/\bar{T}_6$，$\bar{T}_6$ 和 $\bar{T}_0$ 分别为某工况下一段时间内 T_6 和 T_0 测量值的平均值，$\bar{T}_6 = \dfrac{1}{n}\sum\limits_{i=1}^{n} T_{6,i}$，$\bar{T}_0 = \dfrac{1}{n}\sum\limits_{i=1}^{n} T_{0,i}$，$T_{6,i}$ 表示某一工况下的低压涡轮出口温度测量值序列，$T_{0,i}$ 表示同一工况下的环境温度测量值序列，$\hat{k}_1$ 为 T_6 对 T_0 线性回归直线的斜率；M_{egt} 可以反映燃气发生器性能退化趋势。

2. 热损失指标

在燃气轮机运行中，低压涡轮出口温度升高的量级与燃气轮机负荷、进气温度、燃油流量、燃气轮机退化水平等有关。对于相同的工况，在动态模型里考虑燃气轮机进口温度、燃油流量等控制条件，则低压涡轮出口温度升高的量级主要取决于燃气发生器性能退化水平。定义热损失指标（heat loss index，I_{hl}）为低压涡轮出口温度与模型期望值的差与设计点温度之比，即

$$I_{hl} = (T_6 - T_{6,\exp})/T_{6d} \tag{8.2.2}$$

式中：T_6 是实时监测值；$T_{6,\exp}$ 是与监测值在同样环境参数和控制条件下，由健康燃气轮机模型求得的理论期望值；T_{6d} 是额定工况设计点温度值。由以上分析可知，I_{hl} 可以反映燃气发生器的性能退化水平，进而反映燃气轮机整机性能退化水平。

3. 功率下降指标

在实际工作状态中，由于性能退化，同样的燃油流量，功率一般比健康状态的燃机功率低，功率下降的量级主要取决于燃机性能退化水平。定义功率下降指标（power deficit index，I_{pd}）为功率下降量与设计点功率之比，即

$$I_{pd} = (\text{Ne}_{\exp} - \text{Ne})/\text{Ne}_d \tag{8.2.3}$$

$$\text{Ne}_{\exp} = G_{PT} c_{p,PT} T_6 (1 - \varepsilon_{PT}^{-m_{PT}}) \eta_{PT} \eta_{m,PT} \eta_g \eta_{sh} \tag{8.2.4}$$

式中：Ne 为实际输出功率；$\text{Ne}_{\exp}$ 为由实测值 T_6 求得的理论输出功率；Ne_d 为设计额

定功率；G_{PT} 为动力涡轮流量；$c_{p,PT}$ 为动力涡轮中燃气的比定压热容；ε_{PT} 为动力涡轮膨胀比；η_{PT} 为动力涡轮效率；$m_{PT} = R_g/c_{p,PT}$，R_g 为气体常数；η_g 为减速器效率；η_{sh} 为轴系效率；$\eta_{m,TP}$ 为动力涡轮机械效率。

4. 额外热功比

当产生一定功率时，性能退化得越厉害，导致能量损耗得越多，产生更热的排气。这意味着实际排气的焓值与模型的差值可用来表征性能的退化。定义额外热功比（excess heat ratio，R_{eh}）为排气损失的额外的热量与功率的比值，即

$$R_{eh} = (H_{pto} - H_{pto,m})/Ne_d = G_{PT}c_{p,pto}(T_7 - T_{7,exp})/Ne_d \qquad (8.2.5)$$

式中：H_{pto} 和 $H_{pto,m}$ 分别为动力涡轮出口焓值和模型理论焓值；G_{PT} 为动力涡轮流量；$c_{p,pto}$ 为动力涡轮出口燃气比定压热容；T_7 是动力涡轮出口监测值；$T_{7,exp}$ 是在同样环境参数和控制条件下，由健康燃气轮机模型求得的动力涡轮出口期望值。

5. 热效率比

定义热效率比（thermal efficiency ratio，R_{te}）为真实的热效率与相同运行条件下模型预测的热效率之比，即

$$R_{te} = \eta_r/\eta_m \qquad (8.2.6)$$

$$\eta_r = Ne/(G_f \cdot H_u) \qquad (8.2.7)$$

$$\eta_m = Ne_{exp}/(G_{fm} \cdot H_u) \qquad (8.2.8)$$

$$G_{fm} \cdot H_u - G_f \cdot H_u = Ne_{exp} - Ne \qquad (8.2.9)$$

式中：η_r 是实测值求得的热效率；η_m 是模型预测的热效率；Ne 为实际输出功率；Ne_{exp} 为由实测值 T_6 求得的理论输出功率；G_f 是实际燃油流量；G_{fm} 是理论输出功率对应的理论燃油流量；H_u 是燃油低热值。热效率比 R_{te} 是以相同排温 T_6 作为比较基准的，健康的燃气轮机在同样运行条件下实测值 T_6 对应的理论燃油流量是多的，在此意义上 G_{fm} 大于 G_f。R_{te} 下降反映了燃气轮机部件内部的性能退化。

6. 退化因子

参考燃气轮机气路故障诊断中故障因子的定义，以及状态参数估计的中外文献中常见的健康参数（health parameter）的概念，本书将其统称为退化因子。退化因子多以差值的形式定义，健康参数常以比值的形式定义，其相对值是一致的。在本书中退化因子和健康参数是同一概念，不作区分，本章各节中提到的状态参数主要指退化因子。下面介绍其具体含义。

如图 8.2 所示，燃气轮机在正常状态点（即共同工作点）A 的某部件工作特性为 $\boldsymbol{x}_A = f(\boldsymbol{y}_A)$，其中，$\boldsymbol{x}_A = (x_1, x_2, \cdots, x_n)^T$ 为该部件的特性参数，$\boldsymbol{y}_A = (y_1, y_2, \cdots, y_m)^T$ 为燃气轮机工作于状态 A 的可测量参数。

当燃气轮机的某一部件发生性能退化或匹配其他部件的特性变化时，该部件的

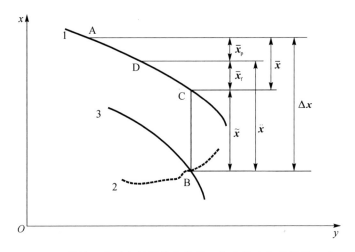

图 8.2　性能退化时部件性能参数的工作点位移与特性线平移

工作点均将发生变化。如果自身特性不发生变化,而仅由于匹配其他部件而导致的工作点变化,工作点将只沿曲线 1 所示的正常特性线移动;如果自身特性发生变化,其工作点将移动到图中的 B 点。变化了的真实的部件特性线(图 8.2 中曲线 2)是未知的,但可以通过将曲线 1 特性线平移至 B 点(即曲线 3)而完成性能退化评估任务。

　　燃气轮机性能退化后,部件性能参数会因自身部件尺寸变化而变化,也会因其他部件尺寸变化而重新匹配后变化。部件性能参数的变化有三部分:

$$\Delta x = \bar{x}_p + \bar{x}_f + \tilde{x} \tag{8.2.10}$$

式中:$\bar{x}_p$ 是单纯性工作点位移,是自身特性不变的情况下,匹配其他部件特性变化而产生的变化;$\bar{x}_f$ 是退化性工作点位移,是自身特性变化时沿正常特性曲线的工作点位移;$\tilde{x}$ 是特性线平移,是自身特性变化而产生的特性线的平移量。如果燃气轮机部件发生性能退化,即部件尺寸发生了变化,也就是部件特性发生了变化,则 $\tilde{x}$ 必不为 **0**。

　　对于复杂状态量(如压气机效率),即不仅与自身部件尺寸有关,还与燃气轮机工作参数(如转速和流量)有关的状态量,其变化 Δx 不能直接作为部件性能退化的表征,但其中含有反映自身部件尺寸变化的成分,即 $\bar{x}_f + \tilde{x}$。

　　对于简单状态量(如涡轮静叶出口面积),即只与自身部件尺寸有关,而与燃气轮机工作参数无关的状态量,其工作点位移恒为 **0**,$\bar{x}_p + \bar{x}_f = 0$,$\Delta x = \tilde{x}$,$\Delta x$ 可直接作为部件性能退化的表征。

　　称 $\tilde{x}$ 为第一类退化因子,$\ddot{x} = \bar{x}_f + \tilde{x}$ 为第二类退化因子,均是燃气轮机气路部件尺寸变化即性能退化的表征。本书采用第一类退化因子。

　　压气机性能退化指标:低压压气机绝热效率退化因子 $\tilde{\eta}_{LC}$,高压压气机绝热效率退化因子 $\tilde{\eta}_{HC}$,低压压气机折合流量退化因子 $\tilde{G}_{LC}$,高压压气机折合流量退化因

子 $\widetilde{G}_{HC}$。

涡轮性能退化指标：高压涡轮绝热效率退化因子 $\widetilde{\eta}_{HT}$，高压涡轮折合流量退化因子 $\widetilde{G}_{HT}$，低压涡轮绝热效率退化因子 $\widetilde{\eta}_{LT}$，低压涡轮折合流量退化因子 $\widetilde{G}_{LT}$，动力涡轮绝热效率退化因子 $\widetilde{\eta}_{PT}$，动力涡轮折合流量退化因子 $\widetilde{G}_{PT}$。

燃烧室性能退化指标：燃烧效率退化因子 $\widetilde{\eta}_{B}$，总压恢复系数退化因子 $\widetilde{\xi}_{B}$。

进气系统性能退化指标：进气压力损失退化因子 $\widetilde{\xi}_{in}$。

排气系统性能退化指标：排气压力损失退化因子 $\widetilde{\xi}_{ex}$。

7. 喘振裕度

燃气轮机在全部工况范围内均不允许压气机进入喘振工作状态。因此，在运行过程中，应保证燃气轮机的工作点离喘振工作线有足够距离，以保证燃气轮机工作时有足够大的稳定裕度，即喘振裕度（surge margin），其定义式为

$$K = \left(\frac{\pi_s}{G_s} \cdot \frac{G_0}{\pi_0} - 1 \right) \times 100\% \tag{8.2.11}$$

式中：K 为某相似转速下压气机工作的喘振裕度；π_0、G_0 为工作点的压比和流量；π_s、G_s 为对应的等转速线与喘振边界线的交点的压比和流量。

8. 热电偶温度分散度

在低压涡轮出口处周向布有 16 个热电偶温度传感器。热电偶温度分散度为热电偶读数之差。定义热电偶温度 1♯ 分散度 S_1 为热电偶最高读数与最低读数之差，2♯ 分散度 S_2 为热电偶最高读数与次低读数之差，3♯ 分散度 S_3 为热电偶最高读数与第 3 低读数之差。热电偶温度分散度允许值为 S_a，它是热电偶平均值和低压压气机出口温度的函数，即

$$S_a = k_1 T_6^* - k_2 T_3 + b \tag{8.2.12}$$

式中：T_6^* 指 16 个热电偶读数中除去野点（即比第 2 高点低 278 ℃ 的所有测点读数）、再除去最高点和最低点后的平均值；T_3 为低压压气机出口温度。本章取系数 $k_1 = 0.145$，$k_2 = 0.08$，温度补偿值取 $b = 33.3$。

通过比较 S_1、S_2、S_3（下文统称 S）和 S_a，可综合反映燃烧室燃烧部件、燃料供给系统和高、低压涡轮静叶等的状态。当温度场不均匀，某些点温度过高或过低时，会引起功率和效率的降低，影响燃气轮机性能，严重时会造成涡轮叶片的烧蚀，影响燃机的寿命。当分析同一工况时，负荷保持定值，则 S 只与燃烧室燃烧情况、燃料供给系统、涡轮气流通路和环境温度有关。为消除环境温度 T_0 的影响，定义折合分散度为

$$S_c = S/\theta^a \tag{8.2.13}$$

式中：$\theta = T_0/288.15$；a 即式(8.2.1)中的 a 值。

9. 振动烈度

在压气机、动力涡轮机匣上装有在线振动加速度传感器,可实时测量部件的振动速度有效值,反映相应部件的振动剧烈程度。尤其是压气机喘振时,其振动速度有效值将很高。选取振动烈度表征燃气轮机整机振动状态,定义为低压压气机振动速度有效值 v_{lc}、高压压气机振动速度有效值 v_{hc}、动力涡轮振动速度有效值 v_{pt} 的均方根,即

$$V_s = \sqrt{(v_{lc}^2 + v_{hc}^2 + v_{pt}^2)/3} \tag{8.2.14}$$

8.2.2 性能退化指标的计算与阈值的确定

1. 数学模型与回归分析

利用压气机、涡轮特性曲线图拟合建立部件特性关系式,结合部件进出口截面参数关系方程、流量连续方程、功率平衡方程等部件匹配关系式,在一定的控制条件下建立健康数学模型,由式(8.2.15)描述,得相同环境和控制条件下的健康值,与实际值比较进而可求取热损失指标、功率下降指标、额外热功比、热效率比等整机气路性能退化指标。

$$F(T_0, p_0, G_f, n_L, n_H, T_6, p_2, p_3, p_6, \text{Ne}) = 0 \tag{8.2.15}$$

一般测试数据求得的性能退化指标波动较大,且局部可能存在野点。为便于分析变化趋势,可采用一次指数平滑法进行处理。其公式为

$$\hat{x}_{i+1} = \hat{x}_i + \alpha(x_i - \hat{x}_i) \tag{8.2.16}$$

式中:$i = 0, 1, 2, \cdots$;x_i 为本期实测值;$\hat{x}_i$ 为本期平滑值;$\hat{x}_{i+1}$ 为下期平滑值;α 为指数平滑系数,取值范围$[0,1]$。初始平滑值取 $\hat{x}_0 = x_0$。

各整机气路性能退化指标可经平滑处理后回归分析求得其变化趋势。8.2.3 小节将以热损失指标为例进行回归预测。

2. 小偏差线性化法

退化因子可采用小偏差线性化法求解,如 $y = f(x_1, x_2, \cdots, x_n)$,可以用关于某个参考点$(x_1^0, x_2^0, \cdots, x_n^0)$的泰勒级数的展开来表示这个函数,即

$$y = f(x_1, x_2, \cdots, x_n)$$
$$= f(x_1^0, x_2^0, \cdots, x_n^0) + \frac{\partial f}{\partial x_1}(x - x_1^0) + \frac{\partial f}{\partial x_2}(x - x_2^0) + \cdots +$$
$$\frac{\partial f}{\partial x_n}(x - x_n^0) + o(\Delta^2) \tag{8.2.17}$$

式中:$o(\Delta^2)$ 为二阶和二阶以上的高阶项。假设 x 和 y 的变化很小,那么高阶项就接

近于零,且可以被舍弃,从而形成线性关系。将方程(8.2.17)中 $f(x_1^0, x_2^0, \cdots, x_n^0)$ 从等号右边移至左边,取差分并无量纲化,得

$$\frac{\Delta \boldsymbol{y}}{\boldsymbol{y}_0} \approx \left[\left(\frac{x_1^0}{\boldsymbol{y}_0} \right) \left(\frac{\partial f}{\partial x_1} \right)_0 \right] \frac{\Delta x_1}{x_1^0} + \left[\left(\frac{x_2^0}{\boldsymbol{y}_0} \right) \left(\frac{\partial f}{\partial x_2} \right)_0 \right] \frac{\Delta x_2}{x_2^0} + \cdots +$$

$$\left[\left(\frac{x_n^0}{\boldsymbol{y}_0} \right) \left(\frac{\partial f}{\partial x_n} \right)_0 \right] \frac{\Delta x_n}{x_n^0} \tag{8.2.18}$$

由燃气轮机健康数学模型,引入退化因子,取小偏差可得

$$\boldsymbol{B} \delta \boldsymbol{y} = \boldsymbol{C} \delta \tilde{\boldsymbol{x}} \tag{8.2.19}$$

式中:$\delta \boldsymbol{y} = \Delta \boldsymbol{y} / \boldsymbol{y}_0$ 为可测的工作参数的相对小偏差向量;$\delta \tilde{\boldsymbol{x}} = \Delta \tilde{\boldsymbol{x}} / \boldsymbol{x}_0$ 为退化因子的相对小偏差向量。当燃气轮机健康数学模型是封闭的时,$\boldsymbol{B}$ 为可逆的方阵,当模型不是封闭的时,$\boldsymbol{B}^{-1}$ 为 $\boldsymbol{B}$ 的广义逆。有

$$\delta \boldsymbol{y} = \boldsymbol{B}^{-1} \boldsymbol{C} \delta \tilde{\boldsymbol{x}} = \boldsymbol{H} \delta \tilde{\boldsymbol{x}} \tag{8.2.20}$$

式中:$\boldsymbol{H}$ 为影响系数矩阵(Influence Coefficience Matrix,ICM),则有

$$\delta \tilde{\boldsymbol{x}} = \boldsymbol{H}^+ \delta \boldsymbol{y} \tag{8.2.21}$$

式中:$\boldsymbol{H}^+$ 为 $\boldsymbol{H}$ 的广义逆,称为退化系数矩阵(Degradation Coefficience Matrix,DCM)。由测量参数的相对小偏差向量 $\delta \boldsymbol{y}$,可求得退化因子的相对小偏差向量 $\delta \tilde{\boldsymbol{x}}$。具体求解方法将在 8.3 节进行阐述。

3. 卡尔曼滤波等最优估计方法

卡尔曼滤波算法是基于燃气轮机退化数学模型转化而得的状态空间模型,由燃气轮机退化数学模型转化而得,即部件特性方程和参数联系方程组转化为状态更新方程 F_t 和测量方程 H_t,如下式所示,进而利用线性或非线性卡尔曼滤波递推公式求解。

$$\begin{cases} \dot{\boldsymbol{x}}(t) = F_t(\boldsymbol{x}(t), \boldsymbol{u}(t), \boldsymbol{w}(t)) \\ \boldsymbol{y}(t) = H_t(\boldsymbol{x}(t), \boldsymbol{u}(t), \boldsymbol{v}(t)) \end{cases} \tag{8.2.22}$$

式中:$\boldsymbol{x}(t)$ 为退化因子和状态参数向量;$\boldsymbol{u}(t)$ 为控制参数向量;$\boldsymbol{y}(t)$ 为测量参数向量;$\boldsymbol{w}(t)$ 为状态噪声;$\boldsymbol{v}(t)$ 为测量噪声。设计好状态和噪声初始值,结合实测数据,该方法可实现对效率、流量等退化因子的实时评估。8.4 节将对此进行详细阐述。

4. 统计三限值法

在没有相关标准的情况下,指标的阈值可由统计三限值法求得,即
警告阈值:

$$X_{\text{warning}} = \bar{X} + 2\sigma = \frac{1}{n} \sum_{i=1}^{n} x_i + 2\sqrt{\frac{1}{n-1} \left(x_i - \frac{1}{n} \sum_{i=1}^{n} x_i \right)^2} \tag{8.2.23}$$

故障阈值:

$$X_{\text{threshold}} = \bar{X} + 3\sigma = \frac{1}{n} \sum_{i=1}^{n} x_i + 3\sqrt{\frac{1}{n-1} \left(x_i - \frac{1}{n} \sum_{i=1}^{n} x_i \right)^2} \tag{8.2.24}$$

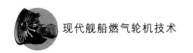

8.2.3 基于热损失指标的寿命预测

1. 清洗策略

随着燃气轮机运行,压气机结垢导致的性能退化可以经离线清洗而部分被恢复,但清洗改变不了长期性能退化趋势。频繁的清洗会对燃气轮机的叶片具有腐蚀发生损伤等,且会将污垢从压气机前面的几级带到压气机后面的级或涡轮部分。

在燃气轮机运行管理中,对 T_6 设定了阈值。由健康模型可求得一段时期内同一工况的平均运行参数和平均环境参数下的期望值 $T_{6,\exp}$。由式(8.2.2)可求得热损失指标上限值 $I_{hl,\max}$。如果 I_{hl} 在短期内上升,达到最大值 $I_{hl,\max}$ 的一定比例时,就需要进行离线清洗,即

$$k_{IS,i}\Delta t_i = \beta I_{hl,\max} \tag{8.2.25}$$

式中:$k_{IS,i}$ 为 i 次清洗后短期 I_{hl} 变化速率;β 可根据统计数据和经验设定,不失一般性,本书定为 30%。由式(8.2.25)可确定第 $i+1$ 次清洗的时刻。

2. 基于热损失指标的回归预测模型

由线性回归或二次回归模型,燃气轮机 I_{hl} 表示的不可恢复的长期性能退化趋势为

$$I_{hl} = b_1 + k_{IL}t + \varepsilon \tag{8.2.26}$$

$$I_{hl} = b_2 + k_1 t + k_2 t^2 + \varepsilon \tag{8.2.27}$$

式中:t 为燃气轮机运行时数;b_1 为 I_{hl} 长期变化趋势线性回归的截距;k_{IL} 为 I_{hl} 长期变化速率;b_2 为 I_{hl} 长期变化趋势二次回归的截距;k_1、k_2 分别为 I_{hl} 长期变化趋势二次回归的一次项和二次项系数;ε 为随机误差。

对于实际运行数据求得的 I_{hl},利用最小二乘法求得系数的估计值 $\hat{b}_1$、$\hat{k}_{IL}$、$\hat{b}_2$、$\hat{k}_1$、$\hat{k}_2$,得 I_{hl} 的回归方程为

$$\hat{I}_{hl} = \hat{b}_1 + \hat{k}_{IL}t \tag{8.2.28}$$

$$\hat{I}_{hl} = \hat{b}_2 + \hat{k}_1 t + \hat{k}_2 t^2 \tag{8.2.29}$$

长期趋势可能早期符合线性形式,后期转为二次形式,转折点可由残差的正态分布的显著性水平和残差的偏度检验来判断。还可以根据实际情况选择其他的回归形式。

以线性回归为例,考虑在长期不可恢复的性能退化基础上,经 n 次清洗后,短期的性能退化趋势为

$$I_{hl} = b_1 + k_{IL}\sum_{i=1}^{n}\Delta t_i + k_{IS,n}\left(t - \sum_{i=1}^{n}\Delta t_i\right) + \varepsilon \tag{8.2.30}$$

式中：Δt_i 为第 i 次清洗与第 $i-1$ 次清洗之间的运行时数；$k_{IS,n}$ 为 n 次清洗后短期 I_{hl} 变化速率；ε 为随机误差。

对剩余寿命进行预测时，当前时刻 i 次清洗后短期 I_{hl} 变化速率 $k_{IS,i}$ 可由线性回归估计出，第 $i+1$ 次清洗的时刻可由式（8.2.25）确定，进而要确定第 $i+1$ 次及以后每次清洗后的 I_{hl} 短期变化速率 $k_{IS,i+1}$。实际运行中，k_{IS} 的预测要考虑运行环境空气洁净度、空气湿度、过滤装置的效果、燃油质量、输出功率和燃气轮机本身退化等诸多因素的影响，但一般与近期的变化率更接近。为进行寿命预测，不失一般性，k_{IS} 可取近三次短期变化率的平均值、最小值或最大值。若积累数据较多，则也可采用一次指数平滑法对 k_{IS} 进行预测。

已知 T_6 的大修上限值，由健康模型可求得一段时期内同一工况的平均运行参数和平均环境参数下的期望值 $T_{6,exp}$，由式（8.2.2）求得热损失指标大修上限值 $I_{hl,max}$，由式（8.2.25）求得每次清洗间隔 Δt_i，由式（8.2.30）可得式（8.2.31），结合约束条件式（8.2.32），可对燃气轮机 T_6 第一次达到上限而进行大修的时间 t_{life} 进行预测，即

$$t_{life} = \sum_{i=1}^{n} \Delta t_i + \left(I_{hl,max} - b_1 - k_{IL} \sum_{i=1}^{n} \Delta t_i \right) \Big/ k_{IS,n} \qquad (8.2.31)$$

$$\begin{cases} b_1 + k_{IL} \sum_{i=1}^{n} \Delta t_i + \beta I_{hl,max} > I_{hl,max} \\ b_1 + k_{IL} \sum_{i=1}^{n-1} \Delta t_i + \beta I_{hl,max} \leqslant I_{hl,max} \end{cases} \qquad (8.2.32)$$

8.2.4　实例分析

某三轴燃气轮机历时 2 年多进行了 2 000 h 结垢性能退化试验，期间进行了三次离线水清洗。监测参数有环境温度 T_0、大气压力 p_0、低压轴转速 n_{LC}、高压轴转速 n_{HC}、动力涡轮转速 n_{TP}、低压压气机出口压力 p_2、高压压气机出口压力 p_3、低压涡轮出口压力 p_6、低压涡轮出口温度 T_6、动力涡轮出口温度 T_7、输出功率 Ne、燃油流量 G_f 等。以下数据均取自额定工况，每连续运行 24 h 取一个样本点。

1. 性能退化指标的计算

除了排温裕度以外，热损失指标等整机性能指标均由 8.3 节健康数学模型求得。退化因子将由 8.4 节卡尔曼滤波等最优估计方法求取。

（1）排温裕度

由式（8.2.1）计算得到排温裕度变化，如图 8.3 所示，595 h、986 h、1 274 h 是试验过程中的清洗时刻。由图可知每经一次离线清洗，燃气轮机的排温裕度就会明显增加，而随着运行排温裕度会逐渐下降。

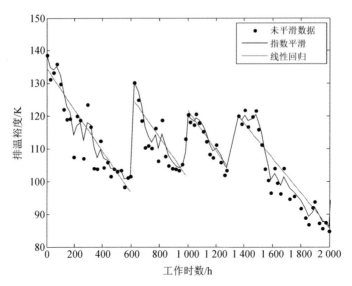

图 8.3　排温裕度的线性回归分析(见彩图)

(2) 热损失指标

设计值 T_{6d} 取 T_0 为 288 K、p_0 为实验均值 102 527 Pa 时的 1 025 K,取额定工况下的运行测试数据,在假定高低压压气机冷却空气系数和空气泄漏损失系数一定的情况下,由燃气轮机健康数学模型求得热损失指标 I_{hl},如图 8.4 所示。图 8.4 同时列出平滑系数 $\alpha = 0.5$ 时的 I_{hl} 指数平滑曲线。可知离线清洗可以明显降低热损失指标,改善燃气轮机性能退化水平,但清洗改变不了长期性能退化趋势。

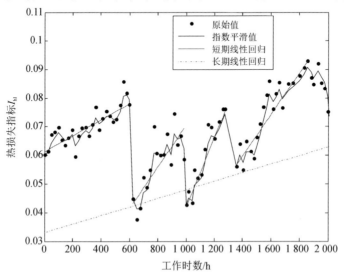

图 8.4　热损失指标 I_{hl} 的线性回归分析(见彩图)

（3）功率下降指标

由燃气轮机健康数学模型求得功率不足指标 I_{pd}，如图 8.5 所示。0～595 h、624～986 h、995～1 274 h 和 1 348～1 856 h 四个时间段 I_{pd} 均呈逐步增大趋势，前三个时间段 I_{pd} 波动较大，第四个时间段 I_{pd} 增长较为迅速和集中。

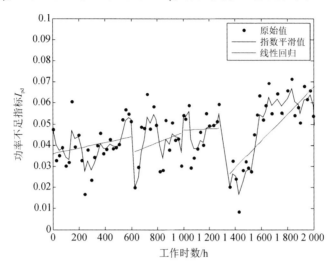

图 8.5　功率不足指标 I_{pd} 的线性回归分析（见彩图）

（4）热效率比

由燃气轮机健康数学模型求得热效率比 R_{te}，如图 8.6 所示。与功率不足指标 I_{pd} 相反，四个时间段的热效率比均呈逐步下降趋势。

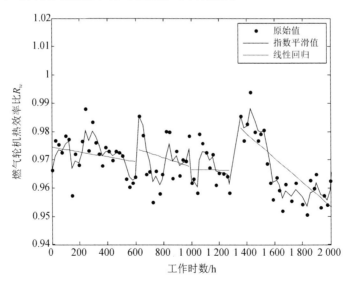

图 8.6　热效率比 R_{te} 的线性回归分析（见彩图）

（5）额外热功比

求得额外热功比 R_{eh}，如图 8.7 所示。与热损失指标 I_{hl} 相似，四个时间段的 R_{eh} 均呈逐步上升趋势。

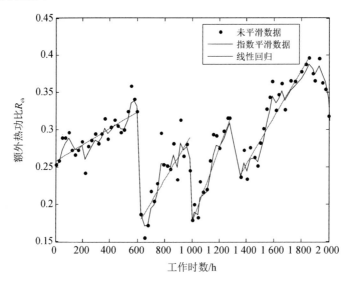

图 8.7　额外热功比 R_{eh} 的线性回归分析（见彩图）

（6）热电偶温度分散度

图 8.8 显示了额定工况下折合分散度 S_{1c}、S_{2c}、S_{3c} 在 2 000 h 内的变化趋势，并用三限值法计算了 S_{1c} 的警告阈值和异常阈值。图 8.8 最上方虚线是由式（8.2.12）

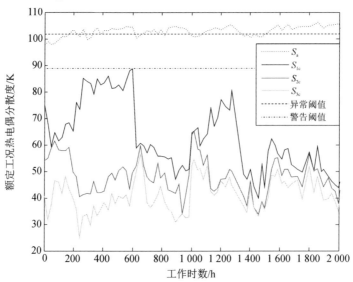

图 8.8　热电偶折合分散度变化趋势（见彩图）

求得的允许分散度 S_a。S_{1c}、S_{2c}、S_{3c} 均未超过允许分散度 S_a。异常阈值接近于 S_a。在 300～480 h 时间段 S_{1c} 接近警告阈值。可知在未知相关标准的情况下,三限值方法能有效提出警告和异常预警。

（7）喘振裕度

求得额定工况低压压气机和高压压气机喘振裕度变化趋势分别如图 8.9 和图 8.10 所示。低压压气机喘振裕度在 53%～62% 之间,高压压气机喘振裕度在 27%～35% 之间。

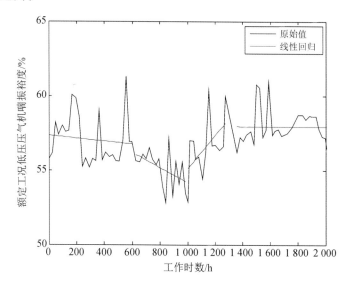

图 8.9　低压压气机喘振裕度变化趋势（见彩图）

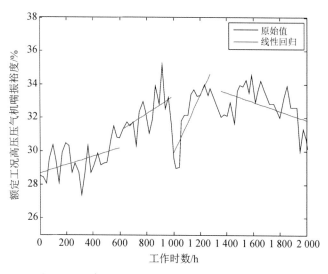

图 8.10　高压压气机喘振裕度变化趋势（见彩图）

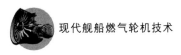

（8）振动烈度

求得振动烈度 V_s，如图 8.11 所示，可知第 1 次清洗后至第 3 次清洗前的时间段 V_s 相对偏高，但在允许范围内。振动烈度偏高的原因比较复杂，涉及转子动力学和气动力学，不在本节重点关注的范围内。

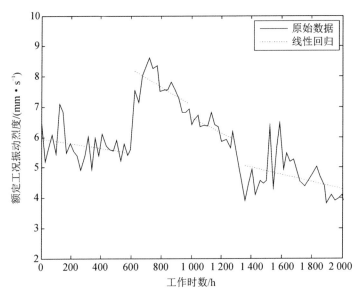

图 8.11　振动烈度 V_s 的变化趋势（见彩图）

2. 基于热损失指标的寿命预测和清洗时机验证

（1）热损失指标的回归分析

图 8.4 呈现出了 I_{hl} 的变化趋势。为进一步分析，针对平滑数据，在各清洗时刻之间做短期线性回归。考虑燃气轮机在此次试验前已经运行了一段时间，即试验初始时刻 0 h 已经发生了一定程度的性能退化，由此刻算出的 I_{hl} 长期变化趋势的速率偏低，结果偏保守。因此，针对平滑后数据，不考虑 0 h 的 I_{hl}，取 595 h、986 h、1 274 h 清洗后最初的 3 个 I_{hl} 的平均值做长期线性回归（见图 8.4）。I_{hl} 短期和长期变化速率如表 8.2 所列。

表 8.2　I_{hl} 短期和长期变化速率

工作时数/h	$10^5 \cdot I_{hl}$ 变化速率/h^{-1}	
0～595		2.90
595～986	短期 k_{IS}	6.28
986～1 274		11.23
1 274～1 856		8.30
0～2 000	长期 k_{IL}	1.149 6

由图 8.4 可知,清洗后短期 I_{hl} 增长较为迅速,而每次清洗后的初始 I_{hl} 随着清洗次数增加也呈缓慢增长趋势,这验证了压气机结垢导致的性能退化清洗后可部分恢复,但也发生了不可恢复的性能退化。

(2)清洗时机验证

在额定工况下,不妨假设燃气轮机运行参数取试验数据的平均值,环境温度为 288 K,大气压力为实验均值 102 527 Pa,代入健康模型求得 $T_{6,exp}=984.7$ K。燃气轮机低压涡轮后燃气温度的大修限制值为 $T_{6,max}=1\ 128$ K,代入式(8.2.30),取 $\varepsilon=0$,得 $I_{hl,max}=0.167\ 3$。

由式(8.2.25)可求得第一次清洗后在各短期 k_{IS} 下 I_{hl} 增长量达到 $30\% I_{hl,max}$ 的理论间隔时间,并与实际清洗间隔时间对比(见表 8.3)。由表 8.3 可知,在 I_{hl} 增长量为 $30\% I_{hl,max}$ 的清洗策略下,第 2、3 次清洗间隔过短,可以进一步延长;在试验结束前就应该进行第 4 次清洗。

表 8.3 燃气轮机清洗间隔时间

清洗间隔	理论值/h	实际值/h
Δt_2	800	391
Δt_3	447	288
Δt_4	605	>726

可见按照本章提出的清洗策略,可以在控制一定退化量的基础上,避免清洗时机过早或过迟现象。

(3)基于热损失指标的大修时间预测

由式(8.2.28)经长期线性回归计算,$\hat{b}=0.035\ 1$,I_{hl} 表示的不可恢复的长期性能退化趋势为 $I_{hl}=0.035\ 1+1.149\ 6\times10^{-5}t$。

假设 2 000 h 后的短期变化率 k_{IS} 分别取已求得的三次清洗后的最大值、平均值和最小值,按照 I_{hl} 短期上升了 $30\% I_{hl,max}$ 即进行压气机离线清洗的策略,2 000 h 应该立即进行清洗,由式(8.2.31)和式(8.2.32)计算,可预测累计清洗次数 n(包括已清洗的 3 次)和 T_6 第一次达到上限的大修时间 t_{life},如表 8.4 所列。

表 8.4 燃气轮机大修时间预测

T_0/K	P_0/Pa	$I_{hl,max}$	$10^5 \cdot k_{IS}$/h^{-1}	n	t_{life}/h
			11.23	16	7 786
288	102 527	0.167 3	8.60	13	7 820
			6.28	11	8 313

本节构建了燃气轮机气路性能退化评估指标体系。提出了一种新的排温裕度的定义,并引入热损失指标、功率下降指标、额外热功比、热效率比等指标表征整机的气

路性能退化；明确了表征各气路部件性能退化的退化因子的概念，引入了绝热效率退化因子、流量退化因子、喘振裕度、热电偶分散度等表征压气机、涡轮、燃烧室等气路部件退化的指标；介绍了构建数学模型、统计三限值法、小偏差法和卡尔曼滤波等退化指标的求解和分析方法。以热损失指标的回归分析为例，提出了清洗策略，并建立了燃气轮机寿命预测模型。分析表明：

① 排温裕度、热损失指标、功率下降指标、额外热功比和热效率比等指标可以有效反映燃气轮机整机的气路性能退化情况，对结垢和清洗前后的性能变化反映比较直观。

② 热电偶分散度反映燃烧室燃烧部件、燃料供给系统和高压涡轮静叶等的状态，三限值方法能有效提出警告和异常预警。

③ 燃气轮机性能退化后，部件性能参数会因自身部件尺寸变化而变化，也会因其他部件尺寸变化而重新匹配后变化，其中因退化导致部件性能特性发生变化的部分即退化因子才是部件性能退化的准确表征。

④ 受叶片结垢的影响，燃气轮机短期性能退化速率较快。压气机清洗能显著改善燃气轮机性能，但改变不了长期性能退化的趋势。本书提出的清洗策略可以控制一定的退化量，避免清洗时机过早或过迟现象。

本节引入的燃气轮机退化指标为进一步开展性能退化分析和状态评估构建了基本框架，提出的燃气轮机清洗策略和剩余寿命预测方法对燃气轮机的健康管理和维修决策具有指导意义。

8.3　气路性能退化建模与信息挖掘

气路分析(Gas Path Analysis，GPA)，又称基于数学模型的故障诊断方法，经国内外学者多年的发展，已经是一种非常有效和成熟的燃气轮机故障诊断方法。它的基本思想是，燃气轮机状态参数(本书中主要指退化因子)全部可能的取值组成状态空间(自变量)，可测量参数全部取值组成测量空间(因变量)，GPA 的目的是找到测量空间至状态空间的映射关系，即根据发动机的测量参数确定发动机部件的退化或故障状态。其信息传递过程如图 8.12 所示。结垢、磨损、腐蚀、叶顶和密封间隙增大、外来物损伤等会引起气路几何尺寸变化，进而改变部件的流量、效率等，燃气轮机将工作在新的工况点，新的工况点可以通过测量参数的偏移而探测到。部件的流量、效率等状态参数通常不能直接测量，而温度、压力、转速等易测量参数因部件状态参数改变而变化，其与基准值的偏差反映相关部件性能变化的情况。

燃气轮机的状态评估与诊断工具的设计需要达到两个目标：一是，需要高的敏感性，以实现对退化或故障的早期发现；二是，要有较低的误警率。这两个目标可以通过测量参数之间正交最大化和状态参数之间正交最大化来实现，也就是说，对任一退

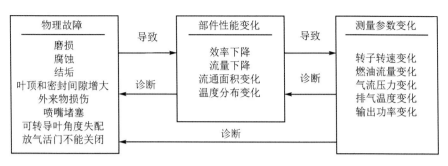

图 8.12　燃气轮机气路分析的信息传递

化或故障模式两个测量参数的响应方式应该不同,两个不同的状态参数变化反映在同一观测参数中应有不同的信号。

在燃气轮机运行中,并不是所有的状态参数均发生变化。因而在求解时有些状态量变化可以认为为零而不予考虑。未测量量在求解中也不考虑。但是,测量参数过少会降低状态评估和故障诊断的精度。因此,理想的性能退化分析需要选择合适的与状态参数相关的测量参数。

在实际安装了测量传感器的燃气轮机中,测量参数个数往往少于状态参数的个数。此时要估计全部状态参数一般不可能,需要选择有限的状态参数来估计。状态参数的选择要寻求以下目标:① 测量参数对状态参数变化的响应要足够敏感;② 对状态参数的估计应有最大的精确度,也就是有最小的不确定度;③ 状态参数要能够识别特定机型的常见故障;④ 未估计的状态参数引起的误差传播要最小。

本节拟根据气路传递拓扑、能量输运特性、部件匹配耦合等燃气轮机复杂多系统运行机理,综合运用热力学、转子动力学等多学科建模方法,采用融合实验特性和性能退化机理建模技术,建立舰用三轴燃气轮机的健康模型和气路性能退化模型。针对气路退化模型得到的影响系数矩阵中包含丰富的状态参数的可观性、测量参数的敏感性和相关性等信息,利用奇异值分解、广义反演理论、Fisher 信息阵等工具开展状态参数可观性及测量参数的敏感性和相关性分析。

8.3.1　健康模型

1. 健康数学模型

(1) 部件特性关系式

通过燃气轮机部件特性拟合和试车数据修正得到以下特性关系:

$$\bar{G}_{LC} = f_1(\pi_{LC}, \bar{n}_{LC}) \tag{8.3.1}$$

$$\eta_{LC} = f_2(\pi_{LC}, \bar{n}_{LC}) \tag{8.3.2}$$

$$\bar{G}_{HC} = f_3(\pi_{HC}, \bar{n}_{HC}) \tag{8.3.3}$$

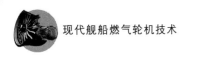

$$\eta_{HC} = f_4 (\pi_{HC}, \bar{n}_{HC}) \tag{8.3.4}$$

$$\bar{G}_{PT} = f_5 (\varepsilon_{PT}, \bar{n}_{PT}) \tag{8.3.5}$$

$$\eta_{PT} = f_6 (\varepsilon_{PT}, \bar{n}_{PT}) \tag{8.3.6}$$

式中:η 表示等熵效率;π 表压气机压比;ε 表示涡轮膨胀比;$\bar{n}$ 表示国际标准折合转速,$\bar{n} = \dfrac{n \sqrt{288.15}}{\sqrt{T_{in}}}$;$\bar{G}$ 表示国际标准折合流量,$\bar{G} = \dfrac{G \sqrt{T_{in}} \cdot 101\,325}{P_{in} \sqrt{288.15}}$。此时用国际标准折合而不用经验折合是因为特性曲线采用的是国际标准折合。

另外,还有燃烧室效率 η_B、高压涡轮效率 η_{HT}、低压涡轮效率 η_{LT} 等特性,对于健康的燃气轮机,其在较大的工况范围内变化不大,常作为常数处理。

(2) 部件匹配关系式

1) 部件进出口截面参数关系方程

$$T_2/T_1 = 1 + (\pi_{LC}^{m_{LC}} - 1)/\eta_{LC} \tag{8.3.7}$$

$$T_3/T_2 = 1 + (\pi_{HC}^{m_{HC}} - 1)/\eta_{HC} \tag{8.3.8}$$

$$c_{p,HT} T_4 (1+f) - c_{p,HC} T_3 = H_u f \eta_B \tag{8.3.9}$$

$$T_5/T_4 = 1 - (1 - \varepsilon_{HT}^{-m_{HT}}) \eta_{HT} \tag{8.3.10}$$

$$T_6/T_5 = 1 - (1 - \varepsilon_{LT}^{-m_{LT}}) \eta_{LT} \tag{8.3.11}$$

$$T_7/T_6 = 1 - (1 - \varepsilon_{PT}^{-m_{PT}}) \eta_{PT} \tag{8.3.12}$$

式中:G_{LC} 为燃机进口空气流量;$f = \dfrac{G_f}{G_{LC}(1 - g_{cool} - g_1)} = \dfrac{G_f}{G_{HC} - (g_{HC,cool} + g_{HC,1})G_{LC}}$ 为燃油空气质量比,g_{cool} 为冷却空气系数(即高低压压气机抽取的冷却空气量占低压压气机进口空气流量),g_1 为空气泄漏损失系数,$1 - g_{cool} - g_1 = 1 - g_{LC,cool} - g_{HC,cool} - g_{LC,1} - g_{HC,1}$;$H_u$ 为燃油低热值;η_B 为燃烧效率;$m = R_g/c_p$,空气的气体常数 $R_g = 0.287 \ \text{kJ}/(\text{kg} \cdot \text{K})$,$c_p$ 为比定压热容。

2) 部件流量连续方程

高、低压压气机,高低压涡轮和动力涡轮流量连续方程为

$$(1 - g_{LC,cool} - g_{LC,1}) G_{LC} = G_{HC} \tag{8.3.13}$$

$$G_{HC} - (g_{HC,cool} + g_{HC,1}) G_{LC} + G_f = G_{HT} \tag{8.3.14}$$

$$G_{HT} + g_{HT,cool} G_{LC} = G_{LT} \tag{8.3.15}$$

$$G_{LT} + g_{LT,cool} G_{LC} = G_{PT} \tag{8.3.16}$$

式中:$g_{LC,cool}$ 为燃气轮机从低压压气机各级和低压压气机后抽取的冷却空气量占低压压气机进口空气量的比率;$g_{LC,1}$ 为低工况时燃气轮机低压压气机级间放气量占低压压气机进口空气量的比率;$g_{HC,cool}$ 为燃气轮机从高压压气机各级和高压压气机后抽取的冷却空气量占低压压气机进口空气量的比率(剔除高压涡轮静叶前回收的冷却空气量);$g_{HC,1}$ 为低工况时燃气轮机高压压气机级间放气量占低压压气机进口空

气量的比率；$g_{\mathrm{HT,cool}}$ 为燃气轮机从高压涡轮各级回收的冷却空气量占低压压气机进口空气量的比率(高压涡轮静叶后回收的冷却空气量放入高压涡轮入口流量考虑)；$g_{\mathrm{LT,cool}}$ 为燃气轮机从低压涡轮各级回收的冷却空气量占低压压气机进口空气量的比率(低压涡轮静叶后回收的冷却空气量放入低压涡轮入口流量考虑)。

3) 部件功率平衡方程

对于高压转子和低压转子,有

$$(1 - 0.8g_{\mathrm{LC,cool1}} - 0.2g_{\mathrm{LC,1}})G_{\mathrm{LC}}c_{p,\mathrm{LC}}(T_2 - T_1)$$
$$= (G_{\mathrm{LT}} + 0.9g_{\mathrm{LT,cool1}}G_{\mathrm{LC}})c_{p,\mathrm{LT}}(T_5 - T_6)\eta_{\mathrm{Lm}} \tag{8.3.17}$$

$$[G_{\mathrm{HC}} - 0.5(g_{\mathrm{HC,cool1}} + g_{\mathrm{HC,1}})G_{\mathrm{LC}}]c_{p,\mathrm{HC}}(T_3 - T_2)$$
$$= (G_{\mathrm{HT}} + 0.9g_{\mathrm{HT,cool1}}G_{\mathrm{LC}})c_{p,\mathrm{HT}}(T_4 - T_5)\eta_{\mathrm{Hm}} \tag{8.3.18}$$

式中：η_{m} 为机械效率,本书认为其为定值(不考虑将其作为退化分析对象)；$g_{\mathrm{LC,cool1}}$ 为从低压压气机第二级抽取的冷却空气量占低压压气机进口空气量的比率；$g_{\mathrm{HC,cool1}}$ 为从高压压气机第二、四、五级抽取的冷却空气量占低压压气机进口空气量的比率；$g_{\mathrm{LT,cool1}}$ 为低压涡轮静叶后回收的冷却空气量；$g_{\mathrm{HT,cool1}}$ 为高压涡轮静叶后回收的冷却空气量。考虑抽取的冷却空气和放气没有参与压气机后继的被压缩耗功,故其流量乘以一定系数后予以扣除。冷却气流在高、低压涡轮中被加热后还会部分膨胀做功,故以回输当量形式在涡轮做功中予以考虑。

对于动力涡轮,有

$$Ne = (G_{\mathrm{PT}} + 0.3g_{\mathrm{PT,cool}}G_{\mathrm{LC}})c_{p,\mathrm{PT}}T_6(1 - \varepsilon_{\mathrm{PT}}^{-m_{\mathrm{PT}}})\eta_{\mathrm{PT}}\eta_{\mathrm{PTm}} \tag{8.3.19}$$

式中：Ne 为动力涡轮输出功率；$g_{\mathrm{PT,cool}}$ 为燃气轮机从动力涡轮各级回收的冷却空气量占低压压气机进口空气量的比率；0.3 为回输当量系数。

从能量守恒的角度,以进入燃烧室和冷却涡轮的气体为对象,忽略气体动能的变化(认为进出口流速不变),有

$$Ne = Q - PW_{\mathrm{LC}} - PW_{\mathrm{HC}} - \Delta H_1 - PW_{\mathrm{loss}} \tag{8.3.20}$$

$$Q = H_{\mathrm{u}}G_{\mathrm{f}} \tag{8.3.21}$$

$$PW_{\mathrm{LC}} = (1 - 0.8g_{\mathrm{LC,cool1}} - 0.2g_{\mathrm{LC,1}})G_{\mathrm{LC}}c_{p,\mathrm{LC}}(T_2 - T_1) \tag{8.3.22}$$

$$PW_{\mathrm{HC}} = [G_{\mathrm{HC}} - 0.5(g_{\mathrm{HC,cool1}} + g_{\mathrm{HC,1}})G_{\mathrm{LC}}]c_{p,\mathrm{HC}}(T_3 - T_2) \tag{8.3.23}$$

$$\Delta H_1 = G_{\mathrm{HC}}(c_{p,\mathrm{T}_7}T_7 - c_{p,\mathrm{T}_3}T_3) + \Delta H_{\mathrm{cool}} \tag{8.3.24}$$

$$\Delta H_{\mathrm{cool}} = 0.151\,2G_{\mathrm{LC}}(c_{p,\mathrm{T}_7}T_7 - c_{p,\mathrm{T}_3}T_3) + 0.005\,46G_{\mathrm{LC}}(c_{p,\mathrm{T}_7}T_7 - c_{p,\mathrm{T}_2}T_2) +$$
$$0.036G_{\mathrm{LC}}(c_{p,\mathrm{T}_7}T_7 - c_{p,\mathrm{T}_{2.5}}T_{2.5}) \tag{8.3.25}$$

式中：Q 为燃油的燃烧释放的热量；PW_{LC} 为低压压气机耗功；PW_{HC} 为高压压气机耗功；ΔH_1 为在燃烧室和涡轮中被加热的空气在被排出动力涡轮时储存的能量；ΔH_{cool} 为各级冷却空气在被排出动力涡轮时储存的能量,取 $T_{2.5} = \dfrac{4}{9}T_2 + \dfrac{5}{9}T_3$；$PW_{\mathrm{loss}}$ 为

泄漏损失,取 $PW_{loss} = 0.01PW_{LC}$。代入各系数,经整理有

$$Ne = H_u G_f + G_{LC}(1.002\,9T_1 + 0.021\,7T_2 + 0.050\,5T_3 - 1.075\,8T_7)$$

$$(8.3.26)$$

如果以进入燃气轮机的气体为研究对象,将燃气轮机作为一个系统,那么根据能量守恒有

$$Ne = Q - \Delta H - PW_{loss} \tag{8.3.27}$$

式中:ΔH 为燃气轮机出口气体储存的能量;PW_{loss} 为泄漏损失,且

$$\Delta H = (G_{PT} + g_{PT,cool}G_{LC})(c_{p,T_7}T_7 - c_{p,T_1}T_1) \tag{8.3.28}$$

式(8.3.27)与式(8.3.20)是等价的,选择其一计算即可。

对于船用定距桨负荷,燃气轮机输出轴的扭矩经减速传动装置到轴系及螺旋桨后,螺旋桨消耗的功率与螺旋桨转速的 3 次方成正比,即

$$Ne_p = cn^3 \tag{8.3.29}$$

式中:Ne_p 为螺旋桨耗功;n 为螺旋桨转速;c 为比例常数。

对于船用调距桨负荷,在任何航速下,配合一定的螺距比,可使扭矩系数保持不变,即可使燃气轮机机组始终工作在额定功率下。

4)压力平衡方程

$$\xi_B = \frac{p_4}{p_3} \tag{8.3.30}$$

另外,还有转速平衡,低压压气机和低压涡轮共用一根轴,高压压气机和高压涡轮共用一根轴,低压轴和高压轴转速分别用 n_L 和 n_H 表示。

为不使问题过于复杂,本书不考虑进排气总压损失,燃机入口温度 T_1 与环境温度 T_0、燃机入口压力 p_1 与环境压力 p_0 不做区分。一般情况下,在额定工况,动力涡轮的背压低于其出口临界压力,故燃气轮机动力涡轮出口压力 p_7 维持其临界压力,可以不考虑其值的变化。边界条件取燃机入口温度 T_1,燃机入口压力 p_1 为定值,控制条件取功率 Ne 为定值,将 η_B、$\bar{G}_{HT}$、$\bar{G}_{LT}$、η_{HT}、η_{LT} 作为已知数(如果作为未知变量,则相应增加其方程,效果是一样的),则有 21 个未知变量:$\bar{G}_{LC}$、η_{LC}、$\bar{G}_{HC}$、η_{HC}、G_{PT}、η_{PT}、p_2、p_3、p_4、p_5、p_6、n_L、n_H、n_{PT}、T_2、T_3、T_4、T_5、T_6、T_7、G_f。上述有效的健康方程 21 个,故健康模型是封闭的。

2. 动态非线性仿真模型

本研究团队利用 MATLAB 软件中 Simulink 仿真平台搭建了三轴燃气轮机非线性模型,如图 8.13 所示。模型中考虑各部件的动态特性,功率平衡方程将不满足,此时要用下列转子动力学方程。

$$\frac{dn_H}{dt} = \frac{PW_{HT} - PW_{HC}}{n_H J_H} \frac{900}{\pi^2} \tag{8.3.31}$$

$$\frac{\mathrm{d}n_{\mathrm{L}}}{\mathrm{d}t} = \frac{\mathrm{PW}_{\mathrm{LT}} - \mathrm{PW}_{\mathrm{LC}}}{n_{\mathrm{L}}J_{\mathrm{L}}} \frac{900}{\pi^2} \tag{8.3.32}$$

$$\frac{\mathrm{d}n_{\mathrm{PT}}}{\mathrm{d}t} = \frac{\mathrm{PW}_{\mathrm{PT}} - \mathrm{Ne}}{n_{\mathrm{PT}}J_{\mathrm{PT}}} \frac{900}{\pi^2} \tag{8.3.33}$$

模型考虑了各部件连接处的容积效应。由理想气体状态方程 $pV = mR_{\mathrm{g}}T$，有

$$\frac{\mathrm{d}p}{\mathrm{d}t} = (G_{\mathrm{out}} - G_{\mathrm{in}})\frac{R_{\mathrm{g}}T}{V} \tag{8.3.34}$$

式中：R_{g} 为空气气体常数；T 为容积入口温度；V 为容积体积；G_{in} 和 G_{out} 分别为容积进出口质量流量。

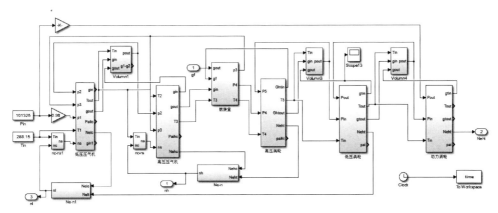

图 8.13　三轴燃气轮机非线性仿真模型

8.3.2　气路性能退化建模

8.2 节介绍了退化因子的概念,由于退化的燃气轮机部件特性发生了变化,退化建模时需要将退化因子引入特性关系式。

1. 部件特性关系式

通过拟合和推导计算可得

$$\bar{G}_{\mathrm{LC}} = f_1(\pi_{\mathrm{LC}}, \bar{n}_{\mathrm{LC}}) + \tilde{G}_{\mathrm{LC}} \tag{8.3.35}$$

$$\eta_{\mathrm{LC}} = f_2(\pi_{\mathrm{LC}}, \bar{n}_{\mathrm{LC}}) + \tilde{\eta}_{\mathrm{LC}} \tag{8.3.36}$$

$$\bar{G}_{\mathrm{HC}} = f_3(\pi_{\mathrm{HC}}, \bar{n}_{\mathrm{HC}}) + \tilde{G}_{\mathrm{HC}} \tag{8.3.37}$$

$$\eta_{\mathrm{HC}} = f_4(\pi_{\mathrm{HC}}, \bar{n}_{\mathrm{HC}}) + \tilde{\eta}_{\mathrm{HC}} \tag{8.3.38}$$

$$\bar{G}_{\mathrm{PT}} = f_5(\varepsilon_{\mathrm{PT}}, \bar{n}_{\mathrm{PT}}) + \tilde{G}_{\mathrm{PT}} \tag{8.3.39}$$

$$\eta_{\mathrm{PT}} = f_6(\varepsilon_{\mathrm{PT}}, \bar{n}_{\mathrm{PT}}) + \tilde{\eta}_{\mathrm{PT}} \tag{8.3.40}$$

健康状态下,本书研究的船用燃气轮机在较大工况范围内,高压涡轮折合流量基

本保持不变,可视为简单状态量,其工作点位移恒为零,特性线平移(即状态量偏差),故高压涡轮流量特性为

$$\bar{G}_{HT} = \bar{G}_{HT}^0 + \tilde{G}_{HT} \tag{8.3.41}$$

式中:$\bar{G}_{HT}^0$ 为健康状态下高压涡轮燃气流量;$\tilde{G}_{HT}$ 为高压涡轮流量退化因子。同理,将高压涡轮效率、低压涡轮效率、低压涡轮流量、燃烧效率、燃烧室总压恢复系数均视为简单状态量,于是有

$$\eta_{HT} = \eta_{HT}^0 + \tilde{\eta}_{HT} \tag{8.3.42}$$

$$\bar{G}_{LT} = \bar{G}_{LT}^0 + \tilde{G}_{LT} \tag{8.3.43}$$

$$\eta_{LT} = \eta_{LT}^0 + \tilde{\eta}_{LT} \tag{8.3.44}$$

$$\xi_B = \xi_B^0 + \tilde{\xi}_B \tag{8.3.45}$$

$$\eta_B = \eta_B^0 + \tilde{\eta}_B \tag{8.3.46}$$

2. 部件匹配关系式

部件匹配关系式同 8.3.1 小节。

3. 性能退化模型的求解

由小偏差线性化方法,有

$$\delta\bar{G}_{LC} = \frac{\partial f_1}{\partial \pi_{LC}} \frac{\pi_{LC}}{\bar{G}_{LC}} \delta\pi_{LC} + \frac{\partial f_1}{\partial \bar{n}_{LC}} \frac{\bar{n}_{LC}}{\bar{G}_{LC}} \delta\bar{n}_{LC} + \delta\tilde{\bar{G}}_{LC} \tag{8.3.47}$$

$$\delta\eta_{LC} = \frac{\partial f_2}{\partial \pi_{LC}} \frac{\pi_{LC}}{\eta_{LC}} \delta\pi_{LC} + \frac{\partial f_2}{\partial \bar{n}_{LC}} \frac{\bar{n}_{LC}}{\eta_{LC}} \delta\bar{n}_{LC} + \delta\tilde{\eta}_{LC} \tag{8.3.48}$$

$$\delta\bar{G}_{HC} = \frac{\partial f_3}{\partial \pi_{HC}} \frac{\pi_{HC}}{\bar{G}_{HC}} \delta\pi_{HC} + \frac{\partial f_3}{\partial \bar{n}_{HC}} \frac{\bar{n}_{HC}}{\bar{G}_{HC}} \delta\bar{n}_{HC} + \delta\tilde{\bar{G}}_{HC} \tag{8.3.49}$$

$$\delta\eta_{HC} = \frac{\partial f_4}{\partial \pi_{HC}} \frac{\pi_{HC}}{\eta_{HC}} \delta\pi_{HC} + \frac{\partial f_4}{\partial \bar{n}_{HC}} \frac{\bar{n}_{HC}}{\eta_{HC}} \delta\bar{n}_{HC} + \delta\tilde{\eta}_{HC} \tag{8.3.50}$$

$$\delta\bar{G}_{PT} = \frac{\partial f_5}{\partial \varepsilon_{PT}} \frac{\varepsilon_{PT}}{\bar{G}_{PT}} \delta\varepsilon_{PT} + \frac{\partial f_5}{\partial \bar{n}_{PT}} \frac{\bar{n}_{PT}}{\bar{G}_{PT}} \delta\bar{n}_{PT} + \delta\tilde{\bar{G}}_{PT} \tag{8.3.51}$$

$$\delta\eta_{PT} = \frac{\partial f_6}{\partial \varepsilon_{PT}} \frac{\varepsilon_{PT}}{\eta_{PT}} \delta\varepsilon_{PT} + \frac{\partial f_6}{\partial \bar{n}_{PT}} \frac{\bar{n}_{PT}}{\eta_{PT}} \delta\bar{n}_{PT} + \delta\tilde{\eta}_{PT} \tag{8.3.52}$$

$$\delta\bar{G}_{HT} = \delta\tilde{\bar{G}}_{HT} \tag{8.3.53}$$

$$\delta\eta_{HT} = \delta\tilde{\eta}_{HT} \tag{8.3.54}$$

$$\delta\bar{G}_{LT} = \delta\tilde{\bar{G}}_{LT} \tag{8.3.55}$$

$$\delta\eta_{LT} = \delta\tilde{\eta}_{LT} \tag{8.3.56}$$

$$\delta\eta_B = \delta\widetilde{\eta}_B \tag{8.3.57}$$

$$\delta\xi_B = \delta\widetilde{\xi}_B \tag{8.3.58}$$

$$\delta T_2 = \delta T_1 + \frac{m_{LC}\pi_{LC}^{m_{LC}}}{\eta_{LC} + \pi_{LC}^{m_{LC}} - 1}\delta\pi_{LC} - \frac{\pi_{LC}^{m_{LC}} - 1}{\eta_{LC} + \pi_{LC}^{m_{LC}} - 1}\delta\eta_{LC} \tag{8.3.59}$$

$$\delta T_3 = \delta T_2 + \frac{m_{HC}\pi_{HC}^{m_{HC}}}{\eta_{HC} + \pi_{HC}^{m_{HC}} - 1}\delta\pi_{HC} - \frac{\pi_{HC}^{m_{HC}} - 1}{\eta_{HC} + \pi_{HC}^{m_{HC}} - 1}\delta\eta_{HC} \tag{8.3.60}$$

$$\delta\eta_B = \frac{c_{p,HT}T_4(1+f)}{c_{p,HT}T_4(1+f) - c_{p,HC}T_3}\delta T_4 - \frac{c_{p,HC}T_3}{c_{p,HT}T_4(1+f) - c_{p,HC}T_3}\delta T_3 +$$

$$\left(\frac{fc_{p,HT}T_4}{c_{p,HT}T_4(1+f) - c_{p,HC}T_3} - 1\right)\delta f \tag{8.3.61}$$

$$\delta T_5 = \delta T_4 - \frac{\eta_{HT}m_{HT}}{\varepsilon_{HT}^{m_{HT}} - \eta_{HT}\varepsilon_{HT}^{m_{HT}} + \eta_{HT}}\delta\varepsilon_{HT} + \frac{\eta_{HT}(1 - \varepsilon_{HT}^{m_{HT}})}{\varepsilon_{HT}^{m_{HT}} - \eta_{HT}\varepsilon_{HT}^{m_{HT}} + \eta_{HT}}\delta\eta_{HT}$$

$$\tag{8.3.62}$$

$$\delta T_6 = \delta T_5 - \frac{\eta_{LT}m_{LT}}{\varepsilon_{LT}^{m_{LT}} - \eta_{LT}\varepsilon_{LT}^{m_{LT}} + \eta_{LT}}\delta\varepsilon_{LT} + \frac{\eta_{LT}(1 - \varepsilon_{LT}^{m_{LT}})}{\varepsilon_{LT}^{m_{LT}} - \eta_{LT}\varepsilon_{LT}^{m_{LT}} + \eta_{LT}}\delta\eta_{LT}$$

$$\tag{8.3.63}$$

$$\delta T_7 = \delta T_6 - \frac{\eta_{PT}m_{PT}}{\varepsilon_{PT}^{m_{PT}} - \eta_{PT}\varepsilon_{PT}^{m_{PT}} + \eta_{PT}}\delta\varepsilon_{PT} + \frac{\eta_{PT}(1 - \varepsilon_{PT}^{m_{PT}})}{\varepsilon_{PT}^{m_{PT}} - \eta_{PT}\varepsilon_{PT}^{m_{PT}} + \eta_{PT}}\delta\eta_{PT}$$

$$\tag{8.3.64}$$

$$\delta\bar{G}_{LC} = \delta\bar{G}_{HC} + \delta p_2 + 0.5\delta T_1 - 0.5\delta T_2 - \delta p_1 \tag{8.3.65}$$

$$\delta\bar{G}_{LT} = K_1\delta\bar{G}_{HT} + K_1\delta p_4 - 0.5K_1\delta T_4 + K_2\delta\bar{G}_{LC} +$$

$$K_2\delta p_1 - 0.5K_2\delta T_1 + 0.5\delta T_5 - \delta p_5 \tag{8.3.66}$$

$$\delta\bar{G}_{PT} = K_3\delta\bar{G}_{LT} + K_3\delta p_5 - 0.5K_3\delta T_5 + K_4\delta\bar{G}_{LC} +$$

$$K_4\delta p_1 - 0.5K_4\delta T_1 + 0.5\delta T_6 - \delta p_6 \tag{8.3.67}$$

$$\delta G_f = K_5\delta\bar{G}_{HT} + K_5\delta p_4 - 0.5K_5\delta T_4 - K_6\delta\bar{G}_{HC} - K_6\delta p_2 +$$

$$0.5K_6\delta T_2 + K_7\delta\bar{G}_{LC} + K_7\delta p_1 - 0.5K_7\delta T_1 \tag{8.3.68}$$

$$\delta T_5 = \frac{T_6}{T_5}\delta T_6 + K_8\delta G_{LC} + K_9\delta T_2 - K_{10}\delta T_1 - K_{11}\delta G_{LT} - K_{12}\delta\eta_{Lm}$$

$$\tag{8.3.69}$$

$$\delta T_4 = \frac{T_5}{T_4}\delta T_5 + K_{13}\delta G_{LC} + K_{14}\delta T_3 - K_{15}\delta T_2 - K_{16}\delta G_{HT} - K_{17}\delta\eta_{Hm}$$

$$\tag{8.3.70}$$

$$\delta Ne = \frac{G_{PT}}{G_{PT} + 0.3g_{PT,cool}G_{LC}}\delta G_{PT} + \frac{0.3g_{PT,cool}G_{LC}}{G_{PT} + 0.3g_{PT,cool}G_{LC}}\delta G_{LC} +$$

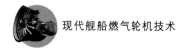
$$\delta T_6 + \delta \eta_{PT} + \delta \eta_{PTm} + \frac{m_{PT}}{\varepsilon_{PT}^{m_{PT}} - 1} \delta \varepsilon_{PT} \tag{8.3.71}$$

$$\delta Ne = \frac{H_u G_f}{Ne} \delta G_f + \frac{Ne - H_u G_f}{Ne} \delta G_{LC} - \frac{(G_{PT} + g_{PT,cool} G_{LC}) c_{p,T_7} T_7}{Ne} \delta T_7 +$$

$$\frac{(G_{PT} + g_{PT,cool} G_{LC}) c_{p,T_1} T_1}{Ne} \delta T_1 \tag{8.3.72}$$

式中：

$$\delta \tilde{\tilde{G}} = (\tilde{\tilde{G}} - 0)/\bar{G}^0 , \quad \delta \tilde{\eta} = (\tilde{\eta} - 0)/\eta^0 , \quad \delta \tilde{\xi}_B = (\tilde{\xi}_B - 0)/\xi_B^0$$

$$K_1 = \left(1 + \frac{g_{HT,cool} G_{LC}}{G_{HT}}\right)^{-1} , \quad K_2 = \left(1 + \frac{G_{HT}}{g_{HT,cool} G_{LC}}\right)^{-1}$$

$$K_3 = \left(1 + \frac{g_{LT,cool} G_{LC}}{G_{LT}}\right)^{-1} , \quad K_4 = \left(1 + \frac{G_{LT}}{g_{LT,cool} G_{LC}}\right)^{-1}$$

$$K_5 = \left[1 - \frac{G_{HC}}{G_{HT}} + \frac{(g_{HC,cool} + g_{HC,1}) G_{LC}}{G_{HT}}\right]^{-1}$$

$$K_6 = \left(\frac{G_{HT}}{G_{HC}} - 1 + \frac{(g_{HC,cool} + g_{HC,1}) G_{LC}}{G_{HC}}\right)^{-1}$$

$$K_7 = \left(\frac{G_{HT}}{(g_{HC,cool} + g_{HC,1}) G_{LC}} - \frac{G_{HC}}{(g_{HC,cool} + g_{HC,1}) G_{LC}} + 1\right)^{-1}$$

$$K_8 = K_{11} = \frac{(T_5 - T_6) G_{LT}}{(G_{LT} + 0.9 g_{LT,cool1} G_{LC}) T_5}$$

$$K_9 = \frac{(1 - 0.8 g_{LC,cool1} - 0.2 g_{LC,1}) c_{p,LC} G_{LC} T_2}{(G_{LT} + 0.9 g_{LT,cool1} G_{LC}) c_{p,LT} \eta_{Lm} T_5}$$

$$K_{10} = \frac{(1 - 0.8 g_{LC,cool1} - 0.2 g_{LC,1}) c_{p,LC} G_{LC} T_1}{(G_{LT} + 0.9 g_{LT,cool1} G_{LC}) c_{p,LT} \eta_{Lm} T_5} , \quad K_{12} = \frac{T_5 - T_6}{T_5}$$

$$K_{13} = K_{16} = \frac{(T_4 - T_5) G_{HT}}{(G_{HT} + 0.9 g_{HT,cool1} G_{LC}) T_4}$$

$$K_{14} = \frac{g c_{p,HC} G_{LC} T_3}{(G_{HT} + 0.9 g_{HT,cool1} G_{LC}) c_{p,HT} \eta_{Hm} T_4}$$

$$K_{15} = \frac{g c_{p,HC} G_{LC} T_2}{(G_{HT} + 0.9 g_{HT,cool1} G_{LC}) c_{p,HT} \eta_{Hm} T_4}$$

$$g = 1 - g_{LC,cool} - g_{LC,1} - 0.5(g_{HC,cool1} + g_{HC,1})$$

$$K_{17} = \frac{T_4 - T_5}{T_4}$$

另根据定义和折合关系式，有以下式子：

$$T_C = \frac{T}{\theta^a \delta^b} \tag{8.3.73}$$

$$\delta T_C = \delta T \tag{8.3.74}$$

$$p_C = \frac{p}{\theta^a \delta^b} \tag{8.3.75}$$

$$\delta p_C = \delta p \tag{8.3.76}$$

$$\delta \pi_{LC} = \delta p_2 \tag{8.3.77}$$

$$\delta \pi_{HC} = \delta p_3 - \delta p_2 \tag{8.3.78}$$

$$\delta \xi_B = \delta p_4 - \delta p_3 \tag{8.3.79}$$

$$\delta \varepsilon_{HT} = \delta p_4 - \delta p_5 \tag{8.3.80}$$

$$\delta \varepsilon_{LT} = \delta p_5 - \delta p_6 \tag{8.3.81}$$

$$\delta \varepsilon_{PT} = \delta p_6 - \delta p_7 \tag{8.3.82}$$

$$\bar{n} = \frac{n \sqrt{288.15}}{\sqrt{T_{in}}} \tag{8.3.83}$$

$$\delta \bar{n} = \delta n - 0.5 \delta T_{in} \tag{8.3.84}$$

$$\delta \bar{n}_{LC} = \delta n_{LC} - 0.5 \delta T_1 \tag{8.3.85}$$

$$\delta \bar{n}_{HC} = \delta n_{HC} - 0.5 \delta T_2 \tag{8.3.86}$$

$$\delta \bar{n}_{PT} = \delta n_{PT} - 0.5 \delta T_6 \tag{8.3.87}$$

$$\bar{G} = \frac{G \sqrt{\theta}}{\delta} = \frac{G \sqrt{T_{in}} \cdot 101\,325}{P_{in} \sqrt{288.15}} \tag{8.3.88}$$

$$\delta \bar{G} = \delta G + 0.5 \delta T_{in} - \delta P_{in} \tag{8.3.89}$$

$$\delta \bar{G}_{LC} = \delta G_{LC} \tag{8.3.90}$$

$$\delta \bar{G}_{HC} = \delta G_{HC} + 0.5 \delta T_2 - \delta p_2 \tag{8.3.91}$$

$$\delta \bar{G}_{HT} = \delta G_{HT} + 0.5 \delta T_4 - \delta p_4 \tag{8.3.92}$$

$$\delta \bar{G}_{LT} = \delta G_{LT} + 0.5 \delta T_5 - \delta p_5 \tag{8.3.93}$$

$$\delta \bar{G}_{PT} = \delta G_{PT} + 0.5 \delta T_6 - \delta p_6 \tag{8.3.94}$$

$$\delta f = \delta G_f - \delta G_{LC} \tag{8.3.95}$$

$$G_{fc} = \frac{G_f}{\theta^a \delta^b} = \frac{G_f 288.15^a \cdot 101\,325^b}{T_0^a p_0^b} \tag{8.3.96}$$

$$\delta G_{fc} = \delta G_f \tag{8.3.97}$$

式中：a 和 b 分别指无量纲温比和压比的经验折合指数，在式(8.3.73)、式(8.3.75)和式(8.3.96)中是各不相同的。

综合以上公式，有

$$\boldsymbol{B} \delta \boldsymbol{z} = \boldsymbol{C} \delta \tilde{\boldsymbol{x}} \tag{8.3.98}$$

$$\delta \boldsymbol{z} = \boldsymbol{B}^{-1} \boldsymbol{C} \delta \tilde{\boldsymbol{x}} = \boldsymbol{A} \delta \tilde{\boldsymbol{x}} \tag{8.3.99}$$

$$\delta \tilde{\boldsymbol{x}} = \boldsymbol{A}^+ \delta \boldsymbol{z} \tag{8.3.100}$$

式中:A 称为影响系数矩阵(Influence Coefficience Matrix,ICM),其元素影响系数含义为各退化因子每变化一个单位而其他退化因子不变时相应的测量参数的变化量,即影响系数是其他退化因子不变时测量参数相对值对各退化因子相对值的偏导数;A^+ 为 A 的广义逆,称为退化系数矩阵(Degradation Coefficience Matrix,DCM);$\delta \tilde{x}$ 为状态参数向量,共 12 个退化因子:$\delta \tilde{x} = (\delta \tilde{G}_{LC}, \delta \tilde{\eta}_{LC}, \delta \tilde{G}_{HC}, \delta \tilde{\eta}_{HC}, \delta \tilde{G}_{HT}, \delta \tilde{\eta}_{HT},$

$\delta \tilde{G}_{LT}, \delta \tilde{\eta}_{LT}, \delta \tilde{G}_{PT}, \delta \tilde{\eta}_{PT}, \delta \tilde{\eta}_{B}, \delta \tilde{\xi}_{B})$。根据控制条件和边界条件设定 Ne、$T_0$、$p_0$ 不变,由于 n_L、n_H、n_{PT} 的变化会给压气机流量和效率特性曲线带来高度非线性变化,为避免过拟合带来的过大误差,本书在求解退化模型时不考虑 n_L、n_H 和 n_{PT} 的波动,压气机和涡轮的流量和效率特性曲线只考虑在常用转速下的特性,则测量参数向量为 18 个监测变量,即

$$\delta z = \begin{pmatrix} \delta T_{2C}, \delta T_{3C}, \delta T_{4C}, \delta T_{5C}, \delta T_{6C}, \delta T_{7C}, \delta p_{2C}, \delta p_{3C}, \delta p_{4C}, \\ \delta p_{5C}, \delta p_{6C}, \delta \eta_{LC}, \delta \eta_{HC}, \delta \eta_{PT}, \delta \bar{G}_{LC}, \delta \bar{G}_{HC}, \delta \bar{G}_{PT}, \delta G_{f} \end{pmatrix}$$

利用上述三轴燃气轮机非线性退化模型,采用小偏差法求得影响系数矩阵 A 如表 8.5 所列。

表 8.5　影响系数矩阵

参数	$\delta \tilde{G}_{LC}$	$\delta \tilde{\eta}_{LC}$	$\delta \tilde{G}_{HC}$	$\delta \tilde{\eta}_{HC}$	$\delta \tilde{G}_{HT}$	$\delta \tilde{\eta}_{HT}$	$\delta \tilde{G}_{LT}$	$\delta \tilde{\eta}_{LT}$	$\delta \tilde{G}_{PT}$	$\delta \tilde{\eta}_{PT}$	$\delta \tilde{\eta}_{B}$	$\delta \tilde{\xi}_{B}$
δT_{2C}	0.36	−0.37	−0.21	0.03	−0.13	0.05	0.00	0.03	0.01	0.04	−0.08	−0.09
δT_{3C}	0.29	−0.28	0.06	−0.26	−0.39	0.11	0.06	0.03	0.00	0.05	−0.18	−0.29
δT_{4C}	−0.13	−0.03	0.01	−0.04	−0.11	0.08	0.08	−0.01	0.04	−0.06	0.38	−0.04
δT_{5C}	−0.07	0.04	−0.03	0.06	0.13	−0.08	−0.11	0.02	0.04	−0.01	0.18	0.06
δT_{6C}	−0.19	0.10	0.01	0.05	0.09	0.03	0.07	−0.07	−0.04	−0.06	0.05	0.07
δT_{7C}	−0.17	0.14	−0.01	0.10	0.12	0.00	0.08	−0.06	0.08	−0.22	−0.04	0.12
δp_{2C}	1.02	−0.13	−0.66	−0.01	−0.44	0.02	0.01	0.00	0.00	−0.01	0.07	−0.42
δp_{3C}	0.82	−0.02	0.01	0.00	−1.04	0.04	0.05	0.00		0.17	0.22	−1.00
δp_{4C}	0.81	−0.03	0.02	−0.03	−1.05	0.04	0.04	−0.01		−0.05	0.22	−0.02
δp_{5C}	0.85	0.00	−0.02	0.00	0.09	−0.05	−1.04	0.00		0.11		0.04
δp_{6C}	0.06								−0.53	−0.52	−0.03	0.04
$\delta \eta_{LC}$	−0.01	0.98		−0.01			−0.01				0.04	−0.02
$\delta \eta_{HC}$	0.08	−0.06	−0.30	0.96	0.27	−0.03	−0.03	0.01		0.00	0.00	0.25
$\delta \eta_{PT}$	−0.01							−0.01	−0.04	0.95	0.03	−0.01
$\delta \bar{G}_{LC}$	0.96	−0.01	0.02	−0.01	0.01					−0.01	0.03	0.00
$\delta \bar{G}_{HC}$	0.12	−0.07	0.57	0.01	0.38		−0.01		−0.01	0.01	−0.08	0.37
$\delta \bar{G}_{PT}$	0.00	0.00	−0.01	0.00	0.00				0.96	−0.04	0.00	0.00
$\delta \bar{G}_{f}$	0.45	−0.13	0.00	−0.09	0.11	0.00	0.08	−0.05	0.08	−0.20	−0.04	0.12

8.3.3 异方差模型等方差化和标准化

1. 异方差模型等方差化

在实际问题中测量参数值总会有误差,故式(8.3.99)变为

$$\delta \hat{z} = \delta z + e = A \delta \tilde{x} + e \qquad (8.3.101)$$

式中:$\delta \hat{z}$ 表示测量参数实测值;δz 表示测量参数真实值;e 表示测量随机误差(这里不考虑系统误差,即认为影响系数矩阵是完全正确的),其均值为 **0**。Gauss‑Markov 假定(简称 GM 假定)是指如果各测量参数具有相同的方差,且为两两不相关的假设。在 Gauss‑Markov 假定下,$\delta \tilde{x}$ 的极大似然估计与最小二乘估计等价。满足 GM 假定的模型称为等方差模型,否则称为异方差模型。在实际问题中,性能退化方程通常不能满足 GM 假定。当测量向量的方差(即协方差阵),同时也是误差向量的方差 $\boldsymbol{R} = \mathrm{var}(e) = E(ee^{\mathrm{T}})$ 为正定方阵(称为广义 GM 假定)时,可以将异方差模型转化为等方差模型,即

$$\delta \hat{y} = H \delta \tilde{x} + \boldsymbol{\varepsilon} \qquad (8.3.102)$$

式中:$\delta \hat{y} = \lambda \boldsymbol{R}^{-1/2} \delta \hat{z}$ 为等方差化的测量参数实测值;$H = \lambda \boldsymbol{R}^{-1/2} A$ 为等方差化的影响系数矩阵;$\boldsymbol{\varepsilon} = \lambda \boldsymbol{R}^{-1/2} e$;$\lambda$ 为一正数,称为标准差比,在后面章节取 $\lambda = 1$。误差向量的方差为

$$\mathrm{var}(\boldsymbol{\varepsilon}) = E(\boldsymbol{\varepsilon\varepsilon}^{\mathrm{T}}) = \lambda^2 \boldsymbol{R}^{-1/2} \mathrm{var}(e)(\boldsymbol{R}^{-1/2})^{\mathrm{T}} = \lambda^2 \boldsymbol{I} \qquad (8.3.103)$$

当测量参数两两不相关时,$\boldsymbol{R}$ 为对角矩阵即 $\boldsymbol{R} = \mathrm{diag}(\sigma_1^2 \quad \sigma_2^2 \quad \cdots \quad \sigma_m^2)$,$\lambda \boldsymbol{R}^{-1/2} = \mathrm{diag}\left(\dfrac{\lambda}{\sigma_1} \quad \dfrac{\lambda}{\sigma_2} \quad \cdots \quad \dfrac{\lambda}{\sigma_m}\right)$,这时有

$$\delta \hat{y}_i = \frac{\lambda}{\sigma_i} \delta \hat{z}_i, \quad h_{ij} = \frac{\lambda}{\sigma_i} a_{ij}, \quad \boldsymbol{\varepsilon}_i = \frac{\lambda}{\sigma_i} e_i \qquad (8.3.104)$$

式中:$i = 1, 2, \cdots, m$;$j = 1, 2, \cdots, n$。故当 $\boldsymbol{R}$ 为对角矩阵时,所谓等方差化就是各个方程分别用 $\dfrac{\lambda}{\sigma_i}$ 进行加权。由此可知等方差化的合理性:若某测量参数的误差较大,就要使它在模型中的重要性下降一些,等方差化的权重与测量参数的标准差 σ_i 成反比。

σ_i 可以用样本标准差来估计:

$$\hat{\sigma}_i = \sqrt{\frac{1}{n-1} \sum_{k=1}^{n} (\delta \hat{z}_{ik} - \delta \bar{z}_i)^2} \qquad (8.3.105)$$

式中:$\delta \bar{z}_i$ 为 $\delta \hat{z}_i$ 的算术平均值,n 为样本个数。经 2 000 h 试验数据计算,测量参数 $(\delta T_{2C}, \delta T_{3C}, \delta T_{4C}, \delta T_{5C}, \delta T_{6C}, \delta T_{7C}, \delta p_{2C}, \delta p_{3C}, \delta p_{4C}, \delta p_{5C}, \delta p_{6C}, \delta \bar{G}_f)$ 的标准差为 $\boldsymbol{\sigma} = (0.017, 0.017, 0.015, 0.015, 0.016, 0.017, 0.010, 0.011, 0.011, 0.063, 0.010, 0.010)$。

由于测量参数 $\delta\eta_{LC}$、$\delta\eta_{HC}$、$\delta\eta_{PT}$、$\delta\bar{G}_{LC}$、$\delta\bar{G}_{HC}$、$\delta\bar{G}_{PT}$ 在燃气轮机装置中难以安装传感器,故在下面的各节不考虑对其的选择。

假设测量参数两两不相关,$\boldsymbol{R}$ 取对角矩阵。测量参数取 (δT_{2C}, δT_{3C}, δT_{4C}, δT_{5C}, δT_{6C}, δT_{7C}, δp_{2C}, δp_{3C}, δp_{4C}, δp_{5C}, δp_{6C}, $\delta\bar{G}_f$) 时的等方差模型的影响系数矩阵 $\boldsymbol{H}$ 如表 8.6 所示。

表 8.6 等方差模型的影响系数矩阵

参 数	$\delta\tilde{G}_{LC}$	$\delta\tilde{\eta}_{LC}$	$\delta\tilde{G}_{HC}$	$\delta\tilde{\eta}_{HC}$	$\delta\tilde{G}_{HT}$	$\delta\tilde{\eta}_{HT}$	$\delta\tilde{G}_{LT}$	$\delta\tilde{\eta}_{LT}$	$\delta\tilde{G}_{PT}$	$\delta\tilde{\eta}_{PT}$	$\delta\tilde{\eta}_B$	$\delta\tilde{\xi}_B$
δT_{2C}	20.9	−21.6	−12.1	1.7	−7.8	2.7	0.0	1.8	0.8	2.1	−4.9	−5.3
δT_{3C}	17.0	−16.5	3.8	−15.3	−22.9	6.3	3.8	1.5	−0.1	2.8	−10.4	−17.0
δT_{4C}	−8.5	−2.2	0.6	−2.4	−7.3	5.0	5.1	−0.3	2.7	−4.3	25.2	−2.6
δT_{5C}	−4.6	2.4	−1.9	3.9	8.7	−5.4	−7.2	1.6	2.6	−0.7	11.9	3.7
δT_{6C}	−11.7	6.3	0.6	3.1	6.0	−1.8	4.1	−4.2	−2.8	−3.6	3.1	4.3
δT_{7C}	−10.0	8.2	−0.5	5.7	6.7	0.3	4.8	−3.3	4.8	−12.5	−2.6	7.0
δp_{2C}	98.9	−12.5	−64.1	−0.9	−42.3	1.7	1.2	0.3	1.1	−0.9	7.2	−40.7
δp_{3C}	76.3	−1.5	0.0	0.0	−95.6	3.9	4.8	−0.8	1.3	−3.2	16.2	−92.3
δp_{4C}	75.2	−2.7	1.9	−2.6	−96.9	2.3	3.7	−1.2	1.6	−4.2	20.8	−2.2
δp_{5C}	13.5	0.0	−0.3	0.7	1.4	−0.8	−16.4	−0.1	0.1	−0.4	1.8	0.6
δp_{6C}	5.8	−1.7	0.4	−1.6	−3.0	1.4	−2.5	2.8	−54.9	−54.3	−3.0	−1.7
$\delta\bar{G}_f$	45.1	−13.0	0.2	−9.2	11.6	−0.3	7.8	−5.5	7.6	−20.3	−3.9	−11.8

2. 模型的标准化

退化模式的特征是影响系数矩阵的各列向量的分量大小的分布,而不是向量的长度。模型的标准化就是将影响系数矩阵的各列向量除以各自的长度(即 Euclid 范数),使其成为单位向量,以减少影响系数矩阵中各列之间数量级上的差别的影响。

令 $\boldsymbol{h}_j$ 表示 $\boldsymbol{H}$ 的第 j 列,则 $\sqrt{\boldsymbol{h}_j^T\boldsymbol{h}_j}$ 为 $\boldsymbol{H}$ 的第 j 列的长度,记 $\boldsymbol{W} = \begin{bmatrix} \sqrt{\boldsymbol{h}_1^T\boldsymbol{h}_1} & & \\ & \ddots & \\ & & \sqrt{\boldsymbol{h}_n^T\boldsymbol{h}_n} \end{bmatrix}$,令 $\boldsymbol{G}=\boldsymbol{HW}^{-1}$,则 $\boldsymbol{G}$ 的各列向量长度为 1,式 (8.3.102) $\delta\hat{\boldsymbol{y}}=\boldsymbol{H}\delta\tilde{\boldsymbol{x}}+\boldsymbol{\varepsilon}$ 变为

$$\delta\hat{\boldsymbol{y}}=\boldsymbol{GW}\delta\tilde{\boldsymbol{x}}+\boldsymbol{\varepsilon}=\boldsymbol{G}\delta\boldsymbol{\theta}+\boldsymbol{\varepsilon} \tag{8.3.106}$$

式中:$\delta\boldsymbol{\theta}=\boldsymbol{W}\delta\tilde{\boldsymbol{x}}$。$\boldsymbol{G}$ 只代表退化模式的影响。$\boldsymbol{G}^T\boldsymbol{G}$ 中各元素是矩阵中的相应列向量之间的夹角的余弦值。

测量参数取 (δT_{2C}, δT_{3C}, δT_{4C}, δT_{5C}, δT_{6C}, δT_{7C}, δp_{2C}, δp_{3C}, δp_{4C}, δp_{5C}, δp_{6C},

$\delta \overline{G}_{\mathrm{f}}$)时的等方差模型标准化的影响系数矩阵 G 如表 8.7 所列。

表 8.7　等方差模型标准化的影响系数矩阵

参　数	$\delta\widetilde{G}_{\mathrm{LC}}$	$\delta\widetilde{\eta}_{\mathrm{LC}}$	$\delta\widetilde{G}_{\mathrm{HC}}$	$\delta\widetilde{\eta}_{\mathrm{HC}}$	$\delta\widetilde{G}_{\mathrm{HT}}$	$\delta\widetilde{\eta}_{\mathrm{HT}}$	$\delta\widetilde{G}_{\mathrm{LT}}$	$\delta\widetilde{\eta}_{\mathrm{LT}}$	$\delta\widetilde{G}_{\mathrm{PT}}$	$\delta\widetilde{\eta}_{\mathrm{PT}}$	$\delta\widetilde{\eta}_{\mathrm{B}}$	$\delta\widetilde{\xi}_{\mathrm{B}}$
$\delta T_{2\mathrm{C}}$	0.13	−0.63	−0.19	0.09	−0.05	0.23	0.00	0.21	0.01	0.04	−0.12	−0.05
$\delta T_{3\mathrm{C}}$	0.11	−0.48	0.06	−0.77	−0.16	0.55	0.17	0.17	0.00	0.05	−0.25	−0.16
$\delta T_{4\mathrm{C}}$	−0.05	−0.06	0.01	−0.12	−0.05	0.44	0.23	−0.04	0.05	−0.07	0.61	−0.03
$\delta T_{5\mathrm{C}}$	−0.03	0.07	−0.03	0.19	0.06	−0.47	−0.32	0.18	0.05	−0.01	0.29	0.04
$\delta T_{6\mathrm{C}}$	−0.07	0.18	0.01	0.16	0.04	−0.16	0.18	−0.48	−0.05	−0.06	0.07	0.04
$\delta T_{7\mathrm{C}}$	−0.06	0.24	−0.01	0.29	0.05	0.02	0.21	−0.38	−0.04	−0.21	−0.06	0.07
$\delta p_{2\mathrm{C}}$	0.63	−0.36	−0.98	−0.05	−0.29	0.15	0.05	0.03	0.02	−0.02	0.17	−0.39
$\delta p_{3\mathrm{C}}$	0.49	−0.04	0.03	−0.66	0.34	0.21	−0.13	0.03	0.39	−0.89		
$\delta p_{4\mathrm{C}}$	0.48	−0.08	0.03	−0.13	−0.66	0.20	0.16	−0.13	0.03	−0.07	0.50	−0.02
$\delta p_{5\mathrm{C}}$	0.09	0.00	0.00	0.03	0.01	−0.07	−0.73	0.01	0.00	0.01	0.04	0.01
$\delta p_{6\mathrm{C}}$	0.04	−0.05	0.01	−0.08	−0.02	0.13	−0.11	0.32	−0.98	−0.91	−0.07	−0.02
$\delta \overline{G}_{\mathrm{f}}$	0.29	−0.38	0.00	−0.46	0.08	−0.02	0.35	−0.63	0.14	−0.34	−0.09	−0.11

8.3.4　状态参数的可观性分析

状态参数的可观性有两方面的含义：一是表征测量参数的噪声对状态参数估计的影响程度，可观性越高，影响程度越小，状态参数的方差越小；二是表征解的唯一性，如果系统完全可观，则状态参数的解是唯一确定的。

退化模型可转化为状态空间模型，状态空间模型的系统可观性将在 8.4.2 小节进行讨论。

通过小偏差法和等方差化，我们得到 $\delta\mathbf{y} = \mathbf{H}\delta\widetilde{\mathbf{x}} + \boldsymbol{\varepsilon}$，系统的可观性可以通过影响系数矩阵 $\mathbf{H}$ 的可观性来分析。首先考虑不存在测量随机误差 $\boldsymbol{\varepsilon}$ 的情况，即考察真实值的方程

$$\delta\mathbf{y} = \mathbf{H}\delta\widetilde{\mathbf{x}} \tag{8.3.107}$$

1. 零空间和解的非唯一性

为了说明解的非唯一性，需要介绍一下零空间的概念。假设方程 $\delta\mathbf{y} = \mathbf{H}\delta\widetilde{\mathbf{x}}$ 有两个非零解 $\delta\widetilde{\mathbf{x}}_1$ 和 $\delta\widetilde{\mathbf{x}}_2$，则有 $\delta\mathbf{y} = \mathbf{H}\delta\widetilde{\mathbf{x}}_1$ 和 $\delta\mathbf{y} = \mathbf{H}\delta\widetilde{\mathbf{x}}_2$，两式相减，有

$$\mathbf{H}(\delta\widetilde{\mathbf{x}}_1 - \delta\widetilde{\mathbf{x}}_2) = \mathbf{H}\delta\widetilde{\mathbf{x}}^{\mathrm{null}} = \mathbf{0} \tag{8.3.108}$$

$\delta\widetilde{\mathbf{x}}_1$ 和 $\delta\widetilde{\mathbf{x}}_2$ 是不同的，$\delta\widetilde{\mathbf{x}}^{\mathrm{null}} = \delta\widetilde{\mathbf{x}}_1 - \delta\widetilde{\mathbf{x}}_2$ 不为零，$\delta\widetilde{\mathbf{x}}^{\mathrm{null}}$ 称为零向量解，由零向量解 $\delta\widetilde{\mathbf{x}}^{\mathrm{null}}$ 组成的空间叫 $\mathbf{H}$ 的零空间，零空间的一组独立零向量解组成零空间矩阵。

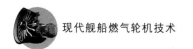

任何有零空间的 GPA 问题的解均是非唯一的,系统具有不可观性。

设 $\delta\tilde{\boldsymbol{x}}^{\text{par}}$ 是方程 $\delta\boldsymbol{y}=\boldsymbol{H}\delta\tilde{\boldsymbol{x}}$ 的非零特解,其零空间的独立零向量个数为 g,则方程的通解为

$$\delta\tilde{\boldsymbol{x}}^{\text{gen}} = \delta\tilde{\boldsymbol{x}}^{\text{par}} + \sum_{j=1}^{g}\alpha_j\delta\tilde{\boldsymbol{x}}_j^{\text{null}} = \delta\tilde{\boldsymbol{x}}^{\text{par}} + \boldsymbol{N}\boldsymbol{\alpha} \tag{8.3.109}$$

式中:$\boldsymbol{\alpha}^{\text{T}}=(\alpha_1,\alpha_2,\cdots,\alpha_g)$,$\alpha_j$ 为任意常数;列向量组 $\delta\tilde{\boldsymbol{x}}_j^{\text{null}}$($j=1,2,\cdots,g$)为零空间的一组基,构成零空间矩阵 $\boldsymbol{N}$。

由以上分析可知,非唯一性问题意味着拟合测量数据的状态参数分别位于两个独立的空间,即 $\delta\tilde{\boldsymbol{x}}^{\text{par}}$ 和 $\delta\tilde{\boldsymbol{x}}^{\text{null}}$,$\delta\boldsymbol{y}=\boldsymbol{H}\delta\tilde{\boldsymbol{x}}^{\text{par}}+\boldsymbol{H}\delta\tilde{\boldsymbol{x}}^{\text{null}}$。如图 8.14 所示,状态空间 $\delta\tilde{\boldsymbol{x}}^{\text{par}}$ 映射到测量空间与 $\delta\boldsymbol{y}$ 相对应,$\delta\tilde{\boldsymbol{x}}^{\text{null}}$ 的映射与 $\boldsymbol{0}$ 对应。GPA 的目的是求得特解 $\delta\tilde{\boldsymbol{x}}^{\text{par}}$,使之拟合观测数据,但这个特解加上任一零空间的向量,所得状态参数值均能拟合观测数据,由此带来解的非唯一性,也就是系统的不可观性。

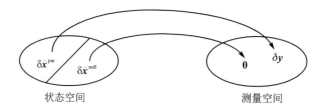

状态空间   测量空间

图 8.14 零空间示意图

式(8.3.109)写成向量元素的形式,有

$$\delta\tilde{\boldsymbol{x}}_i^{\text{gen}} = \delta\tilde{\boldsymbol{x}}_i^{\text{par}} + \sum_{j=1}^{g}N_{ij}\boldsymbol{\alpha}_j \tag{8.3.110}$$

由式(8.3.110)可知,任一状态参数 $\delta\tilde{x}_i$ 是可观的(即唯一确定),当且仅当其通解不取决于 $\boldsymbol{\alpha}_j$,也就是 $\boldsymbol{H}$ 的零空间矩阵 $\boldsymbol{N}$ 的第 i 行全为 0 时,即 $N_{ij}=0$,$j=1$,$2,\cdots,g$。由此得到判断某状态变量可观性的方法:计算影响系数矩阵 $\boldsymbol{H}$ 的零空间矩阵 $\boldsymbol{N}$;检查 $\boldsymbol{N}$ 的各行,如果 $\boldsymbol{N}$ 的某行元素全为零,则该行对应的状态变量可观。

零空间行向量 2 范数的大小即表征了相应状态变量的可观性。

2. 多重共线性

由式(8.3.108)知,零空间中的向量的各元素就是使 $\boldsymbol{H}$ 各列向量线性相关的系数。多重共线性是指 $\boldsymbol{H}$ 中的各列向量是近似线性相关的,即影响系数矩阵 $\boldsymbol{H}$ 中的各列向量 $\boldsymbol{H}_j$ 之间如果存在一组不全为零的常数,使如下的线性关系 $c_1\boldsymbol{H}_1+c_2\boldsymbol{H}_2+\cdots+c_n\boldsymbol{H}_n\approx\boldsymbol{0}$ 成立,则称该 GPA 方程 $\delta\boldsymbol{y}=\boldsymbol{H}\delta\tilde{\boldsymbol{x}}$ 存在多重共线性。方程的多重共线性在有的文献中也称方程是病态的。

多重共线性问题本质上也是零空间的线性反演问题,导致解的非唯一。不同的是多重共线性问题还考虑了近似零空间,即 $\boldsymbol{H}$ 各列向量的近似线性相关问题。

有以下几种方法可以判断多重共线性的严重程度。

(1) 状态参数的相关性

状态参数的相关性可用影响系数矩阵中列向量间的夹角余弦表示。在 8.3.3 小节模型的标准化中，$G^T G$ 中各元素即是影响系数矩阵中相应列向量之间的夹角的余弦值。余弦值的绝对值大于 0.7 说明两个状态参数相关性高。表 8.8 列出了测量参数为 18 时影响系数矩阵（见表 8.5）求得的状态参数的相关性。可知状态参数相关性高（余弦值绝对值大于 0.7）的情形有 7 组，此时不存在严重的多重共线性。

表 8.8　状态参数的相关性

参　数	$\delta\tilde{G}_{LC}$	$\delta\tilde{\eta}_{LC}$	$\delta\tilde{G}_{HC}$	$\delta\tilde{\eta}_{HC}$	$\delta\tilde{G}_{HT}$	$\delta\tilde{\eta}_{HT}$	$\delta\tilde{G}_{LT}$	$\delta\tilde{\eta}_{LT}$	$\delta\tilde{G}_{PT}$	$\delta\tilde{\eta}_{PT}$	$\delta\tilde{\eta}_{B}$	$\delta\tilde{\xi}_{B}$
$\delta\tilde{G}_{LC}$	1.00	−0.10	−0.40	0.20	−0.41	0.11	0.05	0.01	0.07	−0.08	0.17	−0.27
$\delta\tilde{\eta}_{LC}$	−0.10	1.00	0.12	−0.12	−0.05	0.01	0.06	−0.06	0.09	−0.13	0.02	−0.06
$\delta\tilde{G}_{HC}$	−0.40	0.12	1.00	−0.86	−0.43	0.38	0.47	−0.14	−0.02	−0.01	−0.07	−0.46
$\delta\tilde{\eta}_{HC}$	0.20	−0.12	−0.86	1.00	0.65	−0.45	−0.57	0.19	0.05	−0.04	−0.03	0.72
$\delta\tilde{G}_{HT}$	−0.41	−0.05	−0.43	0.65	1.00	−0.45	−0.54	0.13	0.03	−0.03	−0.30	0.85
$\delta\tilde{\eta}_{HT}$	0.11	0.01	0.38	−0.45	−0.45	1.00	0.45	0.60	0.52	−0.77	−0.58	−0.35
$\delta\tilde{G}_{LT}$	0.05	0.06	0.47	−0.57	−0.54	0.45	1.00	−0.27	0.08	−0.03	0.04	−0.55
$\delta\tilde{\eta}_{LT}$	0.01	−0.06	−0.14	0.19	0.13	0.60	−0.27	1.00	0.49	−0.82	−0.72	0.27
$\delta\tilde{G}_{PT}$	0.07	0.09	−0.02	0.05	0.03	0.52	0.08	0.49	1.00	−0.70	−0.54	0.12
$\delta\tilde{\eta}_{PT}$	−0.08	−0.13	−0.01	−0.04	−0.03	−0.77	−0.03	−0.82	−0.70	1.00	0.80	−0.16
$\delta\tilde{\eta}_{B}$	0.17	0.02	−0.07	−0.03	−0.30	−0.58	0.04	−0.72	−0.54	0.80	1.00	−0.29
$\delta\tilde{\xi}_{B}$	−0.27	−0.06	−0.46	0.72	0.85	−0.35	−0.55	0.27	0.12	−0.16	−0.29	1.00

(2) 方差膨胀因子

经等方差化处理的气路分析方程为 $\delta\hat{y} = H\delta\tilde{x} + \varepsilon$，误差的协方差阵为 $\lambda^2 I$，状态参数的最小二乘估计 $\delta\hat{\tilde{x}}$ 的协方差矩阵 P 为

$$P = \mathrm{var}(\delta\hat{\tilde{x}}) = (H^T H)^{-1}\lambda^2 \qquad (8.3.111)$$

P 的主对角元 P_{jj} 即是 $\delta\tilde{x}_j$ 的方差，$C = (H^T H)^{-1}$ 的主对角元 C_{jj} 称为方差膨胀因子（Variance Inflation Factor，VIF）。VIF 越大，状态参数 $\delta\tilde{x}$ 的多重共线性越

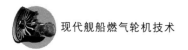

严重。可以证明

$$\mathrm{VIF}_j = (1 - R_j^2)^{-1} \tag{8.3.112}$$

式中:$1 - R_j^2$ 称为容限(Tolerance),$j = 1, 2, \cdots, n$,R_j 是 $\boldsymbol{H}$ 的第 j 个列向量 $\boldsymbol{h}_j$ 对其他 $n-1$ 个列向量的复相关系数,即将列向量 $\boldsymbol{h}_j$ 作为因变量,对其他 $n-1$ 个列向量进行多元回归时的可决系数 R_j^2 的算术平方根。$R_j^2 = \dfrac{\mathrm{SSR}}{\mathrm{SST}}$,式中 SSR 为回归平方和,SST 为总偏差平方和。R_j 是 $\boldsymbol{H}$ 的第 j 个列向量 $\boldsymbol{h}_j$ 与其他 $n-1$ 个列向量线性相关程度的表征。如果 $\boldsymbol{H}$ 的第 j 个列向量 $\boldsymbol{h}_j$ 与其他列向量存在共线性,则 R_j 接近 1,VIF_j 会很大。经验表明:当 $1 \leqslant \mathrm{VIF} < 10$ 时,不存在多重共线性;当 $\mathrm{VIF} \geqslant 10$ 时,存在多重共线性;当 $\mathrm{VIF} \geqslant 100$ 时,存在严重的多重共线性。

(3)条件数

影响系数矩阵 $\boldsymbol{H}$ 的条件数(Condition Number,CN)定义为

$$\kappa = \|\boldsymbol{H}\| \, \|\boldsymbol{H}^{-1}\| \tag{8.3.113}$$

当范数取 2 范数时,$\boldsymbol{H}$ 的条件数为 $\boldsymbol{H}$ 的最大奇异值 d_1 与最小奇异值 d_r 之比,即

$$\kappa = d_1 / d_r \tag{8.3.114}$$

条件数表示了矩阵计算对于测量误差的敏感性。条件数大,测量参数敏感性低。对于线性方程组 $\delta \boldsymbol{y} = \boldsymbol{H} \delta \tilde{\boldsymbol{x}}$,如果 $\boldsymbol{H}$ 的条件数大,$\delta \boldsymbol{y}$ 的微小改变就能引起解 $\delta \tilde{\boldsymbol{x}}$ 较大的改变,数值稳定性差;另一方面,$\delta \tilde{\boldsymbol{x}}$ 发生较大的变化时 $\delta \boldsymbol{y}$ 变化较小,故测量参数敏感性低。条件数大的根本原因就是状态参数的不可观性和多重共线性。

条件数是线性系统中测量噪声的放大倍数的指标,也是系统多重共线性严重程度的表征。条件数 κ 越大,说明多重共线性越严重。一般认为 $\kappa = 1$ 时不存在多重共线性,$\kappa \geqslant 100$ 时存在严重的多重共线性。

3. 影响系数矩阵的奇异值分解

影响系数矩阵 $\boldsymbol{H}$ 的奇异值分解(Singular Value Decomposition,SVD)为

$$\boldsymbol{H} = \boldsymbol{U} \boldsymbol{\Lambda} \boldsymbol{V}^{\mathrm{T}} = \begin{bmatrix} \boldsymbol{U}_r & \boldsymbol{U}_0 \end{bmatrix} \begin{bmatrix} \boldsymbol{\Lambda}_r & \boldsymbol{0}_1 \\ \boldsymbol{0}_2 & \boldsymbol{0}_3 \end{bmatrix} \begin{bmatrix} \boldsymbol{V}_r & \boldsymbol{V}_0 \end{bmatrix}^{\mathrm{T}} \tag{8.3.115}$$

代入式(8.3.107),有

$$\boldsymbol{U}^{\mathrm{T}} \delta \boldsymbol{y} = \boldsymbol{\Lambda} \boldsymbol{V}^{\mathrm{T}} \delta \tilde{\boldsymbol{x}} \tag{8.3.116}$$

式中:$\boldsymbol{H} \in \boldsymbol{R}^{m \times n}$ 是影响系数矩阵,设其秩为 r;$\boldsymbol{U} \in \boldsymbol{R}^{m \times m}$ 是 $\boldsymbol{H} \boldsymbol{H}^{\mathrm{T}}$ 的特征向量组成的正交矩阵,其每列称为左奇异向量,组成测量参数空间的正交基;$\boldsymbol{V} \in \boldsymbol{R}^{n \times n}$ 是 $\boldsymbol{H}^{\mathrm{T}} \boldsymbol{H}$ 的特征向量组成的正交矩阵,其每列称为右奇异向量,组成状态参数空间的正交基;$\boldsymbol{\Lambda} \in \boldsymbol{R}^{m \times n}$ 是一矩阵,$\boldsymbol{\Lambda}_r$ 是 $\boldsymbol{H} \boldsymbol{H}^{\mathrm{T}}$ 或 $\boldsymbol{H}^{\mathrm{T}} \boldsymbol{H}$ 的正特征值的正平方根即 $\boldsymbol{H}$ 的奇异值 $d_1 \geqslant d_2 \geqslant \cdots \geqslant d_r > 0$ 组成的对角矩阵;$\boldsymbol{0}_1$、$\boldsymbol{0}_2$ 和 $\boldsymbol{0}_3$ 均为零矩阵,$\boldsymbol{0}_1 \in \boldsymbol{R}^{r \times (n-r)}$,$\boldsymbol{0}_2 \in \boldsymbol{R}^{(m-r) \times r}$,$\boldsymbol{0}_3 \in \boldsymbol{R}^{(m-r) \times (n-r)}$;矩阵 $\boldsymbol{U}$ 可以分解成 $\boldsymbol{U}_r$ 和 $\boldsymbol{U}_0$,矩阵 $\boldsymbol{V}$ 可以分解成 $\boldsymbol{V}_r$ 和 $\boldsymbol{V}_0$,其中 $\boldsymbol{U}_r$ 和 $\boldsymbol{V}_r$ 分别是 $\boldsymbol{H} \boldsymbol{H}^{\mathrm{T}}$ 和 $\boldsymbol{H}^{\mathrm{T}} \boldsymbol{H}$ 的 r 个非零特征值对应的 r 个特征向量构

成的矩阵，$\boldsymbol{U}_0$ 和 $\boldsymbol{V}_0$ 是以 $\boldsymbol{HH}^{\mathrm{T}}$ 和 $\boldsymbol{H}^{\mathrm{T}}\boldsymbol{H}$ 的零特征值对应的 $m-r$ 个特征向量 $\boldsymbol{U}_i$ 和 $n-r$ 个特征向量 $\boldsymbol{V}_i$ 构成的矩阵。

（1）奇异值分解的几何意义

奇异值分解可以解释如下：燃气轮机的健康状态通过 $\boldsymbol{V}$ 矩阵的列向量来线性表示，测量参数以 $\boldsymbol{U}$ 矩阵的列向量来线性表示。奇异值可看作是 $\boldsymbol{U}$ 和 $\boldsymbol{V}$ 确定的测量空间和状态空间矢量的缩放系数。$\boldsymbol{H}$ 的作用是将一个向量从 $\boldsymbol{V}$ 这组正交基向量的状态空间旋转到 $\boldsymbol{U}$ 这组正交基向量的测量空间，并对每个方向进行了一定的缩放（由 $\boldsymbol{\Lambda}$ 决定），缩放系数就是各个奇异值；如果 $\boldsymbol{V}$ 的维度比 $\boldsymbol{U}$ 大，则表示还进行了投影。影响系数矩阵 $\boldsymbol{H}$ 可看作是状态参数空间到测量参数空间的映射，对 $\boldsymbol{H}$ 的奇异值分解本质上是空间坐标的改变。$\boldsymbol{H}$ 原始矩阵和奇异值分解（SVD）两种形式的主要不同在于状态参数空间到测量参数空间的映射。在 SVD 形式中，映射由矩阵 $\boldsymbol{\Lambda}$ 给出，简化了状态参数和测量参数间的关系。

$\boldsymbol{V}_0$ 即是 $\boldsymbol{H}$ 的不可观的零空间 $\boldsymbol{N}$。原因如下：设 $\boldsymbol{V}_i$ 是 $\boldsymbol{H}^{\mathrm{T}}\boldsymbol{H}$ 的一零特征值对应的特征向量，有 $\boldsymbol{H}^{\mathrm{T}}\boldsymbol{HV}_i=\boldsymbol{0}$，式两边左乘 $\boldsymbol{V}_i^{\mathrm{T}}$，有 $\boldsymbol{V}_i^{\mathrm{T}}\boldsymbol{H}^{\mathrm{T}}\boldsymbol{HV}_i=(\boldsymbol{HV}_i)^{\mathrm{T}}\boldsymbol{HV}_i=\boldsymbol{0}$，故 $\boldsymbol{HV}_i=\boldsymbol{0}$。$n-r$ 个 $\boldsymbol{H}^{\mathrm{T}}\boldsymbol{H}$ 的零特征值对应的特征向量 $\boldsymbol{V}_i$ 构成 $\boldsymbol{H}$ 的零空间 $\boldsymbol{V}_0$。零空间 $\boldsymbol{V}_0$ 不包含燃气轮机状态参数的信息，因为在零空间状态参数的变化不对测量参数产生作用。

大奇异值的右奇异向量中较大元素值（较大投影）对应的状态参数在估计时有更高的精度，也就是有较小不确定度。通常测量参数个数 m 小于状态参数个数 n，所以可以选择大奇异值的右奇异向量中 $n-m$ 个较小元素值（较小投影）对应的状态参数为定值（即退化因子为 0），这些状态参数在小奇异值的右奇异向量中元素值较大（投影较大）。这就给出了状态参数的选择依据。

（2）可观性指数

在亚定情况下，由于状态参数个数大于传感器个数，将带来信息的损失。当 $\boldsymbol{H}$ 的秩 $r=m<n$ 时，式（8.3.115）中 $\boldsymbol{U}_0$ 不存在，矩阵 $\boldsymbol{\Lambda}$ 分为了 $\boldsymbol{\Lambda}_r$ 和 $\boldsymbol{0}_1$ 两部分，矩阵 $\boldsymbol{V}$ 的列向量相应分为可观子空间 $\boldsymbol{V}_r$ 和不可观的零空间 $\boldsymbol{V}_0$，零空间 $\boldsymbol{V}_0$ 不包含燃气轮机状态的信息。由 $\boldsymbol{V}_0$ 的列向量定义的退化或故障方向是不可观的，因为其对测量参数不产生偏移。这些向量的线性组合构成的退化或故障均有同样的性质。

可观性指数（Observability Index，OI）定义为

$$\mathrm{OI}=\frac{\parallel\boldsymbol{V}_r^{\mathrm{T}}\boldsymbol{f}\parallel_2}{\parallel\boldsymbol{V}^{\mathrm{T}}\boldsymbol{f}\parallel_2} \tag{8.3.117}$$

式中：$\parallel\ \parallel_2$ 表示向量的 2 范数；$\boldsymbol{f}$ 表示退化状态向量；分子是退化或故障强度在可观测子空间中的度量；分母表示退化或故障的总强度。可观性指标 OI 量化了亚定情况下的信息损失。OI 取值范围是 $[0,1]$。OI 取 1 表示状态参数在零空间没有投影，对其的估计有很高的精度。相反，OI 取值很小表示状态参数在零空间有投影，意味着信息损失较多，对状态参数的估计精度不高。

4. 广义反演理论

线性 GPA 本质上就是线性反演问题。下面简要介绍一下基于 Lanczos 自然逆（即满足 Penros 定义的 4 个条件的广义逆）的广义反演法，通过它可以得到有关测量参数和状态参数的很多辅助信息。

通过小偏差法和等方差化我们得到式 $\delta \boldsymbol{y} = \boldsymbol{H} \delta \tilde{\boldsymbol{x}}$，根据广义逆的定义有

$$\delta \tilde{\boldsymbol{x}} = \boldsymbol{H}^{+} \delta \boldsymbol{y} \tag{8.3.118}$$

对 $\boldsymbol{H}$ 的奇异值分解有 $\boldsymbol{H} = \boldsymbol{U} \boldsymbol{\Lambda} \boldsymbol{V}^{\mathrm{T}} = \begin{bmatrix} \boldsymbol{U}_r & \boldsymbol{U}_0 \end{bmatrix} \begin{bmatrix} \boldsymbol{\Lambda}_r & \boldsymbol{0}_1 \\ \boldsymbol{0}_2 & \boldsymbol{0}_3 \end{bmatrix} \begin{bmatrix} \boldsymbol{V}_r & \boldsymbol{V}_0 \end{bmatrix}^{\mathrm{T}}$，则 $\boldsymbol{H}$ 的广义逆为

$$\boldsymbol{H}^{+} = \boldsymbol{V} \begin{bmatrix} \boldsymbol{\Lambda}_r^{-1} & \boldsymbol{0}_2 \\ \boldsymbol{0}_1 & \boldsymbol{0}_3 \end{bmatrix} \boldsymbol{U}^{\mathrm{T}} = \begin{bmatrix} \boldsymbol{V}_r & \boldsymbol{V}_0 \end{bmatrix} \begin{bmatrix} \boldsymbol{\Lambda}_r^{-1} & \boldsymbol{0}_2 \\ \boldsymbol{0}_1 & \boldsymbol{0}_3 \end{bmatrix} \begin{bmatrix} \boldsymbol{U}_r & \boldsymbol{U}_0 \end{bmatrix}^{\mathrm{T}} \tag{8.3.119}$$

对 $\delta \tilde{\boldsymbol{x}}$ 的求解分 4 种情况讨论。设 $\boldsymbol{H} \in \boldsymbol{R}^{m \times n}$，其秩为 r，m 为测量参数个数，n 为状态参数的个数。

① 当 $m = n = r$ 时，$\delta \boldsymbol{y} = \boldsymbol{H} \delta \tilde{\boldsymbol{x}}$ 是正定方程，$\boldsymbol{U}_0$ 和 $\boldsymbol{V}_0$ 均不存在，$\boldsymbol{H}^{+} = \boldsymbol{H}^{-1}$，式(8.3.118)求得的 $\delta \tilde{\boldsymbol{x}}$ 是唯一解。

② 当 $r = n < m$ 时，$\delta \boldsymbol{y} = \boldsymbol{H} \delta \tilde{\boldsymbol{x}}$ 是超定方程，$\boldsymbol{U}_0$ 存在，$\boldsymbol{V}_0$ 不存在，此时 $\boldsymbol{V}_r^{\mathrm{T}} \boldsymbol{V}_r = \boldsymbol{V}_r \boldsymbol{V}_r^{\mathrm{T}} = \boldsymbol{U}_r^{\mathrm{T}} \boldsymbol{U}_r = \boldsymbol{I}_r$，$\boldsymbol{U}_r \boldsymbol{U}_r^{\mathrm{T}} \neq \boldsymbol{I}_r$，$\boldsymbol{H}^{+} = (\boldsymbol{H}^{\mathrm{T}} \boldsymbol{H})^{-1} \boldsymbol{H}^{\mathrm{T}}$，式(8.3.118)求得的 $\delta \tilde{\boldsymbol{x}}$ 是最小二乘解，有唯一性。

③ 当 $r = m < n$ 时，$\delta \boldsymbol{y} = \boldsymbol{H} \delta \tilde{\boldsymbol{x}}$ 是亚定方程，$\boldsymbol{U}_0$ 不存在，$\boldsymbol{V}_0$ 存在，此时 $\boldsymbol{V}_r^{\mathrm{T}} \boldsymbol{V}_r = \boldsymbol{U}_r^{\mathrm{T}} \boldsymbol{U}_r = \boldsymbol{U}_r \boldsymbol{U}_r^{\mathrm{T}} = \boldsymbol{I}_r$，$\boldsymbol{V}_r \boldsymbol{V}_r^{\mathrm{T}} \neq \boldsymbol{I}_r$，$\boldsymbol{H}^{+} = \boldsymbol{H}^{\mathrm{T}} (\boldsymbol{H} \boldsymbol{H}^{\mathrm{T}})^{-1}$，式(8.3.118)求得的 $\delta \tilde{\boldsymbol{x}}$ 是最小范数解，有唯一性。

④ 当 $r < \min(m, n)$ 时，$\delta \boldsymbol{y} = \boldsymbol{H} \delta \tilde{\boldsymbol{x}}$ 是混定方程，$\boldsymbol{U}_0$ 和 $\boldsymbol{V}_0$ 均存在，式(8.3.118)求得的 $\delta \tilde{\boldsymbol{x}}$ 是同时在 $\boldsymbol{U}$ 空间极小 $\| \delta \boldsymbol{y} - \boldsymbol{H} \delta \tilde{\boldsymbol{x}} \|$ 和在 $\boldsymbol{V}$ 空间极小 $\| \delta \tilde{\boldsymbol{x}} \|$ 的结果。

(1) 数据分辨矩阵

由式(8.3.115)和(8.3.119)可得，$\boldsymbol{H} = \boldsymbol{U}_r \boldsymbol{\Lambda}_r \boldsymbol{V}_r^{\mathrm{T}}$，$\boldsymbol{H}^{+} = \boldsymbol{V}_r \boldsymbol{\Lambda}_r^{-1} \boldsymbol{U}_r^{\mathrm{T}}$。

用 $\delta \hat{\tilde{\boldsymbol{x}}}$ 表示广义反演法求得的状态向量，$\delta \hat{\boldsymbol{y}}$ 为等方差化的测量参数实测值，假定已经求得 $\delta \hat{\tilde{\boldsymbol{x}}} = \boldsymbol{H}^{+} \delta \hat{\boldsymbol{y}}$，将其代入式(8.3.107)，则重建数据为

$$\delta \breve{\boldsymbol{y}} = \boldsymbol{H} \delta \hat{\tilde{\boldsymbol{x}}} = \boldsymbol{H} \boldsymbol{H}^{+} \delta \hat{\boldsymbol{y}} = \boldsymbol{U}_r \boldsymbol{\Lambda}_r \boldsymbol{V}_r^{\mathrm{T}} \boldsymbol{V}_r \boldsymbol{\Lambda}_r^{-1} \boldsymbol{U}_r^{\mathrm{T}} \delta \hat{\boldsymbol{y}} = \boldsymbol{U}_r \boldsymbol{U}_r^{\mathrm{T}} \delta \hat{\boldsymbol{y}} = \boldsymbol{J} \delta \hat{\boldsymbol{y}} \tag{8.3.120}$$

式中：$\boldsymbol{J} = \boldsymbol{U}_r \boldsymbol{U}_r^{\mathrm{T}}$ 称为数据分辨矩阵，它标志了 $\delta \hat{\tilde{\boldsymbol{x}}}$ 拟合观测数据的好坏。当 $\boldsymbol{J} = \boldsymbol{I}_r$ 时，重建数据 $\delta \breve{\boldsymbol{y}}$ 等于观测数据 $\delta \hat{\boldsymbol{y}}$，误差为 $\boldsymbol{0}$，此时数据分辨矩阵 $\boldsymbol{J}$ 分辨力最高，即数据利用率最高。定义数据分辨指数为

$$g_k = \sum_{j=1}^{m} \left(\sum_{i=1}^{r} U_{ki} U_{ji} - \delta_{kj} \right)^2, \quad k = 1, 2, \cdots, m \tag{8.3.121}$$

式中：$\delta_{kj} = \begin{cases} 1, & k=j \\ 0, & k \neq j \end{cases}$。$g_k$ 描述了数据的利用率，g_k 越小，利用率越高。

数据分辨矩阵 $\boldsymbol{J}$ 是影响系数矩阵 $\boldsymbol{H}$ 的函数，与观测数据无关，因而可以用来进行观测参数的选择，即在进行观测之前就可以将 $\boldsymbol{J}$ 求出，根据 $\boldsymbol{J}$ 的性态选择一组最佳的观测方式，获得分辨力最高的观测数据。但是在等定和亚定情况下，$\boldsymbol{U}_r \boldsymbol{U}_r^{\mathrm{T}} = \boldsymbol{I}_r$，数据的利用率总是最高，此时这种测量参数选取方法失效。

（2）参数分辨矩阵

将真实值 $\delta \boldsymbol{y} = \boldsymbol{H} \delta \tilde{\boldsymbol{x}} = \boldsymbol{U}_r \boldsymbol{\Lambda}_r \boldsymbol{V}_r^{\mathrm{T}} \delta \tilde{\boldsymbol{x}}$ 代替 $\delta \hat{\tilde{\boldsymbol{x}}} = \boldsymbol{H}^+ \delta \hat{\boldsymbol{y}} = \boldsymbol{V}_r \boldsymbol{\Lambda}_r^{-1} \boldsymbol{U}_r^{\mathrm{T}} \delta \hat{\boldsymbol{y}}$ 中的测量值 $\delta \hat{\boldsymbol{y}}$，有

$$\delta \hat{\tilde{\boldsymbol{x}}} = \boldsymbol{H}^+ \boldsymbol{H} \delta \tilde{\boldsymbol{x}} = \boldsymbol{V}_r \boldsymbol{\Lambda}_r^{-1} \boldsymbol{U}_r^{\mathrm{T}} \boldsymbol{U}_r \boldsymbol{\Lambda}_r \boldsymbol{V}_r^{\mathrm{T}} \delta \tilde{\boldsymbol{x}} = \boldsymbol{V}_r \boldsymbol{V}_r^{\mathrm{T}} \delta \tilde{\boldsymbol{x}} = \boldsymbol{K} \delta \tilde{\boldsymbol{x}} \tag{8.3.122}$$

式中：$\boldsymbol{K} = \boldsymbol{V}_r \boldsymbol{V}_r^{\mathrm{T}}$ 称为参数分辨矩阵，它是广义反演法求得的性能状态参数 $\delta \hat{\tilde{\boldsymbol{x}}}$ 与真实状态参数 $\delta \tilde{\boldsymbol{x}}$ 接近程度的标志。在超定情况下，$\boldsymbol{V}_r \boldsymbol{V}_r^{\mathrm{T}} = \boldsymbol{I}_r$，这时参数分辨矩阵 $\boldsymbol{K}$ 分辨力最高。分辨力越低，状态参数之间越存在相关性，可观性越差。同样，定义参数分辨指数为

$$h_k = \sum_{j=1}^{n} \left(\sum_{i=1}^{r} V_{ki} V_{ji} - \delta_{kj} \right)^2, \quad k = 1, 2, \cdots, n \tag{8.3.123}$$

式中：h_k 描述了参数分辨矩阵 $\boldsymbol{K}$ 的分辨力，h_k 越小，分辨力越高，相应的状态参数的可观性越好。

参数分辨矩阵 $\boldsymbol{K}$ 也是影响系数矩阵 $\boldsymbol{H}$ 的函数，与观测数据无关，因而可以用来进行测量参数和状态参数的选择。

（3）奇异值对状态参数的方差的影响

如果观测数据有误差 $\boldsymbol{\varepsilon}_y = \delta \hat{\boldsymbol{y}} - \delta \boldsymbol{y}$，则求得的结果也有误差 $\boldsymbol{\varepsilon}_x = \delta \hat{\tilde{\boldsymbol{x}}} - \delta \tilde{\boldsymbol{x}}$，且满足

$$\boldsymbol{\varepsilon}_x = \boldsymbol{H}^+ \boldsymbol{\varepsilon}_y \tag{8.3.124}$$

状态参数的协方差矩阵为

$$\mathrm{cov}(\delta \hat{\tilde{\boldsymbol{x}}}) = E(\boldsymbol{\varepsilon}_x \boldsymbol{\varepsilon}_x^{\mathrm{T}}) = E(\boldsymbol{H}^+ \boldsymbol{\varepsilon}_y \boldsymbol{\varepsilon}_y^{\mathrm{T}} (\boldsymbol{H}^+)^{\mathrm{T}}) = \boldsymbol{H}^+ \mathrm{cov}(\delta \hat{\boldsymbol{y}}) (\boldsymbol{H}^+)^{\mathrm{T}} \tag{8.3.125}$$

经等方差化，观测数据独立且有相同的方差 1，$\mathrm{cov}(\delta \hat{\boldsymbol{y}}) = \boldsymbol{I}_m$，此时

$$\mathrm{cov}(\delta \hat{\tilde{\boldsymbol{x}}}) = \boldsymbol{H}^+ (\boldsymbol{H}^+)^{\mathrm{T}} = \boldsymbol{V}_r \boldsymbol{\Lambda}_r^{-2} \boldsymbol{V}_r^{\mathrm{T}} \tag{8.3.126}$$

写成求和的形式，有

$$\mathrm{var}(\delta \hat{\tilde{x}}_i) = \sum_{k=1}^{r} V_{ik}^2 / d_k^2 \tag{8.3.127}$$

奇异值 d_k 越小，对应的状态参数 $\delta \hat{\tilde{x}}_i$ 方差越大。为了减少解的方差的影响，有

学者建议删除一些小的奇异值,即截断奇异值分解法(Truncated SVD)。截取前 p 个最大的奇异值,相应的 $\boldsymbol{U}$ 截取前 p 列,$\boldsymbol{V}$ 截取前 p 列,这样求得的 $\boldsymbol{H}^*$ 依然是 $m \times n$ 的矩阵,用 $\boldsymbol{H}^*$ 代替原始的 $\boldsymbol{H}$,就会比原始的 $\boldsymbol{H}$ 更稳定。

5. Fisher 信息矩阵

当测量误差向量的方差(即协方差矩阵)$\boldsymbol{R} = \mathrm{var}(\boldsymbol{e}) = E(\boldsymbol{ee}^\mathrm{T})$ 为正定方阵时,通过将异方差模型等方差化,我们得到了等方差模型即 $\delta \hat{\boldsymbol{y}} = \boldsymbol{H} \delta \tilde{\boldsymbol{x}} + \boldsymbol{\varepsilon}$,其残差 $\boldsymbol{\varepsilon} \in N(\boldsymbol{0}, \boldsymbol{I})$(标准差比取 $\lambda = 1$)。由状态参数 $\delta \tilde{\boldsymbol{x}}$ 表示的残差的概率密度函数为

$$p(\boldsymbol{\varepsilon} \mid \delta \tilde{\boldsymbol{x}}) = \frac{1}{\sqrt{(2\pi)^m}} \exp\left(-\frac{1}{2} \boldsymbol{\varepsilon}^\mathrm{T} \boldsymbol{\varepsilon}\right) \qquad (8.3.128)$$

式中:m 为 $\delta \hat{\boldsymbol{y}}$ 中测量参数个数。

设残差和状态参数的联合概率密度为 $p(\boldsymbol{\varepsilon}, \delta \tilde{\boldsymbol{x}})$,定义 Fisher 信息矩阵(Fisher Information Matrix,FIM)为 $\mathbf{FIM} = \langle \mathrm{FIM}_{ij} \rangle_{n \times n}$,其元素为

$$\mathrm{FIM}_{ij} = E\left[\frac{\partial}{\partial \delta \tilde{x}_i} \ln p(\boldsymbol{\varepsilon}, \delta \tilde{\boldsymbol{x}}) \cdot \frac{\partial}{\partial \delta \tilde{x}_j} \ln p(\boldsymbol{\varepsilon}, \delta \tilde{\boldsymbol{x}})\right] \qquad (8.3.129)$$

式中:ln 表示求自然对数。FIM 量化了一组观测值携带的未知状态参数的信息,可以用来开展测量参数的选择。FIM 反映了对状态参数估计的准确度,它越大,对参数估计的准确度越高,即测量参数携带了越多的信息。

考虑状态参数的最大似然估计,此时状态参数被看作是由测量参数估计的确定的变量,故 $p(\delta \tilde{\boldsymbol{x}}) = 1$,因而有联合概率密度等于条件概率密度,即

$$p(\boldsymbol{\varepsilon}, \delta \tilde{\boldsymbol{x}}) = p(\boldsymbol{\varepsilon} \mid \delta \tilde{\boldsymbol{x}}) p(\delta \tilde{\boldsymbol{x}}) = p(\boldsymbol{\varepsilon} \mid \delta \tilde{\boldsymbol{x}}) \qquad (8.3.130)$$

这时将式(8.3.128)代入式(8.3.129),得

$$\mathbf{FIM}_{\mathrm{ml}} = \boldsymbol{H}^\mathrm{T} \boldsymbol{H} \qquad (8.3.131)$$

对于异方差模型 $\delta \hat{\boldsymbol{z}} = \boldsymbol{A} \delta \tilde{\boldsymbol{x}} + \boldsymbol{e}$,由状态参数的最大似然估计推出

$$\mathbf{FIM}_{\mathrm{ml}} = \boldsymbol{A}^\mathrm{T} \boldsymbol{R}^{-1} \boldsymbol{A} \qquad (8.3.132)$$

式中:$\boldsymbol{R} = \mathrm{var}(\boldsymbol{e}) = E(\boldsymbol{ee}^\mathrm{T})$ 为误差向量的方差。结果与等方差模型是一致的,因为 $\boldsymbol{H}^\mathrm{T} \boldsymbol{H} = (\boldsymbol{R}^{-1/2} \boldsymbol{A})^\mathrm{T} \boldsymbol{R}^{-1/2} \boldsymbol{A} = \boldsymbol{A}^\mathrm{T} \boldsymbol{R}^{-1} \boldsymbol{A}$。

(1) Fisher 信息矩阵与状态参数协方差阵的关系

设 $(\varepsilon_1, \varepsilon_2, \cdots, \varepsilon_k)$ 为 k 组测量值求得的方差样本,$\delta \hat{\tilde{\boldsymbol{x}}}(\varepsilon_1, \varepsilon_2, \cdots, \varepsilon_k)$ 为 $\delta \tilde{\boldsymbol{x}}$ 的任意一个无偏估计,由 Cramer - Rao 不等式,有

$$\mathrm{var}\left[\delta \hat{\tilde{\boldsymbol{x}}}(\varepsilon_1, \varepsilon_2, \cdots, \varepsilon_k)\right] \geqslant (k \mathbf{FIM})^{-1} \qquad (8.3.133)$$

式中:var 表示求参数的协方差矩阵。

Cramer - Rao 不等式表明 $\mathbf{FIM}$ 的逆矩阵是状态参数的最大似然估计的渐进分布的协方差矩阵。$\mathbf{FIM}$ 的逆矩阵的主对角线元素是任何 $\delta \tilde{\boldsymbol{x}}$ 的无偏估计量的方差的渐近下界。在满足 GM 假定条件下,$\delta \tilde{\boldsymbol{x}}$ 的最大似然估计与最小二乘估计等价,且是

无偏估计。经等方差化以后,取标准差比 $\lambda = 1$,$\delta \hat{x}$ 的协方差矩阵 P 是 **FIM** 的逆,即

$$P = \mathrm{var}(\delta \hat{x}) = (H^{\mathrm{T}} H)^{-1} = \mathbf{FIM}^{-1} \tag{8.3.134}$$

式(8.3.134)与式(8.3.126)本质上是一致的,只是分析的途径不同。

从这个角度看 **FIM** 确定了估计量分布的不确定性。这凸显了信息、可观性和估计的强耦合关系。

(2) 基于 Fisher 信息矩阵的优值系数

只考虑状态参数的极大似然估计情形,$\mathbf{FIM}_{\mathrm{ml}} = H^{\mathrm{T}} H$。设 **FIM** 的秩为 r,**FIM** 的非零特征值即是影响系数矩阵 H 的奇异值,为 $d_1 \geqslant d_2 \geqslant \cdots \geqslant d_r > 0$,有以下 **FIM** 的相关指标:

① 条件数(condition number,κ):影响系数矩阵 H 的最大奇异值与最小奇异值之比,即 $\kappa = d_1 / d_r$。条件数 κ 越大,多重共线性越严重。

② **FIM** 的迹(trace,tr):奇异值的和,即

$$\mathrm{tr} = \sum_{i=1}^{r} d_i \tag{8.3.135}$$

当 $m = r < n$ 时,迹等于前 m 个奇异值的和。迹量化了测量参数对状态参数的整体灵敏度,其值越大越好。

③ **FIM** 的行列式(determinant,det):等于奇异值的积,即

$$\det = \prod_{i=1}^{r} d_i \tag{8.3.136}$$

当 $m = r < n$ 时,行列式限制为前 m 个奇异值的积。行列式的逆表征了状态参数估计的整体不确定度,因而行列式越大越好。

上述 3 个指标分别强调了问题的一个方面,为开展测量参数的选择,集成 3 个指标,提出优值系数(the Figure Of Merit,FOM),即

$$\mathrm{FOM} = -w_1 \log(\kappa) + w_2 \log(\mathrm{tr}) + w_3 \log(\det) \tag{8.3.137}$$

式中:w_i 是可变权值系数,本书均取 1。受测量参数数量限制,FOM 应寻求最大值。

8.3.5　测量参数的敏感性和相关性

1. 测量参数的敏感性

测量参数对重点关注的状态参数变化的响应要足够敏感。低敏感性的测量参数是影响系数矩阵的强干扰,导致大的矩阵条件数。测量参数敏感性低的根本原因也是状态参数的不可观性和多重共线性。当部件退化时,测量值非常小的偏差很容易被类似量级的测量噪声淹没。因此低敏感性的测量参数需要剔除。敏感性高低的阈值是主观的,与其他测量参数的偏差有关。

影响系数矩阵各元素数值大小本身就反映了测量参数对状态参数变化的敏感

性。将影响系数矩阵各行向量的模作为对应的测量参数的敏感性指数（Sensitivity Index，SI），本书将其称为 1♯敏感性指数，记为 SI1，即

$$\mathrm{SI1}_i = \parallel \boldsymbol{H}_{i\cdot} \parallel_2 = \sum_{j=1}^{n} H_{ij}^2 \qquad (8.3.138)$$

式中：$\boldsymbol{H}_{i\cdot}$ 表示 $\boldsymbol{H}$ 的第 i 行行向量；$\parallel \parallel_2$ 表示向量的模。对于给定的 n 个状态参数集，应选择影响系数矩阵行向量中模较大的 n 个参数作为测量参数。影响系数矩阵 $\boldsymbol{A}$（见表 8.6）的各行的 2 范数如图 8.15 所示，可知 7~10 号测量参数即 $\delta p_{2\mathrm{C}}$、$\delta p_{3\mathrm{C}}$、$\delta p_{4\mathrm{C}}$ 和 $\delta p_{5\mathrm{C}}$ 的敏感性要高一些。

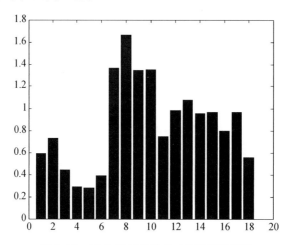

图 8.15　18 个测量参数的 1♯敏感性指数

考虑奇异值分解中 $\boldsymbol{U}$ 矩阵的列向量和矩阵 $\boldsymbol{\Lambda}$ 的含义，定义测量参数的 2♯敏感性指数（SI2）为 $\boldsymbol{U}$ 的每行的加权范数，即

$$\mathrm{SI2}_i = \boldsymbol{U}_i \sqrt{\boldsymbol{\Lambda}\boldsymbol{\Lambda}^{\mathrm{T}}} \boldsymbol{U}_i^{\mathrm{T}} \qquad (8.3.139)$$

式中：$\boldsymbol{U}_i$ 表示 $\boldsymbol{U}$ 的第 i 行，$i = 1, \cdots, m$。这个敏感性指数 SI2 是给定测量参数对估计过程总体贡献的反映。SI1 和 SI2 越高，测量参数对状态参数的估计精度的影响越大。

2. 测量参数的相关性

在同样的部件故障下，两个或两个以上的测量参数可能表现出相似的敏感度轮廓和大小，因此产生了某种程度的关联。这些相关性应得到识别，以确保选定的测量参数可以唯一隔离单个退化部件的故障。

测量参数的相关性可用影响系数矩阵中行向量间的夹角余弦表示。不同的测量参数对同一退化模式的响应要尽可能不同，即影响系数矩阵中行向量尽可能正交而不是平行，行向量间的夹角最好接近 $90°$。下面给出计算行向量间夹角的余弦的方法。

① 将行向量转变为单位向量。每个元素除以该行向量的 2 范数（该行元素的平方和的平方根），即

$$\widehat{H}_{ij} = H_{ij} \Big/ \sqrt{\sum_{j=1}^{n} H_{ij}^2} \qquad (8.3.140)$$

也就是 $\widehat{H} = \begin{bmatrix} \sqrt{\boldsymbol{h}_1 \boldsymbol{h}_1^{\mathrm{T}}} & & \\ & \ddots & \\ & & \sqrt{\boldsymbol{h}_m \boldsymbol{h}_m^{\mathrm{T}}} \end{bmatrix}^{-1} \boldsymbol{H}$，式中 $\boldsymbol{h}_i$ 表示 $\boldsymbol{H}$ 的第 i 行。

② 将矩阵 $\widehat{\boldsymbol{H}}$ 乘以其转置矩阵 $\widehat{\boldsymbol{H}}^{\mathrm{T}}$，得对称矩阵 $\boldsymbol{K} = \widehat{\boldsymbol{H}} \widehat{\boldsymbol{H}}^{\mathrm{T}}$，矩阵的每个元素 K_{ij} 即是各行向量 $\boldsymbol{H}_i$ 和 $\boldsymbol{H}_j$ 间的夹角 θ_{ij} 余弦值，因为

$$\cos(\theta_{ij}) = \frac{\widehat{\boldsymbol{H}}_i \widehat{\boldsymbol{H}}_j^{\mathrm{T}}}{\| \widehat{\boldsymbol{H}}_i \|_2 \| \widehat{\boldsymbol{H}}_j \|_2} = \widehat{\boldsymbol{H}}_i \widehat{\boldsymbol{H}}_j^{\mathrm{T}} = K_{ij} \qquad (8.3.141)$$

式中：$\widehat{\boldsymbol{H}}_i$ 表示 $\widehat{\boldsymbol{H}}$ 第 i 行行向量；$\| \ \|_2$ 表示向量的模；$\widehat{\boldsymbol{H}}_i$ 和 $\widehat{\boldsymbol{H}}_j^{\mathrm{T}}$ 均是单位向量，其模为 1。$\cos(\theta_{ij})$（即 K_{ij}）的取值范围是 $[-1,1]$。1 表明两个测量参数正相关，对状态参数变化的响应方向完全一致；-1 表明两个测量参数负相关，对状态参数变化的响应方向相反；0 表示两个测量参数不相关，对状态参数变化的响应方向正交。当 $\cos(\theta_{ij})$ 的绝对值大于 0.7 说明两个测量参数的响应向量趋于平行，两个测量参数有一定的冗余性。

表 8.9 列出了 18 个测量参数的相关性。可知 δT_{2C} 与 δT_{3C} 相关系数为 0.7，与 δT_{6C} 相关系数为 -0.8，与 δp_{2C} 相关系数为 0.8，与 $\delta\eta_{HC}$ 相关系数为 1.0，与 $\delta\eta_{PT}$ 相关系数为 0.7，与 δG_{PT} 相关系数为 -0.8，绝对值均大于 0.7，故 δT_{2C} 可以初步考虑不作为测量参数。类似的，δT_{3C}、δT_{6C}、$\delta\eta_{PT}$、δG_{PT} 与其他测量参数相关性较高，可以初步考虑不作为测量参数。

表 8.9 测量参数的相关性

参 数	δT_{2C}	δT_{3C}	δT_{4C}	δT_{5C}	δT_{6C}	δT_{7C}	δp_{2C}	δp_{3C}	δp_{4C}	δp_{5C}	δp_{6C}	$\delta\eta_{LC}$	$\delta\eta_{HC}$	$\delta\eta_{PT}$	δG_{LC}	δG_{HC}	δG_{PT}	δG_f
δT_{2C}	1.0	0.7	-0.2	-0.4	-0.8	-0.6	0.8	0.5	0.5	0.4	0.0	0.6	1.0	0.7	-0.2	-0.4	-0.8	-0.6
δT_{3C}	0.7	1.0	-0.1	-0.8	-0.8	-0.7	0.6	0.8	0.6	0.1	0.0	0.4	0.7	1.0	-0.1	-0.8	-0.8	-0.7
δT_{4C}	-0.2	-0.1	1.0	0.3	0.2	0.0	-0.1	0.2	0.2	-0.3	0.0	-0.2	-0.2	-0.1	1.0	0.3	0.2	0.0
δT_{5C}	-0.4	-0.8	0.3	1.0	0.5	0.3	-0.3	-0.5	-0.4	0.2	-0.1	-0.3	-0.4	-0.8	0.3	1.0	0.5	0.3
δT_{6C}	-0.8	-0.8	0.2	0.5	1.0	0.8	-0.7	-0.7	-0.6	-0.5	0.2	-0.2	-0.8	0.2	0.5	1.0	0.8	0.3
δT_{7C}	-0.6	-0.7	0.0	0.3	0.8	1.0	-0.5	-0.6	-0.5	-0.4	0.2	-0.2	-0.6	-0.7	0.0	0.3	0.8	1.0
δp_{2C}	0.8	0.6	-0.1	-0.3	-0.7	-0.5	1.0	0.8	0.7	0.4	0.1	0.6	0.6	-0.1	-0.3	-0.7	-0.5	
δp_{3C}	0.5	0.8	0.2	-0.5	-0.7	-0.6	1.0	1.0	0.8	0.1	0.0	0.5	0.2	-0.5	-0.7	-0.6		
δp_{4C}	0.5	0.6	0.2	-0.4	-0.6	-0.5	0.7	0.8	1.0	0.0	0.1	0.2	-0.4	-0.6	-0.5			
δp_{5C}	0.4	0.1	-0.3	0.2	-0.5	-0.4	0.4	0.2	1.0	0.1	0.0	-0.3	0.2	-0.5	-0.4			
δp_{6C}	0.0	0.0	0.0	-0.1	0.2	0.2	0.1	0.1	0.1	1.0	0.2	0.0	0.0	-0.1	0.2	0.2		

参数	δT_{2C}	δT_{3C}	δT_{4C}	δT_{5C}	δT_{6C}	δT_{7C}	δp_{2C}	δp_{3C}	δp_{4C}	δp_{5C}	δp_{6C}	$\delta \eta_{LC}$	$\delta \eta_{HC}$	$\delta \eta_{PT}$	$\delta \bar{G}_{LC}$	$\delta \bar{G}_{HC}$	$\delta \bar{G}_{PT}$	$\delta \bar{G}_{f}$
$\delta \eta_{LC}$	0.6	0.4	−0.2	−0.3	−0.5	−0.2	0.6	0.4	0.3	0.4	0.2	1.0	0.6	0.4	−0.2	−0.3	−0.5	−0.2
$\delta \eta_{HC}$	1.0	0.7	−0.2	−0.4	−0.8	−0.6	0.8	0.5	0.5	0.4	0.0	0.6	1.0	0.7	−0.2	−0.4	−0.8	−0.6
$\delta \eta_{PT}$	0.7	1.0	−0.1	−0.8	−0.8	−0.7	0.6	0.8	0.6	0.1	0.0	0.4	0.7	1.0	−0.1	−0.8	−0.8	−0.7
$\delta \bar{G}_{LC}$	−0.2	−0.1	1.0	0.3	0.2	0.0	−0.1	0.2	0.2	−0.3	0.0	−0.2	−0.2	−0.1	1.0	0.3	0.2	0.0
$\delta \bar{G}_{HC}$	−0.4	−0.8	0.3	1.0	0.5	0.3	−0.3	−0.5	−0.4	0.2	−0.1	−0.3	−0.4	−0.8	0.3	1.0	0.5	0.3
$\delta \bar{G}_{PT}$	−0.8	−0.8	0.2	0.5	1.0	0.8	−0.7	−0.7	−0.6	−0.5	0.2	−0.5	−0.8	−0.8	0.2	0.5	1.0	0.8
$\delta \bar{G}_{f}$	−0.6	−0.7	0.0	0.3	0.8	1.0	−0.5	−0.6	−0.5	−0.4	0.2	−0.2	−0.6	−0.7	0.0	0.3	0.8	1.0

8.3.6　实例分析

环境温度和压力是燃机运行的控制条件,予以实时测量。由求得的影响系数矩阵知,测量参数均是考虑了环境温度和压力的折合量。测量参数中轴转速便于测量且准确度较高,故高压轴、低压轴和动力涡轮轴转速是一定要选择的,在开展测量参数选择时不再进行针对性的分析。燃烧室出口温度在 1 200 ℃ 以上,一般的温度传感器难以在此高温下工作,故对燃烧室出口温度的选择只做理论上的探讨。另外,压气机、涡轮等部件的绝热效率和流量也是非常难测量的,一般是通过通用特性曲线由压比和转速得到,测量参数选择时不予考虑。

选择 12 个退化因子 $\delta \tilde{G}_{LC}$、$\delta \tilde{\eta}_{LC}$、$\delta \tilde{G}_{HC}$、$\delta \tilde{\eta}_{HC}$、$\delta \tilde{G}_{HT}$、$\delta \tilde{\eta}_{HT}$、$\delta \tilde{G}_{LT}$、$\delta \tilde{\eta}_{LT}$、$\delta \tilde{G}_{PT}$、$\delta \tilde{\eta}_{PT}$、$\delta \tilde{\eta}_{B}$、$\delta \tilde{\xi}_{B}$ 作为状态参数,测量参数除了选择高压轴、低压轴和动力涡轮轴转速以外,其余的测量参数的选择分 3 种情况进行讨论:

① 选择各截面的温度、压力和燃油流量,即选择 12 个测量参数 $(\delta T_{2C}, \delta T_{3C}, \delta T_{4C}, \delta T_{5C}, \delta T_{6C}, \delta T_{7C}, \delta p_{2C}, \delta p_{3C}, \delta p_{4C}, \delta p_{5C}, \delta p_{6C}, \delta \bar{G}_{f})$,此为正定方程的情况。

② 2 000 h 可靠性试验中用的 6 个测量参数,即 $(\delta T_{6C}, \delta T_{7C}, \delta p_{2C}, \delta p_{3C}, \delta p_{6C}, \delta \bar{G}_{f})$。考虑 6 个测量参数的其他组合,寻求是否有更好的系统可观性。

③ 实际船上安装有传感器的 4 个测量参数,即 $(\delta T_{6C}, \delta p_{2C}, \delta p_{3C}, \delta p_{6C})$。考虑 4 个测量参数的其他组合,寻求是否有更好的系统可观性。

选择等方差模型进行分析。

上述情况是正定和亚定方程情形,数据分辨指数均为 0,数据分辨力均是最高的,无法提供多余信息。

1. 测量参数为 12 个的正定情形

测量参数为 $(\delta T_{2C}, \delta T_{3C}, \delta T_{4C}, \delta T_{5C}, \delta T_{6C}, \delta T_{7C}, \delta p_{2C}, \delta p_{3C}, \delta p_{4C}, \delta p_{5C}, \delta p_{6C}, \delta \bar{G}_{f})$ 时影响系数矩阵(见表 8.6)不存在零空间。

表 8.10 列出了 12 个测量参数相应的影响系数矩阵(见表 8.6)求得的状态参数的相关性。可知状态参数相关性高(余弦值绝对值大于 0.7)的情形有 4 组,此时不存在严重的多重共线性。12 个状态参数的方差膨胀因子 VIF 见表 8.11,$\delta\widetilde{G}_{LC}$、$\delta\widetilde{G}_{HC}$、$\delta\widetilde{G}_{HT}$、$\delta\widetilde{G}_{PT}$ 和 $\delta\widetilde{\eta}_{PT}$ 的 VIF 大于 10,表明这几个状态参数存在多重共线性,可观性相对较差,其余的状态参数 VIF 均不超过 10,说明多重共线性不严重。

表 8.10　12 个测量参数时状态参数的相关性

参数	$\delta\widetilde{G}_{LC}$	$\delta\widetilde{\eta}_{LC}$	$\delta\widetilde{G}_{HC}$	$\delta\widetilde{\eta}_{HC}$	$\delta\widetilde{G}_{HT}$	$\delta\widetilde{\eta}_{HT}$	$\delta\widetilde{G}_{LT}$	$\delta\widetilde{\eta}_{LT}$	$\delta\widetilde{G}_{PT}$	$\delta\widetilde{\eta}_{PT}$	$\delta\widetilde{\eta}_{B}$	$\delta\widetilde{\xi}_{B}$
$\delta\widetilde{G}_{LC}$	1.00	−0.56	−0.62	−0.33	−0.83	0.44	0.24	−0.15	0.04	−0.17	0.43	−0.76
$\delta\widetilde{\eta}_{LC}$	−0.56	1.00	0.44	0.64	0.29	−0.57	−0.20	−0.15	−0.01	0.09	0.09	0.36
$\delta\widetilde{G}_{HC}$	−0.62	0.44	1.00	−0.03	0.26	−0.13	−0.02	−0.07	−0.03	0.00	−0.15	0.38
$\delta\widetilde{\eta}_{HC}$	−0.33	0.64	−0.03	1.00	0.22	−0.60	−0.33	0.02	0.03	0.14	0.14	0.23
$\delta\widetilde{G}_{HT}$	−0.83	0.29	0.26	0.22	1.00	−0.56	−0.28	0.02	−0.01	0.06	−0.62	0.74
$\delta\widetilde{\eta}_{HT}$	0.44	−0.57	−0.13	−0.60	−0.56	1.00	0.46	0.11	−0.10	−0.13	0.20	−0.50
$\delta\widetilde{G}_{LT}$	0.24	−0.20	−0.02	−0.33	−0.28	0.46	1.00	−0.49	0.17	−0.10	0.12	−0.28
$\delta\widetilde{\eta}_{LT}$	−0.15	−0.15	−0.07	0.02	0.02	0.11	−0.49	1.00	−0.40	0.06	−0.11	0.06
$\delta\widetilde{G}_{PT}$	0.04	−0.01	−0.03	0.03	−0.01	−0.10	0.17	−0.40	1.00	0.82	0.12	−0.02
$\delta\widetilde{\eta}_{PT}$	−0.17	0.09	0.00	0.14	0.06	−0.13	−0.10	0.06	0.82	1.00	−0.02	0.08
$\delta\widetilde{\eta}_{B}$	0.43	0.09	−0.15	0.14	−0.62	0.20	0.12	−0.11	0.12	−0.02	1.00	−0.38
$\delta\widetilde{\xi}_{B}$	−0.76	0.36	0.38	0.23	0.74	−0.50	−0.28	0.06	−0.02	0.08	−0.38	1.00

表 8.11　12 个测量参数时状态参数的方差膨胀因子

参数	$\delta\widetilde{G}_{LC}$	$\delta\widetilde{\eta}_{LC}$	$\delta\widetilde{G}_{HC}$	$\delta\widetilde{\eta}_{HC}$	$\delta\widetilde{G}_{HT}$	$\delta\widetilde{\eta}_{HT}$	$\delta\widetilde{G}_{LT}$	$\delta\widetilde{\eta}_{LT}$	$\delta\widetilde{G}_{PT}$	$\delta\widetilde{\eta}_{PT}$	$\delta\widetilde{\eta}_{B}$	$\delta\widetilde{\xi}_{B}$
VIF	59.9	5.4	12.1	4.2	43.0	5.9	3.1	5.3	17.3	14.5	2.3	2.6

因为是正定方程,所以不管退化状态向量 f 如何,可观性指数 OI 总为 1,观测信息没有损失。

影响系数矩阵 H 的奇异值分别是 225.9,81.07,77.74,60.01,42.12,33.91,25.40,22.34,12.34,8.71,4.39,3.25。相应的右奇异值向量如图 8.16 所示。柱状

图表示了各状态参数在各右奇异值向量上投影的大小。可知最大的两个奇异值对应的右奇异向量中,$\delta \widetilde{G}_{LC}$ 和 $\delta \widetilde{G}_{HT}$ 的投影数值较大;最小的两个奇异值对应的奇异向量中,$\delta \widetilde{\eta}_{HT}$ 和 $\delta \widetilde{\eta}_{LT}$ 的投影数值较大,故该组测量参数对 $\delta \widetilde{G}_{LC}$ 和 $\delta \widetilde{G}_{HT}$ 的估计精度较高,对 $\delta \widetilde{\eta}_{HT}$ 和 $\delta \widetilde{\eta}_{LT}$ 的估计精度较差。

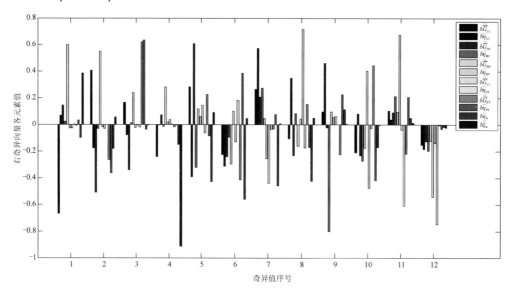

图 8.16 12 个测量参数时影响系数矩阵的右奇异值向量(见彩图)

12 个退化因子的数据分辨指数 g_k 和参数分辨指数 h_k 均为 0,数据分辨力和参数分辨力均最高。

与 **FIM** 相关的指标分别是:**H** 的条件数 $\kappa = 69.55$,**FIM** 的迹为 $\mathrm{tr} = 597.2$,**FIM** 的行列式 $\det = 1.06 \times 10^{17}$,FOM $= 41.35$。

$(\delta T_{2C}, \delta T_{3C}, \delta T_{4C}, \delta T_{5C}, \delta T_{6C}, \delta T_{7C}, \delta p_{2C}, \delta p_{3C}, \delta p_{4C}, \delta p_{5C}, \delta p_{6C}, \delta \bar{G}_{f})$ 这 12 个测量参数的 1♯ 和 2♯ 敏感性指数 SI1 和 SI2 分别如图 8.17 和图 8.18 所示。可见两者趋势基本一致,下面只选择 SI2 分析。前 6 个测量参数是温度,接着的 5 个测量参数是压力,可见压力比温度要敏感,对状态参数估计的影响更大。其中高压压气机出口压力 δp_{3C} 的敏感性最大,故其是必选测量参数。

2. 测量参数为 6 个的亚定情形

考察测量参数为 6 个的情形,表 8.12 列了 4 种组合情形。组合 1 是 2 000 h 可靠性试验中用的 6 个测量参数,即 $(\delta T_{6C}, \delta T_{7C}, \delta p_{2C}, \delta p_{3C}, \delta p_{6C}, \delta \bar{G}_{f})$。考虑 6 个测量参数的其他组合,寻求是否有更好的系统可观性。

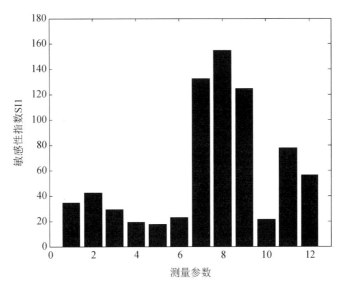

图 8.17　12 个测量参数的 1♯ 敏感性指数

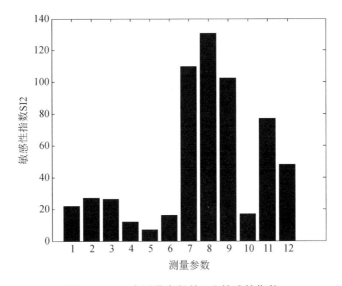

图 8.18　12 个测量参数的 2♯ 敏感性指数

表 8.12　6 个测量参数的选择

选择组合	测量参数向量
组合 1	$(\delta T_{6C}, \delta T_{7C}, \delta p_{2C}, \delta p_{3C}, \delta p_{6C}, \delta \bar{G}_f)$
组合 2	$(\delta T_{6C}, \delta p_{2C}, \delta p_{3C}, \delta p_{5C}, \delta p_{6C}, \delta \bar{G}_f)$
组合 3	$(\delta T_{6C}, \delta p_{2C}, \delta p_{3C}, \delta p_{4C}, \delta p_{5C}, \delta p_{6C})$
组合 4	$(\delta T_{2C}, \delta T_{3C}, \delta T_{5C}, \delta T_{6C}, \delta p_{3C}, \delta p_{6C})$

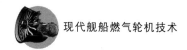

（1）状态参数的相关性

表 8.13 列出了测量参数为组合 1（δT_{6C}，δT_{7C}，δp_{2C}，δp_{3C}，δp_{6C}，$\delta \bar{G}_{f}$）时影响系数矩阵求得的状态参数的相关性。可知状态参数相关性高（余弦值绝对值大于 0.7）的情形有 14 组，此时存在严重的多重共线性。

表 8.13　状态参数的相关性（组合 1）

参　数	$\delta\tilde{G}_{LC}$	$\delta\tilde{\eta}_{LC}$	$\delta\tilde{G}_{HC}$	$\delta\tilde{\eta}_{HC}$	$\delta\tilde{G}_{HT}$	$\delta\tilde{\eta}_{HT}$	$\delta\tilde{G}_{LT}$	$\delta\tilde{\eta}_{LT}$	$\delta\tilde{G}_{PT}$	$\delta\tilde{\eta}_{PT}$	$\delta\tilde{\eta}_{B}$	$\delta\tilde{\xi}_{B}$
$\delta\tilde{G}_{LC}$	1.00	−0.75	−0.73	−0.40	−0.79	0.74	0.47	−0.17	0.03	−0.18	0.69	−0.86
$\delta\tilde{\eta}_{LC}$	−0.75	1.00	0.60	0.84	0.28	−0.35	−0.23	0.06	0.00	0.20	−0.15	0.42
$\delta\tilde{G}_{HC}$	−0.73	0.60	1.00	0.08	0.39	−0.35	−0.10	−0.04	−0.03	0.01	−0.37	0.39
$\delta\tilde{\eta}_{HC}$	−0.40	0.84	0.08	1.00	−0.01	−0.10	−0.22	0.15	0.05	0.28	0.13	0.17
$\delta\tilde{G}_{HT}$	−0.79	0.28	0.39	−0.01	1.00	−0.90	−0.29	−0.06	0.02	0.03	−0.95	0.97
$\delta\tilde{\eta}_{HT}$	0.74	−0.35	−0.35	−0.10	−0.90	1.00	0.16	0.23	−0.25	−0.29	0.72	−0.88
$\delta\tilde{G}_{LT}$	0.47	−0.23	−0.10	−0.22	−0.29	0.16	1.00	−0.92	0.34	−0.17	0.29	−0.45
$\delta\tilde{\eta}_{LT}$	−0.17	0.06	−0.04	0.15	−0.06	0.23	−0.92	1.00	−0.44	0.04	−0.01	0.10
$\delta\tilde{G}_{PT}$	0.03	0.00	−0.03	0.05	0.02	−0.25	0.34	−0.44	1.00	0.84	0.13	−0.02
$\delta\tilde{\eta}_{PT}$	−0.18	0.20	0.01	0.28	0.03	−0.29	−0.17	0.04	0.84	1.00	0.18	0.09
$\delta\tilde{\eta}_{B}$	0.69	−0.15	−0.37	0.13	−0.95	0.72	0.29	−0.01	0.13	0.18	1.00	−0.91
$\delta\tilde{\xi}_{B}$	−0.86	0.42	0.39	0.17	0.97	−0.88	−0.45	0.10	−0.02	0.09	−0.91	1.00

表 8.14 列出了测量参数为组合 2（δT_{6C}，δp_{2C}，δp_{3C}，δp_{5C}，δp_{6C}，$\delta \bar{G}_{f}$）时影响系数矩阵求得的状态参数的相关性。可知状态参数相关性高（余弦值绝对值大于 0.7）的情形有 13 组，此时存在严重的多重共线性。

表 8.14　状态参数的相关性（组合 2）

参　数	$\delta\tilde{G}_{LC}$	$\delta\tilde{\eta}_{LC}$	$\delta\tilde{G}_{HC}$	$\delta\tilde{\eta}_{HC}$	$\delta\tilde{G}_{HT}$	$\delta\tilde{\eta}_{HT}$	$\delta\tilde{G}_{LT}$	$\delta\tilde{\eta}_{LT}$	$\delta\tilde{G}_{PT}$	$\delta\tilde{\eta}_{PT}$	$\delta\tilde{\eta}_{B}$	$\delta\tilde{\xi}_{B}$
$\delta\tilde{G}_{LC}$	1.00	−0.78	−0.73	−0.41	−0.78	0.72	0.21	−0.22	0.03	−0.20	0.69	−0.85
$\delta\tilde{\eta}_{LC}$	−0.78	1.00	0.65	0.81	0.28	−0.40	−0.25	0.26	−0.03	0.31	−0.10	0.42

续表 8.14

参　数	$\delta\tilde{G}_{\mathrm{LC}}$	$\delta\tilde{\eta}_{\mathrm{LC}}$	$\delta\tilde{G}_{\mathrm{HC}}$	$\delta\tilde{\eta}_{\mathrm{HC}}$	$\delta\tilde{G}_{\mathrm{HT}}$	$\delta\tilde{\eta}_{\mathrm{HT}}$	$\delta\tilde{G}_{\mathrm{LT}}$	$\delta\tilde{\eta}_{\mathrm{LT}}$	$\delta\tilde{G}_{\mathrm{PT}}$	$\delta\tilde{\eta}_{\mathrm{PT}}$	$\delta\tilde{\eta}_{\mathrm{B}}$	$\delta\tilde{\xi}_{\mathrm{B}}$
$\delta\tilde{G}_{\mathrm{HC}}$	−0.73	0.65	1.00	0.09	0.39	−0.35	−0.05	−0.05	−0.03	0.01	−0.38	0.39
$\delta\tilde{\eta}_{\mathrm{HC}}$	−0.41	0.81	0.09	1.00	−0.04	−0.15	−0.35	0.44	0.01	0.45	0.24	0.16
$\delta\tilde{G}_{\mathrm{HT}}$	−0.78	0.28	0.39	−0.04	1.00	−0.90	−0.20	−0.04	0.01	0.04	−0.95	0.97
$\delta\tilde{\eta}_{\mathrm{HT}}$	0.72	−0.40	−0.35	−0.15	−0.90	1.00	0.22	0.28	−0.25	−0.28	0.71	−0.88
$\delta\tilde{G}_{\mathrm{LT}}$	0.21	−0.25	−0.05	−0.35	−0.20	0.22	1.00	−0.47	0.18	−0.04	0.13	−0.29
$\delta\tilde{\eta}_{\mathrm{LT}}$	−0.22	0.26	−0.05	0.44	−0.04	0.28	−0.47	1.00	−0.44	−0.05	−0.08	0.14
$\delta\tilde{G}_{\mathrm{PT}}$	0.03	−0.03	−0.03	0.01	0.01	−0.25	0.18	−0.44	1.00	0.88	0.15	−0.03
$\delta\tilde{\eta}_{\mathrm{PT}}$	−0.20	0.31	0.01	0.45	0.04	−0.28	−0.04	−0.05	0.88	1.00	0.16	0.11
$\delta\tilde{\eta}_{\mathrm{B}}$	0.69	−0.10	−0.38	0.24	−0.95	0.71	0.13	−0.08	0.15	0.16	1.00	−0.90
$\delta\tilde{\xi}_{\mathrm{B}}$	−0.85	0.42	0.39	0.16	0.97	−0.88	−0.29	0.14	−0.03	0.11	−0.90	1.00

表 8.15 列出了测量参数为组合 3（$\delta T_{6\mathrm{C}}$，$\delta p_{2\mathrm{C}}$，$\delta p_{3\mathrm{C}}$，$\delta p_{4\mathrm{C}}$，$\delta p_{5\mathrm{C}}$，$\delta p_{6\mathrm{C}}$）时影响系数矩阵求得的状态参数的相关性。可知状态参数相关性高（余弦值绝对值大于 0.7）的情形有 12 组，此时存在的多重共线性较严重。

表 8.15　状态参数的相关性（组合 3）

参　数	$\delta\tilde{G}_{\mathrm{LC}}$	$\delta\tilde{\eta}_{\mathrm{LC}}$	$\delta\tilde{G}_{\mathrm{HC}}$	$\delta\tilde{\eta}_{\mathrm{HC}}$	$\delta\tilde{G}_{\mathrm{HT}}$	$\delta\tilde{\eta}_{\mathrm{HT}}$	$\delta\tilde{G}_{\mathrm{LT}}$	$\delta\tilde{\eta}_{\mathrm{LT}}$	$\delta\tilde{G}_{\mathrm{PT}}$	$\delta\tilde{\eta}_{\mathrm{PT}}$	$\delta\tilde{\eta}_{\mathrm{B}}$	$\delta\tilde{\xi}_{\mathrm{B}}$
$\delta\tilde{G}_{\mathrm{LC}}$	1.00	−0.77	−0.65	−0.49	−0.90	0.83	0.18	−0.07	0.00	−0.12	0.85	−0.76
$\delta\tilde{\eta}_{\mathrm{LC}}$	−0.77	1.00	0.86	0.63	0.47	−0.60	−0.01	−0.41	0.07	0.13	−0.36	0.47
$\delta\tilde{G}_{\mathrm{HC}}$	−0.65	0.86	1.00	0.19	0.27	−0.30	−0.05	−0.07	−0.03	0.01	−0.23	0.40
$\delta\tilde{\eta}_{\mathrm{HC}}$	−0.49	0.63	0.19	1.00	0.49	−0.65	−0.06	−0.62	0.29	0.35	−0.37	0.13
$\delta\tilde{G}_{\mathrm{HT}}$	−0.90	0.47	0.27	0.49	1.00	−0.88	−0.33	0.19	−0.02	0.11	−0.97	0.75
$\delta\tilde{\eta}_{\mathrm{HT}}$	0.83	−0.60	−0.30	−0.65	−0.88	1.00	0.32	0.22	−0.21	−0.32	0.75	−0.82
$\delta\tilde{G}_{\mathrm{LT}}$	0.18	−0.01	−0.05	−0.06	−0.33	0.32	1.00	−0.31	0.14	0.10	0.30	−0.26

参　数	$\delta\tilde{G}_{LC}$	$\delta\tilde{\eta}_{LC}$	$\delta\tilde{G}_{HC}$	$\delta\tilde{\eta}_{HC}$	$\delta\tilde{G}_{HT}$	$\delta\tilde{\eta}_{HT}$	$\delta\tilde{G}_{LT}$	$\delta\tilde{\eta}_{LT}$	$\delta\tilde{G}_{PT}$	$\delta\tilde{\eta}_{PT}$	$\delta\tilde{\eta}_{B}$	$\delta\tilde{\xi}_{B}$
$\delta\tilde{\eta}_{LT}$	−0.07	−0.41	−0.07	−0.62	0.19	0.22	−0.31	1.00	−0.50	−0.45	−0.39	0.08
$\delta\tilde{G}_{PT}$	0.00	0.07	−0.03	0.29	−0.02	−0.21	0.14	−0.50	1.00	0.99	0.14	−0.01
$\delta\tilde{\eta}_{PT}$	−0.12	0.13	0.01	0.35	0.11	−0.32	0.10	−0.45	0.99	1.00	0.00	0.08
$\delta\tilde{\eta}_{B}$	0.85	−0.36	−0.23	−0.37	−0.97	0.75	0.30	−0.39	0.14	0.00	1.00	−0.65
$\delta\tilde{\xi}_{B}$	−0.76	0.47	0.40	0.13	0.75	−0.82	−0.26	0.08	−0.01	0.08	−0.65	1.00

表 8.16 列出了测量参数为组合 4(δT_{2C}, δT_{3C}, δT_{5C}, δT_{6C}, δp_{3C}, δp_{6C})时影响系数矩阵求得的状态参数的相关性。可知状态参数相关性高(余弦值绝对值大于 0.7)的情形有 6 组,此时多重共线性不严重。

表 8.16　状态参数的相关性(组合 4)

参　数	$\delta\tilde{G}_{LC}$	$\delta\tilde{\eta}_{LC}$	$\delta\tilde{G}_{HC}$	$\delta\tilde{\eta}_{HC}$	$\delta\tilde{G}_{HT}$	$\delta\tilde{\eta}_{HT}$	$\delta\tilde{G}_{LT}$	$\delta\tilde{\eta}_{LT}$	$\delta\tilde{G}_{PT}$	$\delta\tilde{\eta}_{PT}$	$\delta\tilde{\eta}_{B}$	$\delta\tilde{\xi}_{B}$
$\delta\tilde{G}_{LC}$	1.00	−0.41	−0.14	−0.22	−0.98	0.64	0.46	0.12	−0.04	−0.09	0.44	−0.97
$\delta\tilde{\eta}_{LC}$	−0.41	1.00	0.55	0.54	0.27	−0.70	−0.19	−0.55	0.04	−0.01	0.46	0.22
$\delta\tilde{G}_{HC}$	−0.14	0.55	1.00	−0.40	−0.04	0.02	0.23	−0.28	−0.06	−0.06	0.03	−0.04
$\delta\tilde{\eta}_{HC}$	−0.22	0.54	−0.40	1.00	0.24	−0.75	−0.40	−0.33	0.10	0.04	0.55	0.18
$\delta\tilde{G}_{HT}$	−0.98	0.27	−0.04	0.24	1.00	−0.62	−0.54	0.02	0.01	0.07	−0.49	1.00
$\delta\tilde{\eta}_{HT}$	0.64	−0.70	0.02	−0.75	−0.62	1.00	0.68	0.24	−0.15	−0.11	−0.39	−0.55
$\delta\tilde{G}_{LT}$	0.46	−0.19	0.23	−0.40	−0.54	0.68	1.00	−0.55	0.20	0.21	−0.11	−0.51
$\delta\tilde{\eta}_{LT}$	0.12	−0.55	−0.28	−0.33	0.02	0.24	−0.55	1.00	−0.43	−0.40	−0.29	0.04
$\delta\tilde{G}_{PT}$	−0.04	0.04	−0.06	0.10	0.01	−0.15	0.20	−0.43	1.00	0.99	0.16	−0.01
$\delta\tilde{\eta}_{PT}$	−0.09	−0.01	−0.06	0.04	0.07	−0.11	0.21	−0.40	0.99	1.00	0.04	0.06
$\delta\tilde{\eta}_{B}$	0.44	0.46	0.03	0.55	−0.49	−0.39	−0.11	−0.29	0.16	0.04	1.00	−0.55
$\delta\tilde{\xi}_{B}$	−0.97	0.22	−0.04	0.18	1.00	−0.55	−0.51	0.04	−0.01	0.06	−0.55	1.00

（2）数据分辨指数和参数分辨指数

前面 4 种组合均是亚定情形，测量参数的数据分辨指数 g_k 均为 0，数据分辨力均是最高的，无法提供多余信息。

对于组合 $1(\delta T_{6C}, \delta T_{7C}, \delta p_{2C}, \delta p_{3C}, \delta p_{6C}, \delta \bar{G}_f)$，状态参数的参数分辨指数 h_k 如图 8.19 所示，其中 $\delta \tilde{G}_{LC}, \delta \tilde{G}_{HC}, \delta \tilde{G}_{HT}, \delta \tilde{G}_{PT}, \delta \tilde{\eta}_{PT}$ 的参数分辨力较高。这与影响系数矩阵的零空间信息也是一致的。组合 1 的影响系数矩阵的零空间矩阵为

$$
N = \begin{pmatrix}
-0.035 & -0.015 & -0.293 & 0.216 & 0.148 & 0.262 \\
-0.121 & 0.024 & -0.466 & 0.567 & 0.283 & -0.231 \\
-0.020 & -0.017 & -0.207 & 0.119 & 0.107 & 0.297 \\
-0.204 & 0.176 & -0.441 & -0.409 & -0.298 & 0.551 \\
-0.178 & 0.190 & -0.296 & -0.168 & -0.059 & -0.271 \\
0.414 & -0.425 & -0.424 & -0.474 & 0.341 & -0.255 \\
0.793 & 0.209 & 0.055 & 0.065 & -0.199 & 0.114 \\
0.188 & 0.798 & -0.115 & -0.005 & 0.224 & -0.111 \\
-0.110 & 0.051 & 0.244 & -0.091 & 0.147 & -0.049 \\
0.111 & -0.052 & -0.268 & 0.112 & -0.145 & 0.042 \\
-0.120 & 0.168 & 0.184 & -0.317 & 0.672 & 0.191 \\
0.188 & -0.193 & 0.103 & 0.267 & 0.306 & 0.531
\end{pmatrix}
$$

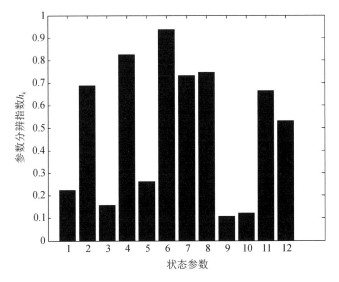

图 8.19　组合 1 的状态参数的参数分辨指数

该零空间有 6 个基向量，其第 1、3、5、9、10 行数值更接近于 0，说明其对应的状态参数可观性较好。原因也比较好理解，因为监测参数就是高、低压压气机后的压力

和动力涡轮前后的温度及压力,所以高、低压压气机的流量退化因子和动力涡轮的流量退化因子、效率退化因子可观性更好。经验算,参数分辨指数 h_k 与相应的零空间的行向量的 2 范数数值相等。

类似的,可以分析其他组合,组合 2、3、4 的参数分辨指数 h_k 分别如图 8.20、图 8.21 和图 8.22 所示。组合 2 中 $\delta\tilde{G}_{LC}$、$\delta\tilde{G}_{HC}$、$\delta\tilde{G}_{LT}$ 的参数分辨力较高,组合 3 中 $\delta\tilde{G}_{LC}$、$\delta\tilde{G}_{HC}$、$\delta\tilde{G}_{HT}$、$\delta\tilde{G}_{LT}$ 和 $\delta\tilde{\xi}_B$ 的参数分辨力较高,其中燃烧室总压恢复系数退化因子 $\delta\tilde{\xi}_B$ 的参数分辨力最高,因为监测了燃烧室进出口的压力。组合 4 中 $\delta\tilde{\eta}_{LC}$ 和 $\delta\tilde{\eta}_B$ 的参数分辨力相对较高。

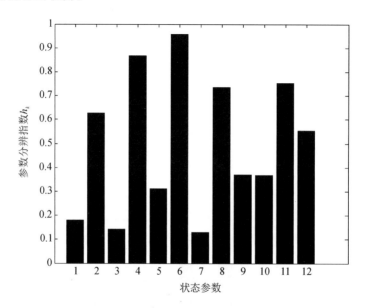

图 8.20　组合 2 的状态参数的参数分辨指数

(3) 可观性指数分析

分析可观性指数时,介绍几种常见的性能退化模式。

当压气机发生叶片结垢时,其效率和流量将下降。不失一般性,以效率下降 5%,折合流量下降 2% 表示高、低压压气机结垢这一退化模式。

当磨损或者腐蚀导致涡轮静叶材料脱落时,涡轮效率下降,而其流量增加。以效率下降 2%,折合流量上升 2% 表示涡轮静叶材料脱落这一退化模式。

燃烧室喷嘴堵塞,总压恢复系数下降,燃烧效率下降。以总压恢复系数下降 2%,燃烧效率下降 2% 表征燃烧室喷嘴堵塞这一退化模式。

综合上述几种情况,表 8.17 列出了 7 种退化模式的状态向量。

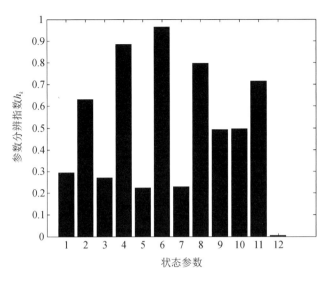

图 8.21　组合 3 的状态参数的参数分辨指数

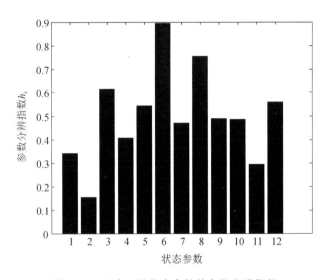

图 8.22　组合 4 的状态参数的参数分辨指数

表 8.17　不同退化模式的状态向量

性能退化模式	退化状态向量
低压压气机结垢	$\boldsymbol{f}_1 = (-0.02 \quad -0.05 \quad 0 \quad 0 \quad 0 \quad 0 \quad 0 \quad 0 \quad 0 \quad 0 \quad 0 \quad 0)^T$
高压压气机结垢	$\boldsymbol{f}_2 = (0 \quad 0 \quad -0.02 \quad -0.05 \quad 0 \quad 0 \quad 0 \quad 0 \quad 0 \quad 0 \quad 0 \quad 0)^T$
高压涡轮静叶材料脱落	$\boldsymbol{f}_3 = (0 \quad 0 \quad 0 \quad 0 \quad 0.02 \quad -0.02 \quad 0 \quad 0 \quad 0 \quad 0 \quad 0 \quad 0)^T$
低压涡轮静叶材料脱落	$\boldsymbol{f}_4 = (0 \quad 0 \quad 0 \quad 0 \quad 0 \quad 0 \quad 0.02 \quad -0.02 \quad 0 \quad 0 \quad 0 \quad 0)^T$

续表 8.17

性能退化模式	退化状态向量
动力涡轮静叶材料脱落	$f_5 = (0\ \ 0\ \ 0\ \ 0\ \ 0\ \ 0\ \ 0\ \ 0\ \ 0.02\ \ -0.02\ \ 0\ \ 0)^T$
燃烧室喷嘴堵塞	$f_6 = (0\ \ 0\ \ 0\ \ 0\ \ 0\ \ 0\ \ 0\ \ 0\ \ 0\ \ 0\ \ -0.02\ \ -0.02)^T$
上述退化模式均存在	$f_7 = (-0.02\ \ -0.05\ \ -0.02\ \ -0.05\ \ 0.02\ \ -0.02\ \ 0.02$ $-0.02\ \ 0.02\ \ -0.02\ \ -0.02\ \ -0.02)^T$

表 8.18 列出了不同测量参数组合的可观性指数。组合 1 对动力涡轮静叶的材料脱落这一退化模式的估计精度相对较高,识别度较高,对 6 种退化模式均存在时的估计精度只有 0.43。组合 2 对低压涡轮静叶材料脱落这一退化模式的估计精度相对较高。组合 3 对燃烧室喷嘴堵塞的退化模式估计精度相对较高,而对动力涡轮静叶的材料脱落的退化模式估计精度非常低。组合 4 对低压压气机结垢和低压涡轮静叶材料脱落这两种退化模式的估计精度均较高,而对动力涡轮静叶的材料脱落的退化模式估计精度也很低,对 6 种退化模式均存在时的估计精度在 4 种组合中是最高的。

表 8.18 不同测量参数组合对不同退化模式的可观性指数

测量参数向量	可观性指数 OI						
	f_1	f_2	f_3	f_4	f_5	f_6	f_7
$(\delta T_{6C}, \delta T_{7C}, \delta p_{2C}, \delta p_{3C}, \delta p_{6C}, \delta \bar{G}_f)$	0.46	0.38	0.71	0.72	0.88	0.46	0.43
$(\delta T_{6C}, \delta p_{2C}, \delta p_{3C}, \delta p_{5C}, \delta p_{6C}, \delta \bar{G}_f)$	0.57	0.40	0.66	0.81	0.51	0.49	0.64
$(\delta T_{6C}, \delta p_{2C}, \delta p_{3C}, \delta p_{4C}, \delta p_{5C}, \delta p_{6C})$	0.58	0.40	0.66	0.70	0.10	0.83	0.63
$(\delta T_{2C}, \delta T_{3C}, \delta T_{5C}, \delta T_{6C}, \delta p_{3C}, \delta p_{6C})$	0.88	0.58	0.58	0.85	0.16	0.60	0.81

(4) Fisher 信息阵分析

4 种测量参数组合与 Fisher 信息阵相关指标如表 8.19 所列。

表 8.19 不同测量参数组合的 FIM 相关指标

组合方式	κ	tr	det	FIM
组合 1	27.88	412.2	5.88×10^9	25.19
组合 2	21.18	414.5	7.84×10^9	25.76
组合 3	23.47	458.6	1.34×10^{10}	26.29
组合 4	26.07	312.7	6.41×10^8	22.76

由表 8.19 可知,从 **FIM** 相关的指标看,在 6 种测量参数的 4 种组合中,第 3 种组合 **FIM** 的迹和行列式均较大,优值系数最高,对状态参数的估计最好。

（5）测量参数的敏感性指数

4 种组合测量参数的 2♯ 敏感性指数分别如图 8.23～8.26 所示，对比图 8.18 可知，与图 8.18 中相应的测量参数的变化趋势是基本一致的，同样是压力敏感度指数要高于温度。

第 3 种组合 δp_{2C}，δp_{3C}，δp_{4C}，δp_{6C} 的敏感性指数均高于 75。从测量参数的敏感性指数的观点分析，第 3 种组合是 4 种组合中最好的。

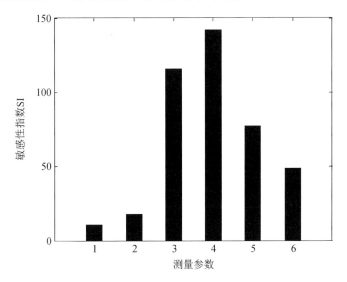

图 8.23　组合 1 的测量参数的 2♯ 敏感性指数

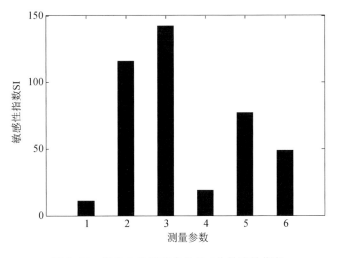

图 8.24　组合 2 的测量参数的 2♯ 敏感性指数

综合上述几个指标的分析，组合 3 虽然状态参数的相关性有些高，但从参数分辨指数、优值系数和测量参数的敏感性等指标分析，其组合在 4 种组合中是较好的

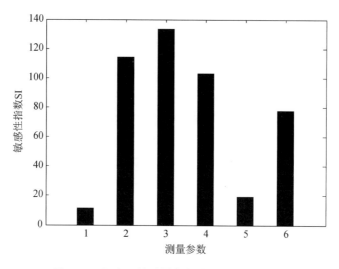

图 8.25 组合 3 的测量参数的 2♯敏感性指数

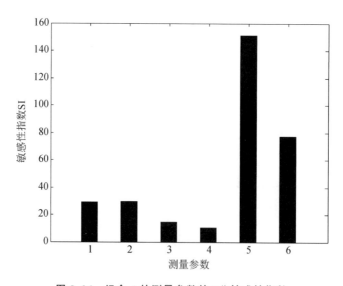

图 8.26 组合 4 的测量参数的 2♯敏感性指数

一种。

3. 测量参数为 4 个的亚定情形

表 8.20 列出了测量参数为 $(\delta T_{6C}, \delta p_{2C}, \delta p_{3C}, \delta p_{6C})$ 时影响系数矩阵求得的状态参数的相关性。可知状态参数相关性高(余弦值绝对值大于 0.7)的情形有 17 组,此时存在严重的多重共线性。

表 8.20　4 个测量参数时状态参数的相关性

参　数	$\delta \tilde{G}_{LC}$	$\delta \tilde{\eta}_{LC}$	$\delta \tilde{G}_{HC}$	$\delta \tilde{\eta}_{HC}$	$\delta \tilde{G}_{HT}$	$\delta \tilde{\eta}_{HT}$	$\delta \tilde{G}_{LT}$	$\delta \tilde{\eta}_{LT}$	$\delta \tilde{G}_{PT}$	$\delta \tilde{\eta}_{PT}$	$\delta \tilde{\eta}_{B}$	$\delta \tilde{\xi}_{B}$
$\delta \tilde{G}_{LC}$	1.00	−0.80	−0.78	−0.30	−0.88	0.82	0.48	0.05	−0.01	−0.09	0.83	−0.88
$\delta \tilde{\eta}_{LC}$	−0.80	1.00	0.88	0.67	0.48	−0.60	0.09	−0.47	0.08	0.11	−0.34	0.47
$\delta \tilde{G}_{HC}$	−0.78	0.88	1.00	0.27	0.40	−0.35	−0.16	−0.07	−0.03	0.01	−0.39	0.40
$\delta \tilde{\eta}_{HC}$	−0.30	0.67	0.27	1.00	0.16	−0.54	0.63	−0.96	0.39	0.38	0.12	0.15
$\delta \tilde{G}_{HT}$	−0.88	0.48	0.40	0.16	1.00	−0.91	−0.66	0.06	0.00	0.09	−0.96	1.00
$\delta \tilde{\eta}_{HT}$	0.82	−0.60	−0.35	−0.54	−0.91	1.00	0.29	0.35	−0.25	−0.32	0.75	−0.90
$\delta \tilde{G}_{LT}$	0.48	0.09	−0.16	0.63	−0.66	0.29	1.00	−0.79	0.36	0.28	0.84	−0.67
$\delta \tilde{\eta}_{LT}$	0.05	−0.47	−0.07	−0.96	0.06	0.35	−0.79	1.00	−0.51	−0.48	−0.35	0.08
$\delta \tilde{G}_{PT}$	−0.01	0.08	−0.03	0.39	0.00	−0.25	0.36	−0.51	1.00	1.00	0.18	−0.01
$\delta \tilde{\eta}_{PT}$	−0.09	0.11	0.01	0.38	0.00	−0.32	0.28	−0.48	1.00	1.00	0.09	0.07
$\delta \tilde{\eta}_{B}$	0.83	−0.34	−0.39	0.12	−0.96	0.75	0.84	−0.35	0.18	0.09	1.00	−0.96
$\delta \tilde{\xi}_{B}$	−0.88	0.47	0.40	0.15	1.00	−0.90	−0.67	0.08	−0.01	0.07	−0.96	1.00

　　由于测量参数个数少于状态参数，测量参数的数据分辨指数 g_k 均为 0，数据分辨力均最高，无法提供多余信息。状态参数的参数分辨指数 h_k 如图 8.27 所示，其中 $\delta \tilde{G}_{LC}$、$\delta \tilde{G}_{HC}$、$\delta \tilde{G}_{PT}$、$\delta \tilde{\eta}_{PT}$ 的参数分辨力相对较高，与 6 个测量参数组合相比，参数分辨力均有下降，说明测量参数去掉动力涡轮后的温度和燃油流量后，参数分辨力受影响较大。测量参数的敏感性指数如图 8.28 所示，其中 5、7、8、11 号测量参数的变化趋势一致。

　　与 FIM 相关的指标分别是：条件数 $\kappa = 17.28$，FIM 的迹为 $tr = 350.3$，FIM 的行列式 $det = 1.15 \times 10^7$，优值系数 FOM $= 19.27$。从优值系数的角度比较，在上述 3 种情形中，12 个测量参数时状态参数的可观性最好，6 个测量参数时的可观性居中，4 个测量参数时的可观性最差。

　　本节建立了舰船燃气轮机的健康模型、非线性动态仿真模型和气路性能退化模型，并开展了状态参数可观性、测量参数的敏感性和相关性等信息挖掘。

　　根据气路传递拓扑、能量输运特性、部件匹配耦合等燃气轮机复杂多系统运行机理，考虑压气机和涡轮中冷却气流的对流量连续方程和功率平衡方程的影响，建立了

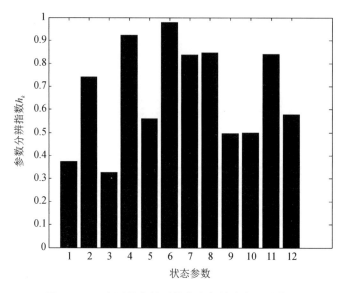

图 8.27　4 个测量参数时状态参数的参数分辨指数

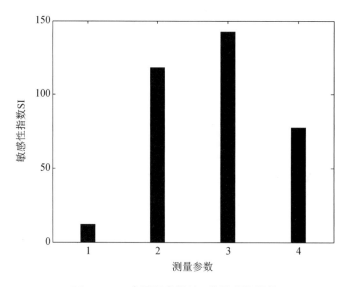

图 8.28　4 个测量参数的 2♯敏感性指数

舰船三轴燃气轮机健康模型。综合运用热力学、转子动力学等多学科建模方法,考虑容积惯性对压力平衡的影响,建立了非线性动态仿真模型。采用融合实验特性和性能退化机理建模技术,在修正后的特性曲线中引入退化因子,建立退化模型。用小偏差线性化法求解退化模型,得到影响系数矩阵,该矩阵表征了退化因子与测量参数间的关系。性能退化模型和非线性动态仿真模型是后面章节进行线性卡尔曼滤波估计退化因子变化趋势的基础,说明了异方差模型等方差化的条件,并将异方差模型进行了等方差化和标准化。

从状态参数的可观性、测量参数的敏感性和相关性等方面对燃气轮机气路退化模型进行了信息挖掘分析。在状态参数的可观性分析中,首先明确了系统的可观性、影响系数矩阵的零空间、方程解的非唯一性和状态参数的多重共线性的内在统一关系;然后利用奇异值分解、广义反演理论和 Fisher 信息阵等工具对系统可观性进行了多方面分析:阐述了奇异值分解的几何意义和其与系统可观性的联系,介绍了可观性指数、数据分辨指数、参数分辨指数、优值系数等指标,介绍了测量参数的敏感性指数和相关性表征方法;最后结合 3 种情形对状态参数的可观性和测量参数的敏感性、相关性等进行了分析,可为改进燃气轮机测试性和提升退化状态评估能力提供指导依据。

分析表明,测量参数越少,系统的可观性越差。在测量参数有限的情况下,可从多角度分析不同测量参数组合对系统可观性即状态参数估计精度的影响。一般情况下,压力对状态参数变化的敏感性要高于温度。不同的测量参数组合对不同的退化模式的估计精度不同。

本节得到的影响系数矩阵通过求逆和右乘测量值即可以求得退化因子,但为了提高估计精度,下一节拟采用卡尔曼滤波等最优估计理论对燃气轮机退化因子进行实时估计。在卡尔曼滤波器设计时为满足可观性,要进行状态参数的选择,即要舍弃一些状态参数的估计而认为其值偏差为 0,本节对气路退化模型中状态参数的可观性的分析可以提供一定的指导。

8.4　基于最优估计理论的退化因子实时估计

8.3 节建立了气路健康模型、非线性动态仿真模型和性能退化模型,并获得了影响系数矩阵。基于健康模型,求得的整机气路性能退化指标已在第 8.2 节列出。在非线性动态模型和退化模型的基础上,本节利用卡尔曼滤波等最优估计理论,结合测量值序列,实时估计表征各部件性能退化的退化因子,为燃气轮机气路健康状态多指标综合评估做准备。

最优估计是指在给定系统模型和观测模型的情况下,利用系统过程噪声、量测过程的统计特征和初始条件信息,依据某种最优准则对测量值进行处理,确定系统当前状态的问题。最优估计理论包括维纳滤波、卡尔曼滤波及其衍生的非线性滤波方法、粒子滤波等。维纳滤波只适用于平稳随机过程且不能对数据实时处理。卡尔曼滤波是线性最小方差估计,它是一种时域递推方法,可用于时变、非平稳和多维信号的估计,最初提出时只适用于线性系统,后来在其基础上提出了一系列非线性卡尔曼滤波方法,包括扩展卡尔曼滤波(EKF)、Sigma 点卡尔曼滤波器(SPKF)、容积卡尔曼滤波(CKF)等。EKF 将非线性函数按泰勒级数展开并截取一阶项或二阶项近似。Sigma

点卡尔曼滤波器用样本点加权求和逼近状态的概率分布,包括无迹卡尔曼滤波(UKF)和中心差分卡尔曼滤波(CDKF),进一步提高了估计精度。在计算高斯加权的非线性函数积分方法中,容积准则最具代表性,其衍生出容积卡尔曼滤波。上述滤波方法均假设其状态参数满足高斯分布。

最优估计理论广泛应用到燃气轮机的状态参数的估计和故障诊断中。将卡尔曼滤波法、粒子滤波等最优估计理论用于燃气轮机状态参数(主要是指退化因子)的估计,首先面临的是状态参数估计的亚定问题,测量参数个数通常要少于增广的状态参数(包括退化因子或健康参数)个数。这会带来状态空间模型的不可控和不可观的问题,使得卡尔曼滤波通常是不稳定的,初值选取不当很容易造成滤波发散。

另一个问题是状态空间模型的误差和噪声统计特性未知带来的滤波发散问题。卡尔曼滤波器的应用要求状态空间模型和噪声统计特性均已知,而燃气轮机是一种高度非线性的复杂系统,完全准确的模型和噪声统计特性是很难得到的。非线性模型线性化处理求解状态空间模型不可避免地带来模型误差,且系统噪声和测量噪声的统计特性一般是难以确定的,模型和噪声统计特性的误差降低了卡尔曼滤波的性能,甚至会导致滤波发散。为解决因模型或噪声统计特性不准确而使滤波器估计误差较大甚至滤波发散的问题,有学者提出了基于极大后验估计的自适应卡尔曼滤波的思想,在递推滤波的同时,不断利用观测数据估计和校正模型参数或噪声统计特性,以减小滤波误差。相关文献在其基础上引入遗忘因子,使该算法具有估计时变噪声的能力。但是,由于该方法需要同时估计系统噪声和测量噪声的均值和协方差,因此需要采用递推计算。在递推计算过程中由于计算机舍入误差的积累等原因,预测协方差矩阵很容易失去非负性和对称性,进而造成滤波发散。

还有一个导致滤波发散的原因是计算机存储字节有限导致的舍入误差,在递推滤波的过程中会使得增益渐渐远离真实值而造成滤波发散。

针对上述问题,本节研究基于影响系数矩阵的线性卡尔曼滤波估计退化因子,小扰动法获取非线性模型线性化的状态空间模型,截断奇异值分解降维改善系统的可观性和可控性,以及利用强跟踪平方根卡尔曼滤波实时估计退化因子等问题。

8.4.1 基于影响系数矩阵的线性卡尔曼滤波

在用卡尔曼滤波等最优估计理论估计燃气轮机状态参数的文献中常用健康参数(health parameter)的概念,即 8.2 节中退化因子的概念,健康参数的偏差不是部件特性的总偏差,不包含部件匹配导致的状态参数的变化,而是特性偏差中表征部件退化的部分。对此本节不再赘述。

不考虑传感器故障,燃油流量变化为 0,不考虑环境温度和压力的变化,测量参数为 $\Delta \boldsymbol{y} = (\delta p_{2c} \quad \delta p_{3c} \quad \delta p_{6c} \quad \delta T_{6c})^{\mathrm{T}}$,根据 8.3.6 小节状态参数可观性分析结果,设计取状态变量为可观性较好的 4 个退化因子 $\Delta \boldsymbol{x} = (\delta \widetilde{G}_{LC} \quad \delta \widetilde{G}_{HC} \quad \delta \widetilde{G}_{PT} \quad \delta \widetilde{\eta}_{PT})^{\mathrm{T}}$,

设计线性状态空间方程为

$$\Delta \boldsymbol{x}(k+1) = \boldsymbol{\Phi} \Delta \boldsymbol{x}(k) + \boldsymbol{w}(k) \tag{8.4.1a}$$

$$\Delta \boldsymbol{y}(k) = \boldsymbol{H} \Delta \hat{\boldsymbol{x}}(k) + \boldsymbol{v}(k) \tag{8.4.1b}$$

式中：$\boldsymbol{w}$ 和 $\boldsymbol{v}$ 分别为系统噪声和测量噪声，本节假设 $\boldsymbol{w}$ 和 $\boldsymbol{v}$ 为均值为 $\boldsymbol{0}$，方差阵分别为 $\boldsymbol{Q}$ 和 $\boldsymbol{R}$ 的不相关的高斯白噪声，$E\boldsymbol{w}(t) = \boldsymbol{0}$，$E\boldsymbol{v}(t) = \boldsymbol{0}$，$E[\boldsymbol{w}(t+\tau)\boldsymbol{w}^{\mathrm{T}}(t)] = \boldsymbol{Q}\delta(\tau)$，$E[\boldsymbol{v}(t+\tau)\boldsymbol{v}^{\mathrm{T}}(t)] = \boldsymbol{R}\delta(\tau)$，$E[\boldsymbol{w}(t_1)\boldsymbol{v}^{\mathrm{T}}(t_2)] = \boldsymbol{0}$。$\boldsymbol{\Phi}$ 取单位矩阵，$\boldsymbol{H}$ 取 8.3 节小偏差法求得的影响系数矩阵。

卡尔曼滤波器递推公式为

状态一步预测：

$$\Delta \hat{\boldsymbol{x}}(k+1 \mid k) = \boldsymbol{\Phi} \Delta \hat{\boldsymbol{x}}(k \mid k) \tag{8.4.2}$$

新息：

$$\boldsymbol{\varepsilon}(k+1) = \Delta \boldsymbol{y}(k+1) - \boldsymbol{H} \Delta \hat{\boldsymbol{x}}(k+1 \mid k) \tag{8.4.3}$$

状态更新：

$$\Delta \hat{\boldsymbol{x}}(k+1 \mid k+1) = \Delta \hat{\boldsymbol{x}}(k+1 \mid k) + \boldsymbol{K}(k+1) \boldsymbol{\varepsilon}(k+1) \tag{8.4.4}$$

滤波增益矩阵：

$$\boldsymbol{K}(k+1) = \boldsymbol{P}(k+1 \mid k) \boldsymbol{H}^{\mathrm{T}} [\boldsymbol{H}\boldsymbol{P}(k+1 \mid k) \boldsymbol{H}^{\mathrm{T}} + \boldsymbol{R}]^{-1} \tag{8.4.5}$$

一步预测协方差阵：

$$\boldsymbol{P}(k+1 \mid k) = \boldsymbol{\Phi}\boldsymbol{P}(k \mid k) \boldsymbol{\Phi}^{\mathrm{T}} + \boldsymbol{Q} \tag{8.4.6}$$

协方差阵更新：

$$\boldsymbol{P}(k+1 \mid k+1) = [\boldsymbol{I}_n - \boldsymbol{K}(k+1) \boldsymbol{H}] \boldsymbol{P}(k+1 \mid k) \tag{8.4.7}$$

初始值：

$$\Delta \hat{\boldsymbol{x}}(0 \mid 0) = \Delta \hat{\boldsymbol{x}}(0) \tag{8.4.8}$$

$$\boldsymbol{P}(0 \mid 0) = \boldsymbol{P}_0 \tag{8.4.9}$$

对上述状态空间方程进行线性卡尔曼滤波估计的验证，植入按指数形式下降的退化因子，并加入随机噪声，$\boldsymbol{w}(k)$ 的方差取 $\boldsymbol{Q} = \mathrm{diag}(10^{-5} \quad 10^{-5} \quad 10^{-5} \quad 10^{-5})$，$\boldsymbol{v}(k)$ 的方差取 $\boldsymbol{R} = 0.01 \times \mathrm{diag}(\sigma_{\delta P_{2c}}^2 \quad \sigma_{\delta P_{3c}}^2 \quad \sigma_{\delta P_{6c}}^2 \quad \sigma_{\delta T_{6c}}^2 \quad \sigma_{\delta T_{7c}}^2)$，滤波误差协方差初始值取 $\boldsymbol{P}_0 = \mathrm{diag}(10^{-5} \quad 10^{-5} \quad 10^{-5} \quad 10^{-5})$，退化因子初值取 $\Delta \hat{\boldsymbol{x}}(0) = (0 \quad 0 \quad 0 \quad 0)^{\mathrm{T}}$。估计结果如图 8.29～8.32 所示，误差如图 8.33 所示。可知此滤波器对 LC 流量退化因子 $\delta \tilde{G}_{\mathrm{LC}}$ 和 HC 流量退化因子 $\delta \tilde{G}_{\mathrm{HC}}$ 的估计较为准确。

2 000 h 试验中连续运行每 24 h 取 1 组额定工况数据，共有 82 组数据，利用线性卡尔曼滤波求得 LC 流量退化因子 $\delta \tilde{G}_{\mathrm{LC}}$ 和 HC 流量退化因子 $\delta \tilde{G}_{\mathrm{HC}}$ 变化趋势分别如图 8.34 和图 8.35 所示。图中同样列出了 3 次清洗前后数据的线性回归值。退化因子在初始时刻和第二次清洗后出现大于 0 的情况是因为其状态比选取的基准参考点要好。

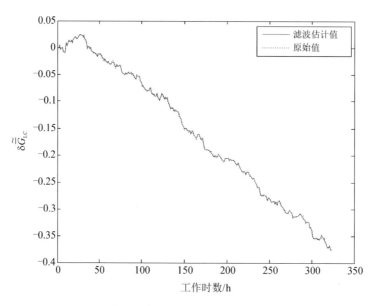

图 8.29　低压压气机流量退化因子估计(见彩图)

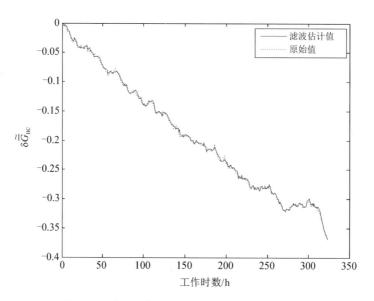

图 8.30　高压压气机流量退化因子估计(见彩图)

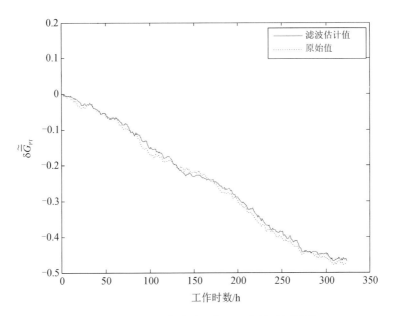

图 8.31　动力涡轮流量退化因子估计(见彩图)

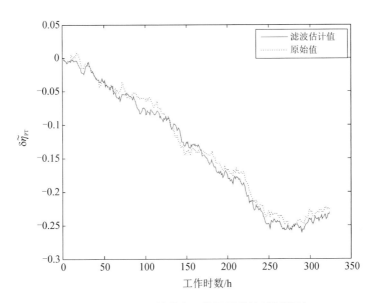

图 8.32　动力涡轮效率退化因子估计(见彩图)

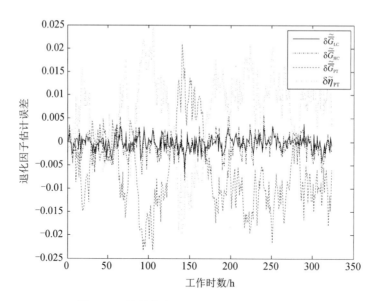

图 8.33　线性卡尔曼滤波估计误差(见彩图)

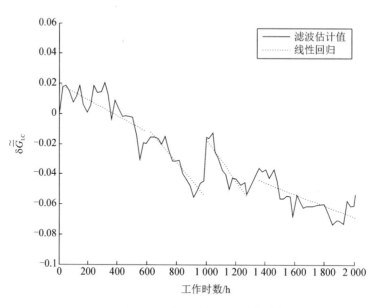

图 8.34　低压压气机流量退化因子实时估计

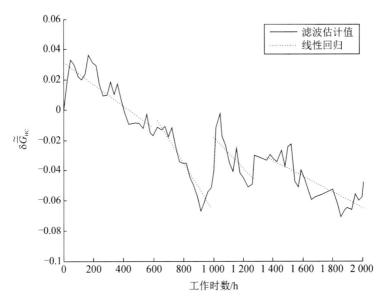

图 8.35　高压压气机流量退化因子实时估计

综合图 8.34 和图 8.35 可知,LC 流量最大退化量约为 9%,HC 流量最大退化约为 10%。第二次清洗 LC 和 HC 流量退化因子均明显增加,说明第二次清洗对压气机流量退化修复效果较好,第一次和第三次清洗对其修复不明显。

8.4.2　基于非线性模型线性化的卡尔曼滤波

1. 状态空间模型

设线性连续系统模型为

$$\Delta \dot{x} = A\Delta x + B\Delta u + E\Delta h + w \tag{8.4.10a}$$

$$\Delta y = C\Delta x + D\Delta u + F\Delta h + v \tag{8.4.10b}$$

式中:x、u、h 和 y 分别为状态变量、控制变量、退化因子和测量参数;Δ 表示增量,本书采取相对增量形式。$x = (n_H \quad n_L)^T$,$u = (G_f \quad T_0 \quad p_0)^T$,$y = (p_2 \quad p_3 \quad p_6 \quad T_6 \quad Ne)^T$。测量参数是实际可靠性试验中可采集的参数。由下文可知,为满足可观性,退化因子的个数不能超过测量参数个数,退化因子的选择需要根据常见的性能退化模式和估计精度进行选择。在 8.3 节状态参数的可观性中给出了通过奇异值分解的右奇异向量和参数分辨指数等进行选择的方法。工业燃气轮机主要的退化问题是压气机流量下降,涡轮效率下降。8.4.1 小节对低压压气机和高压压气机的流量进行了估计,本节重点考虑对高压涡轮和低压涡轮的效率进行估计。不失一般性,将退化因子选为 $h = (\tilde{\eta}_{LC} \quad \tilde{\eta}_{HC} \quad \tilde{\eta}_{HT} \quad \tilde{\eta}_{LT} \quad \tilde{\eta}_B)^T$,$\Delta h$ 即退化因子的相对偏差量。w 和 v 分别为系统噪声和测量噪声,本书假设 w 和 v 均值为 0,方差阵分别为 Q 和 R 的不相关的高斯白噪声，$Ew(t) = \mathbf{0}$，$Ev(t) = \mathbf{0}$，$E[w(t+\tau)w^{\mathrm{T}}(t)] = \mathbf{Q}\delta(\tau)$，$E[v(t+\tau)v^{\mathrm{T}}(t)] = \mathbf{R}\delta(\tau)$，$E[w(t_1)v^{\mathrm{T}}(t_2)] = \mathbf{0}$。

对于本书研究的燃气轮机，测量传感器已定，观测噪声的统计特性 $\mathbf{R}$ 是确定的，已在 8.3.3 小节求出，一般不随时间变化。因此主要的问题是确定系统噪声的统计特性 $\mathbf{Q}$。$\mathbf{Q}$ 与真实值的误差大小直接影响下面卡尔曼滤波的精度。如果 $\mathbf{Q}$ 选取过大，则使滤波对过去的观测值的加权衰减过快，不能很好地利用已有观测信息，降低滤波精度；如果 $\mathbf{Q}$ 选取过小，则使滤波对过去观测值的加权衰减过慢，随着滤波的递推，使滤波误差增大以致滤波发散。

2. 小扰动法求取状态空间模型

参考小扰动法，以非线性模型为基础，通过抽取高压转子和低压转子轴上的功率和依次改变燃气轮机控制参数和健康参数值，通过平衡计算获取高、低压转子转速和燃气轮机其他参数的变化量，计算各项偏导数，进而求得状态空间模型各系数矩阵。具体如下。

(1) 建立动态方程

不考虑动力涡轮转子，燃气轮机的动态特性取决于高、低压轴两个转子的力矩平衡方程

$$
\begin{cases}
\dfrac{\pi}{30} J_{\mathrm{H}} \dfrac{\mathrm{d}n_{\mathrm{H}}}{\mathrm{d}t} = \Delta M_{\mathrm{H}} \\[2mm]
\dfrac{\pi}{30} J_{\mathrm{L}} \dfrac{\mathrm{d}n_{\mathrm{L}}}{\mathrm{d}t} = \Delta M_{\mathrm{L}}
\end{cases}
\tag{8.4.11}
$$

式中：J_{H}、J_{L} 为高、低压转子的转动惯量；ΔM_{H}、ΔM_{L} 为高、低压转子的剩余力矩。

$$
\begin{cases}
\Delta M_{\mathrm{H}} = M_{\mathrm{HT}} - M_{\mathrm{HC}} = \Delta M_{\mathrm{H}}(n_{\mathrm{H}}, n_{\mathrm{L}}, G_{\mathrm{f}}, T_0, p_0, \tilde{\eta}_{\mathrm{LC}}, \tilde{\eta}_{\mathrm{HC}}, \tilde{\eta}_{\mathrm{HT}}, \tilde{\eta}_{\mathrm{LT}}, \tilde{\eta}_{\mathrm{B}}) \\
\Delta M_{\mathrm{L}} = M_{\mathrm{LT}} - M_{\mathrm{LC}} = \Delta M_{\mathrm{L}}(n_{\mathrm{H}}, n_{\mathrm{L}}, G_{\mathrm{f}}, T_0, p_0, \tilde{\eta}_{\mathrm{LC}}, \tilde{\eta}_{\mathrm{HC}}, \tilde{\eta}_{\mathrm{HT}}, \tilde{\eta}_{\mathrm{LT}}, \tilde{\eta}_{\mathrm{B}})
\end{cases}
\tag{8.4.12}
$$

对上式线性化得

$$
\begin{cases}
\Delta M_{\mathrm{H}} = \left(\dfrac{\partial \Delta M_{\mathrm{H}}}{\partial n_{\mathrm{H}}}\right)_0 \Delta n_{\mathrm{H}} + \left(\dfrac{\partial \Delta M_{\mathrm{H}}}{\partial n_{\mathrm{L}}}\right)_0 \Delta n_{\mathrm{L}} + \left(\dfrac{\partial \Delta M_{\mathrm{H}}}{\partial G_{\mathrm{f}}}\right)_0 \Delta G_{\mathrm{f}} + \cdots + \left(\dfrac{\partial \Delta M_{\mathrm{H}}}{\partial \tilde{\eta}_{\mathrm{B}}}\right)_0 \Delta \tilde{\eta}_{\mathrm{B}} \\
\Delta M_{\mathrm{L}} = \left(\dfrac{\partial \Delta M_{\mathrm{L}}}{\partial n_{\mathrm{H}}}\right)_0 \Delta n_{\mathrm{H}} + \left(\dfrac{\partial \Delta M_{\mathrm{L}}}{\partial n_{\mathrm{L}}}\right)_0 \Delta n_{\mathrm{L}} + \left(\dfrac{\partial \Delta M_{\mathrm{L}}}{\partial G_{\mathrm{f}}}\right)_0 \Delta G_{\mathrm{f}} + \cdots + \left(\dfrac{\partial \Delta M_{\mathrm{L}}}{\partial \tilde{\eta}_{\mathrm{B}}}\right)_0 \Delta \tilde{\eta}_{\mathrm{B}}
\end{cases}
\tag{8.4.13}
$$

将式(8.4.13)代入式(8.4.11)可得

$$
\begin{bmatrix} \dot{n}_{\mathrm{H}} \\ \dot{n}_{\mathrm{L}} \end{bmatrix} =
\begin{bmatrix} a_{11} & a_{12} \\ a_{21} & a_{22} \end{bmatrix}
\begin{bmatrix} \Delta n_{\mathrm{H}} \\ \Delta n_{\mathrm{L}} \end{bmatrix} +
\begin{bmatrix} b_{11} & b_{12} & b_{13} \\ b_{21} & b_{22} & b_{23} \end{bmatrix}
\begin{bmatrix} \Delta G_{\mathrm{f}} \\ \Delta T_0 \\ \Delta P_0 \end{bmatrix} +
$$

$$\begin{bmatrix} e_{11} & e_{12} & e_{13} & e_{14} & e_{15} \\ e_{21} & e_{22} & e_{23} & e_{24} & e_{25} \end{bmatrix} \begin{bmatrix} \Delta\tilde{\eta}_{\mathrm{LC}} \\ \Delta\tilde{\eta}_{\mathrm{HC}} \\ \Delta\tilde{\eta}_{\mathrm{HT}} \\ \Delta\tilde{\eta}_{\mathrm{LT}} \\ \Delta\tilde{\eta}_{\mathrm{B}} \end{bmatrix} \tag{8.4.14}$$

式中：

$$a_{11} = \frac{30}{\pi J_{\mathrm{H}}}\left(\frac{\partial\Delta M_{\mathrm{H}}}{\partial n_{\mathrm{H}}}\right)_0, \quad a_{12} = \frac{30}{\pi J_{\mathrm{H}}}\left(\frac{\partial\Delta M_{\mathrm{H}}}{\partial n_{\mathrm{L}}}\right)_0, \quad a_{21} = \frac{30}{\pi J_{\mathrm{H}}}\left(\frac{\partial\Delta M_{\mathrm{L}}}{\partial n_{\mathrm{H}}}\right)_0$$

$$a_{22} = \frac{30}{\pi J_{\mathrm{H}}}\left(\frac{\partial\Delta M_{\mathrm{L}}}{\partial n_{\mathrm{L}}}\right)_0, \quad b_{11} = \frac{30}{\pi J_{\mathrm{H}}}\left(\frac{\partial\Delta M_{\mathrm{H}}}{\partial G_{\mathrm{f}}}\right)_0, \quad b_{12} = \frac{30}{\pi J_{\mathrm{H}}}\left(\frac{\partial\Delta M_{\mathrm{H}}}{\partial T_0}\right)_0$$

$$b_{13} = \frac{30}{\pi J_{\mathrm{H}}}\left(\frac{\partial\Delta M_{\mathrm{H}}}{\partial P_0}\right)_0, \quad b_{21} = \frac{30}{\pi J_{\mathrm{H}}}\left(\frac{\partial\Delta M_{\mathrm{L}}}{\partial G_{\mathrm{f}}}\right)_0, \quad b_{22} = \frac{30}{\pi J_{\mathrm{H}}}\left(\frac{\partial\Delta M_{\mathrm{L}}}{\partial T_0}\right)_0$$

$$b_{23} = \frac{30}{\pi J_{\mathrm{H}}}\left(\frac{\partial\Delta M_{\mathrm{L}}}{\partial P_0}\right)_0, \quad e_{11} = \frac{30}{\pi J_{\mathrm{H}}}\left(\frac{\partial\Delta M_{\mathrm{H}}}{\partial\tilde{\eta}_{\mathrm{LC}}}\right)_0, \quad e_{12} = \frac{30}{\pi J_{\mathrm{H}}}\left(\frac{\partial\Delta M_{\mathrm{H}}}{\partial\tilde{\eta}_{\mathrm{HC}}}\right)_0$$

$$e_{13} = \frac{30}{\pi J_{\mathrm{H}}}\left(\frac{\partial\Delta M_{\mathrm{H}}}{\partial\tilde{\eta}_{\mathrm{HT}}}\right)_0, \quad e_{14} = \frac{30}{\pi J_{\mathrm{H}}}\left(\frac{\partial\Delta M_{\mathrm{H}}}{\partial\tilde{\eta}_{\mathrm{LT}}}\right)_0, \quad e_{15} = \frac{30}{\pi J_{\mathrm{H}}}\left(\frac{\partial\Delta M_{\mathrm{H}}}{\partial\tilde{\eta}_{\mathrm{PT}}}\right)_0$$

$$e_{21} = \frac{30}{\pi J_{\mathrm{H}}}\left(\frac{\partial\Delta M_{\mathrm{L}}}{\partial\tilde{\eta}_{\mathrm{LC}}}\right)_0, \quad e_{22} = \frac{30}{\pi J_{\mathrm{H}}}\left(\frac{\partial\Delta M_{\mathrm{L}}}{\partial\tilde{\eta}_{\mathrm{HC}}}\right)_0, \quad e_{23} = \frac{30}{\pi J_{\mathrm{H}}}\left(\frac{\partial\Delta M_{\mathrm{L}}}{\partial\tilde{\eta}_{\mathrm{HT}}}\right)_0$$

$$e_{24} = \frac{30}{\pi J_{\mathrm{H}}}\left(\frac{\partial\Delta M_{\mathrm{L}}}{\partial\tilde{\eta}_{\mathrm{LT}}}\right)_0, \quad e_{25} = \frac{30}{\pi J_{\mathrm{H}}}\left(\frac{\partial\Delta M_{\mathrm{L}}}{\partial\tilde{\eta}_{\mathrm{PT}}}\right)_0$$

只考虑转子惯性条件下，燃气轮机沿程各截面的压力、温度及燃气轮机输出功率是转速、控制量和健康参数的函数，于是有

$$\boldsymbol{y} = \boldsymbol{y}(n_{\mathrm{H}} \quad n_{\mathrm{L}} \quad G_{\mathrm{f}} \quad T_0 \quad p_0 \quad \tilde{\eta}_{\mathrm{LC}} \quad \tilde{\eta}_{\mathrm{HC}} \quad \tilde{\eta}_{\mathrm{HT}} \quad \tilde{\eta}_{\mathrm{LT}} \quad \tilde{\eta}_{\mathrm{B}}) \tag{8.4.15}$$

将上式线性化得

$$\Delta\boldsymbol{y} = \left(\frac{\partial\boldsymbol{y}}{\partial n_{\mathrm{H}}}\right)_0\Delta n_{\mathrm{H}} + \left(\frac{\partial\boldsymbol{y}}{\partial n_{\mathrm{L}}}\right)_0\Delta n_{\mathrm{L}} + \left(\frac{\partial\boldsymbol{y}}{\partial G_{\mathrm{f}}}\right)_0\Delta G_{\mathrm{f}} + \cdots + \left(\frac{\partial\boldsymbol{y}}{\partial\tilde{\eta}_{\mathrm{B}}}\right)_0\Delta\tilde{\eta}_{\mathrm{B}}$$

$$\tag{8.4.16}$$

即有

$$\begin{pmatrix} \Delta p_2 \\ \Delta p_3 \\ \Delta p_6 \\ \Delta T_6 \\ \Delta\mathrm{Ne} \end{pmatrix} = \begin{pmatrix} c_{11} & c_{12} \\ c_{21} & c_{22} \\ c_{31} & c_{32} \\ c_{41} & c_{42} \\ c_{51} & c_{52} \end{pmatrix} \begin{pmatrix} \Delta n_{\mathrm{H}} \\ \Delta n_{\mathrm{L}} \end{pmatrix} + \begin{pmatrix} d_{11} & d_{12} & d_{13} \\ d_{21} & d_{22} & d_{23} \\ d_{31} & d_{32} & d_{33} \\ d_{41} & d_{42} & d_{43} \\ d_{51} & d_{52} & d_{53} \end{pmatrix} \begin{pmatrix} \Delta G_{\mathrm{f}} \\ \Delta T_0 \\ \Delta p_0 \end{pmatrix} + $$

$$\begin{bmatrix} f_{11} & f_{12} & f_{13} & f_{14} & f_{15} \\ f_{21} & f_{22} & f_{23} & f_{24} & f_{25} \\ f_{31} & f_{32} & f_{33} & f_{34} & f_{35} \\ f_{41} & f_{42} & f_{43} & f_{44} & f_{45} \\ f_{51} & f_{52} & f_{53} & f_{54} & f_{55} \end{bmatrix} \begin{bmatrix} \Delta\widetilde{\eta}_{LC} \\ \Delta\widetilde{\eta}_{HC} \\ \Delta\widetilde{\eta}_{HT} \\ \Delta\widetilde{\eta}_{LT} \\ \Delta\widetilde{\eta}_{B} \end{bmatrix} \tag{8.4.17}$$

式中：

$$c_{11} = \left(\frac{\partial p_2}{\partial n_H}\right)_0, \quad c_{12} = \left(\frac{\partial p_2}{\partial n_L}\right)_0, \quad c_{21} = \left(\frac{\partial p_3}{\partial n_H}\right)_0, \quad c_{22} = \left(\frac{\partial p_3}{\partial n_L}\right)_0$$

$$c_{31} = \left(\frac{\partial p_6}{\partial n_H}\right)_0, \quad c_{32} = \left(\frac{\partial p_6}{\partial n_L}\right)_0, \quad c_{41} = \left(\frac{\partial T_6}{\partial n_H}\right)_0, \quad c_{42} = \left(\frac{\partial T_6}{\partial n_L}\right)_0$$

$$c_{51} = \left(\frac{\partial Ne}{\partial n_H}\right)_0, \quad c_{52} = \left(\frac{\partial Ne}{\partial n_L}\right)_0, \quad d_{11} = \left(\frac{\partial p_2}{\partial G_f}\right)_0, \quad d_{12} = \left(\frac{\partial p_2}{\partial T_0}\right)_0$$

$$d_{13} = \left(\frac{\partial p_2}{\partial p_0}\right)_0, \quad d_{21} = \left(\frac{\partial p_3}{\partial G_f}\right)_0, \quad d_{22} = \left(\frac{\partial p_3}{\partial T_0}\right)_0, \quad d_{23} = \left(\frac{\partial p_3}{\partial p_0}\right)_0$$

$$d_{31} = \left(\frac{\partial p_6}{\partial G_f}\right)_0, \quad d_{32} = \left(\frac{\partial p_6}{\partial T_0}\right)_0, \quad d_{33} = \left(\frac{\partial p_6}{\partial p_0}\right)_0, \quad d_{41} = \left(\frac{\partial T_6}{\partial G_f}\right)_0$$

$$d_{42} = \left(\frac{\partial T_6}{\partial T_0}\right)_0, \quad d_{43} = \left(\frac{\partial T_6}{\partial p_0}\right)_0, \quad d_{51} = \left(\frac{\partial Ne}{\partial G_f}\right)_0, \quad d_{52} = \left(\frac{\partial Ne}{\partial n_L}\right)_0$$

$$d_{53} = \left(\frac{\partial Ne}{\partial p_0}\right)_0, \quad f_{11} = \left(\frac{\partial p_2}{\partial \widetilde{\eta}_{LC}}\right)_0, \quad f_{12} = \left(\frac{\partial p_2}{\partial \widetilde{\eta}_{HC}}\right)_0, \quad f_{13} = \left(\frac{\partial p_2}{\partial \widetilde{\eta}_{HT}}\right)_0$$

$$f_{14} = \left(\frac{\partial p_2}{\partial \widetilde{\eta}_{LT}}\right)_0, \quad f_{15} = \left(\frac{\partial p_2}{\partial \widetilde{\eta}_{B}}\right)_0, \quad f_{21} = \left(\frac{\partial p_3}{\partial \widetilde{\eta}_{LC}}\right)_0, \quad f_{22} = \left(\frac{\partial p_3}{\partial \widetilde{\eta}_{HC}}\right)_0$$

$$f_{23} = \left(\frac{\partial p_3}{\partial \widetilde{\eta}_{HT}}\right)_0, \quad f_{24} = \left(\frac{\partial p_3}{\partial \widetilde{\eta}_{LT}}\right)_0, \quad f_{25} = \left(\frac{\partial p_3}{\partial \widetilde{\eta}_{B}}\right)_0, \quad f_{31} = \left(\frac{\partial p_6}{\partial \widetilde{\eta}_{LC}}\right)_0$$

$$f_{32} = \left(\frac{\partial p_6}{\partial \widetilde{\eta}_{HC}}\right)_0, \quad f_{33} = \left(\frac{\partial p_6}{\partial \widetilde{\eta}_{HT}}\right)_0, \quad f_{34} = \left(\frac{\partial p_6}{\partial \widetilde{\eta}_{LT}}\right)_0, \quad f_{35} = \left(\frac{\partial p_6}{\partial \widetilde{\eta}_{B}}\right)_0$$

$$f_{41} = \left(\frac{\partial T_6}{\partial \widetilde{\eta}_{LC}}\right)_0, \quad f_{42} = \left(\frac{\partial T_6}{\partial \widetilde{\eta}_{HC}}\right)_0, \quad f_{43} = \left(\frac{\partial T_6}{\partial \widetilde{\eta}_{HT}}\right)_0, \quad f_{44} = \left(\frac{\partial T_6}{\partial \widetilde{\eta}_{LT}}\right)_0$$

$$f_{45} = \left(\frac{\partial T_6}{\partial \widetilde{\eta}_{B}}\right)_0, \quad f_{51} = \left(\frac{\partial Ne}{\partial \widetilde{\eta}_{LC}}\right)_0, \quad f_{52} = \left(\frac{\partial Ne}{\partial \widetilde{\eta}_{HC}}\right)_0, \quad f_{53} = \left(\frac{\partial Ne}{\partial \widetilde{\eta}_{HT}}\right)_0$$

$$f_{54} = \left(\frac{\partial Ne}{\partial \widetilde{\eta}_{LT}}\right)_0, \quad f_{55} = \left(\frac{\partial Ne}{\partial \widetilde{\eta}_{B}}\right)_0$$

（2）求偏导数

通过抽取高压转子和低压转子轴上的功率和依次改变燃气轮机控制参数和健康参数值，利用 8.3 节 Simulink 仿真平台搭建的燃气轮机健康非线性仿真模型，通过平衡计算获取高低压转子转速和燃气轮机其他参数的变化量，计算各项偏导数。计算包括以下 11 种状态：

状态 1：计算给定工况的稳态参数值，记为 n_{H0}、n_{L0}、p_{20}、p_{30} 等。

状态 2：相对于状态 1 其他条件不变，在高压转子轴上抽取少量功率，即减少高压涡轮带动高压压气机的功率，使高压轴转速减小，并引起其他参数变化，通过非线性模型计算稳定后的转速及其他测量参数值，记为 n_{H1}、n_{L1}、p_{21}、p_{31} 等。可得抽取高压轴功率后各参数相对于状态 1 的变化量 Δn_{H1}、Δn_{L1}、Δp_{21}、Δp_{31} 等。

状态 3：相对于状态 1 其他条件不变，在低压转子轴上抽取少量功率，通过非线性模型计算稳定后的转速及其他测量参数值，记为 n_{H2}、n_{L2}、p_{22}、p_{32} 等。

状态 4：相对于状态 1 其他条件不变，燃油流量有少量变化，计算燃油流量偏离稳态值时各参数值 n_{H3}、n_{L3}、p_{23}、p_{33} 等。

状态 5：相对于状态 1 其他条件不变，燃气轮机入口温度 T_0 有少量变化，计算各参数值 n_{H4}、n_{L4}、p_{24}、p_{34} 等。

状态 6：相对于状态 1 其他条件不变，燃气轮机入口压力 p_0 有少量变化，计算各参数值 n_{H5}、n_{L5}、p_{25}、p_{35} 等。

状态 7：相对于状态 1 其他条件不变，低压压气机效率 η_{LC} 有少量变化，计算各参数值 n_{H6}、n_{L6}、p_{26}、p_{36} 等。

状态 8：相对于状态 1 其他条件不变，高压压气机效率 η_{HC} 有少量变化，计算各参数值 n_{H7}、n_{L7}、p_{27}、p_{37} 等。

状态 9：相对于状态 1 其他条件不变，高压涡轮效率 η_{HT} 有少量变化，计算各参数值 n_{H8}、n_{L8}、p_{28}、p_{38} 等。

状态 10：相对于状态 1 其他条件不变，低压涡轮效率 η_{LT} 有少量变化，计算各参数值 n_{H9}、n_{L9}、p_{29}、p_{39} 等。

状态 11：相对于状态 1 其他条件不变，燃烧室燃烧效率 η_B 有少量变化，计算各参数值 n_{H11}、n_{L11}、p_{211}、p_{311} 等。

由状态 2 和 3 可得方程组

$$\begin{pmatrix} \Delta M_H & 0 \\ 0 & \Delta M_L \end{pmatrix} = \begin{pmatrix} \left(\dfrac{\partial \Delta M_H}{\partial n_H}\right)_0 & \left(\dfrac{\partial \Delta M_H}{\partial n_L}\right)_0 \\ \left(\dfrac{\partial \Delta M_L}{\partial n_H}\right)_0 & \left(\dfrac{\partial \Delta M_L}{\partial n_L}\right)_0 \end{pmatrix} \begin{pmatrix} \Delta n_{H1} & \Delta n_{H2} \\ \Delta n_{L1} & \Delta n_{L2} \end{pmatrix} \qquad (8.4.18)$$

可解得 $\left(\dfrac{\partial \Delta M_H}{\partial n_H}\right)_0$、$\left(\dfrac{\partial \Delta M_H}{\partial n_L}\right)_0$、$\left(\dfrac{\partial \Delta M_L}{\partial n_H}\right)_0$、$\left(\dfrac{\partial \Delta M_L}{\partial n_L}\right)_0$。

由状态 4～6 可得方程组

$$\begin{pmatrix} 0 & 0 & 0 \\ 0 & 0 & 0 \end{pmatrix} = \begin{pmatrix} \left(\dfrac{\partial \Delta M_H}{\partial n_H}\right)_0 & \left(\dfrac{\partial \Delta M_H}{\partial n_L}\right)_0 \\ \left(\dfrac{\partial \Delta M_L}{\partial n_H}\right)_0 & \left(\dfrac{\partial \Delta M_L}{\partial n_L}\right)_0 \end{pmatrix} \begin{pmatrix} \Delta n_{H3} & \Delta n_{H4} & \Delta n_{H5} \\ \Delta n_{L3} & \Delta n_{L4} & \Delta n_{L5} \end{pmatrix} +$$

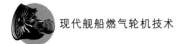

$$\left(\begin{matrix} \left(\dfrac{\partial \Delta M_H}{\partial G_f}\right)_0 & \left(\dfrac{\partial \Delta M_H}{\partial T_0}\right)_0 & \left(\dfrac{\partial \Delta M_H}{\partial P_0}\right)_0 \\ \left(\dfrac{\partial \Delta M_L}{\partial G_f}\right)_0 & \left(\dfrac{\partial \Delta M_L}{\partial T_0}\right)_0 & \left(\dfrac{\partial \Delta M_L}{\partial P_0}\right)_0 \end{matrix}\right)\left(\begin{matrix} \Delta G_f & 0 & 0 \\ 0 & \Delta T_0 & 0 \\ 0 & 0 & \Delta P_0 \end{matrix}\right)$$

$$(8.4.19)$$

将 $\left(\dfrac{\partial \Delta M_H}{\partial n_H}\right)$、$\left(\dfrac{\partial \Delta M_H}{\partial n_L}\right)_0$、$\left(\dfrac{\partial \Delta M_L}{\partial n_H}\right)_0$、$\left(\dfrac{\partial \Delta M_L}{\partial n_L}\right)_0$ 代入,可解得 $\left(\dfrac{\partial \Delta M_H}{\partial G_f}\right)_{00}$、$\left(\dfrac{\partial \Delta M_H}{\partial T_0}\right)_0$、$\left(\dfrac{\partial \Delta M_H}{\partial p_0}\right)$、$\left(\dfrac{\partial \Delta M_L}{\partial G_f}\right)_0$、$\left(\dfrac{\partial \Delta M_L}{\partial T_0}\right)_0$ 和 $\left(\dfrac{\partial \Delta M_L}{\partial p_0}\right)_0$。

由状态 7~13 可得方程组

$$\begin{pmatrix} 0 & 0 & 0 & 0 & 0 \\ 0 & 0 & 0 & 0 & 0 \end{pmatrix} = \begin{pmatrix} \left(\dfrac{\partial \Delta M_H}{\partial n_H}\right)_0 & \left(\dfrac{\partial \Delta M_H}{\partial n_L}\right)_0 \\ \left(\dfrac{\partial \Delta M_L}{\partial n_H}\right)_0 & \left(\dfrac{\partial \Delta M_L}{\partial n_L}\right)_0 \end{pmatrix} \begin{pmatrix} \Delta n_{H6} & \Delta n_{H7} & \Delta n_{H8} & \Delta n_{H9} & \Delta n_{H10} \\ \Delta n_{L6} & \Delta n_{L7} & \Delta n_{L8} & \Delta n_{L9} & \Delta n_{L10} \end{pmatrix} +$$

$$\begin{pmatrix} \left(\dfrac{\partial \Delta M_H}{\partial \tilde{\eta}_{LC}}\right)_0 & \left(\dfrac{\partial \Delta M_H}{\partial \tilde{\eta}_{HC}}\right)_0 & \left(\dfrac{\partial \Delta M_H}{\partial \tilde{\eta}_{HT}}\right)_0 & \left(\dfrac{\partial \Delta M_H}{\partial \tilde{\eta}_{LT}}\right)_0 & \left(\dfrac{\partial \Delta M_H}{\partial \tilde{\eta}_{B}}\right)_0 \\ \left(\dfrac{\partial \Delta M_L}{\partial \tilde{\eta}_{LC}}\right)_0 & \left(\dfrac{\partial \Delta M_L}{\partial \tilde{\eta}_{HC}}\right)_0 & \left(\dfrac{\partial \Delta M_L}{\partial \tilde{\eta}_{HT}}\right)_0 & \left(\dfrac{\partial \Delta M_L}{\partial \tilde{\eta}_{LT}}\right)_0 & \left(\dfrac{\partial \Delta M_L}{\partial \tilde{\eta}_{B}}\right)_0 \end{pmatrix} \cdot$$

$$\text{diag}(\Delta \tilde{\eta}_{LC} \quad \Delta \tilde{\eta}_{HC} \quad \Delta \tilde{\eta}_{HT} \quad \Delta \tilde{\eta}_{LT} \quad \Delta \tilde{\eta}_{B}) \qquad (8.4.20)$$

将 $\left(\dfrac{\partial \Delta M_H}{\partial n_H}\right)$、$\left(\dfrac{\partial \Delta M_H}{\partial n_L}\right)_0$、$\left(\dfrac{\partial \Delta M_L}{\partial n_H}\right)_0$、$\left(\dfrac{\partial \Delta M_L}{\partial n_L}\right)_0$ 代入,可解得 $\left(\dfrac{\partial \Delta M_H}{\partial \tilde{\eta}_{LC}}\right)_0$、$\left(\dfrac{\partial \Delta M_H}{\partial \tilde{\eta}_{HC}}\right)$、$\left(\dfrac{\partial \Delta M_H}{\partial \tilde{\eta}_{HT}}\right)_0$、$\left(\dfrac{\partial \Delta M_H}{\partial \tilde{\eta}_{LT}}\right)_0$、$\left(\dfrac{\partial \Delta M_H}{\partial \tilde{\eta}_{B}}\right)_0$、$\left(\dfrac{\partial \Delta M_L}{\partial \tilde{\eta}_{LC}}\right)_0$、$\left(\dfrac{\partial \Delta M_L}{\partial \tilde{\eta}_{HC}}\right)_0$、$\left(\dfrac{\partial \Delta M_L}{\partial \tilde{\eta}_{HT}}\right)_0$、$\left(\dfrac{\partial \Delta M_L}{\partial \tilde{\eta}_{LT}}\right)_0$ 和 $\left(\dfrac{\partial \Delta M_L}{\partial \tilde{\eta}_{B}}\right)_0$。

类似的,可得测量方程的各偏导数。

利用燃气轮机健康非线性仿真模型,通过上述小扰动法求得以上各偏导数,得线性连续系统模型为

$$\Delta \dot{x} = A\Delta x + B\Delta u + E\Delta h + w \qquad (8.4.21a)$$

$$\Delta y = C\Delta x + D\Delta u + F\Delta h + v \qquad (8.4.21b)$$

其中,

$$A = \begin{bmatrix} 14.18 & 2.49 \\ -12.37 & 15.27 \end{bmatrix}, \quad B = \begin{bmatrix} -2.77 & -5.85 & 6.79 \\ -2.09 & 3.60 & 5.14 \end{bmatrix}$$

$$C = \begin{bmatrix} -2.48 & 2.51 \\ 0.26 & 1.26 \\ 0.24 & 1.11 \\ -0.08 & -0.73 \\ 0.41 & 1.69 \end{bmatrix}, \quad D = \begin{bmatrix} 0.11 & -0.01 & 2.26 \\ 0.05 & -0.14 & 0.34 \\ 0.25 & -0.79 & 1.87 \\ 0.59 & 1.10 & -1.43 \\ 0.75 & -0.90 & 0.60 \end{bmatrix}$$

$$E = \begin{bmatrix} 1.54 & -6.25 & -7.19 & -0.08 & -2.80 \\ -9.10 & 0.51 & 0.99 & -5.22 & -2.11 \end{bmatrix}$$

$$F = \begin{bmatrix} -0.70 & -0.05 & -0.01 & 0.00 & 0.10 \\ -0.01 & -0.09 & -0.02 & 0.00 & 0.27 \\ -0.01 & -0.08 & -0.10 & -0.07 & 0.24 \\ -0.23 & -0.17 & -0.23 & -0.17 & 0.61 \\ -0.12 & -0.23 & -0.30 & -0.21 & 0.74 \end{bmatrix}$$

3. 滤波器设计

从数学意义上,可将 Δh 作视为状态变量,状态变量增广的燃气轮机线性模型为

$$\Delta \dot{x}_a = A_a \Delta x_a + B_a \Delta u + w \tag{8.4.22a}$$

$$\Delta y = H \Delta x_a + D \Delta u + v \tag{8.4.22b}$$

式中:$\Delta x_a = \begin{bmatrix} \Delta x \\ \Delta h \end{bmatrix}$,$A_a = \begin{bmatrix} A & E \\ 0 & 0 \end{bmatrix}$,$B_a = \begin{bmatrix} B \\ 0 \end{bmatrix}$,$H = \begin{bmatrix} C & F \end{bmatrix}$。考虑燃气轮机的性能退化一般是一个缓慢发展的过程,可以认为在一定时间内 Δh 保持定值,故式中假设 $\Delta \dot{h} = 0$。

滤波初始条件 $E[x(0)] = \hat{x}_0$,$E[(x(0) - \hat{x}_0)(x(0) - \hat{x}_0)^T] = P_0$。

状态预测方程为

$$\Delta \dot{\hat{x}}_a = A_a \Delta \hat{x}_a + B_a \Delta u + K(\Delta y - H \Delta \hat{x}_a - D \Delta u) \tag{8.4.23}$$

卡尔曼增益为

$$K = PHR^{-1} \tag{8.4.24}$$

状态误差协方差矩阵 $P = E[(x(t) - \hat{x}(t))(x(t) - \hat{x}(t))^T]$ 是 Riccati 方程(8.4.25)的解

$$\dot{P} = A_a P + P A_a^T + Q - P H^T R^{-1} H P \tag{8.4.25}$$

对于定常系统,P 的稳态解是下式代数方程的唯一非负定解

$$0 = A_a P + P A_a^T + Q - P H^T R^{-1} H P \tag{8.4.26}$$

4. 连续模型离散化

定常连续系统状态方程 $\Delta \dot{x}_a = A_a \Delta x_a + B_a \Delta u + w$ 在 $\Delta x_a(t_0)$ 及 $\Delta u(t)$ 作用下的解为

$$\Delta x_a(t) = \Phi(t - t_0) \Delta x_a(t_0) + \int_{t_0}^{t} \Phi(t - \tau)[B_a \Delta u(\tau) + w(\tau)] d\tau$$

$$\tag{8.4.27}$$

式中:$\Phi(t - t_0) = e^{A_a(t - t_0)}$ 为状态转移矩阵。令 $t_0 = kT$,则 $\Delta x_a(t_0) = \Delta x_a(kT) = \Delta x_a(k)$;令 $t = (k+1)T$,则 $\Delta x_a(t) = \Delta x_a[(k+1)T] = \Delta x_a(k+1)$;在 $t \in$

$[kT,(k+1)T]$ 区间内，$\boldsymbol{u}(t)=\boldsymbol{u}(k)=\text{const}$，$\boldsymbol{w}(t)=\boldsymbol{w}(k)=\text{const}$，于是解化为

$$\Delta\boldsymbol{x}_a(k+1)=\boldsymbol{\Phi}(T)\Delta\boldsymbol{x}_a(k)+\int_{kT}^{kT+T}\boldsymbol{\Phi}[(k+1)T-\tau]\boldsymbol{B}_a\mathrm{d}\tau\Delta\boldsymbol{u}(k)+$$

$$\int_{kT}^{kT+T}\boldsymbol{\Phi}[(k+1)T-\tau]\mathrm{d}\tau\boldsymbol{w}(k) \tag{8.4.28}$$

记 $\boldsymbol{G}(T)=\int_{kT}^{kT+T}\boldsymbol{\Phi}[(k+1)T-\tau]\boldsymbol{B}_a\mathrm{d}\tau$，$\boldsymbol{\Gamma}(T)=\int_{kT}^{kT+T}\boldsymbol{\Phi}[(k+1)T-\tau]\mathrm{d}\tau$，

令 $\tau'=(k+1)T-\tau$，则 $\boldsymbol{G}(T)=\int_0^T\boldsymbol{\Phi}(\tau')\boldsymbol{B}_a\mathrm{d}\tau'$，$\boldsymbol{\Gamma}(T)=\int_0^T\boldsymbol{\Phi}(\tau')\mathrm{d}\tau'$。

令 $\boldsymbol{w}'(k)=\boldsymbol{\Gamma}(T)\boldsymbol{w}(k)$，则离散化状态方程为

$$\Delta\boldsymbol{x}_a(k+1)=\boldsymbol{\Phi}(T)\Delta\boldsymbol{x}_a(k)+\boldsymbol{G}(T)\Delta\boldsymbol{u}(k)+\boldsymbol{w}'(k) \tag{8.4.29}$$

离散化系统的输出方程为

$$\Delta\boldsymbol{y}(k)=\boldsymbol{H}\Delta\boldsymbol{x}_a(k)+\boldsymbol{D}\Delta\boldsymbol{u}(k)+\boldsymbol{v}(k) \tag{8.4.30}$$

采样时间取为 0.1，燃气轮机线性模型 (8.4.22) 离散化后的系数矩阵为

$$\boldsymbol{\Phi}=\begin{bmatrix} 3.49 & 1.03 & 0.01 & -1.26 & -1.44 & -0.19 & -0.65 \\ -5.13 & 3.94 & -2.26 & 1.17 & 1.44 & -1.13 & 0.01 \\ 0.00 & 0.00 & 1.00 & 0.00 & 0.00 & 0.00 & 0.00 \\ 0.00 & 0.00 & 0.00 & 1.00 & 0.00 & 0.00 & 0.00 \\ 0.00 & 0.00 & 0.00 & 0.00 & 1.00 & 0.00 & 0.00 \\ 0.00 & 0.00 & 0.00 & 0.00 & 0.00 & 1.00 & 0.00 \\ 0.00 & 0.00 & 0.00 & 0.00 & 0.00 & 0.00 & 1.00 \end{bmatrix}$$

$$\boldsymbol{G}=\begin{bmatrix} -0.64 & -1.08 & 1.57 \\ 0.01 & 1.78 & -0.02 \\ 0.00 & 0.00 & 0.00 \\ 0.00 & 0.00 & 0.00 \\ 0.00 & 0.00 & 0.00 \\ 0.00 & 0.00 & 0.00 \\ 0.00 & 0.00 & 0.00 \end{bmatrix}$$

$$\boldsymbol{H}=\begin{bmatrix} -2.48 & 2.51 & -0.70 & -0.05 & -0.01 & 0.00 & 0.10 \\ 0.26 & 1.26 & -0.01 & -0.09 & -0.02 & 0.00 & 0.27 \\ 0.24 & 1.11 & -0.01 & -0.08 & -0.10 & -0.07 & 0.24 \\ -0.08 & -0.73 & -0.23 & -0.17 & -0.23 & -0.17 & 0.61 \\ 0.41 & 1.69 & -0.12 & -0.23 & -0.30 & -0.21 & 0.74 \end{bmatrix}$$

由 8.4.2 小节假设知 $\boldsymbol{w}'$ 和 $\boldsymbol{v}$ 为均值为 0，方差阵分别为 $\boldsymbol{Q}'$ 和 $\boldsymbol{R}$ 的不相关的高斯白噪声，$\boldsymbol{Q}'=\boldsymbol{\Gamma}\boldsymbol{Q}\boldsymbol{\Gamma}^{\mathrm{T}}$。卡尔曼滤波器递推公式为

状态一步预测：

$$\Delta\hat{\boldsymbol{x}}_a(k+1\mid k)=\boldsymbol{\Phi}\Delta\hat{\boldsymbol{x}}_a(k\mid k)+\boldsymbol{G}\Delta\boldsymbol{u}(k) \tag{8.4.31}$$

新息：
$$\boldsymbol{\varepsilon}(k+1)=\Delta \boldsymbol{y}(k+1)-\boldsymbol{H}\Delta \hat{\boldsymbol{x}}_a(k+1\mid k)-\boldsymbol{D}\Delta \boldsymbol{u}(k) \qquad (8.4.32)$$

状态更新：
$$\Delta \hat{\boldsymbol{x}}_a(k+1\mid k+1)=\Delta \hat{\boldsymbol{x}}_a(k+1\mid k)+\boldsymbol{K}(k+1)\boldsymbol{\varepsilon}(k+1) \qquad (8.4.33)$$

滤波增益矩阵：
$$\boldsymbol{K}(k+1)=\boldsymbol{P}(k+1\mid k)\boldsymbol{H}^{\mathrm{T}}[\boldsymbol{H}\boldsymbol{P}(k+1\mid k)\boldsymbol{H}^{\mathrm{T}}+\boldsymbol{R}]^{-1} \qquad (8.4.34)$$

一步预测协方差阵：
$$\boldsymbol{P}(k+1\mid k)=\boldsymbol{\Phi}\boldsymbol{P}(k\mid k)\boldsymbol{\Phi}^{\mathrm{T}}+\boldsymbol{Q}' \qquad (8.4.35)$$

协方差阵更新：
$$\boldsymbol{P}(k+1\mid k+1)=[\boldsymbol{I}_n-\boldsymbol{K}(k+1)\boldsymbol{H}]\boldsymbol{P}(k+1\mid k) \qquad (8.4.36)$$

初始值：
$$\Delta \hat{\boldsymbol{x}}_a(0\mid 0)=\Delta \hat{\boldsymbol{x}}_a(0), \quad \boldsymbol{P}(0\mid 0)=\boldsymbol{P}_0$$

5. 卡尔曼滤波器的稳定性及系统的可观测性和可控性

滤波器的稳定性问题是指研究滤波初值选取对滤波器精度的影响，即是否无论怎样选取滤波初值，只要时间充分长，就能保证滤波估值与最小方差估值任意接近。

式(8.4.33)描述的线性定常离散系统的卡尔曼滤波方程可以写为
$$\Delta \hat{\boldsymbol{x}}_a(k+1\mid k+1)=\boldsymbol{\Psi}(k+1\mid k)\Delta \hat{\boldsymbol{x}}_a(k\mid k)+\Delta \boldsymbol{U}_a(k+1) \qquad (8.4.37)$$
其中，$\boldsymbol{\Psi}(k+1\mid k)=[\boldsymbol{I}-\boldsymbol{K}(k+1)\boldsymbol{H}]\boldsymbol{\Phi}$ 为滤波系统的转移矩阵，$\Delta \boldsymbol{U}_a(k+1)=\boldsymbol{K}(k+1)\Delta \boldsymbol{y}(k+1)+[\boldsymbol{G}-\boldsymbol{K}(k+1)\boldsymbol{H}\boldsymbol{G}-\boldsymbol{K}(k+1)\boldsymbol{D}]\Delta \boldsymbol{u}(k)$ 为滤波系统的输入项。滤波器的稳定性可以用式(8.4.37)的线性系统的稳定性来分析，可是转移矩阵 $\boldsymbol{\Psi}(k+1\mid k)$ 中 $\boldsymbol{K}(k+1)$ 是时变的，通过 $\boldsymbol{\Psi}(k+1\mid k)$ 来分析滤波稳定性是不方便的。

经典卡尔曼滤波理论已经给出滤波器稳定的充分条件，即如果随机线性系统是一致完全能控和一致完全能观的，那么其线性最优滤波系统是一致渐进稳定的。也就是说，判定一个最优滤波系统是否为一致渐进稳定，只需要考察这个系统本身是否为一致完全能控和一致完全能观的，如果满足，则滤波初值 $\Delta \hat{\boldsymbol{x}}_a(0)$ 和 $\boldsymbol{P}_0$ 可以任意选取。

状态空间描述的系统的可观测性和可控性判据有很多，如格拉姆矩阵判据、秩判据、PBH 秩判据和对角线规范型判据等，本节只介绍秩判据和 PBH 秩判据。

(1) 线性定常连续系统的可观测性和可控性判据

考虑线性定常连续系统
$$\Delta \dot{\boldsymbol{x}}_a=\boldsymbol{A}_a\Delta \boldsymbol{x}_a+\boldsymbol{B}_a\Delta \boldsymbol{u} \qquad (8.4.38a)$$
$$\Delta \boldsymbol{y}=\boldsymbol{H}\Delta \boldsymbol{x}_a+\boldsymbol{D}\Delta \boldsymbol{u} \qquad (8.4.38b)$$
其完全可观测的充分必要条件为
$$\mathrm{rank}\,\boldsymbol{V}=\mathrm{rank}[\boldsymbol{H}^{\mathrm{T}} \quad \boldsymbol{A}_a^{\mathrm{T}}\boldsymbol{H}^{\mathrm{T}} \quad \cdots \quad (\boldsymbol{A}_a^{\mathrm{T}})^{n-1}\boldsymbol{H}^{\mathrm{T}}]=\dim(\Delta \boldsymbol{x}_a) \qquad (8.4.39)$$
或对矩阵 $\boldsymbol{A}_a$ 的所有特征值 $\lambda_i(i=1,2,\cdots,n)$，均有

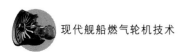

$$\text{rank} \begin{bmatrix} \lambda_i \boldsymbol{I} - \boldsymbol{A}_a \\ \boldsymbol{H} \end{bmatrix} = \dim(\Delta \boldsymbol{x}_a) \tag{8.4.40}$$

式中：$\boldsymbol{V} = [\boldsymbol{H}^{\mathrm{T}} \quad \boldsymbol{A}_a^{\mathrm{T}} \boldsymbol{H}^{\mathrm{T}} \quad \cdots \quad (\boldsymbol{A}_a^{\mathrm{T}})^{n-1} \boldsymbol{H}^{\mathrm{T}}]$ 称为可观性判别阵，rank 表示求矩阵的秩，dim 表示向量的维数，$\dim(\Delta \boldsymbol{x}_a) = n$。式(8.4.39)称为秩判据，式(8.4.40)称为 PBH 秩判据。由 $\boldsymbol{A}_a = \begin{bmatrix} \boldsymbol{A} & \boldsymbol{E} \\ \boldsymbol{0} & \boldsymbol{0} \end{bmatrix}$ 知，$\boldsymbol{A}_a$ 的 0 特征值个数至少和健康参数的个数一样多，对于 0 特征值，可观性准则即是 $\text{rank} \begin{bmatrix} -\boldsymbol{A}_a \\ \boldsymbol{H} \end{bmatrix} = \dim(\Delta \boldsymbol{x}_a)$，故 $\boldsymbol{H}$ 的行数（即测量参数个数）要至少等于退化因子的个数。通常传感器的个数要少于表征所有部件状态的退化因子的个数，故需要对退化因子集进行选择或者降维。8.3 节对退化因子的选择问题进行了探讨。退化因子集的降维见 8.4.2 小节。

式(8.4.38a)完全可控的充分必要条件为

$$\text{rank } \boldsymbol{S} = \text{rank}[\boldsymbol{B}_a \quad \boldsymbol{A}_a \boldsymbol{B}_a \quad \cdots \quad \boldsymbol{A}_a^{n-1} \boldsymbol{B}_a] = \dim(\Delta \boldsymbol{x}_a) \tag{8.4.41}$$

或对矩阵 $\boldsymbol{A}_a$ 的所有特征值 $\lambda_i (i = 1, 2, \cdots, n)$，均有

$$\text{rank} [\lambda_i \boldsymbol{I} - \boldsymbol{A}_a \quad \boldsymbol{B}_a] = \dim(\Delta \boldsymbol{x}_a) \tag{8.4.42}$$

式中：$\boldsymbol{S} = [\boldsymbol{B}_a \quad \boldsymbol{A}_a \boldsymbol{B}_a \quad \cdots \quad \boldsymbol{A}_a^{n-1} \boldsymbol{B}_a]$ 称为可控性判别阵。式(8.4.41)称为秩判据，式(8.4.42)称为 PBH 秩判据。

（2）线性定常离散系统的可观测性和可控性判据

考虑线性定常离散系统

$$\Delta \boldsymbol{x}_a (k+1) = \boldsymbol{\Phi} \Delta \boldsymbol{x}_a (k) + \boldsymbol{G} \Delta \boldsymbol{u}(k) \tag{8.4.43a}$$

$$\Delta \boldsymbol{y}(k) = \boldsymbol{H} \Delta \boldsymbol{x}_a (k) + \boldsymbol{D} \Delta \boldsymbol{u}(k) \tag{8.4.43b}$$

其可观测的充分必要条件为

$$\text{rank } \boldsymbol{V} = \text{rank}[\boldsymbol{H}^{\mathrm{T}} \quad \boldsymbol{\Phi}^{\mathrm{T}} \boldsymbol{H}^{\mathrm{T}} \quad \cdots \quad (\boldsymbol{\Phi}^{\mathrm{T}})^{n-1} \boldsymbol{H}^{\mathrm{T}}] = \dim(\Delta \boldsymbol{x}_a) \tag{8.4.44}$$

其可控的充分必要条件为

$$\text{rank } \boldsymbol{S} = \text{rank}[\boldsymbol{G} \quad \boldsymbol{\Phi} \boldsymbol{G} \quad \cdots \quad \boldsymbol{\Phi}^{n-1} \boldsymbol{G}] = \dim(\Delta \boldsymbol{x}_a) \tag{8.4.45}$$

8.4.2 小节离散化后的系统 rank $\boldsymbol{V} = 7$，增广状态参数的维数 $\dim(\Delta \boldsymbol{x}_a) = 7$，系统可观，而 rank $\boldsymbol{S} = 2$，小于增广状态参数的维数，故系统是不可控的。

由于燃气轮机增广状态空间模型可观测但不可控，故卡尔曼滤波不能保证一定是稳定的，滤波的精度极大地取决于初值的选取，若初值选取不当，则滤波很容易发散。

6. 基于截断奇异值分解的系统可观性改进

状态空间可观性准则要求估计的退化因子的个数不能超过测量参数个数。传感器的安装受多方限制，测量参数一般是固定的，对于要估计的退化因子多于测量参数个数的亚定估计情况，可考虑截断奇异值分解降低退化因子集的维数。

对于式(8.4.22)的增广系统,虽然满足了可观性条件,但状态方程中增广的 $\boldsymbol{A}$ 和 $\boldsymbol{B}$ 系数矩阵中对应于退化因子的系数均为 0,通常是不满足一致可控性条件的,因而相应的卡尔曼滤波器仍不一定是稳定的,初值选取不当滤波往往是发散的。为解决这个问题,本节采用截断奇异值分解降低退化因子估计维数的方法改进系统的可观性和可控性,提高滤波器的稳定性。

式(8.4.21)描述的线性连续系统,由退化因子引起的偏移为

$$\boldsymbol{\delta} = \begin{bmatrix} \boldsymbol{E} \\ \boldsymbol{F} \end{bmatrix} \Delta \boldsymbol{h} = \boldsymbol{L} \Delta \boldsymbol{h} \tag{8.4.46}$$

如果将退化因子向量降维,则可以进一步改善系统的可观性和可控性。通过对 $\boldsymbol{L}$ 的奇异值分解来实现。由于 $\boldsymbol{L}$ 中行向量数值大小不一,先将行向量单位化。将 $\boldsymbol{L}$ 左乘向量 $\boldsymbol{W}^{-1}$,得 $\boldsymbol{L}_2 = \boldsymbol{W}^{-1} \boldsymbol{L}$,其中,

$$\boldsymbol{W} = \begin{bmatrix} \sqrt{\boldsymbol{l}_1 \boldsymbol{l}_1^{\mathrm{T}}} & \cdots & 0 \\ \vdots & & \vdots \\ 0 & \cdots & \sqrt{\boldsymbol{l}_m \boldsymbol{l}_m^{\mathrm{T}}} \end{bmatrix} \tag{8.4.47}$$

式中:$\boldsymbol{l}_i$ 表示 $\boldsymbol{L}$ 的第 i 行。对 $\boldsymbol{L}_2$ 进行奇异值分解,有

$$\boldsymbol{L}_2 = \boldsymbol{W}^{-1} \boldsymbol{L} = \boldsymbol{U} \boldsymbol{\Lambda} \boldsymbol{V}^{\mathrm{T}} \tag{8.4.48}$$

即

$$\boldsymbol{L} = (\boldsymbol{W}\boldsymbol{U}) \boldsymbol{\Lambda} \boldsymbol{V}^{\mathrm{T}} = \boldsymbol{U}^* \boldsymbol{\Lambda} \boldsymbol{V}^{\mathrm{T}} \tag{8.4.49}$$

截取前 k 个奇异值,即令 $r-k$ 个较小奇异值为 0,有

$$\boldsymbol{L} = \boldsymbol{U}^* \boldsymbol{\Lambda} \boldsymbol{V}^{\mathrm{T}} \approx \boldsymbol{U}_k^* \boldsymbol{\Lambda}_k \boldsymbol{V}_k^{\mathrm{T}} \tag{8.4.50}$$

式中:$\boldsymbol{U}_k^*$、$\boldsymbol{V}_k$ 分别表示 $\boldsymbol{U}^*$ 和 $\boldsymbol{V}$ 的第 $1 \sim k$ 列,则

$$\boldsymbol{L} \Delta \boldsymbol{h} \approx (\boldsymbol{U}_k^* \boldsymbol{\Lambda}_k) (\boldsymbol{V}_k^{\mathrm{T}} \Delta \boldsymbol{h}) = \hat{\boldsymbol{U}} \Delta \boldsymbol{q} = \begin{pmatrix} \boldsymbol{U}_E \\ \boldsymbol{U}_F \end{pmatrix} \Delta \boldsymbol{q} \tag{8.4.51}$$

式中:$\hat{\boldsymbol{U}} = \boldsymbol{U}_k^* \boldsymbol{\Lambda}_k$,$\Delta \boldsymbol{q} = \boldsymbol{V}_k^{\mathrm{T}} \Delta \boldsymbol{h}$,$\boldsymbol{U}_E$、$\boldsymbol{U}_F$ 分别与 $\boldsymbol{E}$、$\boldsymbol{F}$ 行数相同,则式(8.4.21)可增广为

$$\begin{pmatrix} \Delta \dot{\boldsymbol{x}} \\ \Delta \dot{\boldsymbol{q}} \end{pmatrix} = \begin{pmatrix} \boldsymbol{A} & \boldsymbol{U}_E \\ \boldsymbol{0} & \boldsymbol{0} \end{pmatrix} \begin{pmatrix} \Delta \boldsymbol{x} \\ \Delta \boldsymbol{q} \end{pmatrix} + \begin{pmatrix} \boldsymbol{B} \\ \boldsymbol{0} \end{pmatrix} \Delta \boldsymbol{u} + \boldsymbol{w}' \tag{8.4.52a}$$

$$\Delta \boldsymbol{y} = \begin{pmatrix} \boldsymbol{C} & \boldsymbol{U}_F \\ \boldsymbol{0} & \boldsymbol{0} \end{pmatrix} \begin{pmatrix} \Delta \boldsymbol{x} \\ \Delta \boldsymbol{q} \end{pmatrix} + \boldsymbol{D} \Delta \boldsymbol{u} + \boldsymbol{v} \tag{8.4.52b}$$

经卡尔曼滤波估计得到 $\Delta \boldsymbol{q}$,由 $\Delta \boldsymbol{h} = (\boldsymbol{V}_k^{\mathrm{T}})^{-1} \Delta \boldsymbol{q}$ 可得退化因子的估计。

通过上述方法对退化因子向量降维,式(8.4.52)描述的系统虽然不能实现一致可控性,但系统的可观性可以明显提高(尤其是要估计的退化因子的数目多于测量参数的情况下),滤波的稳定性要大大提高。

对 8.4.2 小节求得的矩阵 $\boldsymbol{L} = [\boldsymbol{E} \quad \boldsymbol{F}]^{\mathrm{T}}$ 单位化后的 $\boldsymbol{L}_2$ 进行奇异值分解,奇异值为 1.99、1.36、0.98、0.44 和 0.17,取前 4 个奇异值,即 $\boldsymbol{U}_k^*$、$\boldsymbol{V}_k$ 分别取 $\boldsymbol{U}^*$ 和 $\boldsymbol{V}$ 的

第 1～4 列进行降维。式(8.4.21)描述的线性连续系统和式(8.4.52)描述的截断 SVD 法降维线性连续系统,经离散化后由卡尔曼滤波对植入退化的退化因子进行估计,比较结果如图 8.36～8.45 所示。由图可知,原低压压气机效率、高压压气机效率和低压涡轮效率等退化因子估计值是发散的,采用截断 SVD 法将退化因子的估计由 5 维降为 4 维后提高了系统的可观性,滤波稳定性有明显改善。当然,受状态空间模型精度的限制,滤波器是次优的。

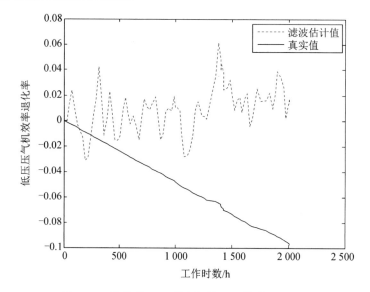

图 8.36 降维前 LPC 效率退化因子估计(见彩图)

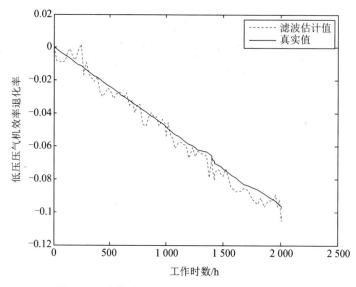

图 8.37 降维后 LPC 效率退化因子估计(见彩图)

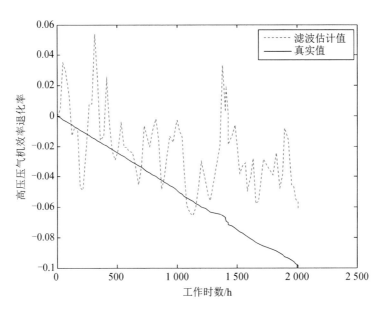

图 8.38　降维前 HPC 效率退化因子估计(见彩图)

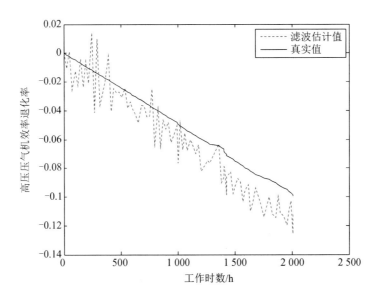

图 8.39　降维后 HPC 效率退化因子估计(见彩图)

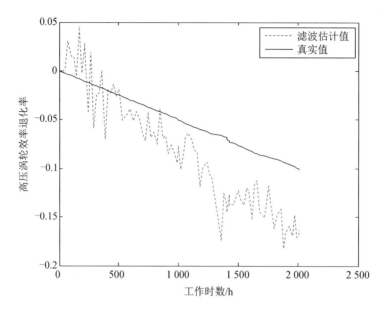

图 8.40　降维前的 HPT 效率退化因子估计(见彩图)

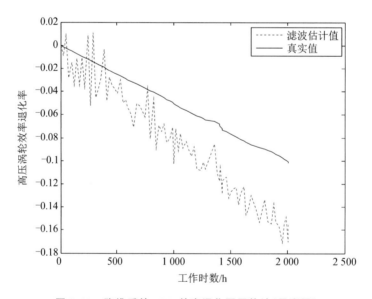

图 8.41　降维后的 HPT 效率退化因子估计(见彩图)

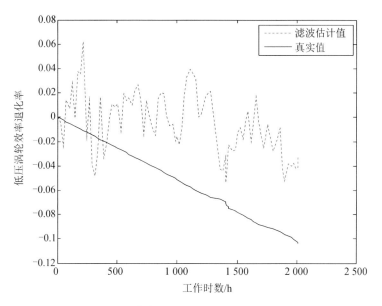

图 8.42　降维前的 LPT 效率退化因子估计 (见彩图)

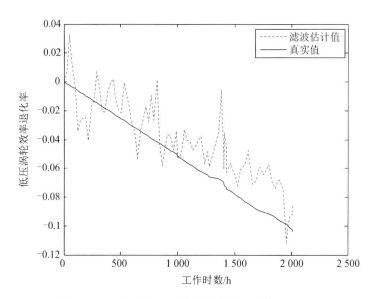

图 8.43　降维后的 LPT 效率退化因子估计 (见彩图)

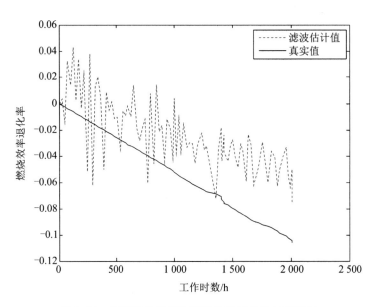

图 8.44　降维前的燃烧效率退化因子估计(见彩图)

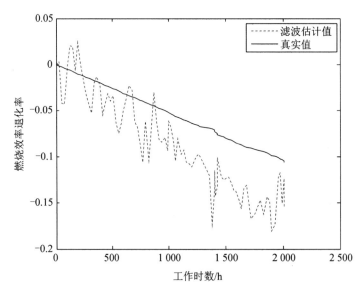

图 8.45　降维后的燃烧效率退化因子估计(见彩图)

8.4.3　强跟踪平方根卡尔曼滤波

滤波发散是指随着测量数目增加,估计值相对实际值的偏差越来越大,使滤波器失去估计作用。模型和噪声的统计特性不准确导致的发散称为滤波发散,由计算机的舍入误差引起的滤波发散为计算发散。

当滤波模型不准确时,随着测量数目增加,误差方差阵趋于 **0**,使滤波增益系数逐渐减小,使当前测量值对滤波的修正作用丧失。加大当前测量值的权系数,降低早期测量值的权系数可抑制滤波发散。衰减记忆滤波和限定记忆滤波、误差方差阵加权滤波等均是基于此思路提出的抑制滤波发散的方法。强跟踪滤波是误差方差阵自动加权滤波的一种,由周东华在 1990 年提出,通过动态调整增大状态参数滤波误差的协方差阵,用来解决模型和噪声统计特性存在误差的情况下滤波器保持稳定即滤波鲁棒性的问题,后逐步推广和完善,得到广泛应用。

由于计算机存在舍入误差,在滤波递推过程中使滤波误差方差阵 $P(k+1|k+1)$ 和 $P(k+1|k)$ 失去对称非负定性,以致滤波增益 K 计算值与理论值的差越来越大而失去合适的加权作用,使滤波发散。为了解决此问题,Potter 最早提出了平方根滤波的思想,Bellantoni 和 Andrews 将其进行了推广。QR 分解和奇异值分解均可以得到滤波误差方差阵 P 的平方根矩阵。由于 P 是正定矩阵,也可以采用 Cholesky 分解来求其平方根矩阵。

本节综合强跟踪滤波和平方根滤波的优点,提出以下强跟踪平方根卡尔曼滤波方法,其算法如下:

考虑离散系统,即

$$\Delta \boldsymbol{x}_a(k+1) = \boldsymbol{\Phi} \Delta \boldsymbol{x}_a(k) + \boldsymbol{G} \Delta \boldsymbol{u}(k) + \boldsymbol{w}(k) \tag{8.4.53a}$$

$$\Delta \boldsymbol{y}(k) = \boldsymbol{H} \Delta \boldsymbol{x}_a(k) + \boldsymbol{D} \Delta \boldsymbol{u}(k) + \boldsymbol{v}(k) \tag{8.4.53b}$$

设 w 和 v 为 **0**,方差阵分别为 $\boldsymbol{Q}$ 和 $\boldsymbol{R}$ 的不相关的高斯白噪声。

(1) 时间更新

$$\Delta \hat{\boldsymbol{x}}_a(k+1|k) = \boldsymbol{\Phi} \Delta \hat{\boldsymbol{x}}_a(k|k) + \boldsymbol{G} \Delta \boldsymbol{u}(k) \tag{8.4.54}$$

$$\boldsymbol{P}(k+1|k) = \lambda_k \boldsymbol{\Phi} \boldsymbol{P}(k|k) \boldsymbol{\Phi}^{\mathrm{T}} + \boldsymbol{Q} \tag{8.4.55}$$

(2) 测量更新

$$\boldsymbol{\varepsilon}(k+1) = \Delta \boldsymbol{y}(k+1) - \boldsymbol{H} \Delta \hat{\boldsymbol{x}}_a(k+1|k) - \boldsymbol{D} \Delta \boldsymbol{u}(k) \tag{8.4.56}$$

$$\boldsymbol{V}_k^0 = \begin{cases} \boldsymbol{\varepsilon}_1 \boldsymbol{\varepsilon}_1^{\mathrm{T}}, & k=0 \\ \dfrac{\rho \boldsymbol{V}_{k-1}^0 + \boldsymbol{\varepsilon}_k \boldsymbol{\varepsilon}_k^{\mathrm{T}}}{1+\rho}, & k \geqslant 1 \end{cases} \tag{8.4.57}$$

$$\boldsymbol{N}_k = \boldsymbol{V}_k^0 - \boldsymbol{H} \boldsymbol{Q} \boldsymbol{H}^{\mathrm{T}} - \beta \boldsymbol{R} \tag{8.4.58}$$

$$\boldsymbol{M}_k = \boldsymbol{H} \boldsymbol{\Phi} \boldsymbol{P}(k-1|k-1) \boldsymbol{\Phi}^{\mathrm{T}} \boldsymbol{H}^{\mathrm{T}} \tag{8.4.59}$$

$$\lambda_0 = \frac{\mathrm{tr}(\boldsymbol{N}_k)}{\mathrm{tr}(\boldsymbol{M}_k)} \tag{8.4.60}$$

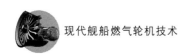

$$\lambda_k = \begin{cases} \lambda_0, & \lambda_0 \geqslant 1 \\ 1, & \lambda_0 < 1 \end{cases} \tag{8.4.61}$$

式中：ρ 为遗忘因子，$0 < \rho \leqslant 1$；β 为弱化因子，$\beta \geqslant 1$。

为避免增益矩阵求逆运算，状态更新和协方差更新采用序贯处理来实现。

用 Cholesky 分解求取 $\boldsymbol{P}(k|k-1)$ 平方根 $\boldsymbol{S}(k|k-1)$，即

$$\boldsymbol{P}(k \mid k-1) = \boldsymbol{S}(k \mid k-1)\boldsymbol{S}(k \mid k-1)^{\mathrm{T}} \tag{8.4.62}$$

对于 n 维独立测量向量 $\Delta \boldsymbol{y}$，测量噪声方差阵为对角阵 $\boldsymbol{R}_k = \mathrm{diag}(R_k^1, R_k^2, \cdots, R_k^n)$。令 y_k^j 为第 k 次测量向量的第 j 个分量，$y_k^1, y_k^2, \cdots, y_k^n$ 可看作是在时刻顺序得到的测量值，时间间隔为 0，不必进行时间更新，只需测量更新。取 $\hat{\boldsymbol{x}}_k^0 = \Delta \hat{\boldsymbol{x}}_a(k|k-1)$，$\boldsymbol{S}_k^0 = \boldsymbol{S}(k|k-1)$，对于 $j = 1, 2, \cdots, n$，依次序贯求下列方程：

$$\boldsymbol{a}_k^j = (\boldsymbol{H}_k^j \boldsymbol{S}_k^{j-1})^{\mathrm{T}} \tag{8.4.63}$$

$$\boldsymbol{b}_k^j = (\boldsymbol{a}_k^{j\mathrm{T}} \boldsymbol{a}_k^j + \boldsymbol{R}_k^j)^{-1} \tag{8.4.64}$$

$$\boldsymbol{\gamma}_k^j = (1 + \sqrt{\boldsymbol{b}_k^j \boldsymbol{R}_k^j})^{-1} \tag{8.4.65}$$

$$\boldsymbol{K}_k^j = \boldsymbol{b}_k^j \boldsymbol{S}_k^{j-1} \boldsymbol{a}_k^j \tag{8.4.66}$$

$$\hat{\boldsymbol{x}}_k^j = \hat{\boldsymbol{x}}_k^{j-1} + \boldsymbol{K}_k^j (y_k^j - \boldsymbol{H}_k^j \hat{\boldsymbol{x}}_k^{j-1}) \tag{8.4.67}$$

$$\boldsymbol{S}_k^j = \boldsymbol{S}_k^{j-1} - \boldsymbol{\gamma}_k^j \boldsymbol{K}_k^j \boldsymbol{a}_k^{j\mathrm{T}} \tag{8.4.68}$$

$$\boldsymbol{a}_k^j = (\boldsymbol{H}_k^j \boldsymbol{S}_k^{j-1})^{\mathrm{T}} \tag{8.4.69}$$

式中：$\boldsymbol{H}_k^j$ 为 $\boldsymbol{H}$ 的第 j 行。当 $j = n$ 时，即获得 k 时刻的测量更新结果：

状态更新：

$$\Delta \hat{\boldsymbol{x}}_a(k \mid k) = \hat{\boldsymbol{x}}_k^n \tag{8.4.70}$$

协方差平方根更新：

$$\boldsymbol{S}(k \mid k) = \boldsymbol{S}_k^n \tag{8.4.71}$$

协方差平方根更新：

$$\boldsymbol{P}(k \mid k) = \boldsymbol{S}(k \mid k)\boldsymbol{S}(k \mid k)^{\mathrm{T}} \tag{8.4.72}$$

初始值：

$$\Delta \hat{\boldsymbol{x}}_a(0 \mid 0) = \Delta \hat{\boldsymbol{x}}_a(0), \quad \boldsymbol{P}(0 \mid 0) = \boldsymbol{P}_0$$

上述方法通过序贯处理进行测量更新，避免增益矩阵的求逆。协方差更新过程中采用平方根矩阵，保证了协方差矩阵的正定性，且通过测量数据和加权系数 λ_k 增大协方差矩阵，间接增大了滤波增益，加强了对新息的重视程度，以克服滤波发散。

在 8.4.2 小节截断 SVD 降维得到的连续模型离散化的基础上，利用强跟踪平方根滤波得到 2 000 h 可靠性试验中退化因子的变化趋势如图 8.46～8.50 所示。图中同时列出了 3 次清洗前后 4 个时间段的回归值，可知高压压气机、高压涡轮、低压涡轮的效率退化因子和燃烧效率退化因子均在 4 个时间段基本呈下降趋势，而低压压气机效率退化因子受模型和滤波精度的影响，变化不明显。

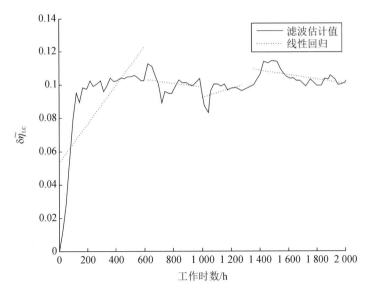

图 8.46 低压压气机效率退化因子实时估计

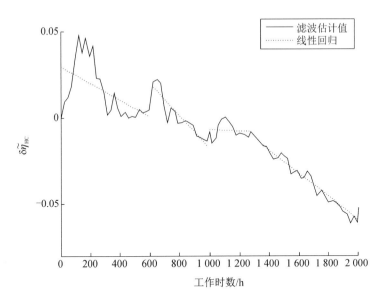

图 8.47 高压压气机效率退化因子实时估计

　　本节利用最优估计理论中的卡尔曼滤波对燃气轮机的状态参数进行了实时估计。基于影响系数矩阵,利用线性卡尔曼滤波法对高、低压压气机的流量退化因子进行了估计。

　　在燃气轮机非线性仿真模型的平台上,利用小扰动法获得了包含退化因子在内的线性连续状态空间模型,并进行了离散化,设计了增广了退化因子的卡尔曼滤波

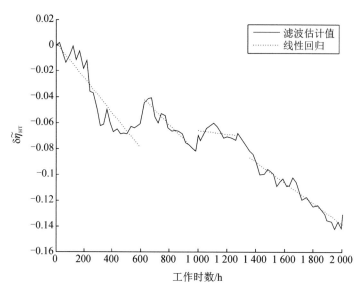

图 8.48　高压涡轮效率退化因子实时估计

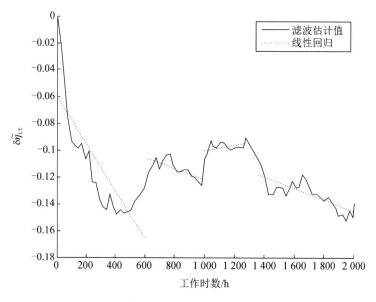

图 8.49　低压涡轮效率退化因子实时估计

器,分析了系统的可观性、可控性和滤波的稳定性。增广退化因子的状态空间模型一般不可控,故卡尔曼滤波可能是不稳定的,受初值影响较大。为提高系统可观性和滤波稳定性,用截断奇异值分解对退化因子进行了降维。

　　针对存在模型和噪声统计特性误差以及计算机舍入误差的情况,利用强跟踪平方根卡尔曼滤波,对燃气轮机压气机、涡轮的绝热效率退化因子和燃烧效率退化因子

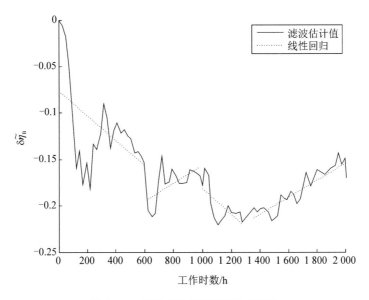

图 8.50　燃烧效率退化因子实时估计

进行了估计,取得了较好的效果。

　　本节所得退化因子估计参数可以用于舰船燃气轮机健康状态的多指标综合评估中。

参考文献

[1] 马伟明. 舰船动力发展的方向——综合电力系统[J]. 海军工程大学学报，2002，14(6):1-5.

[2] 贺星. 基于热力学功势的燃气轮机性能退化研究[D]. 武汉:海军工程大学，2010.

[3] 潘文林. 21 世纪的澎湃动力——从新型水面舰艇看舰艇燃气轮机的发展[J]. 舰载武器，2010(2):49-74.

[4] 闻雪友，任兰学，祁龙，等. 舰船燃气轮机发展现状、方向及关键技术[J]. 推进技术，2020，41(11):2401-2407.

[5] 邹恺恺. 船用轴流压气机叶顶气动的主动和被动扩稳技术研究[D]. 武汉:海军工程大学，2021.

[6] 董红. 舰用燃气轮机燃烧室性能数值模拟及结构优化研究[D]. 武汉:海军工程大学，2016.

[7] 刘建华. 气膜冷却涡轮导叶热障涂层性能演化及应力失效研究[D]. 武汉:海军工程大学，2018.

[8] 房友龙. 舰用燃气轮机气路性能退化建模与健康评估技术研究[D]. 武汉:海军工程大学，2018.

[9] 文强. 飞轮储能对综合电力系统性能影响的仿真研究[D]. 武汉:海军工程大学，2017.

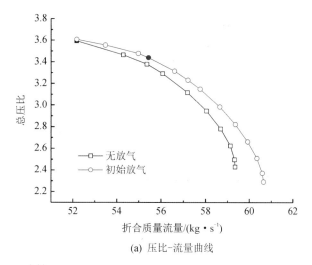

(a) 压比-流量曲线

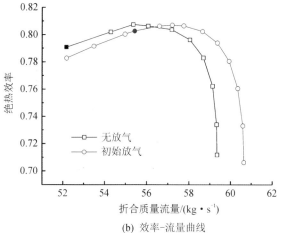

(b) 效率-流量曲线

图 3.5　压气机性能曲线(80%设计转速)

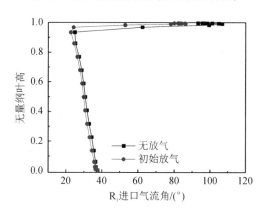

图 3.6　R₁进口气流角沿叶高的分布

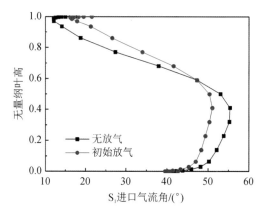

图 3.7 S_1 进口气流角沿叶高的分布

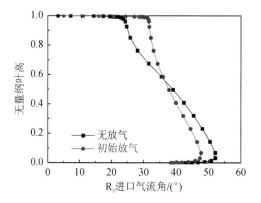

图 3.8 R_2 进口气流角沿叶高的分布

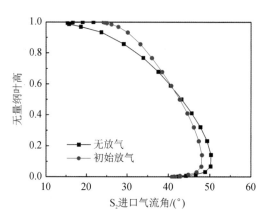

图 3.9 S_2 进口气流角沿叶高的分布

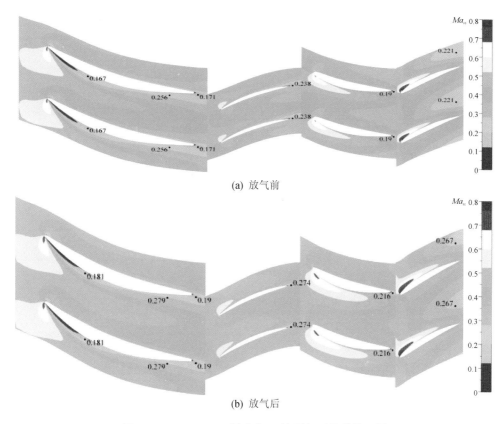

(a) 放气前

(b) 放气后

图 3.10　$R_1S_1R_2S_2$ 10% 叶高 S2 流面相对马赫数云图

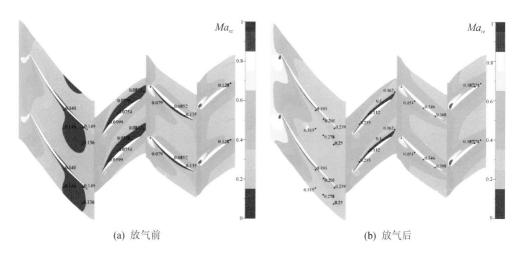

(a) 放气前　　　　　　　　　　　　　　　(b) 放气后

图 3.11　$R_1S_1R_2S_2$ 85% 叶高 S2 流面相对马赫数云图

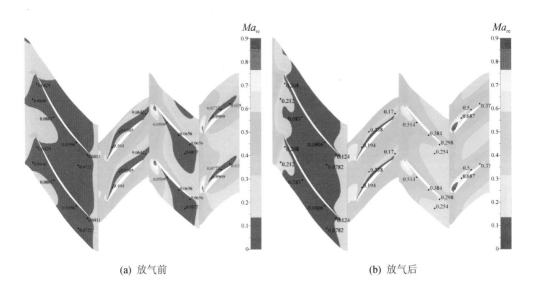

(a) 放气前   (b) 放气后

图 3.12 $R_1 S_1 R_2 S_2 98\%$ 叶高 S2 流面相对马赫数云图

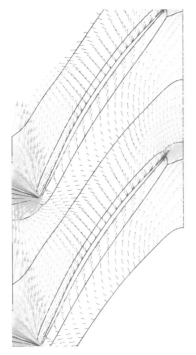

图 3.13 近失速点放气后 R_1 的 S1 流面
相对速度矢量图(98％叶高)

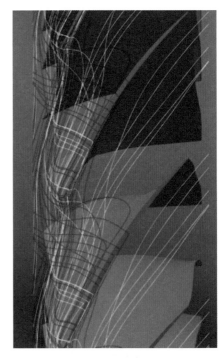

图 3.14 近失速点放气后 R_1 叶顶
相对速度流线图

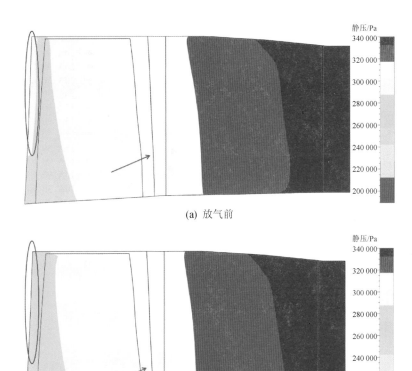

(a) 放气前

(b) 放气后

图 3.17 末级子午流道静压分布

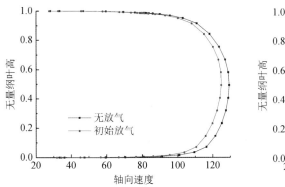

图 3.18 R₉ 进口轴向速度沿叶高的分布

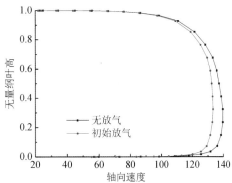

图 3.19 S₉ 进口轴向速度沿叶高的分布

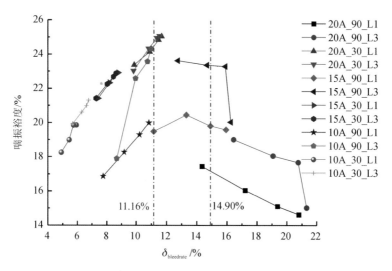

图 3.22　喘振裕度随放气率的分布

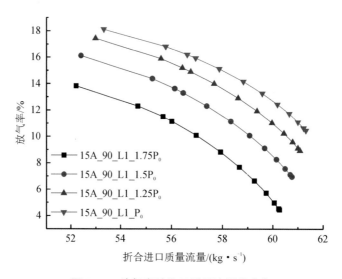

图 3.23　放气率随进口质量流量的变化

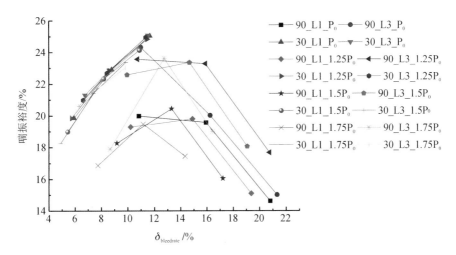

图 3.24 喘振裕度随放气率的分布

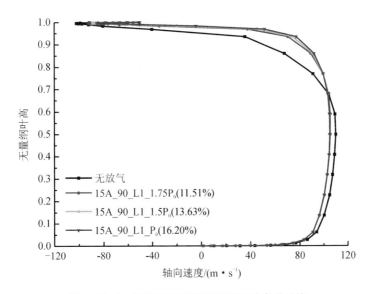

图 3.25 R_1 进口截面的轴向速度沿叶高的分布

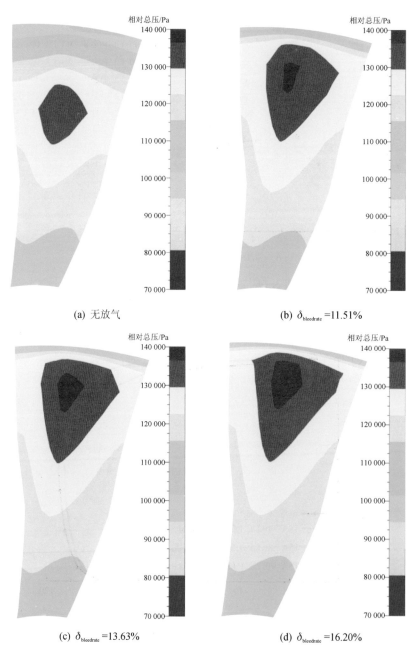

(a) 无放气

(b) $\delta_{bleedrate}$=11.51%

(c) $\delta_{bleedrate}$=13.63%

(d) $\delta_{bleedrate}$=16.20%

图 3.26 R₁ 进口 S3 流面的总压分布

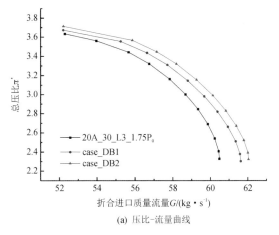

(a) 压比-流量曲线

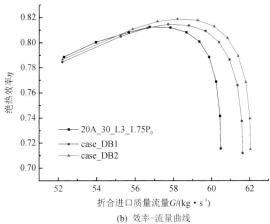

(b) 效率-流量曲线

图 3.28 压气机特性曲线(80％设计转速)

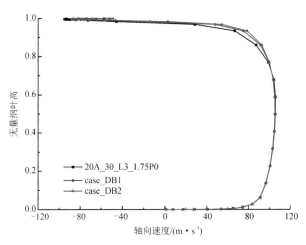

图 3.29 R₁ 进口截面的轴向速度沿叶高的分布

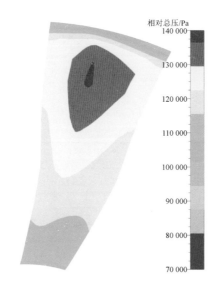

(a) 20A_30_L3_1.75P$_0$

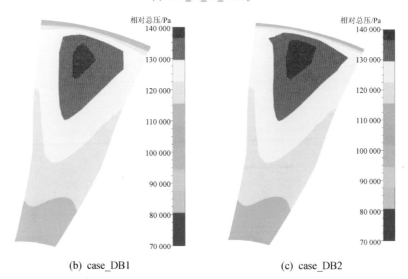

(b) case_DB1   (c) case_DB2

图 3.30   R$_1$ 进口 S3 流面上的总压分布

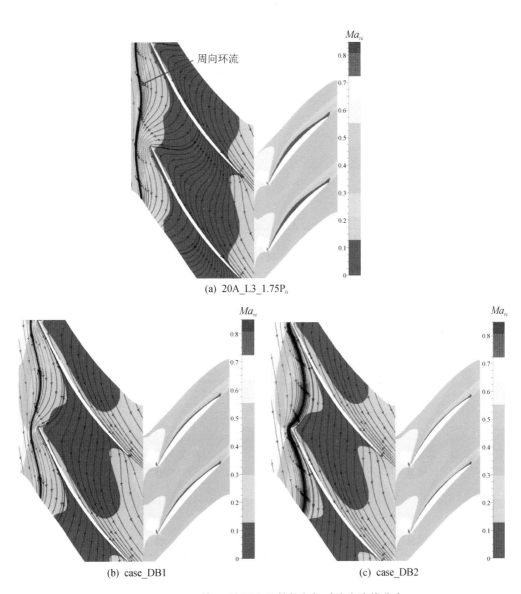

(a) 20A_L3_1.75P_0

(b) case_DB1

(c) case_DB2

图 3.31　R_1S_1 的 S1 流面上马赫数和相对速度流线分布

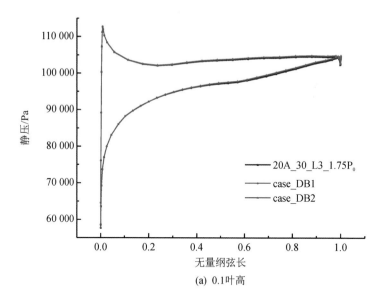

(a) 0.1叶高

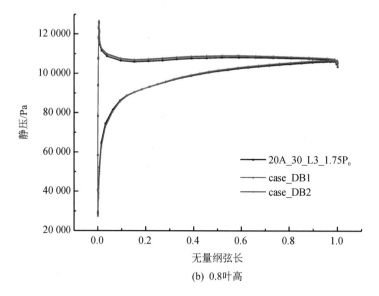

(b) 0.8叶高

图 3.32 R_1 不同叶高处表面静压分布

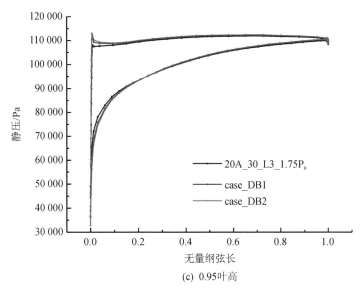

(c) 0.95叶高

图 3.32　R_1 不同叶高处表面静压分布(续)

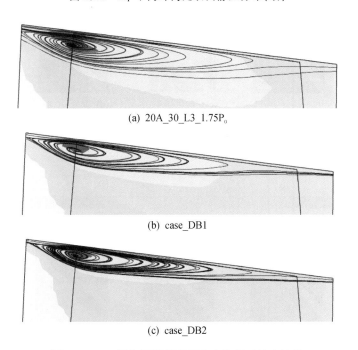

(a) 20A_30_L3_1.75P_0

(b) case_DB1

(c) case_DB2

图 3.33　R_1 子午面局部总压分布和相对速度流线

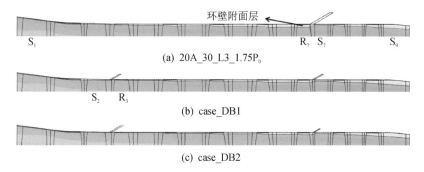

(a) 20A_30_L3_1.75P₀

(b) case_DB1

(c) case_DB2

图 3.38 压气机子午面局部熵分布

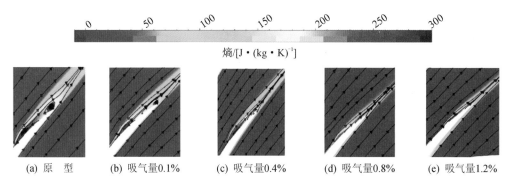

(a) 原 型　　(b) 吸气量0.1%　　(c) 吸气量0.4%　　(d) 吸气量0.8%　　(e) 吸气量1.2%

图 3.44 分离区附近的局部熵云图和流线图

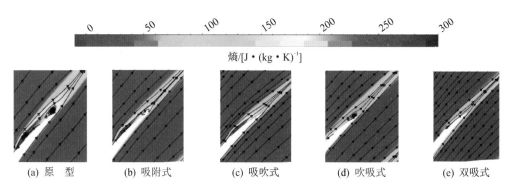

(a) 原 型　　(b) 吸附式　　(c) 吸吹式　　(d) 吹吸式　　(e) 双吸式

图 3.49 分离区附近的局部熵云图和流线图

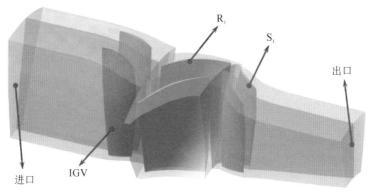

(a) 原型压气机叶排通道的划分

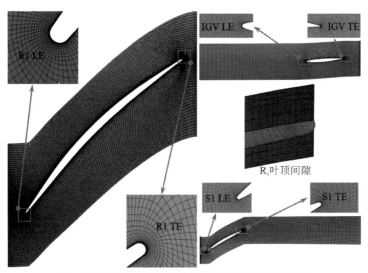

(b) 原型压气机各叶排50%叶展及转子叶顶间隙网格拓扑

图 3.54 原型压气机的网格拓扑结构

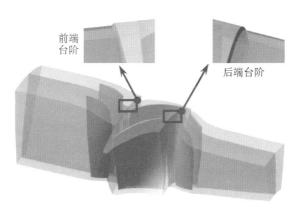

图 3.55 直沟槽机匣处理压气机叶排通道的划分

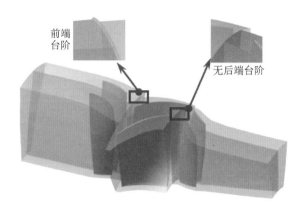

图 3.56　斜沟槽机匣处理压气机叶排通道的划分

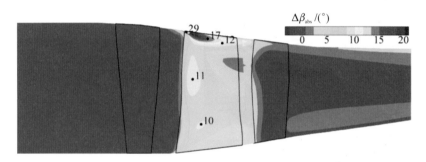

图 3.60　原型压气机近失速工况相对近峰值效率工况的绝对气流角之差

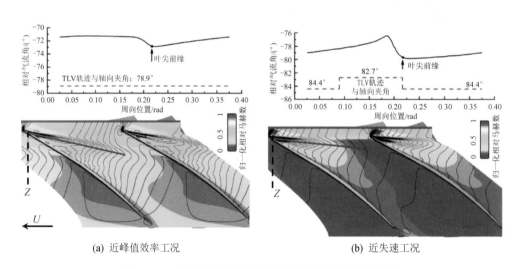

(a) 近峰值效率工况　　　　　　　　　　(b) 近失速工况

图 3.62　转子叶顶截面相对马赫数云图、静压等值线及
叶尖来流的相对气流角沿周向的分布

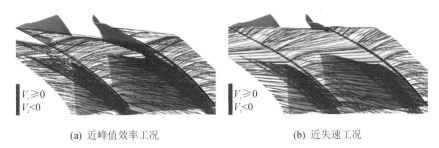

(a) 近峰值效率工况　　　　　　　　　(b) 近失速工况

图 3.63　转子叶顶截面 V_z <0 区域和用正负 V_z 着色的叶尖泄漏流流线

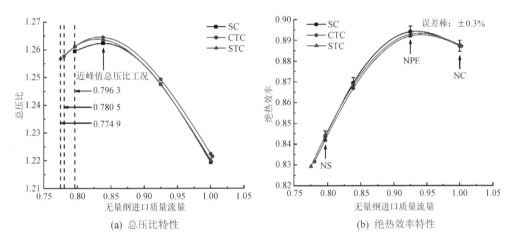

(a) 总压比特性　　　　　　　　　(b) 绝热效率特性

图 3.64　SC、CTC 和 STC 的特性曲线

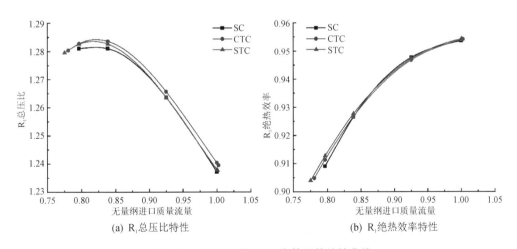

(a) R_1 总压比特性　　　　　　　　　(b) R_1 绝热效率特性

图 3.65　SC、CTC 和 STC 中转子的特性曲线

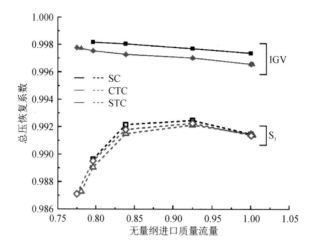

图 3.66 SC、CTC 和 STC 中进口导叶和静子的总压恢复系数特性

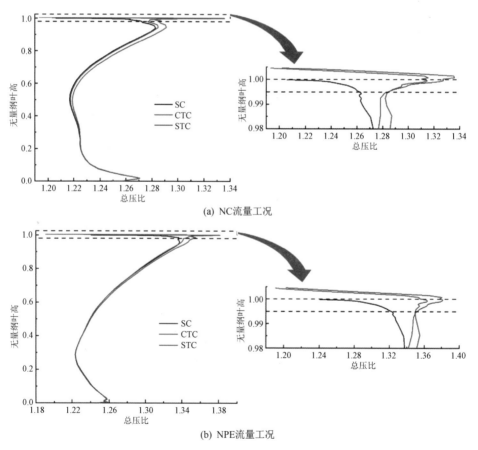

(a) NC流量工况

(b) NPE流量工况

图 3.67 SC、CTC 和 STC 中转子总压比沿叶高的分布

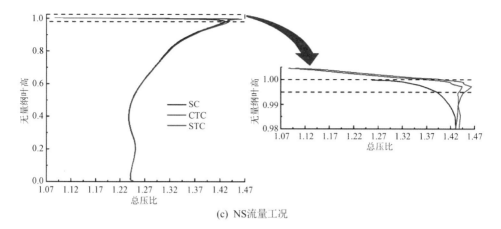

(c) NS流量工况

图 3.67　SC、CTC 和 STC 中转子总压比沿叶高的分布(续)

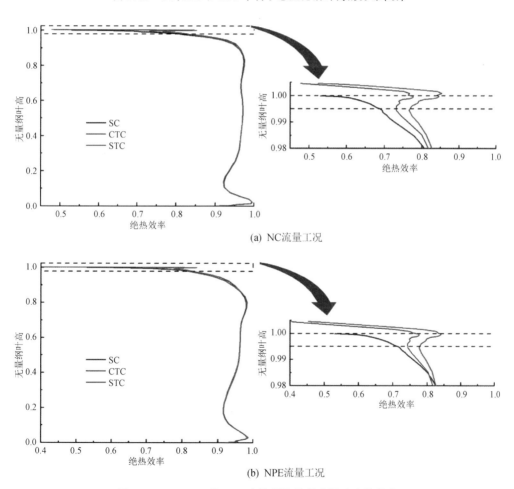

(a) NC流量工况

(b) NPE流量工况

图 3.68　SC、CTC 和 STC 中转子绝热效率沿叶高的分布

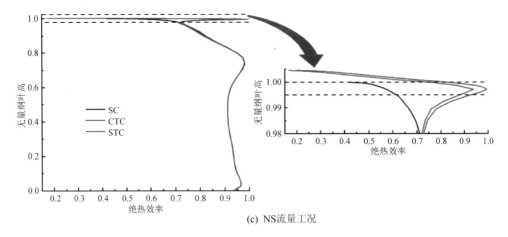

(c) NS流量工况

图 3.68　SC、CTC 和 STC 中转子绝热效率沿叶高的分布(续)

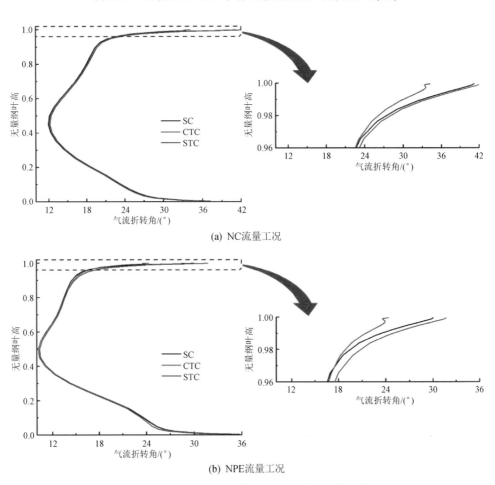

(a) NC流量工况

(b) NPE流量工况

图 3.69　SC、CTC 和 STC 中静子气流折转角沿叶高的分布

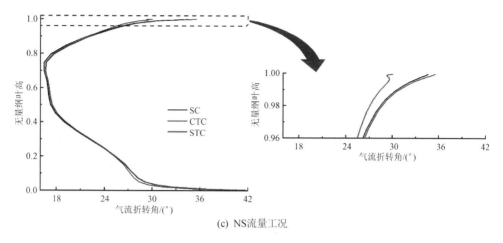

(c) NS流量工况

图 3.69　SC、CTC 和 STC 中静子气流折转角沿叶高的分布(续)

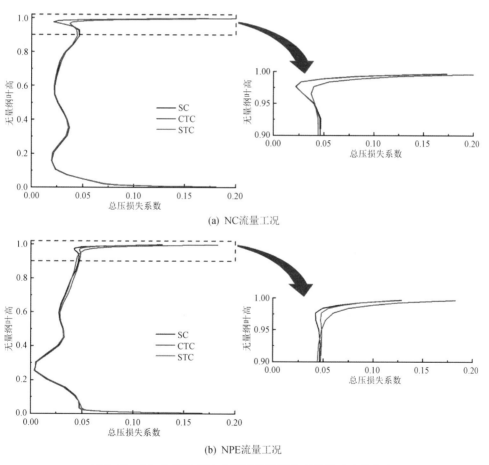

(a) NC流量工况

(b) NPE流量工况

图 3.70　SC、CTC 和 STC 中静子总压损失系数沿叶高的分布

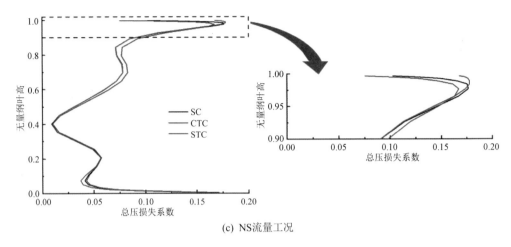

(c) NS流量工况

图 3.70　SC、CTC 和 STC 中静子总压损失系数沿叶高的分布(续)

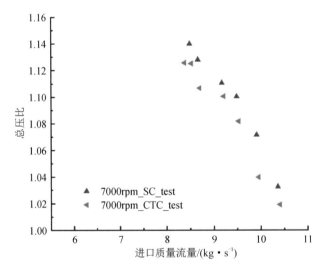

图 3.71　光壁机匣和直沟槽处理机匣压气机(SC 和 CTC)
在 7 000 r/min 工况下的总压比-流量特性

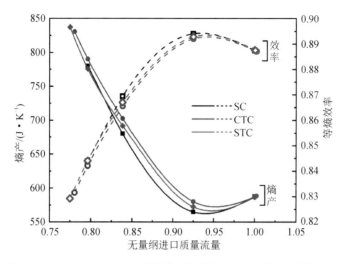

图 3.74　ST、CTC 和 STC 等熵效率与熵产随进口质量流量的变化

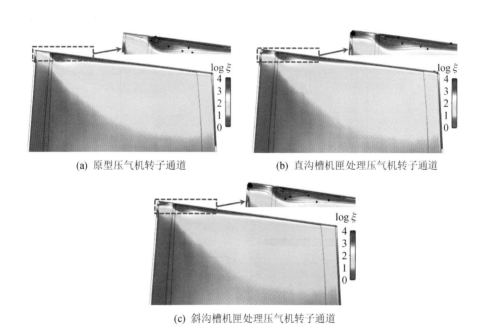

(a) 原型压气机转子通道　　　　　　(b) 直沟槽机匣处理压气机转子通道

(c) 斜沟槽机匣处理压气机转子通道

图 3.76　SC、CTC 和 STC 中转子通道子午面无量纲涡量及局部相对速度流线

(a) 原型压气机转子通道

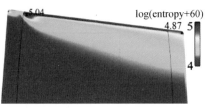

(b) 直沟槽机匣处理压气机转子通道

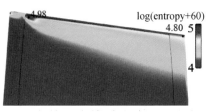

(c) 斜沟槽机匣处理压气机转子通道

图 3.77 SC、CTC 和 STC 中转子通道子午面熵分布

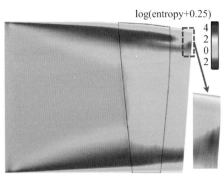

(a) 原型压气机进口导叶通道

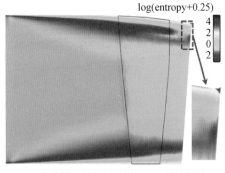

(b) 直沟槽机匣处理压气机进口导叶通道

图 3.78 SC 和 CTC 中进口导叶通道熵分布

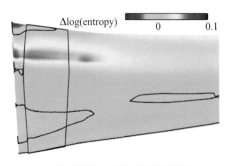

(a) 直沟槽机匣处理压气机静子通道

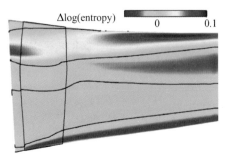

(b) 斜沟槽机匣处理压气机静子通道

图 3.79 CTC 和 STC 中静子通道熵与 SC 中静子通道熵之差的分布

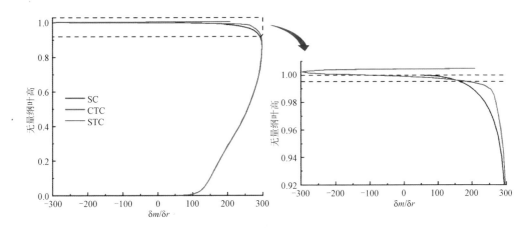

图 3.80 SC、CTC 和 STC 中转子通道进口流量沿叶高的分布(NS 流量工况)

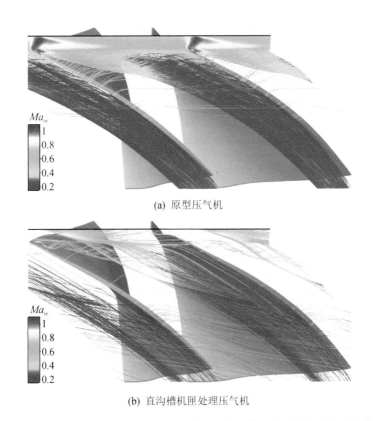

(a) 原型压气机

(b) 直沟槽机匣处理压气机

图 3.81 SC、CTC 和 STC 中转子叶顶至机匣内壁范围的来流相对速度流线

(c) 斜沟槽机匣处理压气机

图 3.81 SC、CTC 和 STC 中转子叶顶至机匣内壁范围的来流相对速度流线(续)

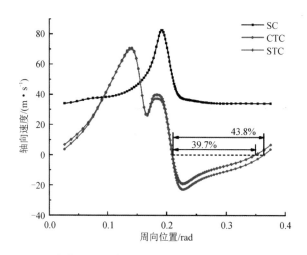

图 3.82 SC、CTC 和 STC 中转子叶顶截面上叶尖前缘－10%C_{ax} 位置轴向速度沿周向的分布

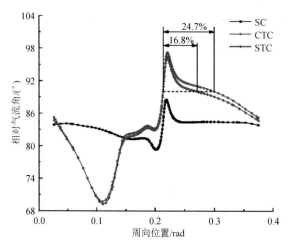

图 3.83 SC、CTC 和 STC 中转子叶顶截面上叶尖前缘－5%C_{ax} 位置相对进气角沿周向的分布

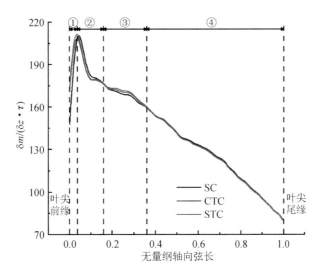

图 3.84　SC、CTC 和 STC 中转子叶尖泄漏流沿轴向弦长的分布

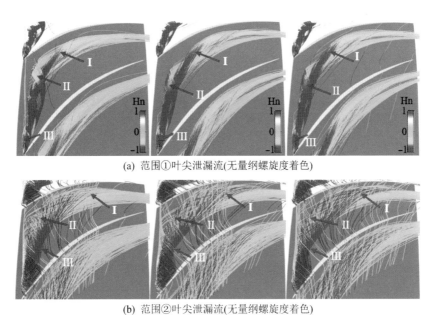

(a) 范围①叶尖泄漏流(无量纲螺旋度着色)

(b) 范围②叶尖泄漏流(无量纲螺旋度着色)

图 3.85　SC、CTC 和 STC(从左至右)中转子叶尖泄漏流流线

(c) 范围③叶尖泄漏流(相对马赫数着色)

(d) 范围④叶尖泄漏流(相对马赫数着色)

图 3.85 SC、CTC 和 STC(从左至右)中转子叶尖泄漏流流线(续)

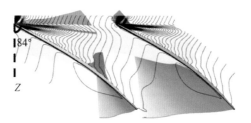

(a) 原型压气机

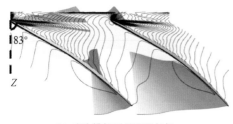

(b) 直沟槽机匣处理压气机

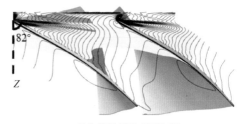

(c) 斜沟槽机匣处理压气机

图 3.86 SC、CTC 和 STC 中转子叶顶面上静压等值线(黑线)和 $V_z < 0$ 区域(黄色)

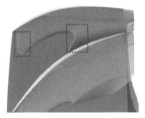 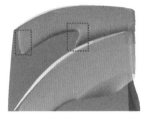 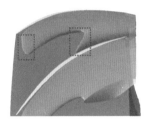

(a) 原型压气机　　　　　　(b) 直沟槽机匣处理压气机　　　　(c) 斜沟槽机匣处理压气机

图 3.87　SC、CTC 和 STC 中转子顶部通道低速团(相对马赫数为 0.25 等值面)

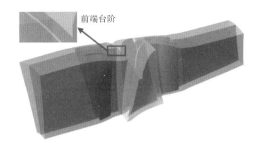 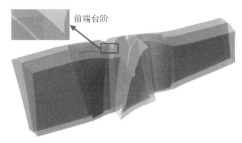

图 3.88　CTC2010 叶排通道的划分　　　　　图 3.89　CTC3010 叶排通道的划分

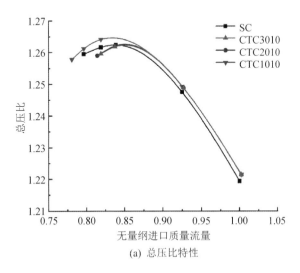

(a) 总压比特性

图 3.90　SC、CTC1010、CTC2010 和 CTC3010 的特性曲线

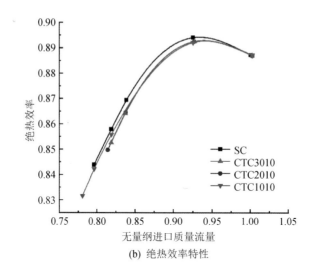

(b) 绝热效率特性

图 3.90　SC、CTC1010、CTC2010 和 CTC3010 的特性曲线（续）

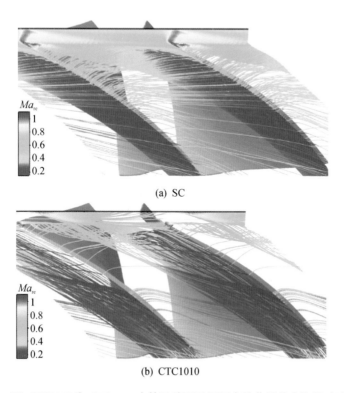

图 3.91　SC、CTC1010 和 CTC3010 中转子叶顶至机匣内壁范围的来流相对速度流线

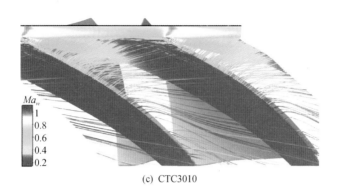

(c) CTC3010

图 3.91 SC、CTC1010 和 CTC3010 中转子叶顶至机匣内壁范围的来流相对速度流线(续)

(a) SC　　　　　　　　　　　　　　　(b) CTC3010

图 3.92 SC 和 CTC3010 中转子叶顶面上 $V_z < 0$ 区域

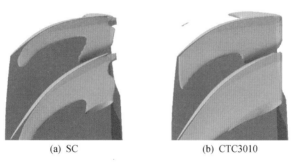

(a) SC　　　　　　　　　　　　　　　(b) CTC3010

图 3.93 SC 和 CTC3010 中转子顶部通道低速团(相对马赫数为 0.25 等值面)

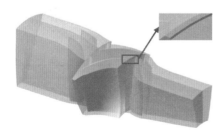

图 3.94 CTC1015 叶排通道的划分

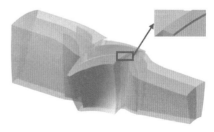

图 3.95 CTC1020 叶排通道的划分

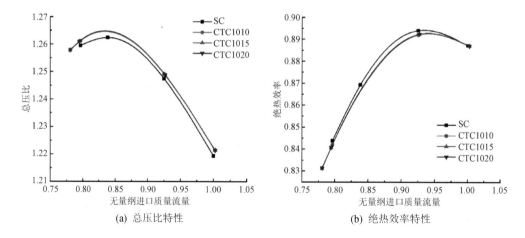

(a) 总压比特性

(b) 绝热效率特性

图 3.96　SC、CTC1010、CTC1015 和 CTC1020 的特性曲线

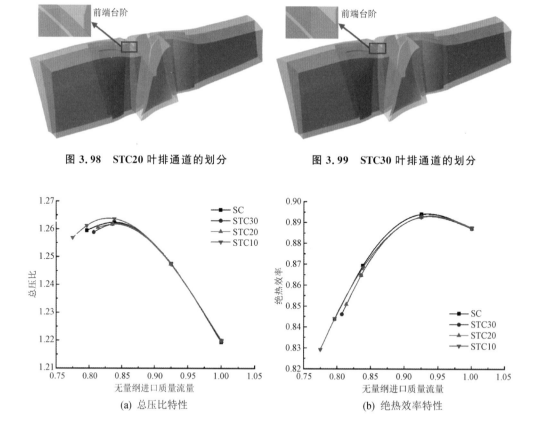

图 3.98　STC20 叶排通道的划分　　　　图 3.99　STC30 叶排通道的划分

(a) 总压比特性

(b) 绝热效率特性

图 3.100　SC、STC30、STC20 和 STC10 的特性曲线

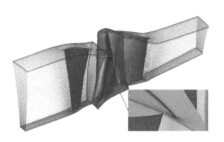

图 3.102 带斜沟槽压气机
的计算网格

图 3.103 带斜沟槽压气机中
固壁面的 y＋分布

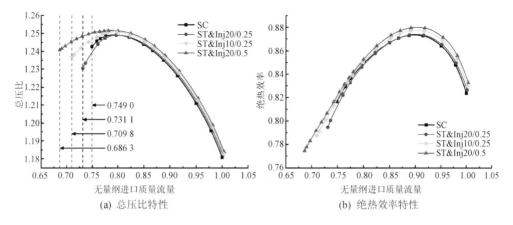

(a) 总压比特性

(b) 绝热效率特性

图 3.104 光壁机匣压气机和 3 种"斜沟槽-喷气"压气机的总压比及绝热效率特性

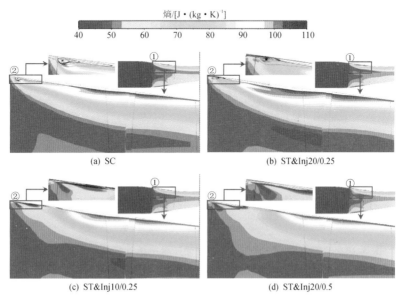

(a) SC

(b) ST&Inj20/0.25

(c) ST&Inj10/0.25

(d) ST&Inj20/0.5

图 3.105 光壁机匣压气机和"斜沟槽-喷气"压气机中,子午面的熵增分布(NS 流量工况)

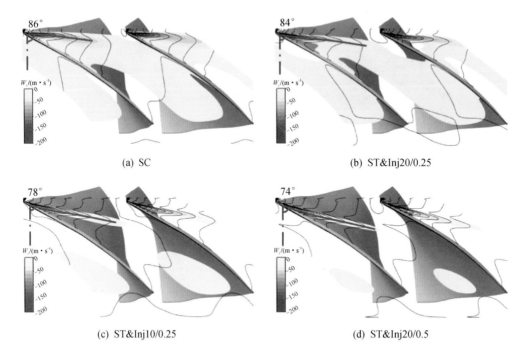

(a) SC

(b) ST&Inj20/0.25

(c) ST&Inj10/0.25

(d) ST&Inj20/0.5

图 3.106　光壁机匣压气机和"斜沟槽-喷气"压气机中,转子叶顶截面的
静压分布等值线和负轴向速度云图(NS 流量工况)

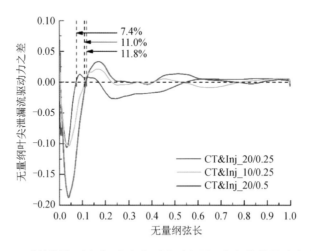

图 3.107　"斜沟槽-喷气"压气机相对光壁机匣压气机的转子叶尖泄漏流
驱动力之差沿弦向的分布(NS 流量工况)

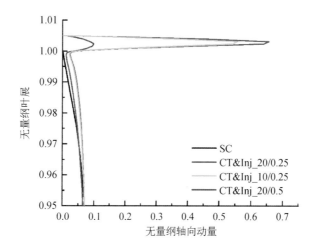

图 3.108　光壁机匣压气机和"斜沟槽-喷气"压气机中,转子上游转静交界面位置周向
质量平均无量纲轴向动量的展向分布(NS 流量工况)

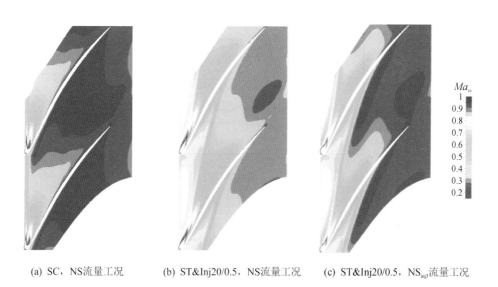

(a) SC, NS流量工况　　(b) ST&Inj20/0.5, NS流量工况　　(c) ST&Inj20/0.5, NS$_{inj3}$流量工况

图 3.109　SC 在 NS 流量工况和 ST&Inj20/0.5
在 NSC 及 NS$_{inj3}$ 流量工况,转子叶顶截面的相对马赫数

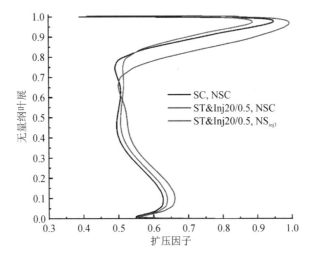

图 3.110 转子的扩压因子沿展向的分布

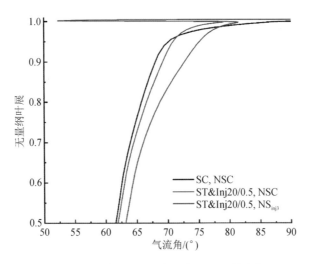

图 3.111 转子的进口气流角沿展向的分布

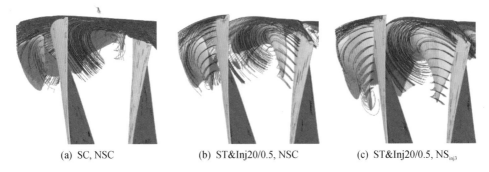

(a) SC, NSC   (b) ST&Inj20/0.5, NSC   (c) ST&Inj20/0.5, NS$_{inj3}$

图 3.112 转子通道中相对马赫数为 0.2 的等值面及部分相对速度流线

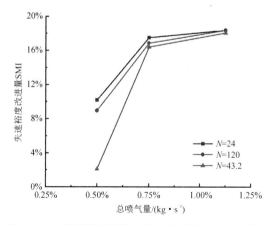

图 3.115　不同喷气孔数目下,喷气量与 SMI 的关系

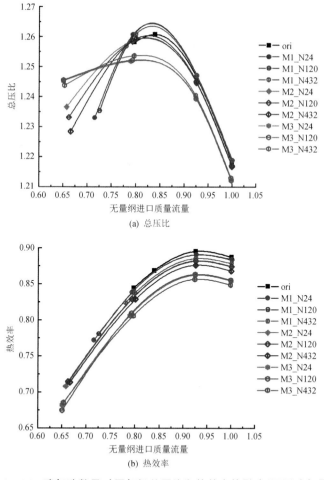

(a) 总压比

(b) 热效率

图 3.116　喷气孔数目对压气机总压比和热效率的影响(不同喷气量)

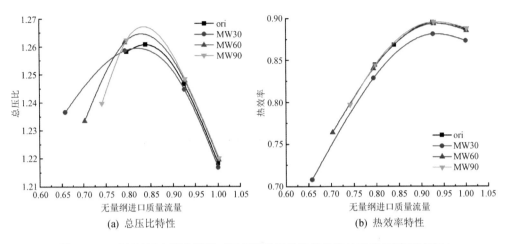

(a) 总压比特性 (b) 热效率特性

图 3.117 喷气孔周向覆盖范围对压气机总压比和热效率的影响(喷气量相同)

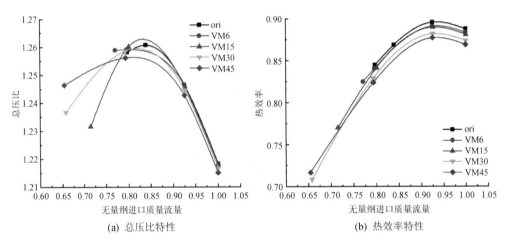

(a) 总压比特性 (b) 热效率特性

图 3.120 喷气孔周向覆盖范围对压气机总压比和热效率的影响(喷气速度相同)

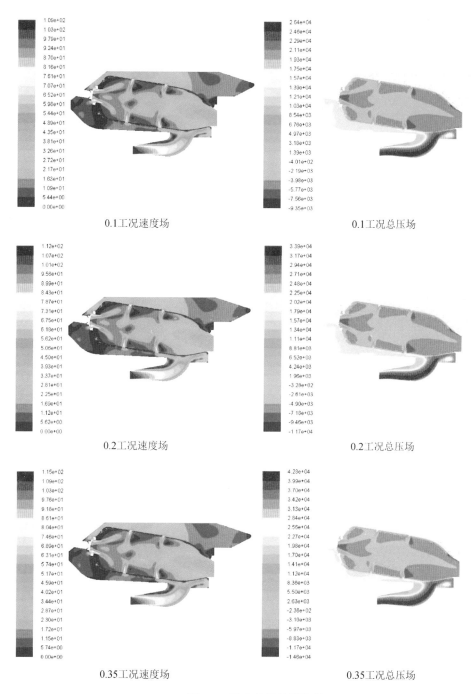

0.1工况速度场   0.1工况总压场

0.2工况速度场   0.2工况总压场

0.35工况速度场   0.35工况总压场

图 4.1　冷态模拟计算结果

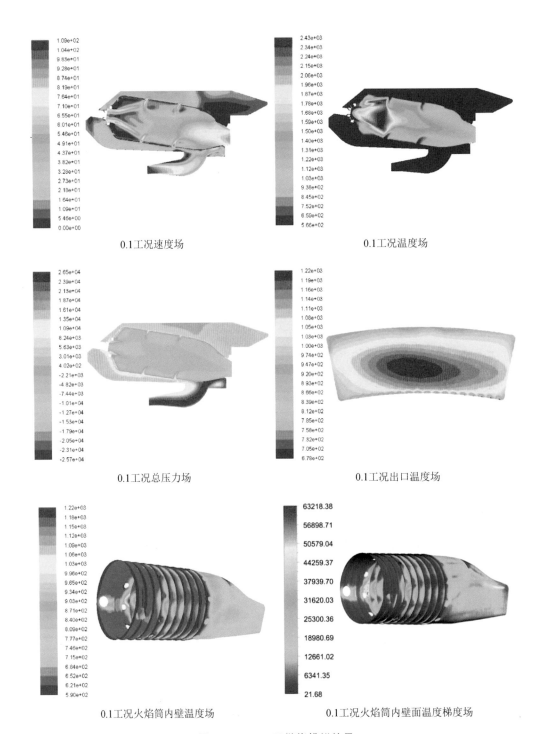

0.1工况速度场

0.1工况温度场

0.1工况总压力场

0.1工况出口温度场

0.1工况火焰筒内壁温度场

0.1工况火焰筒内壁面温度梯度场

图4.2 0.1工况燃烧模拟结果

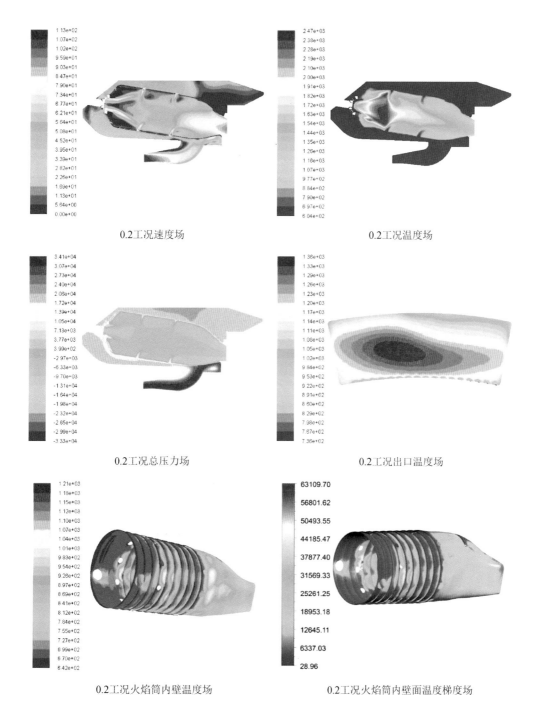

0.2工况速度场　　　　　　　　　　　　0.2工况温度场

0.2工况总压力场　　　　　　　　　　　0.2工况出口温度场

0.2工况火焰筒内壁温度场　　　　　　　0.2工况火焰筒内壁面温度梯度场

图 4.3　0.2 工况燃烧模拟结果

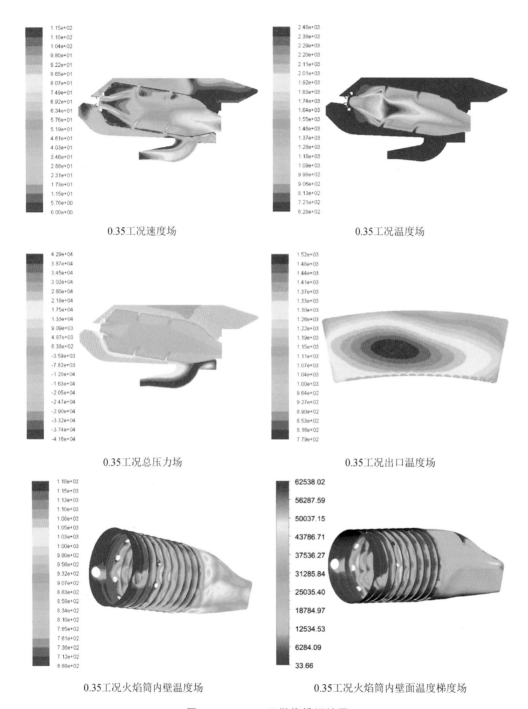

0.35工况速度场

0.35工况温度场

0.35工况总压力场

0.35工况出口温度场

0.35工况火焰筒内壁温度场

0.35工况火焰筒内壁面温度梯度场

图 4.4　0.35 工况燃烧模拟结果

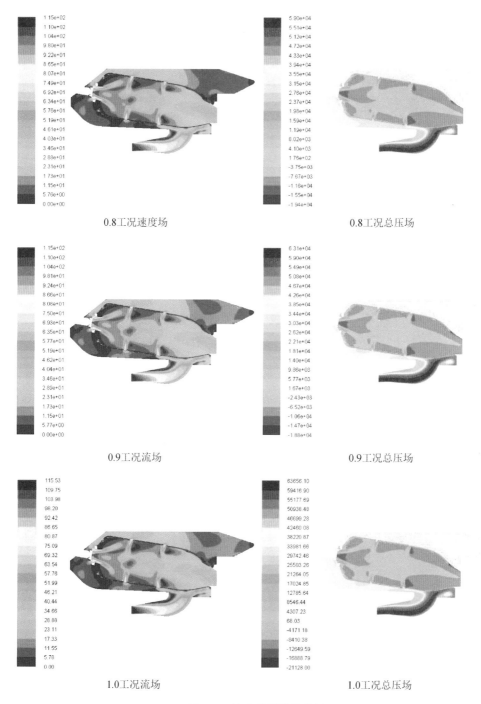

图 4.5 冷态模拟计算结果

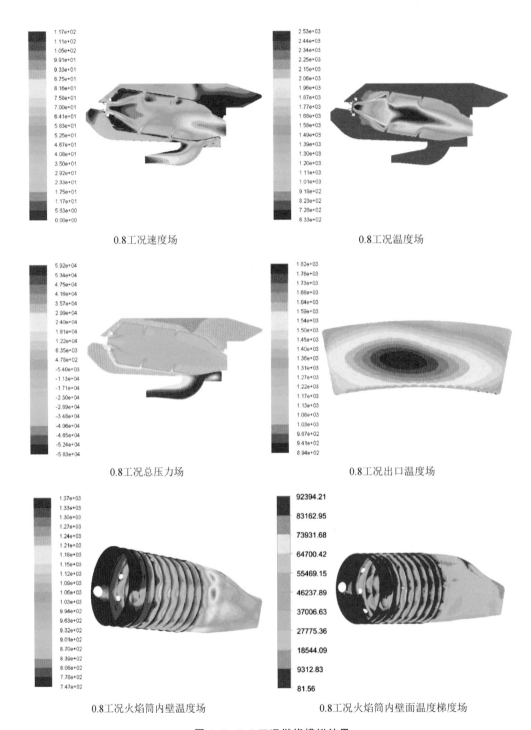

图 4.6 0.8 工况燃烧模拟结果

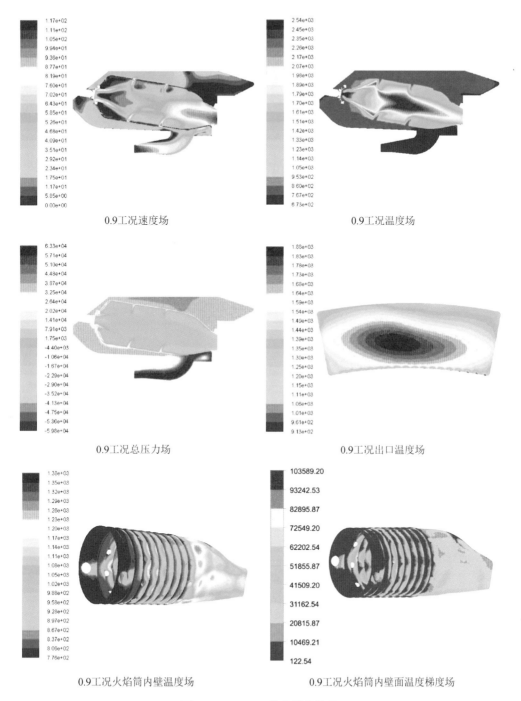

0.9工况速度场　　　　　　　　　　0.9工况温度场

0.9工况总压力场　　　　　　　　　0.9工况出口温度场

0.9工况火焰筒内壁温度场　　　0.9工况火焰筒内壁面温度梯度场

图 4.7　0.9 工况燃烧模拟结果

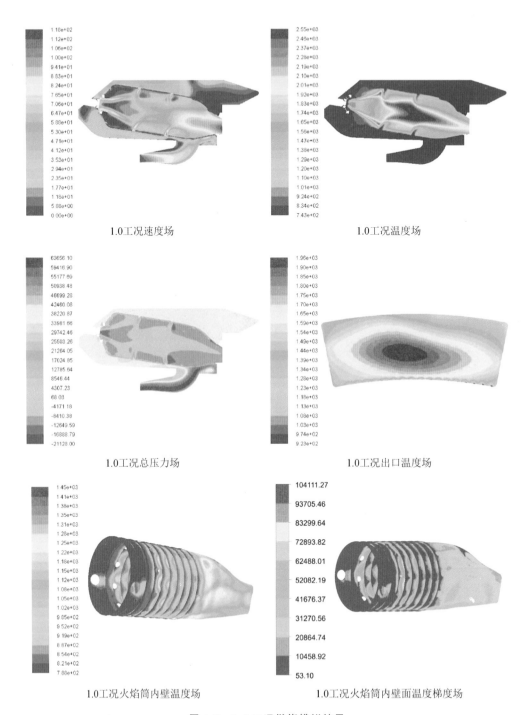

1.0工况速度场　　　　　　　　　　　　　1.0工况温度场

1.0工况总压力场　　　　　　　　　　　　1.0工况出口温度场

1.0工况火焰筒内壁温度场　　　　　1.0工况火焰筒内壁面温度梯度场

图 4.8　1.0 工况燃烧模拟结果

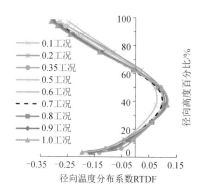

图 4.18　各工况的 RTDF 分布

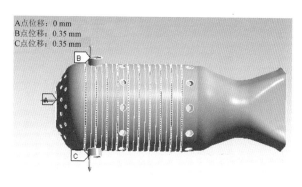

图 4.21　单个火焰筒模型

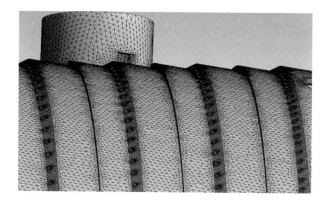

图 4.22　火焰筒有限元网格

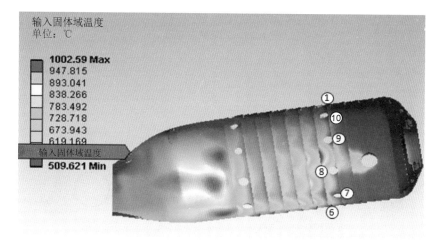

图 4.23　火焰筒温度载荷分布左视图

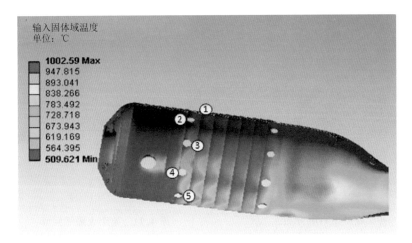

图 4.24　火焰筒温度载荷分布右视图

图 4.25　火焰筒总变形

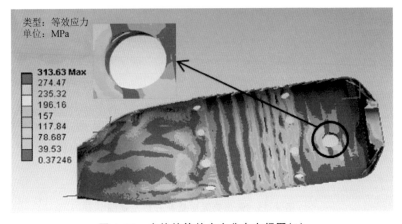

图 4.26　火焰筒等效应力分布左视图(1)

图 4.27　火焰筒等效应力分布右视图(1)

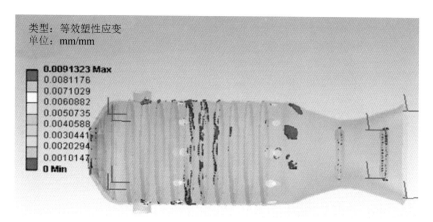

图 4.28　火焰筒塑性应变等值面图

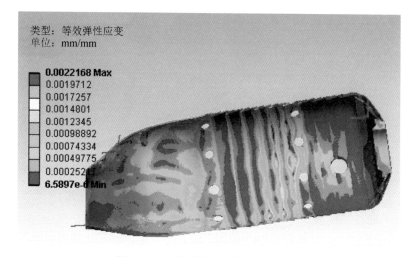

图 4.29　火焰筒弹性应变分布左视图

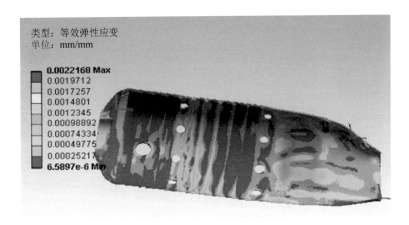

图 4.30 火焰筒弹性应变分布右视图

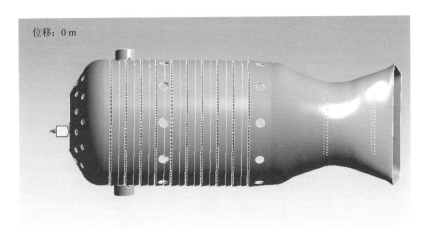

图 4.31 火焰筒头部约束

图 4.32 火焰筒等效应力分布右视图(2)

图 4.33　火焰筒等效应力分布左视图(2)

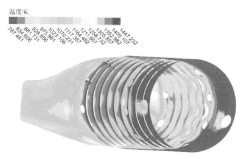

图 4.35　火焰筒内壁面温度场

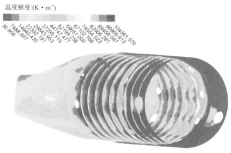

图 4.36　火焰筒内壁面温度梯度场

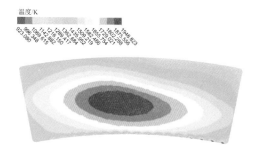

图 4.37　火焰筒出口温度场

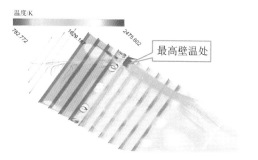

图 4.38　最高壁温处流线图(1)

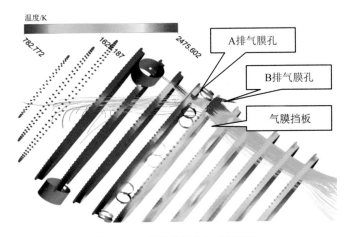

图 4.39　最高壁温处流线图(2)

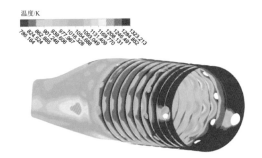

图 4.42　单排孔改型后火焰筒
内壁面温度场

图 4.43　单排孔改型后火焰筒
内壁面温度梯度场

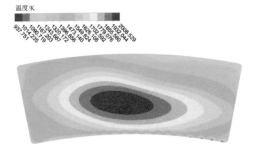

图 4.44　单排孔改型后火焰筒出口处温度场

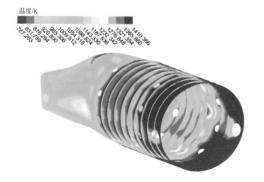

图 4.45　双排孔改型方案 1 火焰筒
内壁面温度场

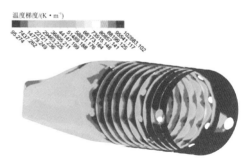

图 4.46　双排孔改型方案 1 火焰筒
内壁面温度梯度场

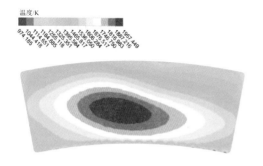

图 4.47　双排孔改型方案 1 火焰筒
出口温度场

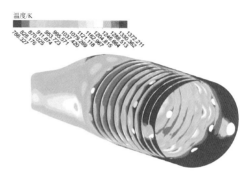

图 4.48　双排孔改型方案 2 火焰筒
内壁面温度场

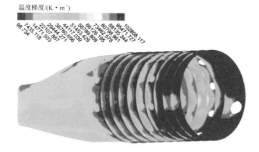

图 4.49　双排孔改型方案 2 火焰筒
内壁面温度梯度场

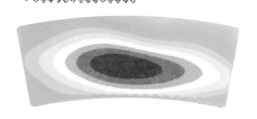

图 4.50　双排孔改型方案 2 火焰筒
出口温度场

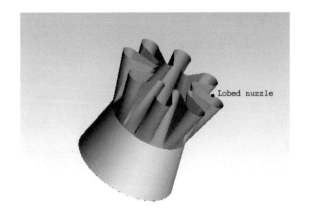

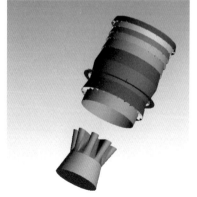

图 7.8　波瓣喷管　　　　　　　　　　图 7.9　波瓣喷管与红外抑制段的装配图

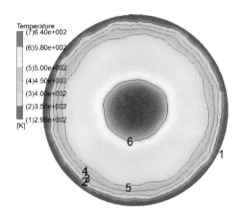

图 7.10　波瓣喷管模型出口截面温度分布

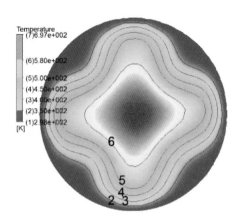

图 7.11　原型喷管模型出口截面温度分布

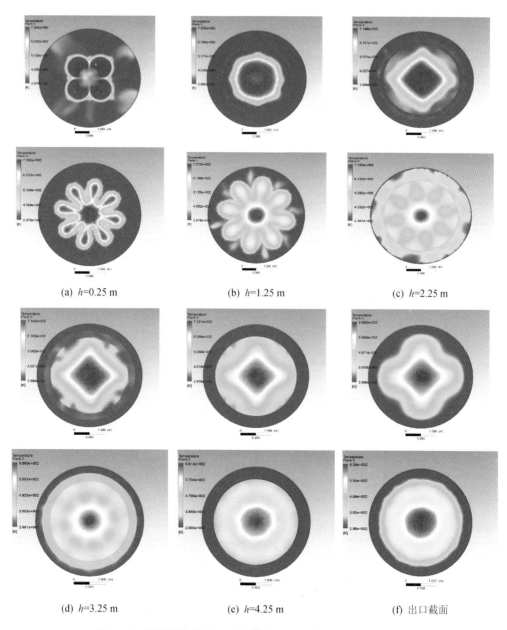

(a) h=0.25 m   (b) h=1.25 m   (c) h=2.25 m

(d) h=3.25 m   (e) h=4.25 m   (f) 出口截面

图 7.12 波瓣型与原型距离喷管出口相同高度处截面温度分布

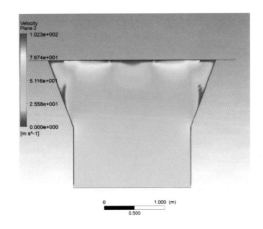

图 7.55　原型喷管凸台内流场速度云图

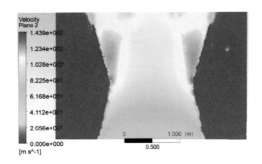

图 7.56　波瓣型喷管内流场速度云图

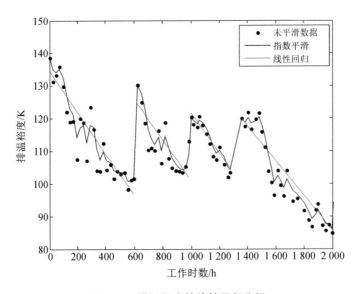

图 8.3　排温裕度的线性回归分析

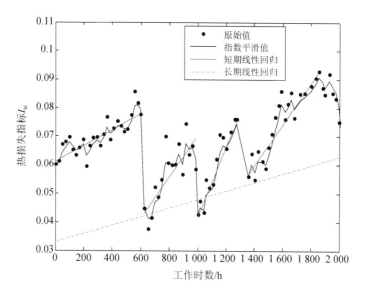

图 8.4　热损失指标 I_{hl} 的线性回归分析

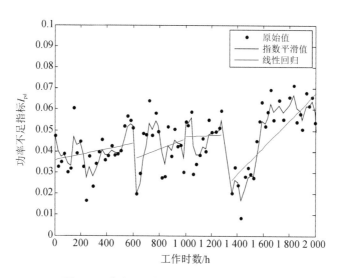

图 8.5　功率不足指标 I_{pd} 的线性回归分析

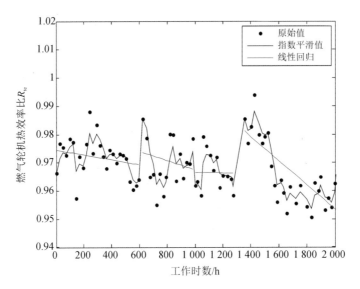

图 8.6　热效率比 R_{te} 的线性回归分析

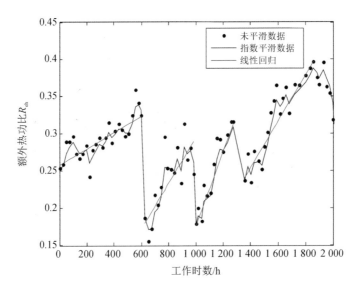

图 8.7　额外热功比 R_{eh} 的线性回归分析

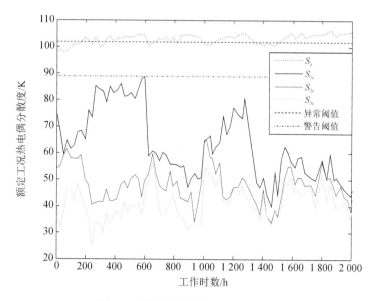

图 8.8　热电偶折合分散度变化趋势

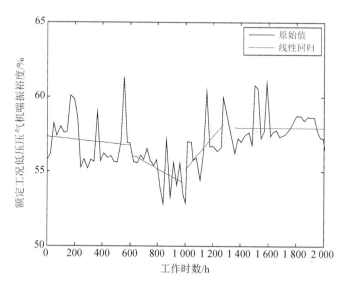

图 8.9　低压压气机喘振裕度变化趋势

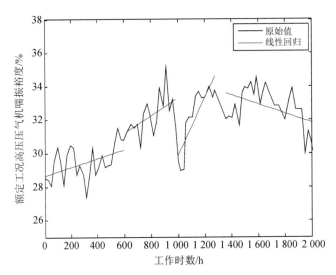

图 8.10　高压压气机喘振裕度变化趋势

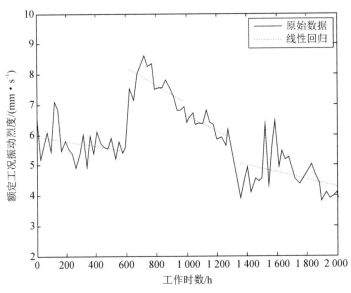

图 8.11　振动烈度 V_s 的变化趋势

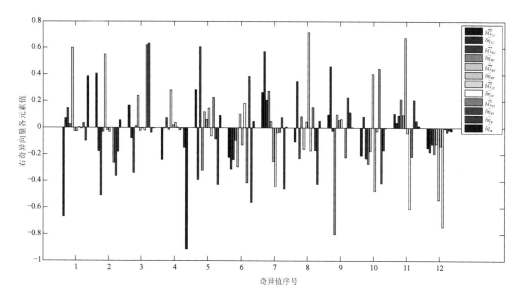

图 8.16　12 个测量参数时影响系数矩阵的右奇异值向量

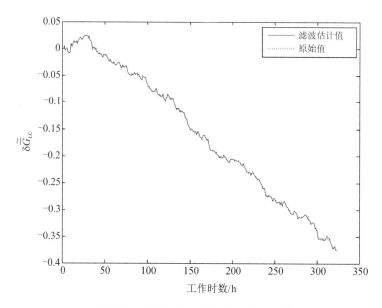

图 8.29　低压压气机流量退化因子估计

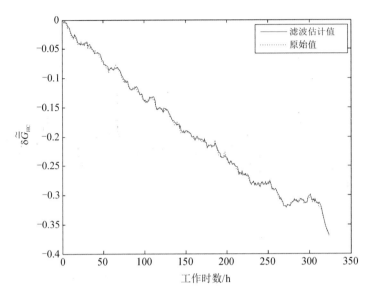

图 8.30 高压压气机流量退化因子估计

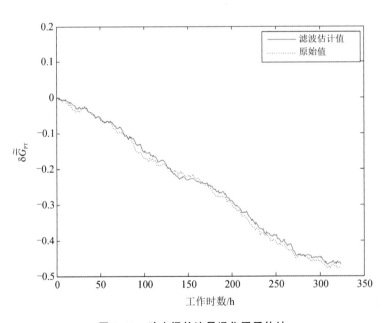

图 8.31 动力涡轮流量退化因子估计

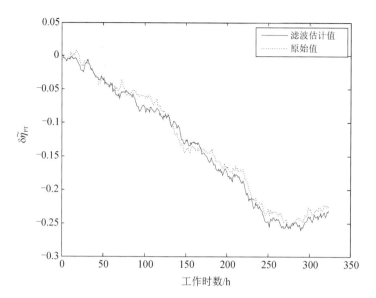

图 8.32　动力涡轮效率退化因子估计

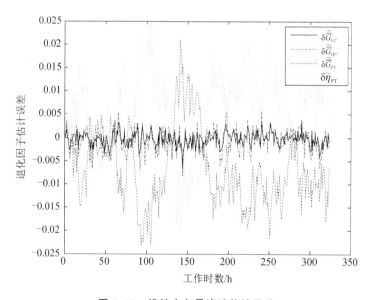

图 8.33　线性卡尔曼滤波估计误差

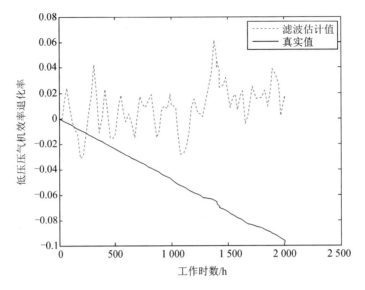

图 8.36　降维前 LPC 效率退化因子估计

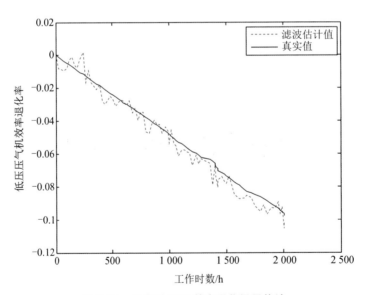

图 8.37　降维后 LPC 效率退化因子估计

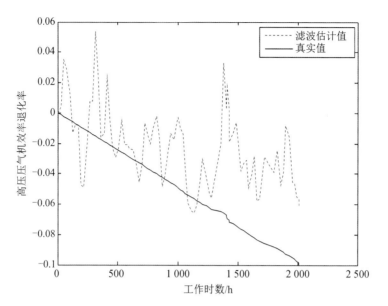

图 8.38　降维前 HPC 效率退化因子估计

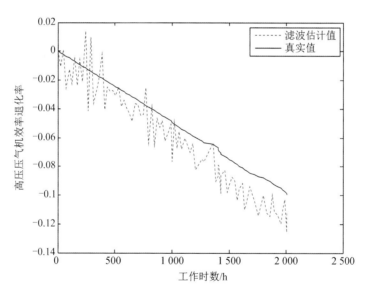

图 8.39　降维后 HPC 效率退化因子估计

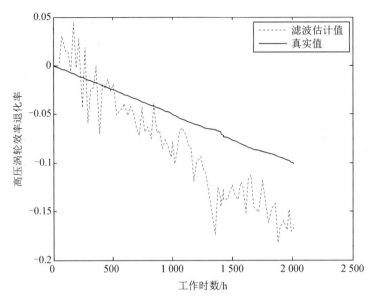

图 8.40 降维前的 HPT 效率退化因子估计

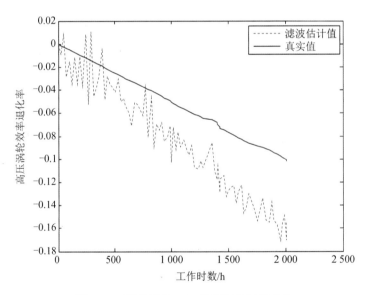

图 8.41 降维后的 HPT 效率退化因子估计

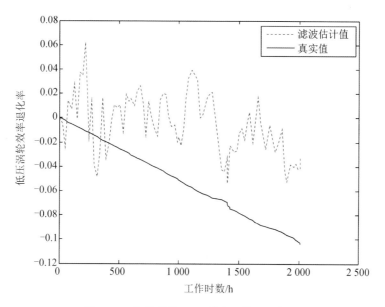

图 8.42　降维前的 LPT 效率退化因子估计

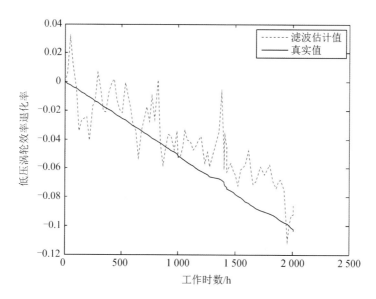

图 8.43　降维后的 LPT 效率退化因子估计

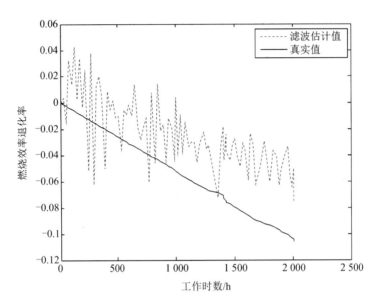

图 8.44　降维前的燃烧效率退化因子估计

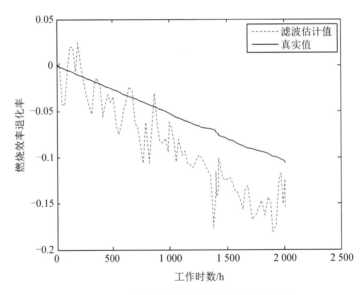

图 8.45　降维后的燃烧效率退化因子估计